Walter Etter

Palökologie
Eine methodische Einführung

Springer Basel AG

Autor

Dr. W. Etter
Department of Geological Sciences
University of Southern California (U.S.C.)
University Park
Los Angeles, CA 90089-0740
USA

Die Deutsche Bibliothek – CIP-Einheitsaufnahme

Etter, Walter:
Paläokologie: eine methodische Einführung / Walter Etter. –
Basel ; Boston ; Berlin : Birkhäuser, 1994
  ISBN 978-3-0348-9647-4   ISBN 978-3-0348-8493-8 (eBook)
  DOI 10.1007/978-3-0348-8493-8

Dieses Werk ist urheberrechtlich geschützt. Die dadurch begründeten Rechte, insbesondere die der Übersetzung, des Nachdrucks, des Vortrags, der Entnahme von Abbildungen und Tabellen, der Funksendung, der Mikroverfilmung oder der Vervielfaltigung auf anderen Wegen und der Speicherung in Datenverarbeitungsanlagen, bleiben, auch bei nur auszugsweiser Verwertung, vorbehalten. Eine Vervielfaltigung dieses Werkes oder von Teilen dieses Werkes ist auch im Einzelfall nur in den Grenzen der gesetzlichen Bestimmungen des Urheberrechtsgesetzes in der jeweils geltenden Fassung zulässig. Sie ist grundsätzlich vergütungspflichtig. Zuwiderhandlungen unterliegen den Strafbestimmungen des Urheberrechts.

© 1994 Springer Basel AG
Ursprünglich erschienen bei Birkhäuser Verlag 1994
Softcover reprint of the hardcover 1st edition 1994
Camera-ready Vorlage erstellt vom Autor
Gedruckt auf säurefreiem Papier, hergestellt aus chlorfrei gebleichtem Zellstoff
Umschlaggestaltung: Markus Etterich, Basel, unter Verwendung einer Zeichnung von Dr. W. Etter

ISBN 978-3-0348-9647-4

9 8 7 6 5 4 3 2 1

Inhaltsverzeichnis

1. Einleitung 1
    Historisches 1
    Definitionen 1
    Gegenstand der Palökologie 2
    Ziel des Buches 4

2. Prinzip des Aktualismus 5
    Moderner Aktualismus 5
    Taxonomischer Aktualismus 6
    Box 1. Die ökologische Nische 6
    Lebensweise rezenter Organismen 13
    Vergangener taxonomischer "Aktualismus" 13

3. Funktionelle Morphologie 15
    Box 2. Funktionalismus – Neutralismus – Strukturalismus ... 16
   3.1. Theoretische Morphologie 16
       Beispiel der spiralen Gehäuse 17
       Weitere Beispiele 19
   3.2. Methoden funktioneller Analysen 20
       Prinzipielles Vorgehen 20
       Paradigmenmethode 21
       Konstruktionsmorphologie 22
   3.3. Beispiele funktioneller Analysen 24
       Blattform bei Angiospermen 24
       Muscheln 26
       Seeigel 34
       Archaeopteryx und der aktive Vogelflug 39
   3.4. Funktionelle Morphologie und abiotische Umweltparameter ... 44
       Strömung und Turbulenz 44
       Substrat 45
       Sauerstoffgehalt 46

4. Biomineralisation 48
   4.1. Mineralien und Makromoleküle 48
       Biomineralien 48
       Makromoleküle 50
   4.2. Biomineralisationsprozesse 51
       Biologisch induzierte Mineralisation 51
       Biologisch kontrollierte Mineralisation 52

		Räumliche Abgrenzung	52
		Präformierte organische Matrix	52
		Aufbau der gesättigten Lösung	53
		Kontrolle der Kristallisation	53
	4.3.	Mineralogie und Skelettstruktur bei ausgewählten Tiergruppen	54
		Foraminiferen	54
		Korallen	58
		Muscheln	60
		Krebse	64
		Echinodermen	66
	4.4.	Abhängigkeit der Biomineralisation von Umwelteinflüssen	68
		Skelettwachstum	69
		Mineralisationsrate und Wassertemperatur	72
		Milieuabhängigkeit der Mineralbildung	72
		Spurenelemente	75
		Stabile Isotopen	78
		Box 3. Stabile Isotopen und Umweltfaktoren	81

5. Ichnologie ... 94

5.1.	Gebiet der Ichnologie	94
	Einige Begriffe	94
	Historisches	94
	Spurenfossilien und Paläokologie	95
5.2.	Einige rezente Spurenverursacher	97
	Verschiedene Grabstile	97
	Cerianthus lloydii	98
	Yoldia limatula	99
	Solecurtus strigillatus	100
	Scolecolepis squamata	101
	Arenicola marina	102
	Corophium volutator	104
	Callianassa major	104
	Verschiedene Holothurien	107
	Echinocardium cordatum	107
5.3.	Klassifikation der Spurenfossilien	107
	Sedimentologische Klassifikation	109
	Ethologische Klassifikation	110
	Funktionelle Interpretationen	112
	Ichnotaxonomie und Nomenklatur	114
5.4.	Spurenfossilien und Paläomilieu	116
	Spurenstockwerke	117
	Ausmaß der Bioturbation	119
	Spurenfossilien und Populationsökologie	121

Ichnofazies 122
Box 4. Ichnofazies und Paläobathymetrie 122
Beispiele von Wirbeltierfährten 127

6. Taphonomie 128

6.1. Vollständigkeit des Fossilbelegs 128
    Zeitliche Vollständigkeit 129
    Räumliche Vollständigkeit 132
    Vollständigkeit der Beobachtung 132
    Informationsverlust in marinen benthischen Faunen 133

6.2. Biostratinomie 135
    Absterben und Verwesung 135
    Transport- und Sortierungsphänomene 136
    Disartikulation 137
    Fragmentation 139
    Korrosion und Abrasion 139
    Shell beds 141

6.3. Fossildiagenese 143
    Kompaktionelle Deformation und Frakturierung 144
    Skelettlösung 145
    Karbonatkonkretionen 146
    Pyrit 146
    Phosphat, Glaukonit und Eisenoxide 147
    Kieselkonkretionen 147

6.4. Erhaltung organischen Materials 148
    Herkunft und Produktion 148
    Einbettung und Diagenese 151
    Methoden zur Charakterisierung des organischen Materials . 155
    Beispiele organisch-geochemischer Untersuchungen 161

6.5. Vergleichende Taphonomie und Taphofazies 162
    Langfristige und kurzfristige Prozesse 163
    Milieuabhängigkeit taphonomischer Prozesse 164
    Taphofazies-Modelle 165
    Box 5. Fossillagerstätten 172

7. Populationsdynamik 177

7.1. Populationswachstum 177
    Exponentielles Wachstum 177
    Dichteabhängiges Wachstum 178
    Populationsregulation und Populationszyklen 179

7.2. Altersstruktur 180
    Altersstruktur und Größen-Häufigkeitsdiagramme 180
    Überlebenskurven 185
    Box 6. r- und K-Strategie 186

	7.3.	Räumliche Struktur	189
		Zufällige Verteilung	190
		Regelmäßige Verteilung	190
		Aggregierte Verteilung	191

8. Community-Palökologie 192

	8.1.	Community-Konzept	192
		Definition	192
		Verschiedene Konzepte	192
		Erkennen von Palaeocommunities	197
	8.2.	Struktur von Palaeocommunities	203
		Rang-Häufigkeits-Modelle	205
		Diversität	209
		Trophische Struktur	215

9. Räumliche und zeitliche Muster 225

	9.1.	Biogeographie	225
		Provinzen	225
		Vikarianz-Biogeographie	231
		Insel-Biogeographie	233
	9.2.	Zeitliche Muster	236
		Kurzfristige Prozesse	236
		Geschichte der Diversität im Präkambrium	238
		Evolutionäre Faunen des Phanerozoikums	246
		Aussterbeereignisse	251

Literaturverzeichnis 255

Index 273

1. Einleitung

Palökologie ist ein faszinierendes Gebiet, welches in den vergangenen Jahrzehnten eine dynamische Entwicklung erfahren hat. In diesem Zeitraum hat ein Wechsel von reinen Faziesanalysen zu mehr biologisch orientierten Fragestellungen stattgefunden (KITCHELL 1985). Im Vordergrund palökologischer Untersuchungen steht nicht mehr nur die Klärung von Umweltparametern, die Rekonstruktion der abiotischen Umwelt also, sondern die Rolle dieser Umweltbedingungen bei der Strukturierung von ehemaligen Lebensgemeinschaften, die Beziehung zwischen Lebenszyklen ("life history strategies") von Arten und Umwelt. Auch die "Rolle der Ökologie" bei makroevolutiven Prozessen und bei Aussterbe-Ereignissen ist Gegenstand neuerer Untersuchungen. Dieser Verschiebung der Forschungsschwerpunkte entspricht auch eine dynamische Entwicklung neuer Methoden.

Historisches

Im vorliegenden Buch wurde aus Platzgründen die ältere (und teilweise wichtige) Literatur weitgehend weggelassen. Anhand neuerer Zitate können die entsprechenden Publikationen aber unschwer gefunden werden. Einige ältere Werke, welche für die Entwicklung der Palökologie von großer Bedeutung waren und immer noch eine wertvolle Lektüre sind, sollen hier aber doch eingangs erwähnt werden. Anfang des 20. Jahrhunderts war vor allem die deutschsprachige Paläontologie von eminentem Einfluß, insbesondere die Arbeiten von WALTHER (1893), DACQUÉ (1921), WEIGELT (1927) und ABEL (1927, 1935). Die Tradition der paläobiologischen Arbeiten wurde von RICHTER (1928) und später von SCHÄFER (1962, 1972) fortgeführt, und der letztere dieser Autoren setzte mit dem Erscheinen seiner Bücher gleichzeitig den Beginn der modernen palökologisch-taphonomischen Forschung fest. In Nordamerika erschien etwa zur selben Zeit der "Treatise on Marine Ecology and Paleoecology" (HEDGPETH 1957, LADD 1957), welcher hier ebenfalls den Übergang von der mehr deskriptiven zur modernen, prozeßorientierten Palökologie markierte.

Definitionen

Der Begriff Ökologie hat in den letzten Jahren einen inflationären Gebrauch erfahren. Die zunehmende Sorge um den Zustand unserer Umwelt, die Erkenntnis, daß ein Verständnis von ökologischen Zusammenhängen grundlegend für den verantwortungsbewußten Umgang mit der Natur ist, hat der Ökologie nicht nur unter Naturwissenschaftlern zu neuer Beliebtheit verholfen. Dieser Trend hat aber dazu geführt, daß vielfach unkritisch mit ökologischen Termini (Umwelt, Ökosystem, Lebensgemeinschaft etc.) umgegangen wird. Was versteht man nun aber unter Ökologie? Hier soll folgende Definition Verwendung finden: Ökologie ist die wissenschaftliche Untersuchung jener Wechselbeziehungen, welche die Verbreitung und Häufigkeit von Organismen, Populationen und Lebensgemeinschaften bestimmen (BEGON et al. 1991). Die oben erwähnten Wechselbeziehungen umfassen natürlich das, was für einen Organismus etc. als Umwelt bezeichnet wird, beeinhalten also alle abiotischen und biotischen Faktoren, welche diesen Organismus beeinflussen können. Entsprechend muß die Definition der Palökologie (oder Paläoökologie) lauten: Palökologie ist das Studium der Wechselbeziehungen zwischen verschiedenen Organismen und zwischen diesen Organismen und ihrer Umwelt in der geologischen Vergangenheit (DODD & STANTON 1990).

Gegenstand der Paläkologie

Das Studienobjekt der Paläkologie sind Fossilien, also die erhalten gebliebenen Reste und Spuren von Organismen der geologischen Vergangenheit. Es sind im Wesentlichen drei wichtige Voraussetzungen, welche für erfolgreiche paläkologische Arbeiten erfüllt sein müssen. Die gesammelten Fossilien sollten so genau wie möglich bestimmt und systematisch eingeordnet werden. Dies ist wichtig für Vergleiche mit anderen Arbeiten anhand der Literatur. Eine vertrauenswürdige Systematik ist auch Voraussetzung, wenn beispielsweise Diversitätsmuster innerhalb höherer Taxa dokumentiert werden sollen. Sodann sollten die untersuchten Profile so genau wie möglich stratigraphisch gegliedert werden. Dies ist von besonderer Bedeutung, wenn Umweltgradienten in zeitgleichen Ablagerungen untersucht werden sollen. Schließlich ist ein Wissen um ökologische Zusammenhänge, um das Funktionieren von Organismen in ihrer Umwelt unabdingbar.

Streng genommen beschäftigt sich die Paläkologie nur mit Prozessen, welche einen Organismus zwischen dessen Geburt und dessen Tod beeinflußt haben (Fig. 1.1), während sich die Taphonomie mit den Vorgängen beschäftigt, welche nach dem Absterben eines Organismus auf diesen eingewirkt haben. Da jedoch der Ablauf der biostratinomischen Vorgänge und der frühen Diagenese eng mit Milieufaktoren zusammenhängen, welche auch das Leben des abgestorbenen Organismus beeinflußt haben, bildet heute die Taphonomie einen integralen Teil paläkologischer Studien.

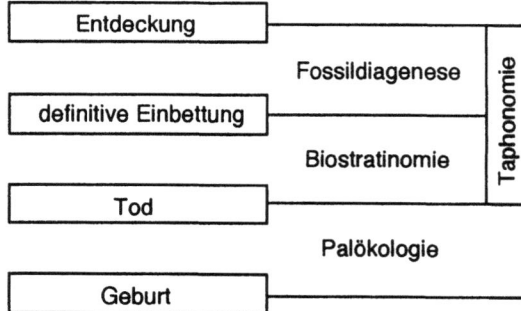

Fig. 1.1. Vier Schlüsselereignisse in der Geschichte eines Fossils und die paläontologischen Disziplinen, welche die dazwischenliegenden Intervalle untersuchen. Nach LAWRENCE (1968).

Die Paläkologie besitzt selbstverständlich enge Verbindungen zur Ökologie. Zwischen den beiden Gebieten bestehen aber auch einige grundsätzliche Unterschiede:

- Ökologen können die Umwelt der untersuchten Organismen äußerst genau beschreiben, ja die verschiedenen abiotischen Umweltparameter sogar messen. Diese genaue Erfassung der Umweltfaktoren ist in der Paläkologie nicht möglich. Häufig ist sogar eines der Ziele paläkologischer Arbeiten erst die Charakterisierung des ehemaligen Lebensmilieus.
- Der ökologischen Forschung stehen potentiell alle tierischen und pflanzlichen Komponenten einer Lebensgemeinschaft quantitativ zur Verfügung. Der Fossilbeleg ist jedoch äußerst lücken-

haft, so daß viele ökologische Fragestellungen in der Palökologie unbeantwortet bleiben müssen.
- Ein dritter Unterschied betrifft den zeitlichen Rahmen. Während sich die Datenaufnahme für ökologische Studien meist auf einige Jahre beschränkt, ist der Palökologe mit Profilen beschäftigt, welche einen zeitlichen Umfang von Tausenden bis Millionen von Jahren umfassen.

Diese Punkte bedeuten gewichtige Einschränkungen für die Palökologie, geben aber gleichzeitig die Zielrichtung für diese Forschungsrichtung vor. Kurzfristige ökologische Prozesse (z.B. Sukzession) sind im Fossilbeleg nicht oder kaum beobachtbar. Im Zentrum palökologischer Studien stehen daher eher Langzeit-Trends, die Entwicklung von Lebensgemeinschaften bestimmter Milieus über einen Zeitraum von mehreren Millionen Jahren. Die Geschichte des Lebens auf der Erde ist eine faszinierende Angelegenheit, kann aber letztlich nur verstanden werden, wenn sie in einen ökologischen Rahmen gestellt wird (STANLEY 1989).

Trotz der oben erwähnten Einschränkungen hat sich die Palökologie als eigenständige Forschungsdisziplin etabliert und sich zunehmend von der mehr geologisch orientierten Faziesanalyse abgegrenzt. Als Faziesanalyse wird hier die geologische Arbeitsrichtung bezeichnet, welche die Rekonstruktion der physikalisch-chemischen Umweltfaktoren eines Ablagerungsraumes zum Ziel hat. Einige Beispiele sollen illustrieren, mit welchen Fragestellungen sich die palökologische Forschung heute beschäftigt:

- Können innerhalb einer systematischen Gruppe "exotische" Morphologien (z.B. Rudisten, richthofeniide Brachiopoden) mit einer bestimmten, außergewöhnlichen Lebensweise in Verbindung gebracht werden? Lassen sich in einem bestimmten Milieu verschiedene Morphologien beobachten, welche möglicherweise als Adaptationserscheinungen an die selben Umweltfaktoren interpretiert werden können (z.B. morphologische Anpassungen an extreme Weichböden, an hohe Wasserenergie, an vermindertem Sauerstoffgehalt)? Einige solche Beispiele von Fragestellungen auf Organismen-Ebene werden in Kapitel 3 näher diskutiert.

- Lassen sich Korrelationen beobachten zwischen Paläomilieu und vorherrschenden Lebenszyklen? Können die meisten Arten einer untersuchten fossilen Assoziation beispielsweise als extreme r-Strategen charakterisiert werden? Kann das Überwiegen solcher Opportunisten mit bestimmten Umweltfaktoren in Verbindung gebracht werden? Solche Untersuchungen, welche sich mit der Populationsdynamik der untersuchten Organismen und der Struktur von ehemaligen Lebensgemeinschaften beschäftigen, sind Gegenstand von Kapitel 7 und 8.

- Zeigt die Verbreitung und die Diversität des Lebens auf der Erde eine Abhängigkeit von den ökologischen Rahmenbedingungen? Sind makroevolutive Prozesse rein zufällig, oder treten neue Arten und neue Baupläne bevorzugt unter besonderen ökologischen Verhältnissen auf? Können Aussterbe-Ereignisse auf einschneidende Veränderungen der Umweltbedingungen zurückgeführt werden, und wenn ja, auf welche? Probleme dieser Art sollen im abschließenden Kapitel 9 angesprochen werden.

Zur Klärung solcher Fragen integriert die Palökologie natürlich verschiedene andere erdwissenschaftliche Teilgebiete wie Sedimentologie, Stratigraphie, Paläogeographie, Geochemie etc., die palökologische Arbeitsweise ist also interdisziplinär. Daneben müssen auch verschiedenen paläontologische Forschungsrichtungen berücksichtigt werden, welche heute fast nur noch von Spezialisten überblickt werden. Beispiele wären etwa die Ichnologie und die Taphonomie. Dieser Umstand erschwert einerseits dem Anfänger den Einstieg in die Palökologie, da er sich einer Flut von Publikationen gegenübersieht. Andererseits ist auf diesem Forschungsgebiet die Gefahr einer frühzeitigen Spezialisierung gering. Zudem besteht für die eigene Forschung eine breit abgestützte Basis, auf der sich gezielt aufbauen lässt.

Ziel des Buches

Das vorliegende Buch soll den Leser auf verständliche Weise in das komplexe Gebiet der Palökologie einführen. Der Schwerpunkt liegt auf der Darstellung der verschiedenen Methoden, welche heute in der Palökologie angewandt werden, Vollständigkeit im Sinne eines Nachschlagewerkes war weder möglich noch beabsichtigt. Das Buch richtet sich vorwiegend an Studenten der Paläontologie, Biologie und Geologie, welche sich selbst mit Palökologie beschäftigen, sollte aber auch dem erfahrenen Biologen oder Erdwissenschafter als Referenz dienen.

Eine gewisse Kenntnis der wichtigsten Fossilgruppen und der historischen Geologie wird vorausgesetzt. Empfohlen wird auch die Lektüre eines Ökologie-Lehrbuchs (z.B. KREBS 1985, PIANKA 1988, RICKLEFS 1990, BEGON, HARPER & TOWNSEND 1991) sowie, falls der Schwerpunkt der eigenen Arbeit im marinen Ablagerungsbereich liegt, eine Einführung in die Meeresökologie (LEVINTON 1982, GRAY 1984, MEADOWS & CAMPBELL 1988, NYBAKKEN 1988). Während auf englisch mindestens eine empfehlenswerte Einführung in die Palökologie erhältlich ist (DODD & STANTON 1990), existierte in deutscher Sprache bisher kein vergleichbares Lehrbuch. Mit dem vorliegenden Buch erscheint nun zum ersten Mal ein deutschsprachiger Lehrtext, welcher die zumeist englischsprachige Literatur zusammenfaßt und damit den Einstieg in das vielschichtige Gebiet der Palökologie und den Zugang zur modernen Literatur erleichtert.

Viele Personen haben dieses Buchprojekt während seiner verschiedenen Phasen unterstützt. Ihnen allen möchte ich an dieser Stelle aufrichtig danken. Speziell erwähnen möchte ich Hans Rieber, welcher mir während meiner Anstellung in Zürich die nötige Zeit zur Verfügung stellte, sowie David J. Bottjer und Al Fischer, Los Angeles, welche mich in der Endphase ermutigten. Besonderer Dank geht auch an Petra Gerlach vom Birkhäuser Verlag, welche das Buchprojekt von Anfang an mit Interesse und Unterstützung begleitete. Das Manuskript wurde von Karl Foellmi, Zürich, Al Fischer, Los Angeles, sowie von einem anonymen Begutachter kritisch durchgelesen. Ihnen allen gebührt Dank für wertvolle Anregungen und Korrekturen.

2. Prinzip des Aktualismus

Das Aktualismus-Prinzip (oder Uniformitäts-Prinzip; "uniformitarianism") ist für die modernen Erdwissenschaften fundamental. Die Kernaussage dieses Prinzips, daß universelle Naturgesetze existieren, welche im Laufe der Zeit unveränderlich geblieben sind, findet natürlich auch in den anderen Naturwissenschaften Anwendung. So wird beispielsweise in der Physik angenommen, daß ein heute unter kontrollierten Bedingungen durchgeführtes Experiment die gleichen Resultate liefert wie ein solches, welches einige Zeit später durchgeführt wird. Die dem Ausgang dieser Versuche zugrunde liegenden Gesetzmäßigkeiten sollen sich also nicht ändern. In den Erdwissenschaften ist das Aktualismus-Prinzip jedoch von besonderer Bedeutung, denn erst die Zugrundelegung dieses Prinzips ermöglichte die Etablierung der Geologie als moderne Wissenschaft.

Moderner Aktualismus

Gewöhnlich umschreibt man das Aktualismus-Prinzip mit den Worten: "Die Gegenwart ist der Schlüssel zur Vergangenheit." Dieser Satz greift jedoch etwas zu kurz. Ein Geologe kann zwar mit gutem Grund annehmen, daß Rippelmarken, welche er auf auf der Oberfläche einer Sandsteinbank beobachtet, auf die selbe Weise entstanden sind wie heutige Rippeln, nämlich durch die Einwirkung von Wasserbewegung oder von Wind. In der geologischen Vergangenheit haben aber offenbar auch Ereignisse stattgefunden, welche sich heute nicht wiederholen und somit nicht beobachten lassen. Ein Beispiel wäre etwa das Aussterben der Dinosaurier und vieler anderer Tiergruppen am Ende der Kreide. Dieses Phänomen wird heute von den meisten Paläontologen mit dem Einschlag eines großen Meteoriten in Verbindung gebracht. Offenbar ist die Gegenwart nicht immer ein guter Schlüssel zum Verständnis der Vergangenheit. Diese Einschränkung bedeutet jedoch nicht die Rückkehr zu einem Katastrophismus. Das Aktualismus- oder Uniformitäts-Prinzip muß vielmehr auf Teilprinzipien reduziert werden (GOULD 1984):

- 1. Uniformität der Gesetze: Die auf der Erde wirkenden Naturgesetze sind in Raum und Zeit unveränderlich (z.B. Gravitation).

- 2. Uniformität der Prozesse: In der geologischen Vergangenheit wirkten gleiche oder ähnliche Prozesse wie diejenigen, welche sich heute beobachten lassen (z.B. Erosion infolge klimatischer Einflüsse, Wellenbildung als Folge von Wind).

- 3. Uniformität der Rate: Die Geschwindigkeit, mit welcher geologische und biologische Prozesse ablaufen, soll unveränderlich sein.

- 4. Uniformität der Bedingungen: In der geologischen Vergangenheit sollen die gleichen Materialien vorhanden gewesen und die gleichen Bedingungen geherrscht haben wie heute.

Die beiden ersten Teilprinzipien sind methodische Annahmen, welche notwendig sind, um induktive Wissenschaft (nicht nur Erdwissenschaften) betreiben zu können. Man spricht bei ihrer Zugrundelegung deshalb auch von methodischem Aktualismus oder methodischer Uniformität (GOULD 1965). Die beiden anderen Punkte jedoch sind überprüfbare Aussagen, die für die geologische Vergangenheit nicht zutreffen müssen. Werden neben den beiden ersten Teilprinzipien auch die Punkte 3. und 4. vorausgesetzt, so handelt es sich um substanziellen Aktualismus. Strikter substanzieller Aktualismus wird heute nur mehr beschränkt angewandt, da die Umweltbedingungen in der Vergangenheit offensichtlich stark und über die heute beobachtbaren Grenzen hinaus geschwankt haben und Prozesse in der geologischen Vergangenheit teilweise unter heute nicht beobachtbaren Geschwindigkeiten abgelaufen sind.

Taxonomischer Aktualismus

Der aktualistische Ansatz kommt in der Paläkologie selbstverständlich auf verschiedenen Ebenen (Organismen, Populationen, Lebensgemeinschaften) zur Anwendung. In diesem Kapitel soll zuerst ein Konzept vorgestellt werden, welches dem substanziellen Aktualismus verhaftet ist und entsprechend auch kritisiert wurde. Es handelt sich um den taxonomischen Aktualismus ("taxonomic uniformitarianism"; DODD & STANTON 1990).

Ein wichtiges Ziel paläkologischer Arbeiten ist die Klärung der Umweltansprüche der untersuchten Fossilien. Es geht also darum, für fossile Arten die ökologische Nische (siehe Box 1) oder einige ihrer Dimensionen zu bestimmen. Die in diesem Zusammenhang methodisch einfachste und wohl auch älteste Technik ist der bereits erwähnte taxonomische Aktualismus. Schon der alte Grieche Xenophanes beobachtete um etwa 540 v.Chr. fossile Muschel- und Schneckenschalen in Gesteinen, welche deutlich über dem Meeresspiegel lagen. Diese Fossilien glichen den Schalen von heute noch im Mittelmeer lebenden Mollusken, so daß Xenophanes den aktualistischen Schluß zog, daß das Mittelmeer einst ausgedehnter war als heute und auch die Hügel bedeckte, in welchen er die fossilen Schalen beobachtete.

Studien, welche von einem taxonomischen und daher substanziellen Aktualismus ausgehen, sind auch in der modernen Literatur zu finden. Das Prinzip ist einfach: Es wird angenommen, daß die Umweltansprüche eines untersuchten Fossils die gleichen waren wie diejenigen des nächsten lebenden Verwandten. Die Ökologie des lebenden Organismus soll also der Schlüssel zur Ökologie des fossilen Vertreters sein. Damit sind Rückschlüsse auf die ehemalige Umwelt möglich. In diesem Kapitel wird angenommen, daß die untersuchten Fossilien an ihrem Lebensort eingebettet wurden. Dies ist selbstverständlich nicht immer der Fall (siehe Kap. 6). Fossile Assoziationen können bezüglich ihrer Herkunft sowohl räumlich als auch zeitlich heterogen sein. Neuere Untersuchungen haben aber gezeigt, daß Transport, stratigraphische Kondensation und Aufarbeitung ("faunal mixing"; FURSICH 1978) nicht so häufige Phänomene sind wie früher angenommen oder wenigstens meist klar erkennbar sind (POWELL & STANTON 1985, FURSICH & FLESSA 1987).

Box 1. Die ökologische Nische

Die ökologische Nische ist eines der zentralen Konzepte der modernen ökologischen Theorie (BEGON, HARPER & TOWNSEND 1991). Die Individuen einer Art (genauer einer Population) stellen bezüglich der Umweltfaktoren bestimmte Ansprüche, können also beispielsweise nur zwischen Temperaturen von 12 und 27°C existieren, wachsen, sich vermehren und eine lebensfähige Population erhalten. Dieser Temperaturbereich stellt die ökologische Nische der Art in einer Dimension (der Dimension Temperatur) dar. Wenn zu dieser ersten Dimension eine zweite hinzugefugt wird, beispielsweise die Lichtintensität, bei welcher für eine Meeresalge Photosynthese möglich ist, dann resultiert eine zweidimensionale ökologische Nische, welche als Fläche dargestellt werden kann. Diese Alge stellt aber gleichzeitig bestimmte Ansprüche bezüglich der Salinität des Meerwassers. Bei Hinzufugen auch dieser dritten Dimension resultiert eine dreidimensionale, räumliche ökologische Nische, wie sie in Fig. 2.1. dargestellt ist.

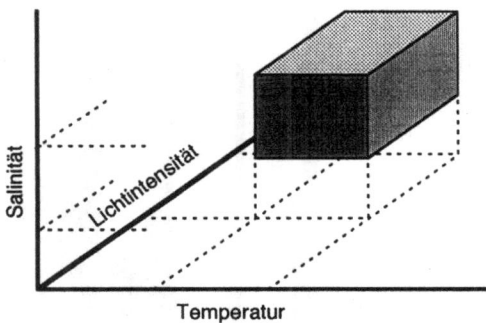

Fig. 2.1. Schematische Darstellung einer dreidimensionalen ökologischen Nische.

In einem konkreten Fall sollten weitere Umweltfaktoren einbezogen werden, denn die Existenz einer Art wird ja von einer Vielzahl von Umweltfaktoren bestimmt. Der Begriff des Umweltfaktors wird hier sehr weit definiert und umfaßt auch Verfügbarkeit von Nahrung, Schutz vor Feinden etc. Die Berücksichtigung von mehr als vier Faktoren läßt sich zwar graphisch nicht mehr darstellen, ist aber abstrakt nachvollziehbar. Dies ist denn auch die heute in der Ökologie allgemein akzeptierte Definition der ökologischen Nische einer Art: das n-dimensionale Hypervolumen innerhalb welchem sie lebensfähige Populationen erhalten kann. Die ökologische Nische ist also kein real existierender Ort, sondern ein abstraktes Konzept, das die Bedürfnisse der Organismen einer Art beschreibt und somit für diese Art charakteristisch ist. Dem Konzept der ökologischen Nische steht der Begriff Habitat gegenüber. Habitate sind nun tatsächlich existierende Orte (z.B. Sandstrand, sublittoraler Schlickboden), welche von zahlreichen Arten mit jeweils charakteristischen ökologischen Nischen besiedelt werden.

Eine Art kann bezüglich bestimmter Umweltfaktoren sehr enge Ansprüche stellen; die Art ist in diesem Fall stenök (z.B. stenohalin, nur bei einer eng umgrenzten Salinität lebensfähig; stenotherm, nur innerhalb enger Temperaturgrenzen lebensfähig). Ist die Art gegenüber Umweltfaktoren tolerant, so ist sie euryök (Brackwasserarten sind z.B. meist euryhalin). Es ist aber wichtig festzustellen, daß die Ansprüche einer Art nicht einfach durch Minimal- und Maximalwert eines Umweltfaktors beschrieben werden. Gewöhnlich existiert für jeden Umweltfaktor ein zentraler, optimaler Bereich. Je mehr sich die Organismen der Toleranzgrenze für diesen Umweltfaktor nähern, umso schlechter wird die Population lebensfähig. Eine eindimensionale ökologische Nische wird also am besten durch eine Glockenkurve dargestellt (ARTHUR 1987). Entsprechend hätte die dreidimensionale Nische in Fig. 2.1 nicht die Form eines Quaders, sondern müßte als wolkiges Gebilde dargestellt werden. Bei der Beschreibung der einzelnen Dimensionen müssen zudem häufig komplexere Abläufe wie tages- und jahreszeitliche Schwankungen berücksichtigt werden. Auch haben juvenile Individuen teilweise völlig andere Umweltansprüche als Adulte derselben Art.

Immer wieder wurde beobachtet, daß die ökologische Nische einer Art bei Abwesenheit von Feinden und Konkurrenten größer ist, als wenn diese anderen Arten das selbe Habitat besiedeln. Aus diesem Grund wurden die Begriffe fundamentale und realisierte ökologische Nische eingeführt. Die fundamentale ökologische Nische beschreibt den durch die Umweltfaktoren definierten n-dimensionalen Raum, in welchem eine Art potentiell lebensfähige Populationen erhalten kann. Die realisierte ökologische Nische ist der entsprechende Teilraum, der bei Anwesenheit von Konkurrenten und Räubern besetzt wird.

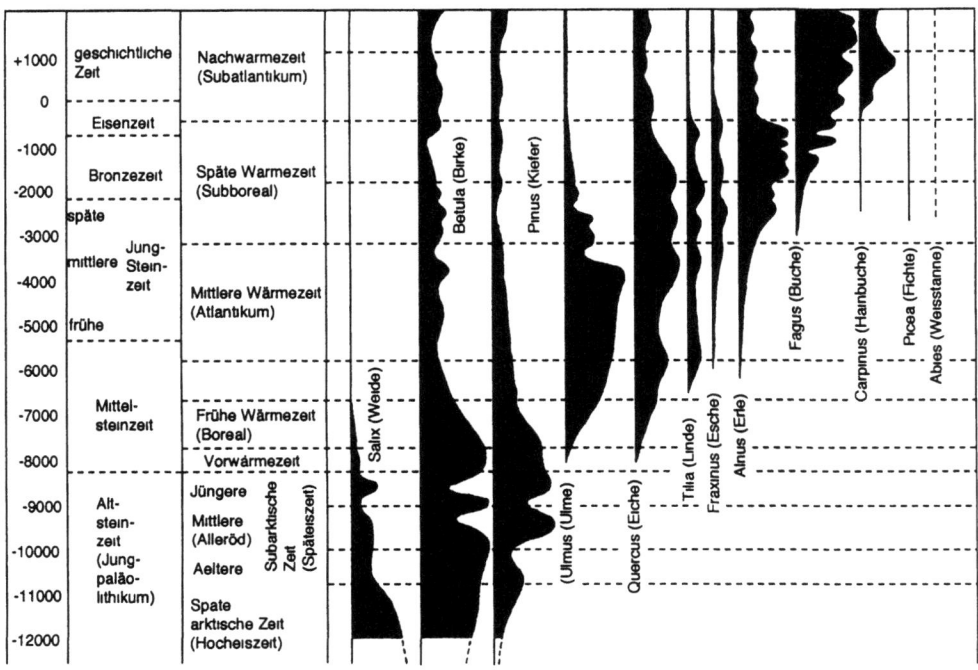

Fig. 2.2. Klimarekonstruktion des jüngeren Quartärs von Mitteleuropa, beruhend auf der Häufigkeit von Baumpollen. Nach DENFFER et al. 1978.

Offensichtlich ist der Ansatz des taxonomischen Aktualismus am verläßlichsten und läßt die genauesten Aussagen zu, wenn das untersuchte Fossil zu einer auch heute noch lebenden Art gehört. Dies ist aber fast nur in pleistozänen und holozänen Ablagerungen der Fall. Ein Beispiel erfolgreicher Anwendung des taxonomischen Aktualismus wäre etwa die auf Pollenanalysen basierende Rekonstruktion der quartären Klimaschwankungen (Fig. 2.2). Seeablagerungen und Torfe der Interglaziale enthalten hauptsächlich Pollen von Bäumen, die heute typisch für milderes, ausgeglicheneres Klima sind (Eichen, Linden, Ulmen), während Ablagerungen der Glaziale Pollen von Bäumen enthalten, welche heute vorwiegend in Gebieten mit kaltem Klima mit starken jahreszeitlichen Schwankungen vorkommen (Birke, Fichte).

Die Methode des taxonomischen Aktualismus ist aber mit grundsätzlichen Unsicherheiten behaftet. Auch bei heute lebenden Arten ist die ökologische Nische oft nur ungenügend bekannt oder die Unterschiede zwischen fundamentaler und realisierter Nische lassen sich nicht genau erfassen. Ein Fehlen von Konkurrenten in der Vergangenheit könnte aber den Effekt gehabt haben, daß die damals von der gleichen Art realisierte Nische deutlich größer war als heute. Auch sind für viele Arten zwar die Toleranzgrenzen gegenüber bestimmten Umweltfaktoren bekannt, man weiß aber nicht, welche physiologischen und morphologischen Besonderheiten den Organismus auf das be-

Aktualismus 9

stimmte Milieu beschränken. Trotz dieser Einschränkungen ist der taxonomische Aktualismus, sofern er in vernünftigen Grenzen angewandt wird, eine nützliche Methode, die sicherlich auch in Zukunft Verwendung finden wird. Das methodische Vorgehen soll im folgenden an einem Beispiel illustriert werden (vgl. Fig. 2.3).

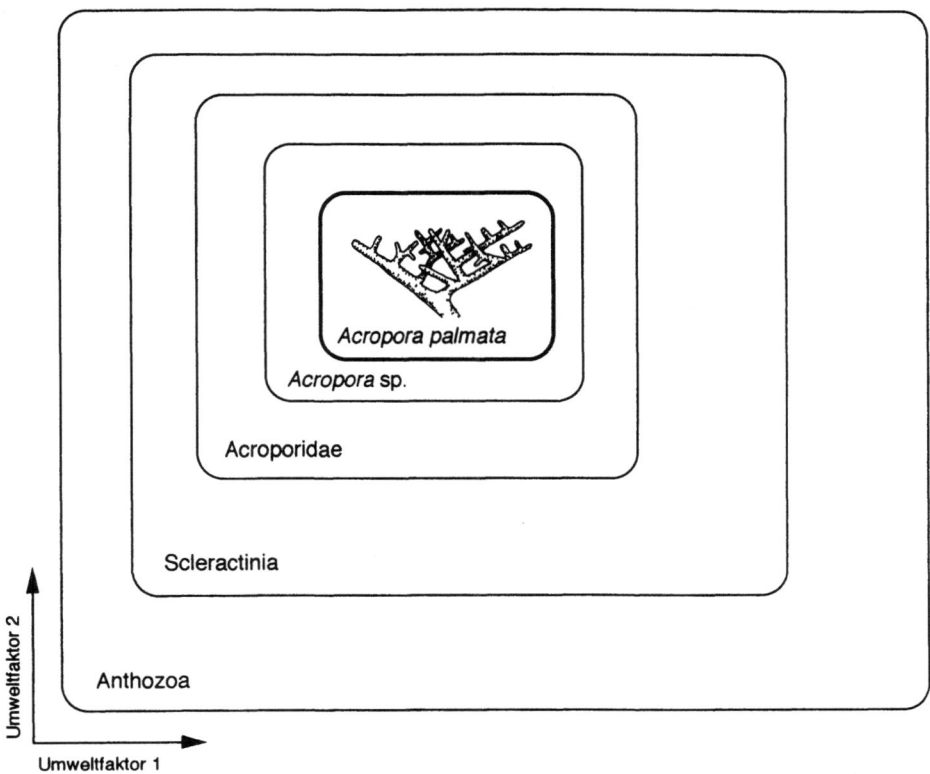

Fig. 2.3. Illustration des taxonomischen Aktualismus am Beispiel von Korallen. Bei ausgestorbenen Arten ohne nahe verwandte, rezente Vertreter werden die ökologischen Ansprüche zunehmend schwieriger faßbar.

Die Korallenart *Acropora palmata* kommt heute in der Karibik vor, wo sie auf sehr flaches, turbulentes Wasser im offenen Riffmilieu beschränkt ist. Wenn nun ein pleistozäner Riffkalk die gleiche Art enthält, so kann mit ziemlicher Sicherheit angenommen werden (sofern die Koralle am Lebensort eingebettet wurde), daß dieser Kalk im gleichen Milieu abgelagert wurde. Ein miozäner Kalk enthält ebenfalls Korallen der Gattung *Acropora*, welche aber zu einer ausgestorbenen Art gehören. Die Gesamtheit der Arten der Gattung *Acropora* besitzt nun weniger eng faßbare Umweltansprüche (mehrere, sich teilweise überlappende ökologische Nischen). Vertreter von *Acropora* sind weltweit in tropischen Riffumgebungen verbreitet, hier aber nicht mehr beschränkt auf die turbulentesten Zonen. Für den miozänen Kalk kann aber dennoch gefolgert werden, daß er im Riffmilieu entstanden ist. Ein eozäner Kalk enthält vielleicht Vertreter einer ausgestorbenen Gattung der Familie Acroporidae. Hier wird die Interpretation des Ablagerungsmilieus zunehmend unsicherer, denn die heutigen Acroporidae sind zwar auf tropisches, vollmarines Milieu beschränkt, einige Vertreter kommen aber im tieferen Vorriffbereich vor.

Jurassische Kalke enthalten nicht selten Korallen der Gattung *Isastraea*. Diese Gattung gehört zur ausgestorbenen Familie Calamophylliidae innerhalb der Ordnung Scleractinia. Die Scleractinia umfassen alle modernen Korallen, von denen zwar die meisten riffbildende Formen der Tropen sind, zu denen aber auch ahermatypische Kaltwasserarten der subpolaren Gebiete gehören. Nahezu alle Vertreter sind stenohalin und benötigen gut belüftetes, schwebstoffarmes Wasser. In diesem Fall kann der taxonomische Aktualismus nur noch sehr ungenaue Aussagen bezüglich des Ablagerungsmilieus liefern.

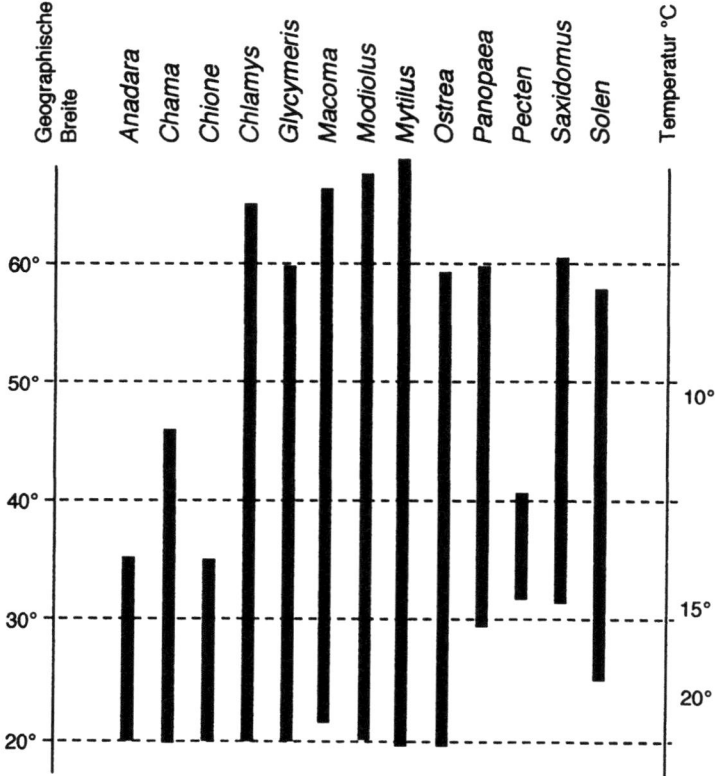

Fig. 2.4. Verbreitung rezenter mariner Muschelgattungen, welche im Neogen der Kettleman Hills, Kalifornien, vorkommen. Der überlappende Bereich gibt die wahrscheinliche Paläotemperatur an (verändert nach DODD & STANTON 1990).

Noch schwieriger wird es, wenn Korallen aus einem paläozoischen Sediment untersucht werden. Diese gehören zu den ausgestorbenen Ordnungen Rugosa und Tabulata und werden in die Klasse

Anthozoa gestellt. Moderne Vertreter der Anthozoa kommen von den Tropen bis in die polaren Bereiche und vom flachen Riffmilieu bis in Wassertiefen von mehreren tausend Metern vor. Die meisten verlangen normalmarine Salinität, es gibt aber auch Arten, welche im leicht brackischen oder hypersalinen Milieu vorkommen. Zur Klärung der Lebensweise paläozoischer Korallen ist nun offenbar der taxonomische Aktualismus allein ungeeignet (DODD & STANTON 1990).

Können die paläozoischen, riffbildenden Rugosa mit den heutigen hermatypischen Scleractinia verglichen werden? Heutige riffbildende, hermatypische Korallen enthalten in ihrem Gewebe symbiontische Zooxanthellen, welche von der Koralle ausgeschiedene Abfallstoffe und CO_2 aufnehmen und Photosynthese betreiben. Die Korallen ihrerseits profitieren von den Zooxanthellen, da deren Aufnahme von CO_2 den pH ansteigen läßt und somit die Abscheidung des kalkigen Korallenskeletts erleichtert. Damit wird schnelleres Wachstum möglich, was in einem Riffmilieu von großer Bedeutung sein kann. Die Präsenz von Zooxanthellen bedingt ausreichendes Licht, deshalb sind hermatypische Korallen auf flachstes und schwebstoffarmes Wasser beschränkt. Für die paläozoischen Rugosa kann nun in der Tat auch angenommen werden, daß sie teilweise in Symbiose mit Zooxanthellen lebten. Heute bilden nur hermatypische Korallen massive, schnell wachsende Skelette (FAGERSTROM 1987). Können diese Merkmale bei paläozoischen Rugosa beobachtet werden, so dürften diese Formen ebenfalls im flachmarinen Milieu gelebt haben.

Wie das oben angeführte Beispiel illustriert, ist taxonomischer Aktualismus auf verschiedenen systematischen Ebenen möglich. Die ökologischen Ansprüche von Organismen werden jedoch immer weniger klar faßbar, wenn man von rezenten Populationen und Arten zu Familien, Ordnungen, Klassen oder gar Stämmen aufsteigt (DODD & STANTON 1990). So ist etwa die Klärung der Umweltansprüche kambrischer Trilobiten allein mit Hilfe des taxonomischen Aktualismus kaum möglich. Die Anwendung dieser Methode sollte daher auf Arten und Gattungen mit rezenten Vertretern beschränkt bleiben und wenn möglich durch zusätzliche Methoden ergänzt werden (funktionelle Morphologie, geochemische Methoden, Taphonomie; siehe Kap. 3 und 4).

Die Methode des taxonomischen Aktualismus kann verbessert werden, wenn anstelle einzelner Arten ganze Artenspektren einer taxonomischen Gruppe analysiert werden. Ein Bearbeiter einer miozänen Sandsteinserie ist beispielsweise an der Klärung der Temperatur zur Ablagerungszeit interessiert. Er hat nun die Möglichkeit, die zahlreich darin gefundenen Muscheln aufzulisten und jeweils für den nächsten rezenten Verwandten den bekannten Temperaturbereich aufzutragen (Fig. 2.4). Idealerweise sollten sich die Milieuansprüche nur in einem engen Bereich überlappen, was recht genaue Aussagen über die Paläotemperatur erlauben würde. Dieses Ideal ist allerdings selten verwirklicht, denn erstens können die Fossilien der untersuchten Ablagerung geographisch oder stratigraphisch heterogen sein, zweitens ist vielleicht die Temperaturtoleranz der rezenten Art ungenügend bekannt, und drittens können sich die Umweltansprüche der untersuchten Formen evolutiv geändert haben. Bei dieser Art von Untersuchungen ist es wichtig, jeweils nur das Vorhandensein eines Fossils zu berücksichtigen. Das Fehlen von bestimmten Arten kann möglicherweise auf taphonomische Prozesse zurückgeführt werden, bedeutet also nicht unbedingt, daß die entsprechende Form hier nicht leben konnte.

Tab. 2.1. Lebensweise der wichtigsten marinen Pflanzen- und Tiergruppen

Organismengruppe	kurze okologische Charakterisierung	Literaturhinweise
Coccolithen	Marines Phytoplankton (Nannoplankton). Größte Diversität in den Tropen, größte Abundanz in kalten Meeren.	PAASCHE 1968, HAQ 1978, BUZAS et al. 1987, SIESSER & HAQ 1987.
Diatomeen	Überwiegend marin, aber auch viele Arten im Brack- und Sußwasser oder sogar in feuchten Boden (terrestrisch). Planktonische und benthonische Formen. Größte Vielfalt und Abundanz in kalten, nahrstoffreichen Meeren.	BURCKLE 1978, BARRON 1987, SOUTH & WHITTIK 1987
Stromatolithen	Im hypersalinen, marinen, brackischen und Sußwasser-Milieu, vorwiegend in der photischen Zone.	WALTER 1976, SCHOPF 1987, GERDES et al 1991, RIDING 1991
Radiolarien	Rein marin, stenohalin, planktonisch, teilweise in tiefem Wasser. Vor allem in warmen Meeren verbreitet	KLING 1978, ANDERSEN 1983, CASEY 1987
Foraminiferen	Marin, als Gruppe euryhalin. Meisten Arten benthisch, planktonische Formen am artenreichsten in tropischen Ozeanen.	BUZAS & SEN GUPTA 1982, LEE & ANDERSON 1991, MURRAY 1991.
Schwamme	Sessil benthisch, überwiegend marin, einige Arten (Spongillidae) im Sußwasser. Meisten Formen auf Hartsubstraten, rezente Hexactinellida typischerweise auf Weichboden der Tiefsee. Aktive Suspensionsfresser.	BERGQUIST 1978, RIGBY & STEARN 1983, REITNER & KEUPP 1991.
Korallen	Steinkorallen rein marin, hermatypische (riffbildende) Korallen auf flaches, turbulentes, schwebstoffarmes Wasser der Tropen und Subtropen beschränkt. Passive Suspensionsfresser und Mikrokarnivoren	GOREAU et al. 1979, SCHUMACHER 1982, FAGERSTROM 1987
Bryozoen	Vorwiegend marine Gruppe, einige Brack- und Sußwasserarten. Meisten Formen sessil auf Hartsubstraten. Aktive Suspensionsfresser	RYLAND 1970, BOARDMAN & CHEETHAM 1987, MCKINNEY & JACKSON 1989.
Brachiopoden	Rein marine Gruppe. Mehrheitlich mit Stiel auf Hartsubstrat festgeheftet, einige Formen auf Weichboden. Aktive Suspensionsfresser.	RUDWICK 1970, RICHARDSON 1983, ROWELL & GRANT 1987, JAMES et al 1992
Muscheln	Vorwiegend marine Gruppe, einige Brack- und Sußwasserarten. Mehrheitlich endobenthische Suspensionsfresser in Weichboden, Vertreter verschiedener Gruppen epibenthisch, als Liegeformen, byssat oder zementiert. Nuculiden und Tellinaceen endobenthische Detritusfresser, Poromyaceen mikrocarnivor. Einige Arten in hartem Substrat bohrend.	STANLEY 1970, BOTTJER 1985, SEILACHER 1985
Schnecken	Vorwiegend marin, einige Gruppen im Sußwasser und auf dem Land. Marine Formen überwiegend benthische Herbivoren und Detritusfresser, einige Arten carnivor. Pteropoden und Heteropoden planktonisch.	LINSLEY 1978, HUGHES 1986

Cephalopoden	Rein marine Gruppe, nektonische und nektobenthische Räuber und Aasfresser.	DENTON & GILPIN-BROWN 1973, WARD 1987, WIEDMANN & KULLMANN 1988, MANGOLD 1990
Ostracoden	Überwiegend marin, einige Formen im Brack- und Süßwasser. Mehrheitlich benthonisch, einige Arten planktonisch. Verschiedene Ernährungstypen: Filtrierer, Detritusfresser, Mikrocarnivoren und Aasfresser.	BENSON 1981, BATE et al 1982, DEDECKER et al 1988
hohere Krebse	Diverse, mehrheitlich marine Gruppe, aber auch Vertreter im Süßwasser und auf dem Land. Benthonische und planktonische Formen. Verschiedene Ernährungstypen: Filtrierer, Detritusfresser, Carnivoren und Aasfresser	SCHRAM 1986
Seelilien	Rein marin. Fixosessil (gestielte Crinoiden) oder vagil (stiellose Crinoiden) benthische Arten. Passive Suspensionsfresser. Rezente gestielte Crinoiden Tiefwasserbewohner.	MACURDA & MEYER 1983, MEYER & AUSICH 1983, LAWRENCE 1987
Seeigel	Rein marin, vagil benthisch. Reguläre Seeigel epibenthische Weider und Detritusfresser, v.a. auf Hartboden. Irreguläre Seeigel auf oder in Weichboden, Detritusfresser	SMITH 1984, LAWRENCE 1987

Lebensweise rezenter Organismen

Die Kenntnis der Lebensweise rezenter Organismen ist für das Verständnis der Fossilien trotz der oben erwähnten Einschränkungen grundlegend. Nur von dieser Basis ausgehend ist es möglich, sich über die Vielfalt an Lebensformen und Lebensweisen fossiler Organismen und über die Funktion dieser Fossilien in ehemaligen Lebensgemeinschaften einen Überblick zu verschaffen. Eine kurze Charakterisierung der für die Paläontologie wichtigsten rezenten Organismengruppen des marinen Raumes gibt Tab. 2.1.

Vergangener taxonomischer "Aktualismus"

Es gibt gewisse Fälle, in denen der taxonomische Aktualismus kaum anwendbar ist. Beispiele wären etwa proterozoische und kambrische Fossilien, von denen die meisten zu heute ausgestorbenen Klassen oder gar Stämmen gehören. Hier kann jedoch etwas zur Anwendung kommen, was als "Die Vergangenheit ist der Schlüssel zur Vergangenheit" umschrieben werden kann ("ancient taxonomic uniformitarianism"; DODD & STANTON 1990). Wenn für eine Fossilgruppe auf indirektem Weg (Sedimentologie etc.) nachgewiesen werden kann, daß sie unter bestimmten Bedingungen gelebt hat, dann darf angenommen werden, daß Vertreter dieser Gruppe immer diese Umweltansprüche gehabt haben. Für Trilobiten beispielsweise muß gefolgert werden, daß sie marin waren. Wenn wir nun ein Trilobiten-führendes Gestein finden, dann dürfen wir dieses Sediment als marin klassifizieren.

Theoretisch ist es auch denkbar, daß mit Hilfe des taxonomischen Aktualismus auf die Lebensweise längst ausgestorbener Tiergruppen geschlossen wird. Ausgehend von jüngsten Sedimenten, welche sowohl heute noch lebende als auch ausgestorbene Arten enthalten, könnten zuerst die Umweltansprüche dieser erst in der jüngsten geologischen Vergangenheit ausgestorbenen Arten geklärt werden. Durch ein Verketten ("chaining"; DODD & STANTON 1990) sollte es schließlich möglich sein, auch die ökologischen Nischen längst ausgestorbener Arten zu bestimmen. Diese denkbare, aber aufwendige Methode ist jedoch mit vielen Fehlerquellen behaftet, und im konkreten Fall dürfte es einfacher sein, anhand von sedimentologischen, geochemischen Kriterien etc. das Paläomilieu zu rekonstruieren und so die Umweltansprüche der in den Ablagerungen enthaltenen Fossilien zu klären.

3. Funktionelle Morphologie

Die funktionelle Morphologie ist ein wichtiges Arbeitsgebiet der Paläontologie. Mit Hilfe dieser Methode versucht der Paläontologe oder Biologe, gewisse morphologische Strukturen mit einer bestimmten Funktion in Verbindung zu bringen. Es handelt sich also um eine explizit interpretierende Disziplin. Dabei können verschiedene Ebenen betrachtet werden: Organellen, Zellen, Gewebe, Organe, Teile von Organismen. Die funktionelle Morphologie stellt im Wesentlichen zwei Fragen: 1. Wozu dient die untersuchte Struktur (Vogelflügel = Flugorgan)? 2. Wie funktioniert die Struktur (Vogelflügel mit Tragflächenprofil, muskulär beweglich)?

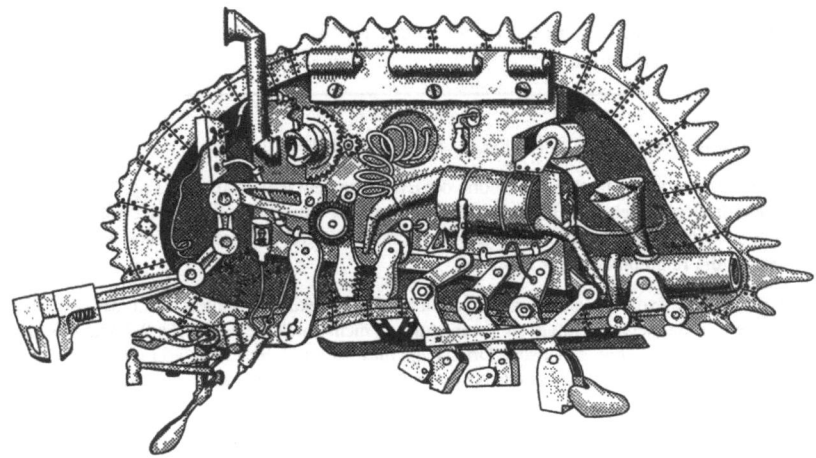

Fig. 3.1. Der Ostracode *Mechanocythere*. Diese Illustration soll das übertrieben mechanistische Denken in der Zoologie und Paläontologie aufzeigen. Nach GOULD 1970.

Die Arbeitsrichtung der funktionellen Morphologie geht dabei von einer Prämisse aus: Morphologie soll primär adaptiv, das heißt der Umwelt angepaßt sein. Die morphologischen Strukturen (und natürlich auch der physiologische Apparat) ermöglichen dem Organismus ein adäquates Funktionieren. In der Tat scheinen die uns bekannten Organismen nahezu perfekt an ihre Umwelt angepaßt zu sein. Diese Voraussetzung wird heute meist unter einem evolutiven Aspekt gesehen (z.B. SCHMIDT-KITTLER & VOGEL 1991). Dies ist aber keine notwendige Vorbedingung für funktionelle Untersuchungen. Verantwortlich für die Anpassung könnte auch ein "intelligenter Uhrmacher" gewesen sein.

Die mittlerweile klassische evolutive Erklärung ist bekannt: Rekombination und Mutationen erzeugen Variabilität auf genetischer Ebene, die natürliche Selektion "prüft" auf der Ebene des Organismus (Phänotyp). Durch die Auswahl der gut angepaßten beziehungsweise die durch Elimination der schlechter angepaßten (über den Fortpflanzungserfolg) erfolgt eine Optimierung innerhalb einer ganzen Population oder Art. Eine Schwierigkeit ist jedoch mit diesem Ansatz verbunden. Meist ist es möglich, für eine bestimmte Struktur eine Funktion zu postulieren. Es ist aber methodisch äußerst schwierig, das Gegenteil zu beweisen, nämlich, daß eine Struktur funktionslos, also adaptiv neutral ist (RAUP & STANLEY 1978).

Die adaptationistische Sichtweise wurde verschiedentlich stark kritisiert (z.B. GOULD & LEWONTIN 1979). Eine funktionelle Analyse darf nicht in übertrieben reduktionistischer Betrachtungsweise einen Organismus nur als Maschine sehen, welche aus austauschbaren und daher optimierbaren Einzelteilen besteht (siehe Fig. 3.1). Die phylogenetischen und bautechnischen Einschränkungen müssen ebenfalls in Betracht gezogen werden. Zudem muß ein Organismus während seiner gesamten Ontogenese funktionsfähig sein. Häufig kann daher eine bestimmte Struktur eine Kompromißlösung auf verschiedene funktionelle Anforderungen sein. In neuerer Zeit erfolgte die Kritik am adaptationistischen Programm (Funktionalismus) hauptsächlich aus zwei Richtungen: der neutralen Evolutionstheorie (KIMURA 1983) und dem Strukturalismus (LAMBERT & HUGHES 1984, HUGHES & LAMBERT 1984). Diese Kritik (vgl. Box 2) ist eng mit Fragen der Evolutionsmechanismen verbunden.

Box 2. Funktionalismus - Neutralismus - Strukturalismus

Die neo-darwinistische oder synthethische Theorie der Evolution geht davon aus, daß Populationen genetisch und phänotypisch plastisch sind. Über den Mechanismus der natürlichen Selektion erfolgen strukturelle Anpassungen an funktionelle Anforderungen. Die Form einer Struktur wird daher von ihrer Funktion bestimmt. Dies ist die funktionalistische Position.

Die neutrale Theorie der Evolution wurde ursprünglich nur für Moleküle formuliert. Nach der neutralistischen Ansicht werden die meisten evolutiven Veränderungen nicht durch die natürliche Selektion bewirkt, sondern entstehen durch zufällige genetische Drift. Falls dies auch auf der Ebene von morphologischen Strukturen zutreffen würde, wären funktionelle Analysen fragwürdig, da die untersuchten Strukturen selektiv neutral sein konnten.

Der Strukturalismus betont morphogenetische Gesetzmässigkeiten bei der Entstehung von morphologischen Formen. Eine Struktur kann nicht beliebig verändert werden, da die Entstehung dieser Struktur ontogenetischen Einschränkungen unterliegt. Daher bestimmt die Form die Funktion und nicht umgekehrt.

3.1. Theoretische Morphologie

Damit man eine bestimmte Struktur funktionell interpretieren kann, sollte man zuerst in der Lage sein, den Grundbauplan dieser Struktur zu beschreiben. Sodann ist nicht nur von Interesse, welche morphologischen Abwandlungen dieser Struktur bei verschiedenen Arten existieren, sondern darüber hinaus auch, welche Morphologien zwar theoretisch möglich wären, in der Natur von der betreffenden Organismengruppe aber nicht verwirklicht wurden. Die Arbeitsrichtung, welche sich mit solchen Fragestellungen beschäftigt, ist die theoretische Morphologie.

Die theoretische Morphologie hat ihre Ursprünge in den Arbeiten von THOMPSON (1942). Komplexe Morphologien wurden auf wenige Gesetzmäßigkeiten des Wachstums reduziert, und die resultierende Struktur konnte im Idealfall durch einfache mathematische Formeln beschrieben werden. In der Folge wurde versucht, die theoretische Morphologie zu einer eigentlichen Wissenschaft der Form aufzuwerten (GOULD 1970). In neuerer Zeit sind allerdings kaum mehr Arbeiten auf dem Gebiet der theoretischen Morphologie erschienen. Es ist aber sehr wohl möglich, daß die fraktale

Funktionelle Morphologie

Geometrie zu einem erneuten Interesse an dieser Arbeitsrichtung führt (z.B. theoretische Morphologie der Ammoniten-Lobenlinie).

Beispiel der spiralen Gehäuse

Eines der anschaulichsten Beispiele zur theoretischen Morphologie stammt von RAUP (1966, 1967). Unter den wirbellosen Tieren sind diejenigen mit einer spiral aufgerollten Schale besonders für theoretisch-morphologische Untersuchungen geeignet. Verschiedene Merkmale eines solchen Gehäuses bleiben während des gesamten Wachstums bemerkenswert konstant und können recht genau durch eine einfache Gleichung beschrieben werden: die einer logarithmischen oder gleichwinkligen (äquiangularen) Spirale (RAUP & STANLEY 1978). Eine spiral aufgerollte Schale evoluierte mehrmals und ist in so verschiedenen Tiergruppen wie Foraminiferen, Brachiopoden und Mollusken zu finden.

Die grundlegende Geometrie eines spiral aufgerollten Gehäuses kann durch eine Schneckenschale beispielhaft illustriert werden (Fig. 3.2). Es handelt sich um eine konische Röhre, welche am weiten Ende (Mündung) offen ist. Neues Schalenmaterial wird mehr oder weniger kontinuierlich an der Mündung angelagert. Während des Wachstums wird aber an der einen Seite der Mündung mehr Schalensubstanz gebildet als an der anderen. Dies hat den Effekt, daß das Gehäuse eine spirale Form annimmt, daß die konische Röhre also um eine fixierte Windungsachse aufgerollt wird. Lediglich vier Parameter sind nötig, um die Form der meisten spiralen Gehäuse zu beschreiben (RAUP 1966):

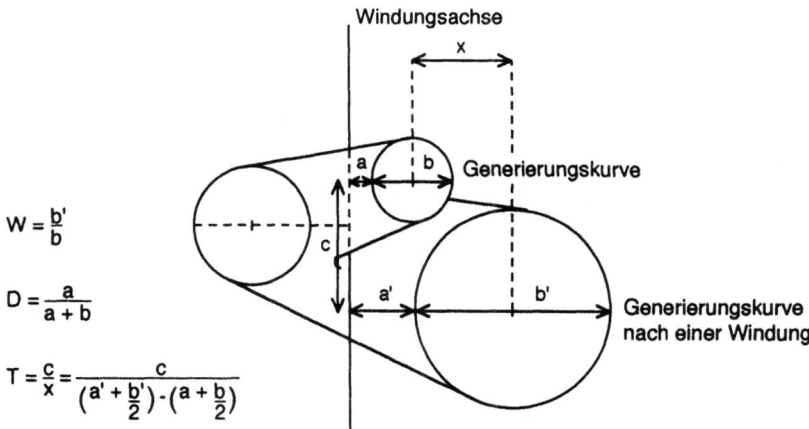

Fig. 3.2. Schematische Darstellung einer Windung einer Schneckenschale. Nach RAUP 1966.

1. Die Generierungskurve ("shape of the generating curve";), das heißt die Form der konischen Röhre im Querschnitt (Windungsquerschnitt), angeschnitten von einer durch die Windungsachse gelegten Ebene.

2. Die Expansionsrate der Generierungskurve ("rate of whorl expansion"; W), bezogen auf die Aufwindung. Die Expansionsrate der Windung ist definiert als das Verhältnis von derselben li-

nearen Dimension (z.B. Durchmesser) zweier Generierungskurven, welche eine ganze Windung (360°) auseinanderliegen. Eine Expansionsrate von 2 bedeutet beispielsweise, daß sich die Breite des Windungsquerschnitts innerhalb einer vollen Windung verdoppelt.

3. Die Position und Orientierung der Generierungskurve in Bezug zur Windungsachse. Bei einem runden Windungsquerschnitt wird die Distanz zwischen Generierungskurve und Windungsachse definiert ("distance of generating curve"; D), wenn der Windungsquerschnitt nicht zirkulär ist, muß zusätzlich noch die Orientierung der Windung berücksichtigt werden.

4. Die Bewegung der Generierungskurve entlang der Achse ("whorl translation"; T). Diese Translation wird am besten definiert als Verhältnis der Bewegung entlang der Achse im Verhältnis zur Bewegung von der Achse weg. Der Referenzpunkt für die Bestimmung dieses Verhältnisses ist das geometrische Zentrum der Generierungskurve. Für planspirale Formen ist die Translation gleich Null.

Diese vier Parameter sind bei einer bestimmten Art häufig, aber nicht immer, während des Wachstums konstant. Wenn verschiedene Arten untersucht werden, dann zeigen sich aber mitunter große Unterschiede. Es existieren viele Schnecken, deren Generierungskurve kreisförmig ist, andere zeigen kompliziertere Windungsquerschnitte, welche sich nicht mehr durch einfache Formeln beschreiben lassen. Auch bezüglich der anderen Parameter existiert bei Schnecken eine beträchtliche Variation. Die Expansionsrate der Generierungskurve kann von nur wenig mehr als 1.0 (das theoretische Minimum) bis zu 4 oder 5 betragen. Die Generierungskurve kann mit der Windungsachse in Kontakt sein oder von derselben durch einen mehr oder weniger großen Nabel getrennt sein. Zu den wohl bedeutendsten Formunterschieden führt die Variation in der Translation, welche von Null (planspiral; meisten Ammoniten) bis zu sehr hohen Werten (Turmschnecken) variieren kann.

Mit den vier Parametern können viele, aber selbstverständlich nicht alle Merkmale der spiralen Gehäuse beschrieben werden. Ein nicht berücksichtigtes Merkmal wäre beispielsweise die Windungsrichtung, welche bei den meisten Schnecken merkwürdigerweise rechtsgerichtet ist. Auch Skulpturmerkmale sind in diesem Modell nicht berücksichtigt. Desgleichen wird angenommen, daß der wachsende Schalenrand, die Generierungskurve, planar ist. Dies ist insbesondere bei Brachiopodenschalen mit ausgeprägtem Sulcus nicht der Fall. Die auf den vier Parametern beruhende Beschreibung des spiralen Gehäuses hat aber den Vorteil, daß sie einfach ist und die äussere Schalenmorphologie recht genau widergibt.

Das Modell kann nun für verschiedene Tiergruppen angewandt werden. In Fig. 3.3 sind Abwandlungen der verschiedenen Parameter bei einer runden Generierungskurve dargestellt. Die Translation variiert von Null bis 4, die Expansionsrate von 1 bis 1'000'000 und die Distanz der Generierungskurve von der Windungsachse von Null bis 1. Dieses Blockdiagramm repräsentiert also alle geometrischen Formen, welche innerhalb dieses Modells theoretisch möglich sind ("morphospace"). Besonders gekennzeichnet sind die Regionen, welche von den meisten Vertretern der vier Gruppen Gastropoden, ectocochleate Cephalopoden, Bivalvia und Brachiopoden eingenommen werden. Gastropoden besitzen typischerweise eine geringe Expansionsrate, zeigen aber bezüglich der Translation und der Distanz der Generierungskurve eine große Variabilität. Muschelschalen haben eine geringe Translation und eine sehr hohe Expansionsrate. Auch die Brachiopodenschalen (große Variabilität in der Form der Generierungskurve) sind durch eine hohe Expansionsrate ausgezeichnet, unterscheiden sich aber von den Muscheln durch die fehlende

Translation (planspirale Schale) Die schalentragenden Cephalopoden sind mehrheitlich planspiral, ihre Expansionsraten sind aber deutlich kleiner als diejenigen der Brachiopoden

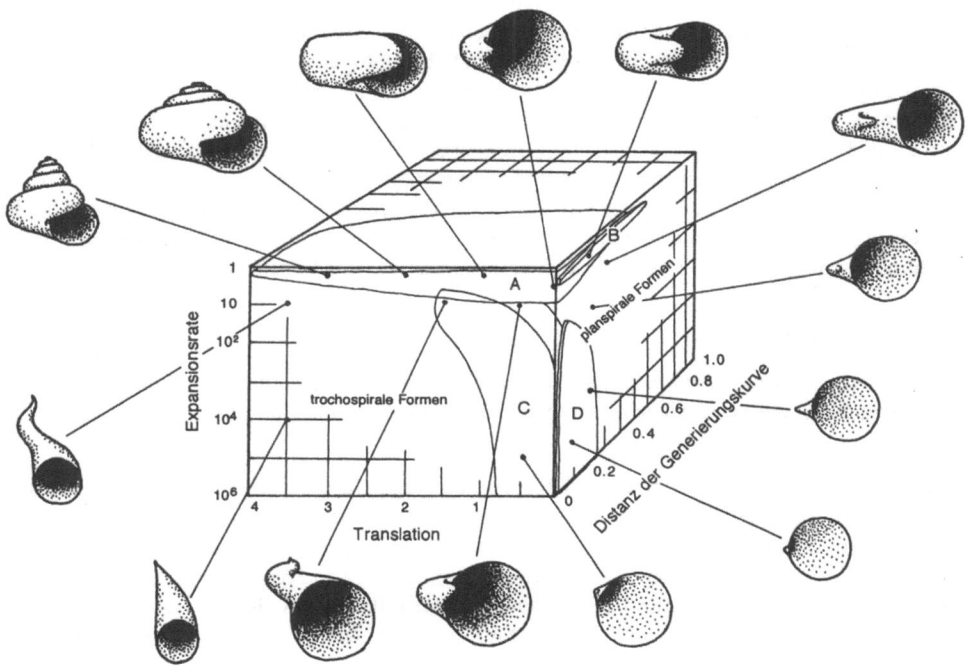

Fig. 3.3 Verteilung der Formtypen bei vier Tiergruppen mit spiraler Schale A Schnecken B Cephalopoden, C Muscheln D Brachiopoden Nach RAUP 1966

Es ist ersichtlich, daß die vier taxonomischen Gruppen weitgehend nicht-uberlappende Regionen beanspruchen Dies ist von einem funktionellen Gesichtspunkt aus nicht verwunderlich, haben die vier Gruppen doch weitgehend unterschiedliche Umweltansprüche Des weiteren ist auffallig, daß weite Bereiche des Blockdiagramms praktisch leer sind Es ist wahrscheinlich, daß die unrealisierten Morphologien nicht adaptiv sind (RAUP & STANLEY 1978)

Weitere Beispiele

Viele Foraminiferen besitzen ein Gehäuse, welches dem oben dargestellten Modell zu entsprechen scheint Im Gegensatz zu den Verhältnissen bei Cephalopoden hat aber die Kammerung des Gehauses einen großen Einfluß auf die äußere Form Die Kammerform muß daher in ein Modell, welches die Geometrie der Foraminiferenschale beschreibt, einbezogen werden (BRASIER 1982)

Ein weiteres instruktives Beispiel für theoretische Morphologie betrifft die Seeigelcorona und ihr Wachstum (RAUP 1968).

3.2. Methoden funktioneller Analysen

Die funktionelle Morphologie heutiger Lebewesen beruht meistens auf Beobachtungen, welche an lebenden Organismen gemacht werden. Ihre biologischen Aktivitäten können direkt beobachtet werden, und mittels Experimenten können verschiedene funktionelle Hypothesen getestet werden (COWEN 1979). Diese Vorgehensweise steht den Paläontologen nicht zur Verfügung. Sie müssen die biologischen Funktionen von Organen und Organismen aus den Strukturen ableiten, welche im Fossilbeleg erhalten geblieben sind. Häufig steht daher eine interpretierende anatomische Rekonstruktion des untersuchten Organismus am Anfang einer funktionellen Analyse. Die Schwierigkeit funktioneller Untersuchungen nimmt mit abnehmender Qualität der Fossilerhaltung und mit abnehmender Ähnlichkeit zu rezenten Organismen zu (COWEN 1979). So sind zum Beispiel die hervorragend erhaltenen Invertebraten des mittleren Kambriums der "Burgess shales" von British Columbia schwierig zu interpretieren, weil vergleichbare rezente Organismen nicht existieren.

Prinzipielles Vorgehen

Es existieren verschiedene Methoden, um für morphologische Strukturen Funktionen abzuleiten. Teilweise hängt der verwendete Ansatz vom zur Verfügung stehenden Material und seiner Erhaltung ab.

Das häufigste Vorgehen ist der Vergleich einer homologen Struktur bei fossilen und rezenten Organismen (COWEN 1979, RAUP & STANLEY 1978). Solche Strukturen haben den gleichen phylogenetischen Ursprung, und es kann häufig gefolgert werden, daß sie dieselbe Funktion erfüllten. Es wird beispielsweise angenommen, daß die Geweihe ausgestorbener Hirsche eine Funktion bei der Brunft hatten, wie dies für die rezenten Vertreter gilt. Für das Gehäuse der ausgestorbenen Ammoniten wird die gleiche Funktionsweise angenommen wie für die Schale des rezenten *Nautilus*.

Wenn Strukturen bei rezenten und fossilen Organismen zwar ähnlich sind, aber nicht denselben phylogenetischen Ursprung haben, dann spricht man von Homoplasie (gleiche Form). Häufig ist die Ähnlichkeit derart frappierend, daß davon ausgegangen werden kann, daß die Strukturen analog sind, also dieselbe Funktion erfüllten (konvergente Entwicklung). Die Brustflossen der Ichthyosaurier lassen sich am besten mit denjenigen von Delphinen vergleichen, die Extremitäten von sauropoden Dinosauriern am sinnvollsten mit den Extremitäten von Elephanten oder Nashörnern. Dieser Ansatz kann kritisiert werden, weil kein objektives Kriterium zur Auswahl des rezenten Analogs existiert (REIF 1983).

Die meisten den Paläontologen zur Verfügung stehenden Strukturen sind Skelettreste, und Skelettelemente sind meist Hartteile, welche eine mechanische Funktion erfüllen. Falls weder homologe noch analoge rezente Vergleichsobjekte zur Verfügung stehen, kann möglicherweise ein Vergleich mit einer Maschine sinnvoll sein. Für die Rekonstruktion des Flugverhaltens großer Pterosaurier wurde auf Segelflugzeuge als Analoga zurückgegriffen (BRAMWELL & WHITFIELD 1974).

Eine weitere Möglichkeit funktioneller Analysen ist die Nachbildung und Simulation von Hartteilen aus geeignetem Material. Mit Hilfe von nachgebildeten Muschelschalen konnte der Grabvorgang simuliert werden und die Funktionsweisen von verschiedenen Form- und Skulpturmerkmalen geklärt werden (STANLEY 1975b)

Paradigmenmethode

Falls keine geeigneten rezenten Vergleichsobjekte zur Verfügung stehen und die oben beschriebenen Verfahren ungenügend sind, kann auf die von RUDWICK (1964) eingeführte Paradigmenmethode zurückgegriffen werden. Bei diesem Ansatz werden für eine bestimmte Struktur mehrere Funktionen postuliert. Für diese Funktionen werden in der Folge abstrakte Modelle, sogenannte Paradigmen, formuliert. Jedes Paradigma soll so konstruiert sein, daß es die postulierte Funktion optimal erfüllt. Das Resultat ist also eine Auswahl hypothetischer Strukturen. Das Paradigma, welches der aktuellen Struktur am ähnlichsten ist, wird ausgewählt, und die mit ihm assoziierte Funktion als die wahrscheinlichste für die untersuchte Struktur postuliert.

Das detaillierte Vorgehen bei der Anwendung der Paradigmenmethode ist folgendes (COWEN 1979, DODD & STANTON 1990)

1. Die zu erklärende Struktur wird identifiziert, beschrieben und die Weichteilmorphologie rekonstruiert

2. Es werden Hypothesen über alle möglichen Funktionen der Struktur aufgestellt

3. Für jede Funktion wird eine ideale Struktur (ein Paradigma) konstruiert, welche die postulierte Funktion optimal erfüllt

4. Die aktuelle Struktur wird mit den Paradigmen verglichen, und die Funktion des ähnlichsten Paradigmas wird als mutmaßliche Funktion der aktuellen Struktur angenommen

Die Paradigmenmethode wurde in den letzten Jahren kaum mehr explizit angewandt. Das ihr zugrunde liegende Vorgehen ist jedoch Bestandteil vieler funktioneller Analysen. Ironischerweise dürfte die ursprüngliche Analyse, welche RUDWICK (1961) als Ausgangspunkt für die Formulierung seiner Paradigmenmethode wählte, falsch gelöst worden sein. Der Untersuchungsgegenstand war eine Gruppe paläozoischer Brachiopoden, die Richthofeniiden. Es handelt sich um stark aberrante Brachiopoden, welche mit ihrer schüsselförmigen Stielklappe direkt am Substrat festgewachsen waren. Die dorsale Armklappe ist zu einem dünnen Deckelorgan reduziert und wird bei bestimmten Formen von einer Siebplatte der Stielklappe überdeckt. Es wurde nun argumentiert, daß der für die Ernährung und Respiration nötige Wasseraustausch bei Brachiopoden mit einer hochkonischen Stielklappe nicht mehr über den normalen Mechanismus, das Erzeugen eines Wasserstroms durch die Aktivität der Cilien auf den Lophophoren, gewährleistet werden konnte. Vielmehr wurde das Paradigma bevorzugt, welches den erforderlichen Wasserstrom durch schnelles Auf- und Zuklappen der dünnen Armklappe erzeugte (Fig 3.4, RUDWICK 1961, COWEN 1975). Dieses Modell schien einige der ungewöhnlichen Merkmale richthofeniider Brachiopoden in der Tat erklären zu können. Auf der anderen Seite wurde aber argumentiert, daß die Richthofeniiden einen normalen Lophophor besessen hatten, welcher an der dünnen Armklappe befestigt war. Dies hatte der Beweglichkeit dieser Deckelklappe Grenzen gesetzt. Zudem wurde ein richthofeniider Brachiopode der Gattung *Hercosestria* entdeckt, bei welchem zwischen Armklappe und Siebplatte ein anderer Brachiopode offensichtlich in Lebensstellung erhalten war (Fig 3.5). Dieses Tier mußte als Larve durch die Maschen der Siebplatte gelangt sein und, wie die abnormal gekrümmte Armklappe von *Hercosestria* nahelegte, die Armklappe zu Lebzeiten des richthofeniiden Brachiopoden besiedelt haben. Mit einer solchen Auflast wurde aber das postulierte schnelle Auf- und Zuklappen der Deckelklappe unmöglich (GRANT 1975). Vermutlich erzeugten also auch die aberrant ausgebildeten Richthofenien den Wasserstrom durch die Mantelhöhle durch die Aktivität der Cilien auf den Lophophoren (GRANT 1975).

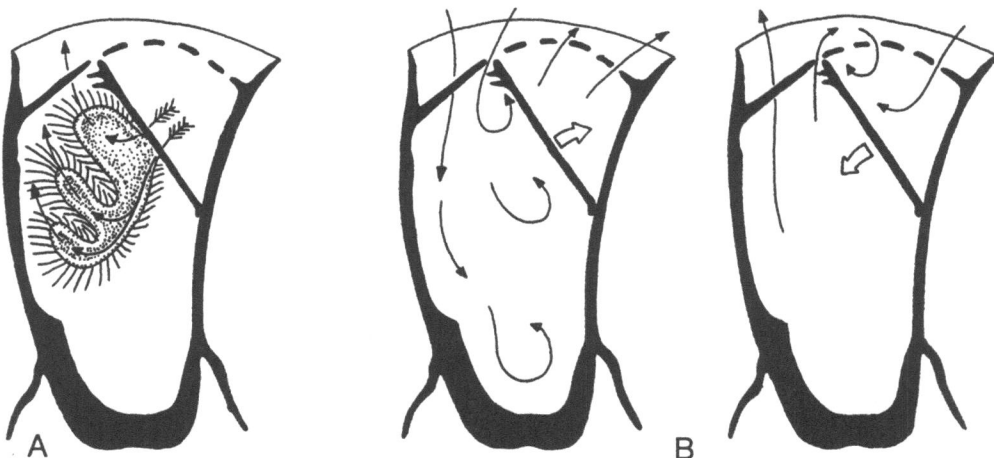

Fig. 3.4. Verschiedene Interpretationen der Ernährungsweise bei richthofeniiden Brachiopoden. A: Konventionelle Interpretation; der Wasserstrom wird durch den cilienbesetzten Lophophor erzeugt B Der Wasserstrom wird durch das Auf- und Zuklappen der Armklappe erzeugt. Nach ROWELL & GRANT 1987

Konstruktionsmorphologie

Die bisher aufgeführten Prinzipien funktioneller Analysen betonen jeweils den adaptiven Aspekt einer bestimmten Struktur, gehen also davon aus, daß eine Struktur zur Erfüllung ihrer Funktion ein optimales Design hat. Dieser "hyperselektionistische" Ansatz (RAUP 1972) ist äußerst reduktionistisch-mechanistisch. Einen Ansatz, explizit auch nicht-adaptive Faktoren in eine morphologische Analyse einzubeziehen, stellt die von SEILACHER (1970a) in der Paläontologie eingeführte Konstruktionsmorphologie dar.

In der Konstruktionsmorphologie wird davon ausgegangen, daß drei wesentliche Faktoren die Form einer Struktur oder eines Organismus beeinflussen. Es handelt sich um folgende drei Faktoren (SEILACHER 1970a; Fig. 3.6):

Funktionelle Morphologie

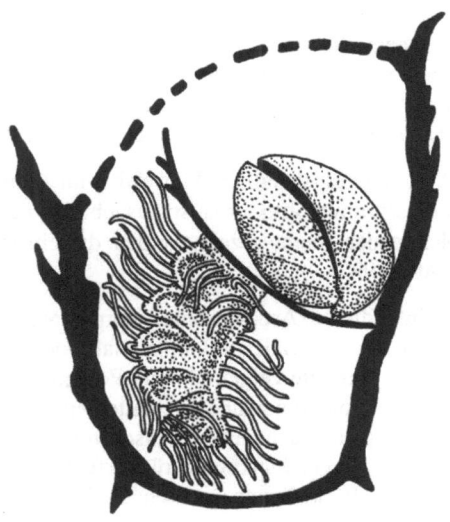

Fig. 3.5 Schnitt durch den Brachiopoden *Heicosestria cribrosa* Auf der Armklappe ist ein Brachiopode der Gattung *Composita* festgewachsen welcher offensichtlich als Larve durch die Maschen der Siebplatte gelangte und die Armklappe von *Heicosestria* zu deren Lebzeiten besiedelte Nach GRANT 1975

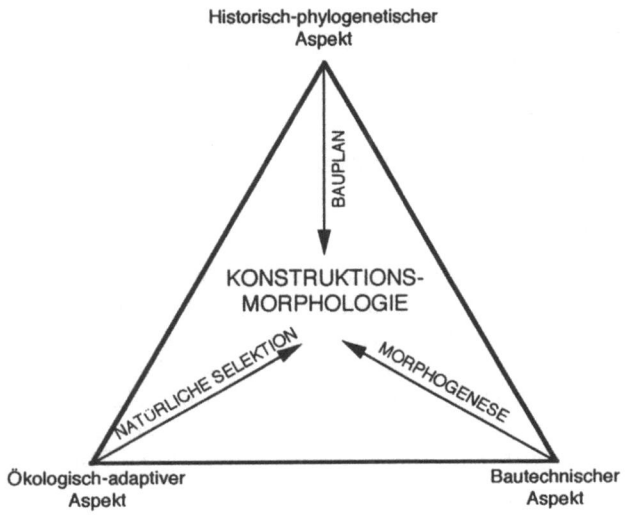

Fig. 3.6 Drei wichtige Faktoren welche die Morphologie kontrollieren Nach SEILACHER 1970a

- Historisch-phylogenetischer Aspekt Dies kann als das evolutionare Erbe der Entwicklungslinie aufgefaßt werden Dieser Aspekt hat den Effekt, die moglichen Adaptationen zu beschranken

(RAUP 1972), Variationen nur innerhalb eines bestimmten "Bauplans" zuzulassen. Sowohl ein Unterseeboot als auch ein Cephalopode mit einer gekammerten Außenschale müssen Probleme von Auftrieb, hydrostatischem Druck, Stabilität, Manövrierfähigkeit und hydrodynamischem Design lösen. Die resultierenden Strukturen sind aber nicht einmal oberflächlich ähnlich, da die Schale eines Cephalopoden durch randliche Schalenanlagerung wachsen muß (Bauplan), das Unterseeboot aber überhaupt keinen Wachstumsbeschränkungen unterliegt (RAUP 1972).

- Ökologisch-adaptiver Aspekt. Dies ist der Aspekt, welcher im Zentrum der meisten funktionellen Analysen steht. Eine bestimmte Struktur ist so ausgebildet, daß sie ihre Funktion erfüllen kann. Im Falle der Cephalopoden konnte gezeigt werden, daß ein Trend zu strömungsgünstigeren Formen existiert (WARD 1980).

- Bautechnischer Aspekt. Unter diesem Aspekt werden morphologische Muster zusammengefaßt, welche entweder eine Folge des verwendeten Baumaterials und/oder eines morphogenetischen Programms sind. Zahlreiche Skelette zeigen ein aus Polygonen zusammengesetztes Mosaikmuster. Beispiele sind Korallenkolonien und die Platten einer Seeigelcorona. Die weite verwandtschaftliche Entfernung schließt den phylogenetischen Faktor aus, andererseits können die Ähnlichkeit auch nicht auf die gleiche Funktion zurückgeführt werden. Vielmehr ist das Mosaikmuster das Resultat dichtester Packung von wachsenden Einheiten, welche schließlich von den Nachbarn am weiteren Wachstum gehindert werden (RAUP 1972).

In der Konstruktionsmorphologie werden die phylogenetischen, die adaptiven und die bautechnischen Aspekte einer Struktur einander gegenübergestellt, und jede Struktur erscheint als Kompromiß zwischen Bauplan, Paradigma (sensu RUDWICK) und bautechnischem Programm (SEILACHER 1970).

Das Konzept der Konstruktionsmorphologie bietet den Vorteil, daß eine Struktur ganzheitlich und nicht nur unter dem Blickwinkel der Adaptation betrachtet wird. In der Praxis ist es allerdings oft schwierig, den Einfluß der drei oben aufgeführten Faktoren abzuschätzen.

3.3. Beispiele funktioneller Analysen

Blattform bei Angiospermen

Die Blätter der Angiospermen zeigen bezüglich Form und Größe eine enorme Vielfalt. Die unter bestimmten Umweltbedingungen wiederkehrenden Blattformen deuten darauf hin, daß diese Formen adaptiv sind (PIANKA 1988). Die Ausbildung der Blätter hängt von verschiedenen Umweltfaktoren ab: Lichtintensität, Temperatur, Verfügbarkeit von Wasser, Wind, Herbivoren. Wenn ein einzelnes Blatt im Schatten wächst, ist es meist größer und weniger gezackt als ein Blatt derselben Pflanze, welches an der Sonne wächst. Desgleichen sind die schattentoleranten Arten des Unterholzes eher durch ganzrandige Blätter gekennzeichnet als die Bäume des obersten Waldstockwerks.

Die Blattform in Abhängigkeit vom Klima ist besonders bei Bäumen gut untersucht. Gefiederte Blätter mit kleinen Blättchen kommen hauptsächlich unter heißen, trockenen, solche mit größeren Blättchen unter warmen, feuchten Bedingungen vor. Aride Regionen sind durch Pflanzen mit kleinen sklerotisierten Blättern und Stammsukkulenten charakterisiert. Blätter von Bäumen der tropischen Regenwälder sind typischerweise groß und ganzrandig, während Bäume kalter, feuchter

Klimazonen kleine, gesägte oder gezackte Blätter haben (PIANKA 1988). Das Verhältnis von ganzrandigen zu gezähnten Blättern ist unter sonst gleichbleibenden Bedingungen (Feuchtigkeit) direkt abhängig von der mittleren Jahrestemperatur (WOLFE 1978; Fig. 3.7). Diese Methode wurde dazu verwendet, die Klimageschichte des Tertiärs von Nordamerika zu rekonstruieren (Fig. 3.8).

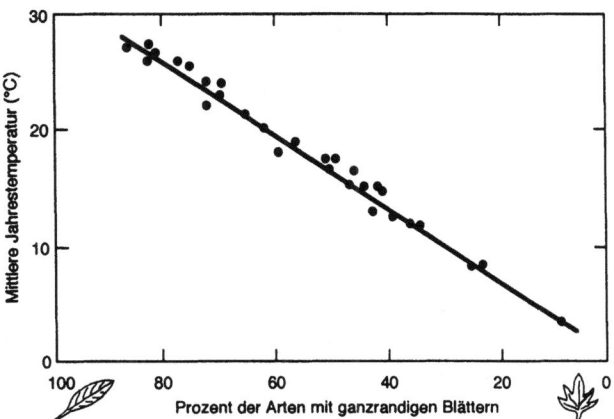

Fig. 3.7. Verhältnis ganzrandiger zu gezähnten Blättern in Abhängigkeit von der mittleren Jahrestemperatur. Nach WOLFE 1978.

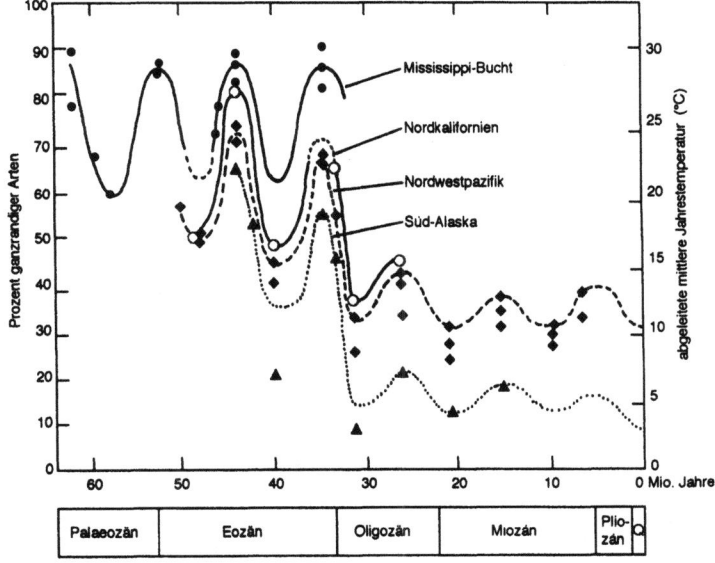

Fig. 3.8. Variation des Verhältnisses ganzrandiger zu gezähnten Blättern im Tertiär Nordamerikas und mutmaßliche Paläotemperaturen. Nach WOLFE 1978.

Muscheln

Muscheln eignen sich besonders gut für funktionelle Untersuchungen in der Palökologie, da bei dieser Gruppe ein sehr enger Zusammenhang zwischen Form und Funktion besteht. Zahlreiche Weichkörpermerkmale zeichnen sich zudem auf der Schaleninnenseite ab, so daß auch direkte Aussagen über die Weichkörperanatomie möglich sind. Zudem bietet die große Diversität rezenter Muscheln hervorragende homologe und analoge Vergleichsmöglichkeiten für die Untersuchung fossiler Muscheln (STANLEY 1975a). Zwischen Schalenform und Lebensweise oder auch bevorzugtem Habitat lassen sich in den meisten Fällen direkte Korrelationen ableiten (STANLEY 1970).

Heutzutage herrscht weitgehend Einigkeit darüber, daß die ursprünglichen Muscheln untief grabende Weichbodenbewohner waren (POJETA 1987). Ob sich die ersten Muscheln als Detritusfresser ernährten, ist umstritten. Als primitiv gilt der Besitz von protobranchiaten Federkiemen, von Mundtentakeln, eine taxodonte Bezahnung und das Fehlen eines Byssus im Adultstadium. Dieser Zustand wird heute noch von den detritusfressenden Nuculoida repräsentiert. Die rezenten Vertreter der Gattung *Nucula* besitzen eine etwas nach vorn verlängerte Schale, welche höchstens schwache Skulptur aufweist, und pflügen sich in variabler Lage durch das oberflächennahe Sediment (STANLEY 1970). Siphonen fehlen. Die Schalenmorphologie deutet auf keine speziellen Anpassungen an den Grabvorgang hin.

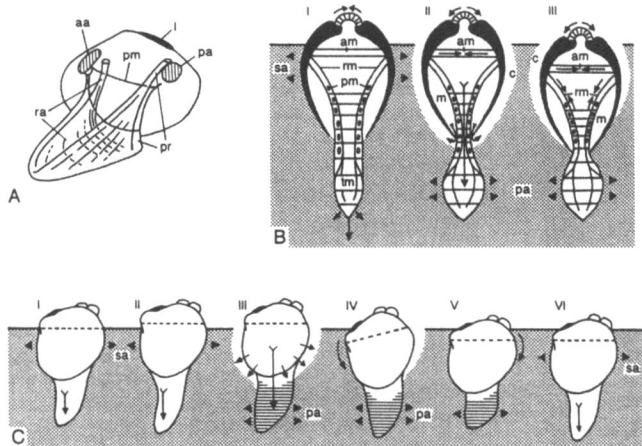

Fig. 3.9. Grabvorgang bei Muscheln. **A**: Generalisierte Darstellung einer Muschel mit ausgestrecktem Fuß. aa: vorderer Schließmuskel; pa: hinterer Schließmuskel; ra: vorderer Fußretraktor; pr: hinterer Fußretraktor; pm: Protraktormuskel; l: Ligament. **B**: Schematische Querschnitte durch eine Muschel während des Grabvorgangs. I· Die Klappen werden geöffnet und die Schale im Sediment verankert (sa). Gleichzeitig wird der Fuß durch Protraktormuskel (pm) und transversalen Fußmuskel (tm) nach unten ins Sediment gestoßen. II: Die Adduktormuskeln (am) werden kontrahiert, wodurch Wasser aus der Mantelhöhle (m) ins umgebende Sediment gelangt und dieses lockert (c). Gleichzeitig läßt der erhöhte Druck der Hämolymphe den Fuß distal anschwellen und verankern (pa). III: Die Kontraktion der Fußretraktormuskeln (rm) zieht die Schale nach unten ins gelockerte Sediment. **C**: Seitenansicht der sukzessiven Stadien des Grabvorgangs. Dargestellt sind wiederum Verankerung der Schale (sa) und Verankerung des Fußes (pa). Infolge ungleichzeitiger Kontraktion von vorderem (ra) und hinterem Fußretraktor resultiert eine Rotationsbewegung. Nach POJETA 1987.

Funktionelle Morphologie 27

Gegenüber diesem "ursprünglichen" Zustand weichen die meisten der heute lebenden Muscheln ab. Die Mehrzahl der rezenten Muscheln sind Suspensionsfresser. Die mit Cilien besetzten Kamm- (filibranchiat) oder Blattkiemen (eulamellibranchiat) erzeugen einen gerichteten Wasserstrom durch die Mantelhöhle, welcher an den Kiemen gefiltert wird. Eine typische untiefgrabende Muschel aus der Ordnung Veneroida (artenreichste Gruppe), wie sie beispielsweise durch die Herz- und Venusmuscheln repräsentiert wird, besitzt einen nach vorn geneigten Wirbel (prosogyr) und ein verlängertes hinteres Schalenende. Unterhalb des Wirbels ist eine flache, skulpturlose Region vorhanden, die sogenannte Lunula. Die Skulptur ist bei den Veneroida unterschiedlich ausgebildet. Diese Schalenform mit den breiten Wirbeln und der flachen Lunula erleichtert den Grabvorgang (STANLEY 1975b). Muscheln graben mit einem bemerkenswert konstanten Verhaltensprogramm, welches sich zwischen den verschiedenen Gruppen kaum unterscheidet. Folgende Schritte charakterisieren eine einzelne Grabsequenz (Fig. 3.9; TRUEMAN 1966, 1968), welche mehrmals wiederholt wird, bis die Muschel die normale Lebensposition erreicht hat (STANLEY 1975b):

1. Der Fuß wird nach unten ins Sediment gedrückt.

2. Die Siphonen werden geschlossen, oder, falls keine Siphonen ausgebildet sind, verschließen die Mantelränder die Mantelhöhle.

3. Die beiden Klappen werden zusammengezogen, wodurch der Druck in der Mantelhöhle erhöht wird. Dadurch wird Blut in den Fuß gepreßt, welcher anschwillt und sich so im Sediment verankert. Gleichzeitig wird Wasser von der Mantelhöhle ins umgebende Sediment gepreßt, wodurch dieses teilweise verflüssigt wird.

4. Die Fuß-Retraktormuskeln kontrahieren. Dadurch wird die Schale gegen den verankerten Fuß und somit tiefer ins Sediment gezogen. Der vordere Retraktormuskel kontrahiert zuerst und bewirkt eine vorwärts gerichtete Rotation der Schale. Anschließend kontrahiert auch der hintere Retraktormuskel, und die Schale erreicht wieder die normale, aufrechte Lage.

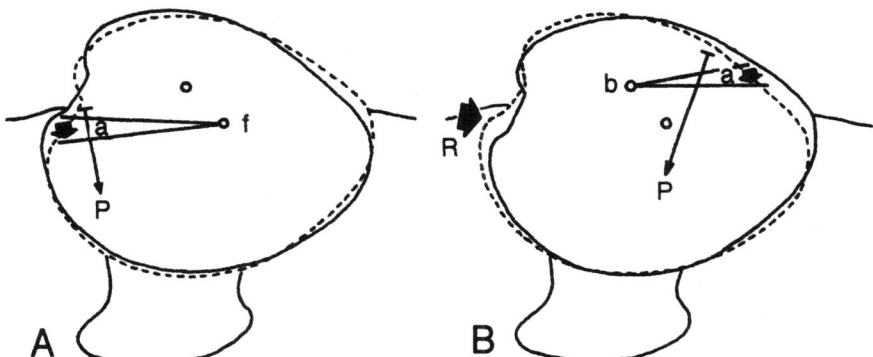

Fig. 3.10. Rotationsbewegung beim Grabvorgang (Beispiel *Mercenaria mercenaria*). a: Rotationswinkel; P: Kontraktionsrichtung der Fußretraktoren; f: Achse der Vorwärtsrotation; b: Achse der Rückwärtsrotation; R: Widerstand des Sediments gegen Wirbel und Lunula. A: Die teilweise eingegrabene Muschel rotiert ausgehend von der aufrechten Position (ausgezogener Umriß) nach vorne (gestrichelter Umriß). B: Rückwärtsrotation in die aufrechte Position. Nach STANLEY 1975b.

Es zeigte sich, daß die Rotationsbewegung für den Grabvorgang essentiell ist. Die Muscheln können sich ins Sediment eingraben, weil die Achse der Vorwärts-Rotation deutlich hinter der Achse der Rückwärts-Rotation liegt. Die Funktion von prosogyrem Wirbel und Lunula besteht darin, bei der Kontraktion des hinteren Retraktormuskels die Schale fest im Sediment zu verankern und so zu verhindern, daß das Vorderende der Schale nach oben ausweicht. Dadurch wird die Achse der Rückwärts-Rotation nach vorn verschoben (Fig. 3.10). Der entscheidende Einfluß von Wirbel und Lunula beim Grabvorgang konnte durch Experimente nachgewiesen werden. Muscheln, bei welchen die Wirbel- und Lunularegion künstlich aufgefüllt wurde, waren beim Eingraben deutlich langsamer als unveränderte Muscheln (STANLEY 1975b, 1981).

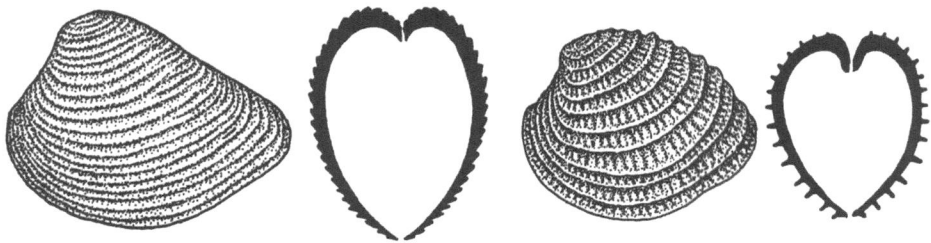

Fig. 3.11. Halbschematische Darstellung von Grabskulptur (*Anomalocardia*; links) und Verankerungsskulptur (*Chione*; rechts) bei Muscheln. Teilweise nach STANLEY 1981.

Auch die Funktion der Skulptur wurde mit entsprechenden Experimenten geklärt. Viele Veneroida besitzen konzentrische Rippen, welche im Querschnitt nicht symmetrisch aufgebaut sind. Während die Rippen nach dorsal steil abfallen, sind die Rippen auf der Ventralseite flach (Fig. 3.11). Solche Rippen können im Extremfall als Terrassenskulptur (SEILACHER 1973a) ausgebildet sein. Diese Rippen erleichtern den Grabvorgang, indem eine so skulptierte Schale bei den Rotationsbewegungen leicht nach unten ins Sediment bewegt werden kann und die Rippen gleichzeitig ein Ausweichen der Schale nach oben verhindern (STANLEY 1975a). Ein anderer, ebenfalls häufig verwirklichter Typus der Berippung besteht aus scharfen, deutlich von der Schalenoberfläche abgesetzten Rippen (Fig. 3.11). Sie sind dünn im Vergleich zu ihrer Höhe und erleichterten offensichtlich den Grabvorgang nicht. Häufig sind sowohl konzentrische als auch radiale Rippen vorhanden (Gitterskulptur). Eine solche Skulptur ist häufig bei nur teilweise eingegrabenen Muscheln zu finden. Die Funktion konnte wiederum durch Experimente geklärt werden. Diese Skulptur verankert die Muschel fest im Substrat und hat zudem den Effekt, daß Wasserströmungen gebrochen werden. Dadurch wird verhindert, daß die Muschel ausgewaschen wird (STANLEY 1975a, 1981).

Die Entwicklung von Siphonen, hervorgegangen aus verschmolzenen Mantelrändern, ermöglichte den Muscheln, auch in tiefe Sedimentschichten vorzudringen. Eine tiefgrabende Lebensweise vermindert den Feinddruck, schützt besser vor dem Ausgewaschenwerden und ermöglicht das Leben in einem weitgehend von Fluktuationen freien Milieu (STANLEY 1975a). Kurze Siphonen können stets vollständig in die Schale zurückgezogen werden. Bei größeren Siphonen wird dies zunehmend zu einem Problem, da das entsprechende Organ im kontraktierten Zustand Platz braucht. Der Besitz großer, fleischiger Siphonen ist daher immer mit einem Sinus in der Mantel-

Funktionelle Morphologie

linie korreliert. Die Mantellinie, die muskulöse Ansatzstelle des Mantels an der Schale, wird im hinteren Schalenteil nach innen verlagert, um der Retraktormuskulatur des Siphos und diesem Organ selbst Platz zu schaffen. Sehr große, lange Siphonen können nicht mehr vollständig in die Schale zurückgezogen werden, welche entsprechend im geschlossenen Zustand am Hinterende klafft. Tief grabende Muscheln weisen zudem häufig glatte Schalen auf, die Berippung ist reduziert. Eine Grabskulptur ist tief im Sediment auch nicht nötig, denn tief grabende Muscheln sind kaum mehr in Gefahr, ausgespült zu werden. Sie sind also nicht mehr auf die Fähigkeit zum schnellen Graben angewiesen. Bei zunehmender Eingrabtiefe nimmt der umgebende Sedimentdruck zu. Dies hat zur Folge, daß das Öffnen der beiden Klappen zunehmend schwieriger wird. Es muß also ein entsprechend starkes Ligament ausgebildet sein. Dieses ist bei den meisten tief grabenden Muscheln nach innen verlagert (druckempfindliches Ligament) und so vor Abrieb geschützt. Die Schloßzähne, welche bei den Muscheln in erster Linie eine Torsion der beiden Klappen gegeneinander verhindern, sind bei tief grabenden Muscheln dagegen nicht mehr von vorrangiger Bedeutung. Tatsächlich ist die Bezahnung bei diesen Arten oft reduziert. Es existieren weitere Korrelationen zwischen Schalenform und Eingrabtiefe (Fig. 3.12). Mit zunehmender Eingrabtiefe ist eine stärkere seitliche Abflachung und eine Verlängerung der Schale (meist nach hinten) verbunden. Zudem wird der vordere Schalenteil mit zunehmender Eingrabtiefe immer mehr nach unten gekippt. Tief eingegraben lebende Muscheln sind also mit der Kopfregion nach unten orientiert.

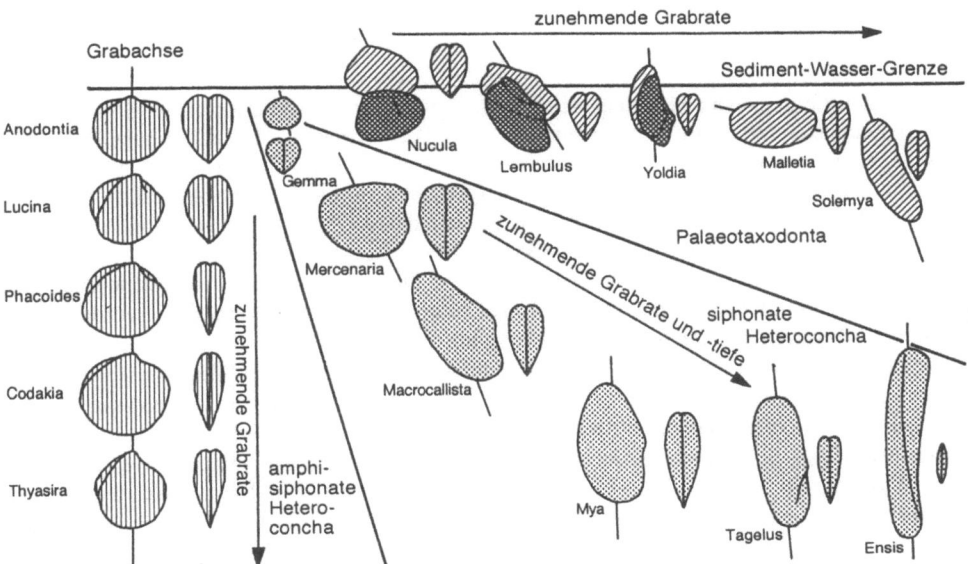

Fig. 3.12 Relation von Schalenumriß und Konvexität zu Grabtiefe und -rate Nach POJETA 1987

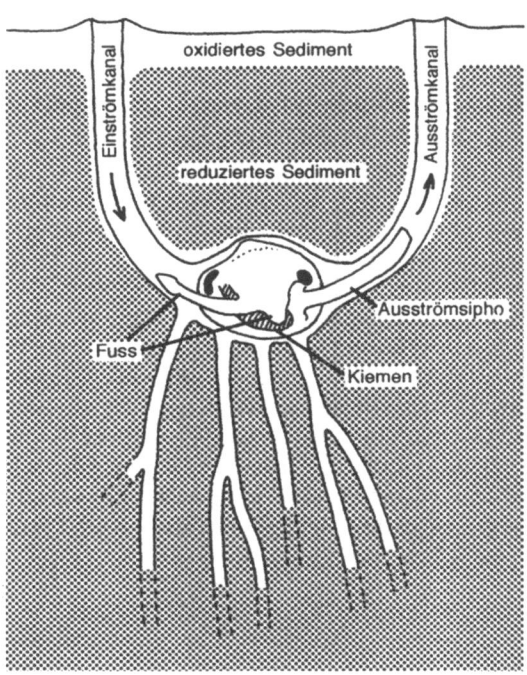

Fig. 3.13. Eine lucinide Muschel in Lebensposition. Verändert nach FISHER 1990.

Eine Gruppe tiefgrabender Muscheln weicht vom bisher besprochenen Bauplan ab. Es handelt sich um die Lucinidae, welche im Silur erstmals auftraten. Die Vertreter der Luciniden haben keinen Sinus und zeigen auch sonst einige anatomische Besonderheiten (Fig. 3.13; ALLEN 1958). Sie leben mit dem Wirbel nach oben orientiert, was für tiefgrabende Muscheln ungewöhnlich ist. Ihr Fuß ist zweigeteilt. Der vordere Teil ist wurmförmig ausgebildet, der hintere Teil als normaler Grabfuß. Wenn sich eine lucinide Muschel eingegraben und ihre Lebensposition erreicht hat, streckt sie den wurmförmigen Fußteil vorne zur Sedimentoberfläche. Dieses Organ besitzt zahlreiche schleimabsondernde Drüsen, welche den gebildeten Kanal verkitten und stabilisieren. Diese vordere Röhre fungiert als Einströmkanal und stellt die Versorgung mit Frischwasser und Nährstoffen sicher. Der gerichtete Wasserstrom wird auch bei den Luciniden durch die ciliaten Kiemen erzeugt. Dieses durch den Einströmkanal eintretende Wasser wird nun aber nicht zuerst an den Kiemen gefiltert, sondern führt am charakteristisch nach ventral verlängerten vorderen Schließmuskel vorbei. Die Oberfläche dieses Schließmuskels ist von einem cilienbesetzten Epithel umgeben, welches die mit dem Wasserstrom herangeführten Nahrungspartikel sortiert und zum Mund weitertransportiert. Dieser Sortierungsmechanismus befördert auch größere Partikel zum Mund, als das bei normaler Kiemenfilterung der Fall ist. Das Wasser durchströmt in der Folge die Mantelhöhle und verläßt diese über den hinteren Ausströmsipho. Dieser dünne Sipho ist wie bei anderen Muscheln zurückziehbar, bedingt aber keine Einbuchtung der Mantellinie. Die speziellen morphologischen Merkmale der Luciniden wurden schon früh mit ihrer Lebensweise in Verbindung gebracht und als Anpassung an das Leben in nährstoff- und sauerstoffarmen Habitaten interpretiert (ALLEN 1958).

Heute weiß man, daß vermutlich alle Luciniden in Symbiose mit chemoautotrophen Bakterien leben (FISHER 1990). Diese Bakterien leben intracellulär in den fleischigen Kiemen der Muscheln und sind auf die Zufuhr von H_2S angewiesen. Dieses H_2S kann durch den Einströmkanal in die Mantelhöhle diffundieren, was bei dem Besitz eines fleischigen Einströmsiphos nicht möglich wäre. Die meisten Vertreter der Luciniden bohren mit dem wurmförmigen Fußteil zudem auch mehrere Gänge vertikal nach unten ins Sediment, was ebenfalls die Versorgung mit H_2S gewährleistet (Fig. 3.13; FISHER 1990, SEILACHER 1990a).

Einige Muschelgruppen waren wegen historisch-phylogenetischer und bautechnischer Einschränkungen offenbar nie in der Lage, eine tiefgrabende Lebensweise zu entwickeln. Dazu gehören beispielsweise die Trigoniidae, eine im Mesozoikum dominante Muschelfamilie in küstennahen Meeressedimenten (STANLEY 1977a). Die Trigoniidae besitzen eine dicke Schale mit einem verlängerten, abgestumpften Hinterende, eine äußerst kräftige schizodonte Bezahnung und einen nach hinten geneigten Wirbel (opisthogyr). Typischerweise ist auch eine kräftige Skulptur ausgebildet. Diese bemerkenswerte Muschelfamilie, welche am Ende der Kreide beinahe ausstarb, war wegen ihrer bizarren Morphologie schon früh Gegenstand von Untersuchungen. Erst durch die Untersuchung der einzigen noch heute lebenden Gattung *Neotrigonia* konnten jedoch die funktionsmorphologischen Zusammenhänge geklärt werden. *Neotrigonia* besitzt einen äußerst kräftigen, abgewinkelten Fuß, welcher sie nicht nur zum sehr schnellen Graben, sondern darüber hinaus auch zum Springen befähigt. Dieses Verhalten ist sonst nur von wenigen Muscheln bekannt (Cardiidae). Damit der massige Fuß ausgestreckt werden kann, müssen die beiden Schalenklappen weit geöffnet werden. Dies erfordert wiederum ein Schloß, welches auch bei einem weiten Öffnungswinkel eine Torsion der beiden Klappen verhindert. Diese Funktion erfüllen die enormen, gestreiften Schloßzähne. Diese spezifische Schloßstruktur ist aber nur möglich bei einem zugespitzten Wirbel. Die Trigoniidae waren wegen dieses Form-Funktions-Komplexes offenbar nicht in der Lage, ausgehend vom opisthogyren Wirbel ihrer Vorfahren einen prosogyren, stumpfen Wirbel zu evoluieren (STANLEY 1977a). Dieses Defizit wurde aber durch die Entwicklung diskordanter Schalenskulpturen kompensiert, welche diese Muscheln zu schnellem Graben befähigte.

Ein ausgezeichnetes Beispiel für den Einfluß historisch-phylogenetischer und bautechnischer Zwänge bieten auch die Arcoida. Vertreter dieser Gruppe besitzen ein taxodontes Schloß und ein duplivinculäres, äußeres Ligament. Ein Byssus ist häufig auch im Adultstadium vorhanden. Die Weichkörperanatomie ist innerhalb der ganzen Gruppe bemerkenswert konstant (THOMAS 1978a). Insbesondere der Besitz eines schwachen Ligaments verhinderte, daß Vertreter dieser Gruppe eine tiefgrabende Lebensweise entwickeln konnten. Der Besitz eines langen, geraden Schloßrandes setzte zudem der Entwicklung möglicher Schalenformen enge Grenzen. Alle Arcoida waren und sind entweder epibenthisch-byssate Hartbodenbewohner, semiendobenthisch-byssate oder untief grabende Weichbodenbewohner. Die strukturellen Limitationen beschränkte die Verbreitung der Arcoida im wesentlichen auf unstabile Habitate (z.B. bewegter Sand). Innerhalb der phylogenetisch und morphogenetisch bedingten Einschränkungen haben die Arcoida aber wiederholt ähnliche (konvergente) Formen entwickelt, welche sich mit der jeweiligen Lebensweise korrelieren lassen (STANLEY 1970, 1972, THOMAS 1978a,b). Besonders gut belegt ist die Abhängigkeit der Schalenform von der Beziehung zum Substrat (Fig. 3.14). Endobenthische und semiendobenthische Formen weisen ein Länge/Höhe-Verhältnis von weniger als 1.35 auf, während epibenthisch-byssate Arten ein deutlich höheres Länge/Höhe-Verhältnis aufweisen, also langgestreckt sind.

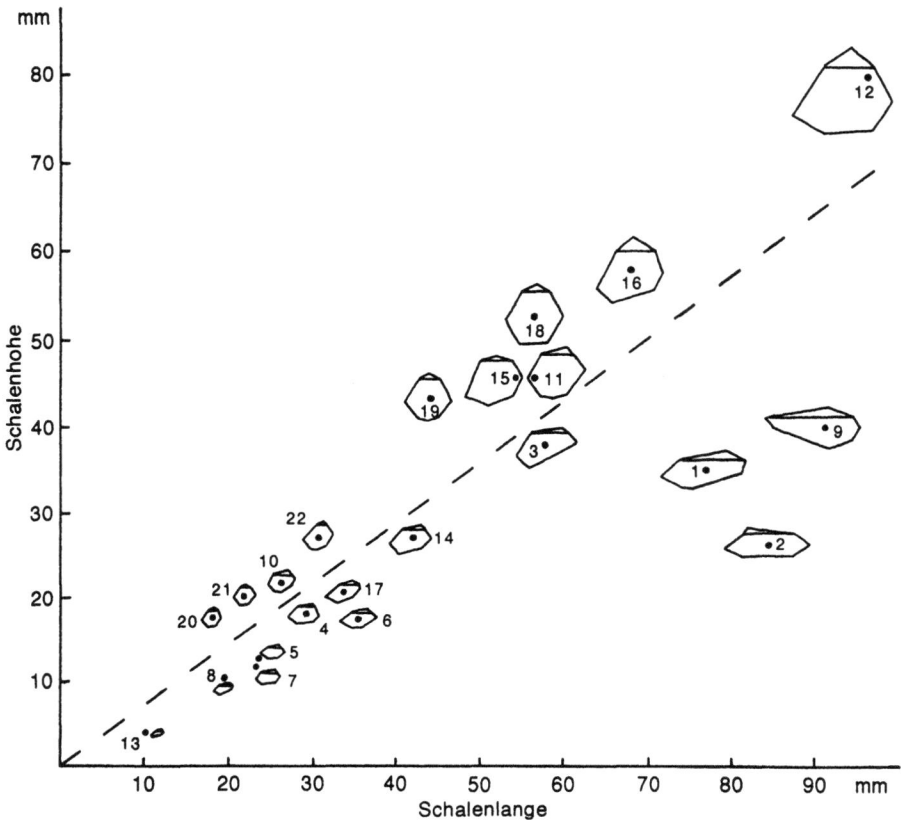

Fig. 3.14. Schalenform bei adulten Arcoida. Die gestrichelte Linie gibt das Langen/Hohen-Verhaltnis von 1.35 an, welches endobenthische und semiendobenthische von epibenthisch-byssaten Formen trennt. 1. *Arca*. 2. *Litharca*. 3-6. *Barbatia*. 7. *Samarca*. 8. *Bentharca*. 9. *Trisidos*. 10-11. *Anadara*. 12. *Senilia*. 13. *Scaphula*. 14. *Porterius*. 15. *Cucullaea*. 16. *Noetia*. 17. *Sheldonella*. 18-19. *Glycymeris*. 20-21. *Limopsis*. 22. *Empleconia*. Nach THOMAS 1978b.

Auf die diversen epibenthische Muscheln soll hier nicht näher eingegangen werden. Es können Hartbodenbewohner (zementiert oder byssat) und Weichbodenbewohner unterschieden werden. Die meisten epibenthischen Weichbodenbewohner müssen von Hartbodenbewohnern abgeleitet werden (SEILACHER 1984). Hier soll nur die Beziehung zwischen Schalenform und Lebensweise bei den Mytilidae diskutiert werden. Die meisten rezenten Mytilidae sind epibyssat (Beispiel *Mytilus*), sie heften sich also mit hornigen Fäden an harten Substraten an. Ein bedeutender Anteil der Mytilidae lebt jedoch endobyssat teilweise eingegraben in Lockersediment (Beispiel *Modiolus*), wo sie sich mit den Byssusfäden an größeren Sedimentpartikeln oder Pflanzenresten anheften (Fig. 3.15; STANLEY 1970). Die beiden Gruppen lassen sich gut anhand der Schalenmorphologie unterscheiden (STANLEY 1972). Endobyssate Formen besitzen einen gerundeten Schalenquerschnitt, während die Ventralregion bei epibyssaten Formen abgeflacht ist (Fig. 3.16). Bei epibyssaten Arten ist zudem der vordere Schalenteil stark reduziert, der Wirbel liegt endständig. Endobyssate Arten weisen demgegenüber einen vor dem Wirbel liegenden Lobus auf. Diese Korrelationen zwischen Schalenform und Lebensweise läßt sich auch bei fossilen Mytilidae beobachten.

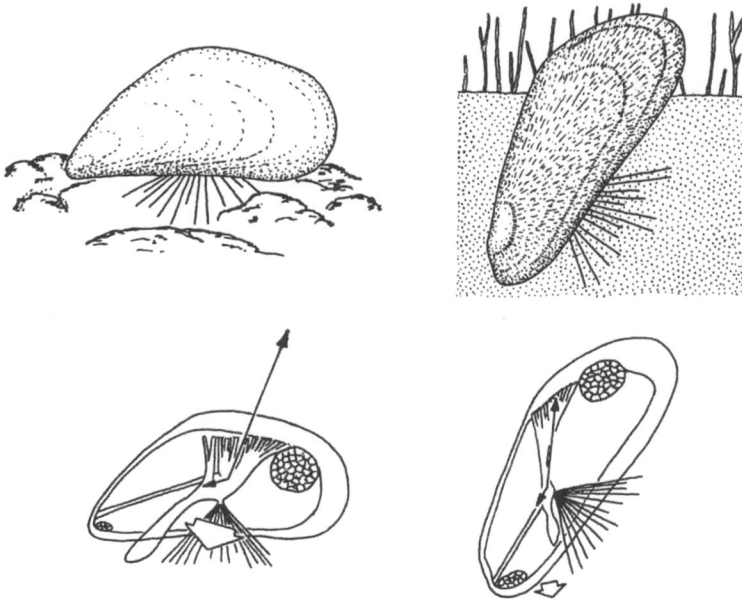

Fig. 3.15. Vergleichende Morphologie von *Mytilus edulis* (links) und *Modiolus demissus* (rechts). Die großen Pfeile unten geben die Richtung an, in welcher die Schale bei Kontraktion der Retraktormuskulatur gezogen wird. Nach STANLEY 1972.

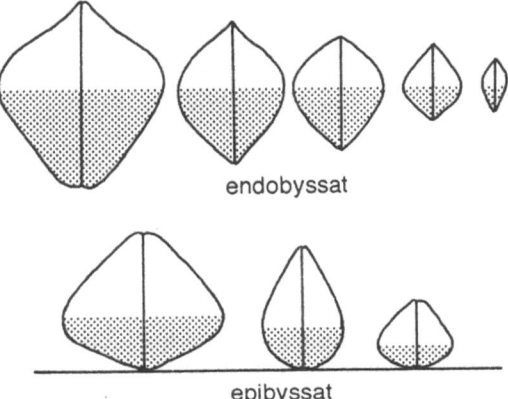

Fig. 3.16. Vergleich des Schalenquerschnitts endobyssater und epibyssater Vertreter der Mytilidae. Der ventral der maximalen Schalendicke liegende Teil ist schraffiert. Nach STANLEY 1972.

Seeigel

Von allen (post-palaozoischen) Echinodermen zeigen die Seeigel das beste Fossilisationspotential, da bei dieser Gruppe die mesodermalen Skelettelemente, wenigstens bei post-palaozoischen Vertretern, zu einer starren Kapsel zusammengefugt sind Die Seeigel sind heute eine diverse Gruppe mit über 100 Arten (SMITH 1984) Es handelt sich um geeignete Objekte fur funktionelle Analysen, da das komplexe Skelett auf allen Ebenen eine enge Verbindung zwischen Struktur und Funktion aufweist (SMITH 1984)

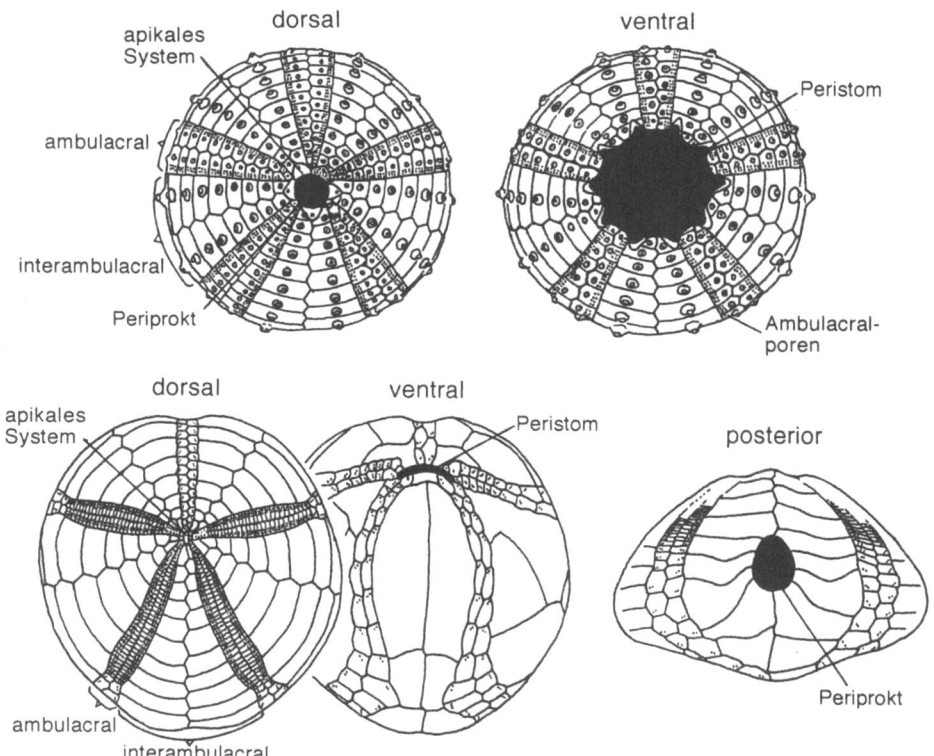

Fig. 3.17 Morphologie der Corona eines regularen (*Echinotiara* oben) und eines irregularen Seeigels (*Linthia* - unten) Nach SMITH 1984

Zuerst soll hier kurz der Grundbauplan der regularen Seeigel besprochen werden Bei den post-palaozoischen Vertretern besteht die kugelige Skelettkapsel (Corona) aus mehreren hundert Einzelplatten, welche in 20 Reihen angeordnet sind und eine pentamere Symmetrie zeigen (Fig 3 17) Jeweils Paare von Ambulacralplatten (von Poren fur den Durchtritt der Ambulacralfußchen durchbrochen) und Interambulacralplatten bilden insgesamt funf Ambulacral- (= Radien) und funf Interambulacralfelder (= Interradien) Seeigel besitzen keinen Kopf, eine sinnvolle Orientierung be-

Funktionelle Morphologie

schrankt sich deshalb auf die Begriffe oral (unten) und aboral (oben) Aboral ist das sogenannte apikale System lokalisiert Funf von je einem Porus durchbrochene Genitalplatten, von denen eine zur sogenannten Madreporen- oder Siebplatte modifiziert ist, und funf Ocellarplatten (terminale Ambulacralplatten) umgeben das membranose Afterfeld, den Periprokt Oral ist eine große Offnung (Peristom) ausgespart, welche die Mundoffnung mit dem Kieferapparat (Fig 3 18) enthalt und ebenfalls membranos verschlossen ist

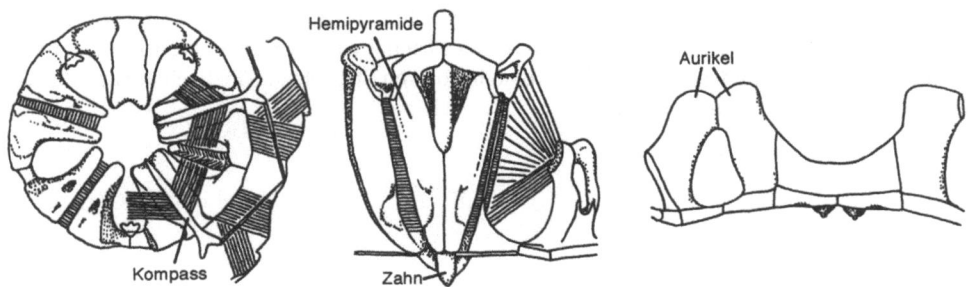

Fig. 3.18 Kieferapparat und perignathischer Gurtel bei einem camarodonten Seeigel Nach SMITH 1984

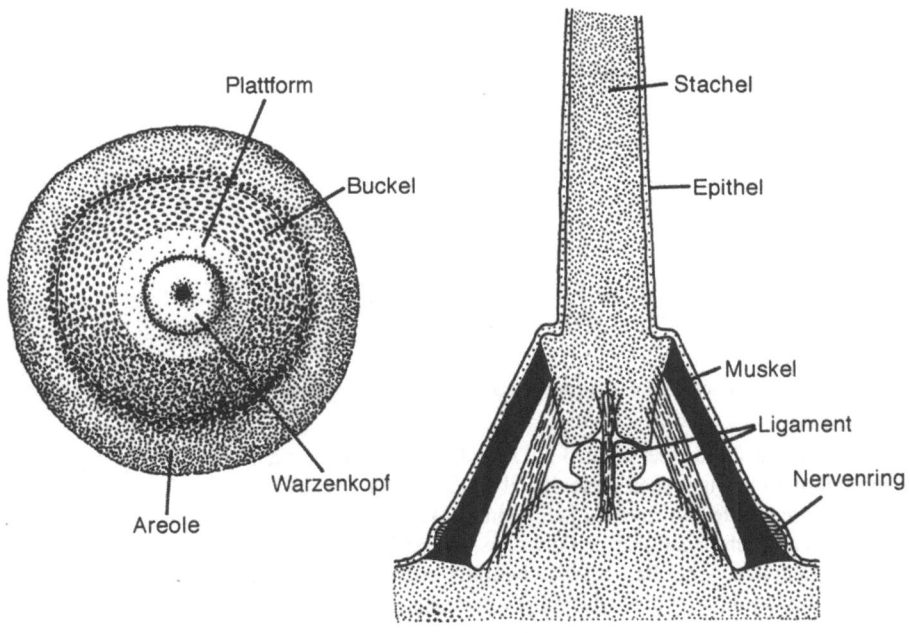

Fig 3 19 Stachelwarze und Stachel eines Seeigels schematische Darstellung Nach SMITH 1984

Seeigel besitzen charakteristische Körperanhänge. Die Stacheln dienen dem Schutz und der Fortbewegung. Ein einzelner Stachel ist durch Ligamente am Warzenkopf befestigt, durch einen aussen im Warzenhof (Areole) ansetzenden Muskelring erhält er seine Beweglichkeit (Fig. 3.19). Die Stacheln der regulären Seeigel sind effektive Verteidigungswaffen. Einige Seeigel besitzen Stacheln, welche distal hohl sind und Giftdrüsen enthalten. Andere Seeigelstacheln sind nadelartig zugespitzt. Eine weitere Verteidigungsstrategie ist die Entwicklung großer, dicker Stacheln, welche einen effektiven äußeren Verteidigungspanzer bilden. Die Stacheln auf der oralen Seite dienen zudem der Fortbewegung. Weitere Körperanhänge sind die Pedizellarien. Dies sind kleine, greifzangenähnliche Strukturen, welche auf einem flexiblen Stiel sitzen. Die teilweise mit Giftdrüsen ausgestatteten Pedizellarien entfernen unerwünschtes Material von der Körperoberfläche und treten in Aktion, wenn sich ein Feind nähert. Die Kombination von Stacheln und Pedizellarien ergibt eine sehr wehrhafte Körperoberfläche.

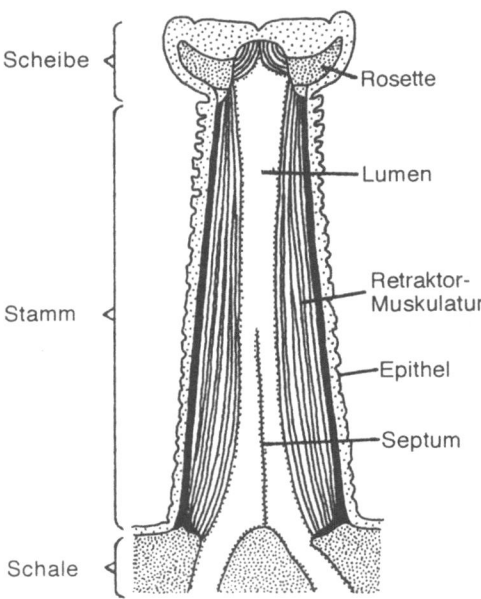

Fig. 3.20 Schematischer Längsschnitt durch ein Ambulacralfüßchen eines regulären Seeigels. Nach SMITH 1984.

Die Ambulacralfüßchen ("tube feet", Fig. 3.20) sind die nach außen gerichteten Ausstülpungen des nur bei Echinodermen vorhandenen Ambulacralgefäßsystems. Dieses hydraulische System steht über die Madreporenplatte mit dem Außenmedium (Meerwasser) in Verbindung. Die Ambulacralfüßchen treten durch meist paarige Poren aus und sind muskulär beweglich und kontrahierbar. Eine innen liegende Ampulle, welche ebenfalls kontrahierbar ist, ermöglicht das erneute Ausstülpen eines kontrahierten Füßchens und gewährleistet die individuelle Beweglichkeit der einzelnen Ambulacralfüßchen. Diese enden typischerweise in einer Saugscheibe. Mit Hilfe der Ambulacralfüßchen heftet sich ein regulärer Seeigel auf dem harten Untergrund fest und bewegt sich auf diesem fort. Die Ambulacralfüßchen sind zudem die wichtigsten Respirationsorgane eines

Funktionelle Morphologie

Seeigels. Der Gasaustausch wird bei einem globulären Körper mit beachtlicher Größe zu einem Problem. Die Ausstülpungen des Ambulacralgefäßsystems gewährleisten die notwendige Oberflächenvergrößerung.

Reguläre Seeigel fressen bevorzugt sessile und inkrustierende Algen und Tiere. Diese Nahrung wird mit den Zähnen des komplexen Kieferapparates (Laterne des Aristoteles; Fig. 3.18) abgeweidet. Der Kieferapparat erhält seine Beweglichkeit durch zahlreiche Muskeln, welche am sogenannten perignathischen Gürtel (Aurikel und Apophysen) inserieren.

Reguläre Seeigel sind typischerweise Hart- oder Festbodenbewohner und zeigen die oben beschriebene Morphologie. Abwandlungen dieses Musters zeigen sich beispielsweise bei spezialisierten Vertretern, welche Weichböden bewohnen. Die Corona ist bei diesen Arten oral abgeflacht und weist somit eine vergrößerte Auflagefläche auf. Die Stacheln sind lang und oftmals distal verbreitert, was ein Absinken ins weiche Sediment verhindert. Auch Arten, welche in der Hochenergiezone des felsigen Intertidals leben (z.B. *Colobocentrotus* sp.), weisen besondere Anpassungserscheinungen auf. Die Ambulacralfüßchen der Oralseite sind groß und äußerst muskulös. Die entsprechenden Ambulacralporen sind von breiten Regionen labyrinthischen Stereoms umgeben, welche als Ansatz der Retraktormuskulatur der Füßchen dienen. Die Stacheln sind bei bestimmten Arten prismenartig ausgebildet und grenzen dicht aneinander. Damit wird eine kompakte äußere Hülle gebildet, welche der Wasserturbulenz nur geringen Widerstand bietet.

Irreguläre Seeigel zeigen gegenüber dem Bauplan der regulären Seeigel deutliche Unterschiede. Die ursprünglich pentamere Symmetrie ist mehr oder weniger deutlich zu einer bilateralen Symmetrie abgewandelt (Fig. 3.17). Irreguläre Seeigel sind nun im Gegensatz zu den regulären Seeigeln ausschließlich Weichbodenbewohner. Sie leben auf oder im Lockersediment. Zur Nahrungsbeschaffung wird nicht mehr die Substratoberfläche abgeraspelt, sondern größere Mengen Sediment gefressen. Entsprechend sind die Kiefer reduziert oder fehlen ganz. Diese andere Lebensweise bringt völlig andere Probleme mit sich. Es müssen bedeutende Mengen Sediment durchgearbeitet werden, da hier die Nährstoffkonzentration normalerweise gering ist (SMITH 1984). Dies bedingt einerseits eine gerichtete Fortbewegung, andererseits eine effiziente Trennung von Nahrung und Abfall. Der After ist nach hinten oder hinten unten verlagert, der Apex besteht nur noch aus Genital- und Ocellarplatten. Mit diesen Anpassungen wird verhindert, daß bereits gefressenes Sediment noch einmal verarbeitet wird.

Im lockeren Untergrund ist Fortbewegung nur noch mit Hilfe der Stacheln möglich. Die Ambulacralfüßchen sind hier nur in der Lage, einzelne Sedimentpartikel zu bewegen. Die Stacheln sind für die Fortbewegung und den Grabvorgang modifiziert. Grobe, kräftige Stacheln, wie sie zur Verteidigung geeignet sind, wären beim Graben im Sediment störend. Die irregulären Seeigel besitzen daher feine, teilweise härchenartige Stacheln, welche oft distal spatelartig verbreitert sind. Die Stacheln der regulären Seeigel könne in alle Richtungen gleichermaßen gut bewegt werden. Entsprechend sind die Höfe rund um die Stachelwarzen gleichmäßig entwickelt. Um ein effizientes Eingraben zu ermöglichen, zeigen die Stacheln der irregulären Seeigel eine bevorzugte Bewegungsrichtung. Die Areolen sind in der Richtung vergrößert, in welche die Stacheln normalerweise bewegt werden (Fig. 3.21). Die bei vielen irregulären Seeigeln zu beobachtende Abflachung der Oralseite (v.a. untief grabende Arten) kann als Anpassung zu effizienterer Fortbewegung angesehen werden (SMITH 1984). Durch diese Abflachung kommen mehr Stacheln mit dem unkonsolidierten Sediment in Berührung. Eine extrem abgeflachte Körperform ist bei den "sand dollars" ausgebildet, welche eine etwas andere Ernährungsweise zeigen. Diese Formen pflügen sich dicht unter der Oberfläche durch das Substrat. Die Stacheln halten die gröberen Sandpartikel von der Körperoberfläche fern, die feineren Partikel fallen zwischen die Stachel und werden dort durch Cilien zur Oralseite transportiert (teilweise über Lunulae). Hier wird das feine Material durch Ambulacralfüßchen in feine Furchen überführt, eingeschleimt und ciliär zum Mund transportiert (SEILACHER 1979).

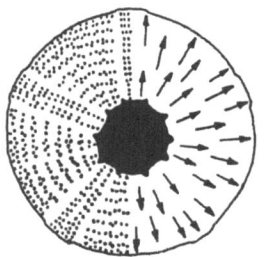 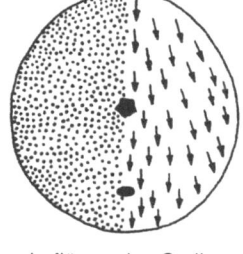 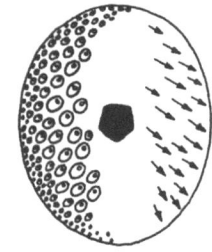

radialer Sedimenttransport Durchpflügen des Sediments lateraler Sedimenttransport

Fig. 3.21. Verschiedene Grabstrategien bei irregulären Seeigeln. Links ist jeweils die Anordnung und die Dichte der Warzen schematisch dargestellt, rechts geben die Pfeile die Richtung der Areolen-Vergrößerung an. Nach SMITH 1984.

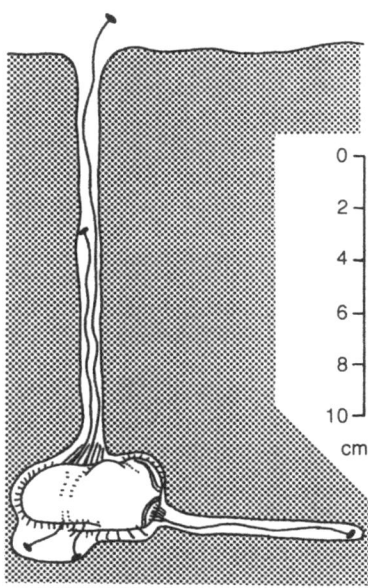

Fig. 3.22. Der Herzigel *Echinocardium* lebt tief eingegraben im Sediment. Seitenansicht. Nach NICHOLS 1959.

Die endobenthischen irregulären Seeigel sind mit einem weiteren Problem konfrontiert, welches sich den regulären Seeigeln nicht stellt: im Sediment ist der Gasaustausch mit Schwierigkeiten verbunden. Oberflächlich und in grobkörnigem Sediment grabende Arten kommen stets mit genügend sauerstoffhaltigem Porenwasser in Berührung. Tiefer grabende Arten (Herzigel; Fig. 3.22) benötigen aber spezielle Anpassungen, um die Respiration gewährleisten zu können, da hier das umgebende Sediment sauerstofffrei ist. Die Ambulacralfüßchen der aboralen Seite sind vergrößert und in sogenannten Petalodien angeordnet. Diese Füßchen dienen nur der Respiration. Das dichte Stachelkleid verhindert, daß das umgebende Sediment direkt mit der Körperoberfläche und mit den respiratorischen Ambulacralfüßchen in Berührung kommt. Nach oben zur Substratoberfläche wird durch spezialisierte Ambulacralfüßchen ein Kanal offengehalten, durch welchen frisches Wasser herangepumpt werden kann. Den dazu nötigen Wasserstrom erzeugen Cilienepithelien, welche bandartig auf der Körperoberfläche angeordnet sind (Fasciolen). Die Ambulacralfüßchen der oralen Seite besitzen keine Saugscheibe mehr, sondern enden in schleimabsondernden Scheiben. Mit diesen spezialisierten Füßchen erfolgt die Nahrungsaufnahme.

Archaeopteryx und der aktive Vogelflug

Fliegen ist im Tierreich weit verbreitet. Uns allen ist der aktive Flug der Insekten und Vögel vertraut, der Flug im weitesten Sinn umfaßt aber noch andere Anpassungserscheinungen. Die Fortbewegung im Luftraum wird in vier Kategorien eingeteilt (HILDEBRAND 1988, RAYNER 1989): das Gleitspringen, das Gleitfliegen, der aktive Flug und der Segelflug.

Das Gleitspringen ("parachuting") wird als Fortbewegungsweise definiert, bei welcher der freie Fall eines Körpers durch spezielle morphologische Merkmale gebremst wird. Die Sprungbahn kann von der Senkrechten (90°) bedeutend abweichen, es werden aber keine kleineren Winkel als 45° erreicht. Unter den heute lebenden Wirbeltieren kommt das Gleitspringen bei den Flugfröschen Südostasiens, der Paradiesschmuckbaumschlange und dem Faltengecko vor. Das Gleitfliegen ("gliding") unterscheidet sich vom Gleitspringen durch die flachere (kleiner als 45°) und meist längere Flugbahn. Zu einem Gleitflug befähigte Tiere erhöhen nicht nur den Luftwiderstand, sondern erzeugen mittels einer Fläche einen Auftrieb. Beispiele hierzu sind die fliegenden Fische, der Flugdrache *Draco volans* sowie verschiedene Säugetiere (Beutelflughörnchen, Flughörnchen, Flugbilche, Pelzflatterer).

Der aktive Flug mittels Flügelschlag ("flapping flight") bedingt, setzt, wie der Name besagt, einen Antrieb durch Muskelkraft voraus. Der Flügelschlag erzeugt eine Vorwärtsbewegung, und das Profil der Flügel erzeugt den nötigen Auftrieb. Durch den aktiven Flug kann ein Tier an Höhe gewinnen, auch wenn entsprechende Aufwinde fehlen. Der Segelflug ("soaring") ist eine sekundäre Adaptation großer Vögel (z.B. Albatrosse, Geier) und vermutlich auch der großen Pterosaurier. Zum Höhengewinn werden Aufwinde und lokal unterschiedliche Windgeschwindigkeiten ausgenutzt, während die Flügel bewegungslos ausgestreckt bleiben.

Die Flugfähigkeit und insbesondere der aktive Flug bringt für die dazu befähigten Organismen eine ganze Reihe von Vorteilen mit sich. Die Fortbewegung im Luftraum ermöglicht einmal die Erschließung neuer Nahrungsquellen zum anderen kann ein flugfähiges Tier leichter seinen Räubern entgehen. Schließlich ermöglicht die Flugfähigkeit auch größere Migrationen, um beispielsweise die kalte Jahreszeit in wärmeren Gebieten zu verbringen (HILDEBRAND 1988).

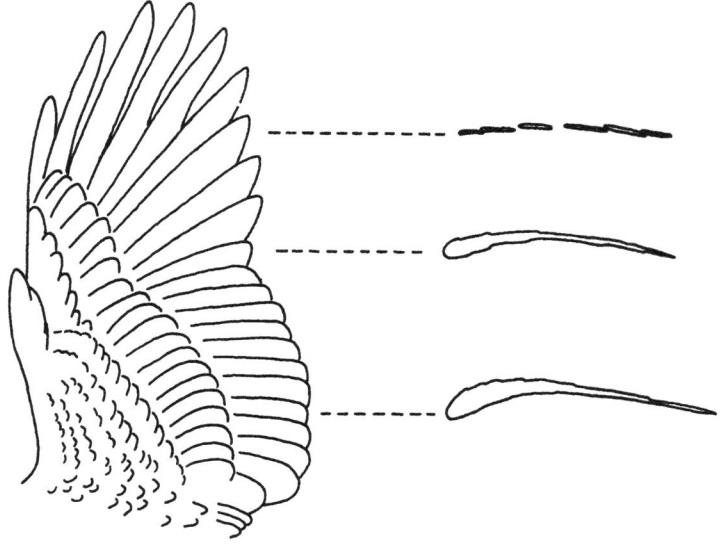

Fig. 3.23. Vogelflügel in der Aufsicht und im Querschnitt. Nach HILDEBRAND 1988.

Der aktive Flug wurde bei den Wirbeltieren mindestens dreimal unabhängig voneinander entwickelt, nämlich von den Pterosauriern (ob. Trias - ob. Kreide), den Vögeln (ob. Jura - heute) und den Fledertieren (Chiroptera; Eozän - heute). Auch einige Fische sind zu einem Flatterflug über kurze Distanzen fähig (Beilbauchfische, Fam. Gastropelecidae; STARCK 1979). Die besten Flieger sind aber sicherlich unter den Vögeln zu finden.

Es existieren verschiedene Voraussetzungen, damit ein aktiver Flug möglich wird (HILDEBRAND 1988, RAYNER 1989).

- Spezielle Organe (im Falle der Wirbeltiere die Vorderextremitäten) müssen zu Strukturen umgewandelt sein, welche einen Auftrieb erzeugen und so den Einfluß der Schwerkraft neutralisieren.

- Der Luftwiderstand des Körpers muß gering sein.

- Es muß ein Strukturkomplex ausgebildet sein, welcher einen kräftigen Antrieb und eine gezielte Fortbewegung ermöglicht.

- Die Manövrierbarkeit muß oft auf engstem Raum gewährleistet sein.

Diese primären Voraussetzungen bedingen weitere funktionelle Anpassungen:

- Das Skelett muß versteift und leicht gebaut sein. Vögel besitzen pneumatisierte Hohlknochen, in welche Luftsäcke hineinführen. Mehrere Thorakalwirbel sind miteinander verschmolzen und bilden zusammen mit dem Becken eine stabile Rahmenkonstruktion im hinteren Rumpfbereich. Der Schultergürtel ist vergrößert und bietet zusammen mit dem elastischen, aber doch stabilen Brustkorb großflächige Ansatzstellen für die Flugmuskulatur.

- Ein leistungsfähiges physiologisches System muß zur Verfügung stehen. Vögel sind warmblütig, besitzen ein im Verhältnis zur Körpergröße sehr großes Herz und eine nach dem Durch-

Funktionelle Morphologie

strömprinzip gebaute Lunge. Das thermoregulatorische System erfordert seinerseits eine ausreichende Isolation der Körperoberfläche (Federn bei Vögeln, Haare bei Fledertieren und Pterosauriern).

- Eine dem Fliegen angepaßte Sensorik muß die Orientierung gewährleisten. Vögel orientieren sich vorwiegend optisch und verfügen über eine sehr gute Sicht, Fledermäuse verwenden dazu Ultraschall-Echoorientierung.

Diese Erfordernisse werden nicht nur von den flugfähigen Wirbeltieren erfüllt, sondern auch von den fliegenden Insekten.

Sowohl Auftrieb wie auch Antrieb werden bei allen flugfähigen Wirbeltieren durch die stark modifizierten Vordergliedmaßen erzeugt. Für die Untersuchung des Auftriebs ist der Vergleich der analogen Strukturen Vogelflügel und Flugzeugtragfläche angebracht. In beiden Fällen zeigt der Flügel ein charakteristisches, nach oben gewölbtes Profil ("aerofoil"; Fig. 3.23) mit stumpfem Vorder- und spitzem Hinterende. Wenn ein solches Flügelprofil vorwärts bewegt wird, strömt die Luft wegen der Asymmetrie mit größerer Geschwindigkeit über die Ober- als über die Unterseite. Es resultiert ein Unterdruck über der Tragfläche, was seinerseits den Auftrieb bewirkt. Mit der Luftströmung über den Flügel sind stets lokalisierte Wirbel assoziiert. Es sind eigentlich diese Wirbel, welche den Auftrieb bewirken, da sie die unterschiedliche Geschwindigkeit der Luft über den Flügel verursachen (RAYNER 1989).

Fig. 3.24. Der Flug der Taube. Bei langsamem Flug (A) wird bei jedem Flugelabschlag ein ringformiger Wirbel erzeugt, bei schnellem horizontalem Flug (B) entstehen zwei kontinuierliche Wirbelbahnen Nach PENNYCUICK 1988.

Die Analogie zwischen Flugzeug und Vogel ist nicht mehr zulässig, wenn der Antrieb betrachtet wird. Bei Flugzeugen werden Antrieb und Auftrieb durch unterschiedliche Systeme bewirkt. Vögel erfüllen beide Aufgaben mit ihren Flügeln und erreichen ihren Antrieb mit dem Flügelschlag. Die Kraft ist nach hinten unten gerichtet, um die ebenfalls in diese Richtung wirkende Resultante aus Gewicht und Widerstand zu überwinden. Bei langsamem Flug wird die ganze Kraft beim Abschlag generiert. Es entsteht ein ringförmiger Wirbel, welcher Luft nach hinten und unten bewegt (RAYNER 1989; Fig. 3.24 A). Bei schneller fliegenden Vögeln trägt sowohl der Flügelaufschlag als auch der Abschlag zur Fortbewegung bei, so daß insgesamt zwei kontinuierliche Wirbelbahnen entstehen (PENNYCUICK 1988; Fig. 3.24 B). Während des Aufschlags muß der Flügel zweckmässig verfaltet werden, damit möglichst wenig Abtrieb entsteht.

Einige weitere Konstruktionsprinzipien beeinflussen ebenfalls das Flugverhalten (HILDEBRAND 1988). Ein großer Anstellwinkel ("angle of attack") bewirkt erhöhten Auftrieb. Bei einer einfach gebauten Tragfläche reißt bei einem Winkel von mehr als 15° allerdings der Luftstrom über dem Flügel ab. Trudeln ist die Folge. Viele Vögel besitzen eine sogenannte Alula, kurze Schwungfedern auf dem beweglichen ersten Finger der Vorderextremität. Diese Struktur verhindert das Abreißen der Luftströmung, so daß ein steilerer Anstellwinkel möglich wird. Der Anstellwinkel des Flügels muß bei langsamem Flug steiler sein als bei schnellem Flug. Vögel können diesen Winkel selbstverständlich ändern und beim Start einen steileren Anstellwinkel wählen als bei konstant schnellem Flug. Die Flächenbelastung ("wing loading") ist ein Maß für das auf die Flügelfläche wirkende Gewicht. Für den langsamen Gleitflug darf die Flächenbelastung ein bestimmtes Maß nicht überschreiten. Die Flächenzahl ("aspect ratio") schließlich errechnet sich aus dem Quadrat der Flügelspannweite dividiert durch die Flügelfläche. Eine hohe Flächenzahl (lange, schmale Flügel; z.B. Albatrosse) ist charakteristisch für spezialisierte Segelflieger.

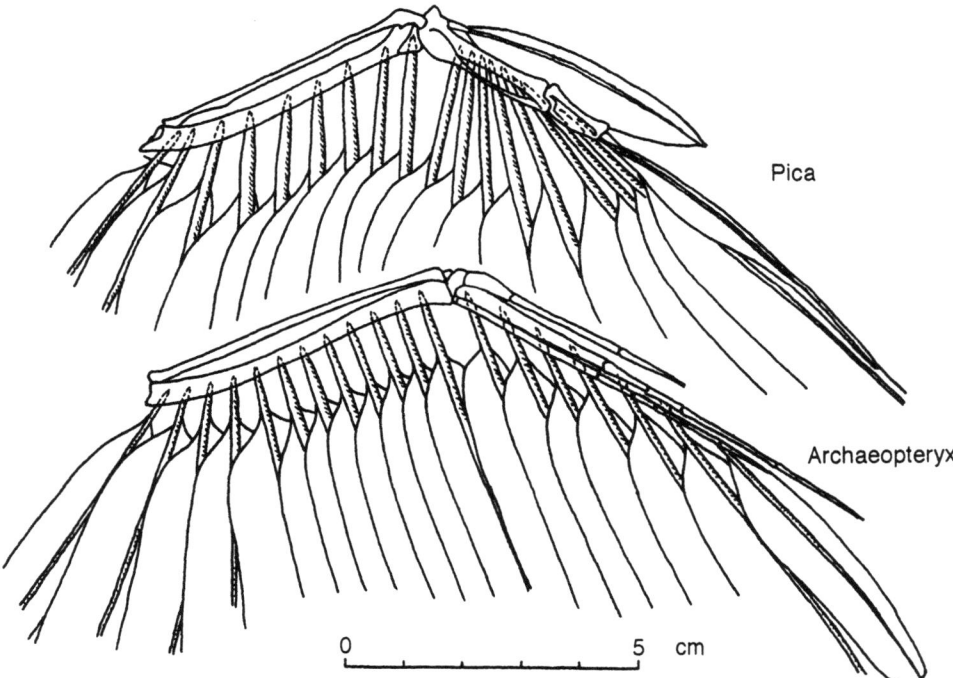

Fig. 3.25. Flügel einer Elster (*Pica*) und Rekonstruktion des Flügels von *Archaeopteryx*. Nach YALDEN 1985.

Über die verwandtschaftlichen Beziehungen von *Archaeopteryx* sowie über die Evolution des aktiven Fluges bei Vögeln existieren eine Vielzahl von Publikationen. Es gilt heute als gesichert, daß die nächsten Verwandten von *Archaeopteryx* theropode Dinosaurier aus der Gruppe der Coelurosaurier waren (*Deinonychus*, *Compsognathus*; PADIAN 1985, RAYNER 1988). Über die Evolution des Vogelflugs existieren im wesentlichen zwei sich ausschließende Hypothesen. Nach beiden Modellen waren die Federn ursprünglich eine Anpassung zur Thermoregulation (PADIAN 1985). Das Läufer-Modell ("cursorial model") geht davon aus, daß die Entwicklung des aktiven Fluges vom Boden aus erfolgte (OSTROM 1979, PADIAN 1985). Wie bei seinen nächsten Verwandten zeigt auch das Skelett von *Archaeopteryx* die typischen Merkmale eines schnellen, bipeden Läufers. Nach der Vorstellung von Ostrom und Padian rannten die Vorläufer von *Archaeopteryx* über den Grund und vollführten dabei kurze Sprünge. Mit zunehmender Sprungdistanz wurden die Flügel als Balanceorgane sowie zur Unterstützung des Sprunges eingesetzt, das Tier begann zu fliegen. Nach einem anderen Modell erfolgte die Evolution des aktiven Fluges über das Vorläuferstadium des Gleitfliegens ("gliding or arboreal model"; BOCK 1965). Der Proto-Vogel hätte seine ersten Flugversuche von Bäumen oder Anhöhen herunter gemacht.

Beide Modelle haben Schwächen. Gegen das Läufer-Modell spricht erstens, daß für den Antrieb zwei verschiedene Organsysteme eingesetzt werden müssen (Beine und Flügel). Es scheint nicht klar, weshalb die Selektion in einer solchen Situation den Flügelschlag optimieren sollte. Zweitens bewegen sich auch schnelle Läufer in der Regel eher langsam vorwärts. Das langsame Fliegen ist aber äußerst komplex und wohl erst später entwickelt worden. Drittens erfordert die Entwicklung des Fliegens vom Boden einen beträchtlichen Energieaufwand, da Höhe gegen die Gravitation gewonnen werden muß (RAYNER 1989). Auch gegen die Gleitflughypothese wurden gewichtige Einwände vorgebracht. Das Skelett von *Archaeopteryx* zeigt, wie dasjenige seiner nächsten Verwandten, die Merkmale eines bipeden Läufers. Nichts deutet darauf hin, daß *Archaeopteryx* an ein Leben auf Bäumen angepaßt war. Zudem zeigt die Vorderextremität der Deinonychosaurier eine spezialisierte Beweglichkeit, welche als Präadaptation an den Flügelschlag interpretiert werden kann (PADIAN 1985). Neuerdings wurde ein Kompromiß-Modell vorgeschlagen. Nach diesem Modell war der Proto-Vogel ein bipeder Läufer, welcher hüpfend über den Grund rannte. Diese Sprünge führten im Gegensatz zum originalen Läufer-Modell aber über Abhänge oder in den Wind, wobei die Flügel zuerst als Gleitflächen und erst später zum aktiven Flug verwendet wurden (RAYNER 1989).

Wie kann nun die Flugfähigkeit von *Archaeopteryx* nach dem bisher Gesagten interpretiert werden? *Archaeopteryx* besaß Flügel, welche sich in Größe und Form nicht wesentlich von denjenigen moderner flugfähiger Vögel unterscheiden (Fig. 3.25). Die einzelnen Konturfedern zeigen ebenfalls typische Asymmetrie (NORBERG 1985), wie sie nur bei flugfähigen Vögeln ausgebildet sind. *Archaeopteryx* war also sicherlich zum Gleitflug befähigt. Für den Flügelschlag ist eine kräftige Brustmuskulatur Voraussetzung. Die Größe des Pectoralis-Muskels (Flügel-Abschlag) ist schwierig zu rekonstruieren. *Archaeopteryx* besaß kein knöchernes Sternum (Fig. 3.26), aber der Hauptteil der Pectoralis-Muskulatur setzt auch bei modernen Vögeln am Schultergürtel an (Coracoid, Furcula). Offensichtlich war aber keine entsprechend kräftige Muskulatur entwickelt, um den Flügel bei langsamem Flug zu heben (RAYNER 1989). Offenbar war *Archaeopteryx* also zu einem Flatterflug bei mäßiger Geschwindigkeit befähigt, nicht aber zu einem langsamen Flug. Diese Erkenntnis wird gestützt durch die Untersuchung der Gelenke der Vorderextremität. Ein aktiver Flug ist nur möglich, wenn der Flügel innerhalb der Ebene gebeugt werden kann. Diese Fähigkeit war bei *Archaeopteryx* wie auch bei *Deinonychus* vorhanden (halbmondförmiges Carpale). Dagegen konnte *Archaeopteryx* offenbar seine Flügel nicht aus der Ebene heraus beugen. Diese spezielle Anpassung an langsamen Flug wurde offenbar erst in der Unterkreide entwickelt (SERENO & CHENGGANG 1992). Das Flugverhalten von *Archaeopteryx* läßt sich also am besten folgendermaßen charakterisieren: Sowohl Gleitflug wie auch mäßig schneller Flatterflug war möglich, dagegen war *Archaeopteryx* nicht zu langsamem Fliegen fähig. Die Manövrierbarkeit dürfte daher eingeschränkt gewesen sein, was Starts und Landungen erschwerte (RAYNER 1989). Darauf deutet auch der lange Schwanz, welcher als Balancierschwanz ausgebildet ist und nicht zu einem Pygostyl mit Federfächer reduziert ist.

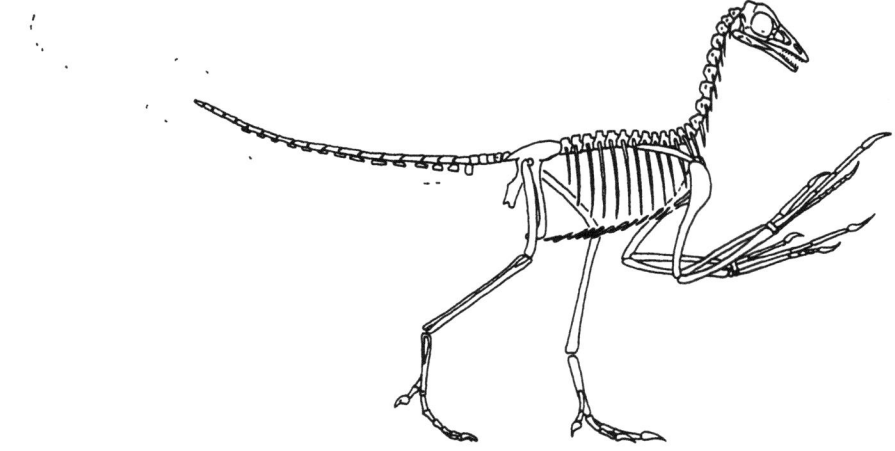

Fig. 3.26. Skelettrekonstruktion von *Archaeopteryx*. Nach CARROLL 1988.

3.4. Funktionelle Morphologie und abiotische Umweltparameter

Die Vielzahl der existierenden Publikationen über die funktionelle Morphologie einzelner Organismengruppen erlaubt gewisse Verallgemeinerungen. Bestimmte Milieus sind durch wiederkehrende Morphotypen charakterisiert. Hier sollen als Beispiele nur einige marine Umweltfaktoren und ihr Einfluß auf die Morphologie ausgewählter Organismengruppen dargestellt werden.

Strömung und Turbulenz

Strömung und Wasserturbulenz ist ein sehr variabler abiotischer Umweltfaktor. Zum einen existieren globale Meeresströmungen, deren Verlauf und Stärke von den einwirkenden Winden, der Corioliskraft, großräumigen Dichteunterschieden von Wassermassen und der Verteilung der Kontinente bestimmt wird. Diese großen Strömungen sind während der Lebensdauer eines Organismus mehr oder weniger konstant. Zum anderen existieren lokale Strömungen, welche durch Winde und die Gezeiten erzeugt werden. Solche lokalen Strömungen schwanken kurzfristig in ihrer Intensität und Richtung (tidale Strömungen). Im küstennahen und intertidalen Bereich ist die äußerst wechselhafte Turbulenz (Welleneinwirkung) oftmals der dominierende abiotische Umweltfaktor.

Das Leben in einem Milieu mit starker Strömung oder Turbulenz bringt gewisse Vorteile mit sich. Die Wasserströmung bringt Nährstoffe und Sauerstoff zum Organismus und entfernt die Abfallstoffe. Andererseits kann es bei starker Wasserbewegung für einen Organismus schwierig werden, nicht vom Lebensort weggespült zu werden. Epibenthische vagile Organismen sind an das

Substrat angepreßt und weisen eine Form auf, welche den angreifenden Wasserkräften nur geringen Widerstand bietet (z.B. Napfschnecken). Vagile Endobenthonten, welche die Wellenbrecherzone des Strandes besiedeln, werden häufig ausgespült und müssen die Fähigkeit haben, sich schnell wieder einzugraben. Muscheln dieses Milieus besitzen einen großen Grabfuß und eine stromlinienförmige Schale (z.B. *Ensis, Donax*).

Sessile Organismen in strömungsdominierten Gebieten haben verschiedene Strategien entwickelt, um nicht weggespült zu werden. Viele Formen besitzen ein äußerst massives Skelett und eine große Anwachsfläche, mit welcher sie am Substrat festzementiert sind (Korallen, inkrustierende Bryozoen, Austern, Seepocken, gewisse Crinoiden). Andere Arten sind flexibel am Untergrund befestigt und können der Strömung "ausweichen" (Tange, bäumchenartige Bryozoen, byssate Muscheln).

Die Intensität der Strömung drückt sich auch in der Ernährungsweise aus. Infolge der leichten Verfügbarkeit suspendierter Nahrung dominieren in Gebieten mit starker Strömung die Suspensionsfresser. Passive Suspensionsfresser (z.B. Korallen) kommen bevorzugt in Gebieten höchster Turbulenz vor, aktive Suspensionsfresser (erzeugen selbst einen gerichteten Wasserstrom; Schwämme, Bryozoen, Brachiopoden, Muscheln) sind eher für schwächere Strömungen typisch. Im strömungsfreien, küstenfernen Milieu sind suspendierte Nahrungspartikel selten. Hier dominieren Weider und Sedimentfresser, welche das auf und im Substrat angereicherte Nährstoffangebot verwerten (LEVINTON 1982).

Substrat

Die Verteilung der benthischen Organismen wird in starkem Maße von der Art des Substrates beeinflußt (LEVINTON 1982). Die Substrateigenschaften ihrerseits sind abhängig von einer Vielzahl von Prozessen: Strömungsintensität, Sedimentation, diagenetische Prozesse, Besiedlung durch Organismen. Es existiert eine ziemlich klare Dichotomie zwischen Hart- und Weichböden. Viele Organismen sind strikt an Hartböden gebunden, wobei das entsprechende Substrat beispielsweise auch biogener Natur sein kann ("shellground"; KIDWELL & JABLONSKI 1983). Zu den auf harte Substrate beschränkten Organismen zählen etwa die meisten corallinen Algen, die meisten Schwämme, Korallen (viele Rugosa aber Weichbodenbewohner) und Brachiopoden. Unter den Muscheln sind die Mehrzahl der Austern, bei den Krebsen die Seepocken und Entenmuscheln Hartbodenbewohner. Sessile Hartbodenbewohner zeigen typischerweise innerhalb einer Art eine große Variabilität der Körperform.

Weichböden bestehen aus Lockersediment, welches je nach Korngröße eine unterschiedliche Konsistenz aufweisen kann. Für unterschiedlich feste Substrate wurden folgende Begriffe vorgeschlagen (EKDALE 1985): Suppengrund ("soupground"), Weichgrund ("softground") und Festgrund ("firmground"). Sehr viele Besiedler von Lockersedimenten zeigen enge Toleranzgrenzen bezüglich der Konsistenz des Substrates.

Besondere Probleme stellen sich für epibenthische Organismen extremer Weichböden. Stark wasserhaltige, feinkörnige Substrate weisen eine Dichte und ein spezifisches Gewicht auf, welches nur wenig über demjenigen von Wasser liegt. Das Hauptproblem von Epibenthonten ist daher die Gefahr des Absinkens in das Sediment. Dies würde den Unterbruch der lebenswichtigen Nährstoff- und Sauerstoffzufuhr bedeuten. Es sind im wesentlichen vier Adaptationsstartegien, welche bei Epibenthonten extremer Weichböden gefunden werden (THAYER 1975; Fig. 3.27). Eine erste

Möglichkeit, das Absinken ins Substrat zu verhindern, ist die Beschränkung der Adultgröße. Dies reduziert die Kraft, welche pro Fläche auf den Untergrund wirkt. Eine weitere Strategie ist die Reduktion des spezifischen Gewichts. Dies wird beispielsweise durch negativ allometrisches Wachstum der Schalendicke während der Ontogenese erreicht. Bei isometrischem Wachstum würde die Auflagefläche mit der zweiten Potenz, das Volumen und damit das Gewicht aber mit der dritten Potenz zunehmen. Ein Absinken ins weiche Substrat kann auch durch morphologische Modifikationen erreicht werden, welche die Auflagefläche des Organismus vergrößern ("Schneeschuh-Strategie"). Schließlich kann auch der basale Teil eines benthischen Organismus ins Substrat eingesenkt werden. In diesem Fall spricht man von "Eisberg-Strategie". Der eingesenkte Teil bewirkt einen Auftrieb und verhindert so das Absinken des gesamten Organismus.

Fig. 3.27. Morphologische Adaptationen an extreme Weichböden bei epibenthischen Invertebraten.

Sauerstoffgehalt

In den letzten Jahren beschäftigten sich die Paläontologen intensiv mit Sedimenten, welche im sauerstoffarmen Milieu abgelagert wurden. Normal belüftetes Meerwasser enthält pro Liter 7-8 ml gelösten Sauerstoff (TYSON & PEARSON 1991). Als oxisches, das heißt gut belüftetes Milieu werden Gewässer mit einem Sauerstoffgehalt bis 2.0 ml O_2/l bezeichnet, solche mit einem Sauerstoffgehalt von 2.0 bis 0.2 ml O_2/l heißen dysoxisch und solche mit weniger als 0.2 ml O_2/l suboxisch. Vollkommen sauerstofffreie Umgebungen werden als anoxisch bezeichnet (TYSON & PEARSON 1991). Die entsprechenden in der Paläontologie gebräuchlichen Biofaziestypen heißen aerob, dysaerob, quasi-anaerob, anaerob (SAVRDA & BOTTJER 1987, EKDALE & MASON 1988, TYSON & PEARSON 1991).

Funktionelle Morphologie

An der Oberfläche ist Meerwasser infolge der Austauschvorgänge mit der Atmosphäre mit Sauerstoff gesättigt. Zudem produzieren die Pflanzen der photischen Zone Sauerstoff. Mit zunehmender Wassertiefe nimmt der Gehalt ab, da durch die Respiration der Organismen und die Oxidation organischen Materials mehr Sauerstoff verbraucht als nachgeliefert wird. In Tiefen von 1 bis 2 km erreicht der Sauerstoffwert gewöhnlich ein Minimum ("oxygen minimum zone"). In noch größeren Tiefen nimmt der Sauerstoffgehalt wieder zu, da hier nur wenig Tiere leben und die Konzentration suspendierten organischen Materials gering ist. Das ozeanische Tiefenwasser wird zudem durch die globalen Meeresströmungen mit sauerstoffhaltigem Wasser versorgt. Unter verschiedenen Gegebenheiten kann es zu einem nahezu vollständigen Verbrauch des gelösten Sauerstoffs kommen (DEMAISON & MOORE 1980, HALLAM 1987). Besonders anfällig für die Entstehung dysaerober Bedingungen sind gänzlich oder teilweise abgeschlossene Becken ("silled basins") mit begrenzter Wasserzirkulation und positiver Wasserbilanz. In diesen Becken kann es leicht zur Bildung einer Halo- oder Thermokline und zu stagnierenden Bedingungen am Boden kommen. Die klimatischen Bedingungen sowie die Planktonproduktivität spielen dabei eine große Rolle.

Bei Sauerstoffkonzentrationen von mehr als 1-2 ml O_2/l ist das Benthos arten- und individuenreich. Entgegen der ursprünglichen Annahme (RHOADS & MORSE 1971) existiert auch bei Sauerstoffkonzentrationen deutlich unterhalb von 1.0 ml O_2/l schalentragendes Makrobenthos (THOMPSON et al. 1985). In den meisten bislang untersuchten dysaeroben Becken und Ablagerungen wurde parallel zum abnehmenden Sauerstoffgehalt eine Abnahme der Diversität und Abundanz des Makrobenthos sowie eine Abnahme der Körpergröße festgestellt (BYERS 1977, SAVRDA et al. 1984, THOMPSON et al. 1985). Die Mitglieder der Makrofauna zeigen eine zunehmend schwächere Verkalkung der Hartteile, und bei einem Sauerstoffgehalt von weniger als 0.3 ml O_2/l dominiert vagiles Endobenthos ohne Hartteile. Bei einem Sauerstoffgehalt von weniger als 0.1 ml O_2/l scheint Makrobenthos nicht überleben zu können. Auf die Spurenfossilien im sauerstoffarmen Milieu wird in Kapitel 5 eingegangen. Gut untersucht ist die Abfolge von Morphotypen in einem Sauerstoffgradienten bei benthischen Foraminiferen. Bei einem normalen Sauerstoffgehalt dominieren großwüchsige, oftmals ornamentierte Arten. Mit abnehmendem Sauerstoffgehalt erfolgt ein Übergang zu kleinen, unskulptierten und dünnschaligen Formen. Charakteristisch für den dysaeroben Bereich sind abgeflacht-planspirale, abgeflacht-elongate, zylindrische und spitz zulaufende Arten mit einem großen Oberflächen/Volumen-Verhältnis (morphologische Anpassung an erschwerte Respirationsbedingungen). Diese Abfolge ist sowohl für rezente (HARMAN 1965, DOUGLAS 1981) als auch für fossile Sedimente dokumentiert (BERNHARD 1986).

In den letzten Jahren hat das Phänomen der Chemosymbiose zunehmend stärkere Beachtung erhalten. Verschiedene Invertebraten leben symbiontisch mit H_2S-oxidierenden Bakterien (FISHER 1990). Diese Symbiose ermöglicht es diesen Arten, auch in H_2S-haltigen, für die meisten Metazoen toxischen Substraten zu leben. Möglicherweise ist das Auftreten einer spezialisierten benthischen Gemeinschaft in laminierten Sedimenten an der dysaeroben-anaeroben Grenze ("exaerobe" Zone; SAVRDA & BOTTJER 1987) auf diese Chemosymbiose zurückzuführen. Chemosymbiose scheint sich nicht in der Morphologie der Hartteile widerzuspiegeln. Unter Umständen läßt sich eine solche aber mittels geochemischer Methoden erkennen (siehe Kapitel 4).

4. Biomineralisation

Dieses Kapitel handelt von biogen mineralisierten Hartteilen, von ihrer Struktur und ihrer Mineralogie, sowie davon, wie Variationen in Struktur und Zusammensetzung unter Umwelteinflüssen zustande kommen. In diesem Zusammenhang soll darauf hingewiesen werden, daß das Forschungsgebiet der Biomineralisation nicht nur für die Paläontologie, sondern auch für die Medizin von Bedeutung ist. Beispiele dafür wären etwa Knochenbrüche und ihre Heilung, Nieren- und Gallensteine, Karies. In diesem Fachgebiet wurden die bedeutendsten Fortschritte erst in neuester Zeit gemacht, was seine Gründe in der Anwendung moderner Techniken hat: hochauflösende Elektronenmikroskopie und Röntgen-Diffraktionsmethoden. Viele Phänomene, insbesondere auf biochemischer Ebene, sind aber nach wie vor ungeklärt.

Mineralisierte Hartteile von Organismen sind zumeist Skelette, also Stütz- und Schutzorgane mit einer vorwiegend mechanischen Funktion (es existieren jedoch auch Skelette ohne Hartteile, z.B. das Hydroskelett der meisten wurmförmigen Wirbellosen). Einige der mineralisierten Hartteile haben jedoch auch andere Funktionen (LOWENSTAM & WEINER 1989). Das bekannteste Beispiel sind sicherlich Statolithen und Otolithen, welche in den Gleichgewichts- und Hörorganen einer Vielzahl von Tiergruppen vorkommen. Diese Hartteile haben häufig eine vom Skelett der betreffenden Organismen abweichende Mineralogie. So bestehen die Otolithen der Knochenfische aus Aragonit und Vaterit, diejenigen der Säugetiere aus Kalzit (LOWENSTAM & WEINER 1989). Auch die von bestimmten Schnecken gebildeten Gift- und Liebespfeile sind Beispiele für mineralisierte Hartteile ohne Skelettfunktion. Eine weitere, aber bislang noch wenig untersuchte Funktion der Biomineralien betrifft die Neutralisierung von schädlichen Stoffwechselprodukten und Giftstoffen (LOWENSTAM & WEINER 1989). Einige Schnecken beispielsweise können Schwermetalle detoxifizieren, indem sie innerhalb von Zellen der Verdauungsdrüse mineralisierte Körnchen ablagern, in welchen diese Stoffe eingelagert werden.

4.1. Mineralien und Makromoleküle

Biomineralien

Biomineralisation ist ein weitverbreitetes und diverses Phänomen. Biogen gebildete Hartteile finden sich bei Vertretern nahezu aller Tierstämme, ebenso bei Pflanzen und Bakterien. Gegenwärtig sind etwa 60 verschiedene biogen gebildete Mineralien bekannt (LOWENSTAM & WEINER 1989). Das Vorkommen der wichtigsten ist in Tab. 4.1 aufgeführt. In dieser Tabelle sind auch "organische Kristalle" (Citrate, Oxalate etc.) einbezogen worden. Solche Substanzen erfüllen vermutlich die gleichen Funktionen wie anorganische Komponenten. Daher erscheint die Trennung in mineralische und organische Verbindungen etwas willkürlich, beide sind Gegenstand der Biomineralisation. Fast alle der aufgeführten Mineralien sind auch sonst aus der Natur bekannt, können also auch anorganisch gebildet werden. Viele biogene Produkte werden aber in Umgebungen gebildet, in denen die anorganische Verbindung sonst nicht entstehen würde. Zudem bestehen zwischen anorganischen und biogenen Mineralien meist große Unterschiede in Ultrastruktur und Textur.

Von den bislang untersuchten Biomineralien sind ca. 80% kristallin, die restlichen 20% erscheinen amorph. Amorph bedeutet in diesem Zusammenhang, daß keine Kristallanordnung sichtbar ist

Biomineralisation

über Distanzen von mehr als 10 oder 15 Å. Kalzium-Mineralien machen etwa 50% der bekannten Biomineralien aus. Früher war daher anstelle von Biomineralisation auch der Begriff "Kalzifizierung" gebräuchlich. Verschiedenste Organismen entwickelten offenbar sehr früh in der Erdgeschichte die Fähigkeit, Ca^{2+}-Ionen zu manipulieren (LOWENSTAM & WEINER 1989). Phosphate stellen etwa 25% der Biomineralien. Etwa 60% aller Biomineralien enthalten zudem Hydroxylgruppen oder eingelagerte Wassermoleküle. Dies hat den Vorteil, daß feste Phasen gebildet werden, welche mit minimalem Aufwand wieder gelöst werden können (LOWENSTAM & WEINER 1989).

Tab.4.1. Die wichtigsten der biogen gebildeten Mineralien und ihr Vorkommen.

	KARBONATE						PHOSPHATE						HALOGENIDE		SULFATE			SILIKATE	EISENOXIDE				SULFIDE				CITRATE	OXALATE		
	Kalzit	Aragonit	Vaterit	Monohydrocalzit	Protodolomit	Ca Mg(CO$_3$)$_2$	Hydroxylapatit	Francolith	Dahllit	Struvit	Brushit	amorph Ca-phosphat	Fluorit	Hieratit	Gips	Coelestin	Baryt	Opal	Magnetit	Goethit	Ferrihydrit	amorphes Eisenoxid	Pyrit	Hydrotroilit	Sphalerit	Greigit	Earlandit	Whewellit	Weddellit	Glushinskit
Vertebrata	x	x	x	x			x	x	x	x	x								x	x									x	x
Urochordata	x	x	x						x		x	x																		x
Echinodermata	x			x					x									x												x
Arthropoda	x	x	x						x	x								x											x	x
Mollusca	x	x	x	x			x	x		x	x	x						x	x	x	x	x			x				x	x
Annelida	x	x			x				x									x				x								
Brachiopoden	x				x																									
Bryozoen	x	x							x																					
Scleractinia	x																													
Octocorallia	x	x																												
Hydro-, Scyphozoen	x	x							x		x																			
Porifera	x	x											x					x												
Acantharien															x															
Radiolarien															x		x													
Foraminiferen	x	x																x												
Angiospermen	x	x	x															x		x								x	x	x
Gymnospermen																		x												
Pteridophyta	x																	x												
Bryophyta	x																	x												
Fungi	x					x													x	x							x	x	x	
Chlorophyta	x	x												x		x											x			
Phaeophyta		x																												
Rhodophyta	x	x																												
Silicoflagellaten																		x												
Diatomeen																		x												
Coccolithophoriden	x	x																x												
Dinoflagellaten	x																	x												
Eubakterien	x	x		x			x	x	x	x	x							x					x	x	x	x	x	x		
Cyanobakterien	x	x		x																										

Mineralien werden in solchen Mengen biogen gebildet, daß sie einen Einfluß auf den Chemismus des Meerwassers und auf die Zusammensetzung der Sedimente haben. Dieser Einfluß ist geringer im Süßwasser und im terrestrischen Bereich. Gewisse Pflanzen bilden aber beträchtliche Mengen an Opal, was zu einer Anreicherung dieses Minerals im Boden führen kann. Im Meer werden gewaltige Mengen von Kalziumkarbonat biogen gebildet. Die Hauptproduzenten sind die Coccolithophorida (Kalzit), die Foraminiferen (Kalzit) und die Pteropoden (Aragonit). Die marinen Oberflächengewässer sind aber trotzdem gesättigt an $CaCO_3$. Nach dem Absterben dieser planktonischen Organismen sinken die Skelette ab, werden größtenteils gelöst und verteilen so CO_3^{2-}- und Ca^{2+}-Ionen sowie assoziierte Spurenelemente (v.a. Strontium und Barium) neu. Der gesamte Karbonatkreislauf wird daher stark von Skelettbildung und -lösung beeinflußt. Ein Teil des biogenen $CaCO_3$ akkumuliert am Meeresboden und wird in Gesteine inkorporiert. Diese Karbonatsedimente ihrerseits können später durch Hebungs- und Faltungsvorgänge zu einem wichtigen Bestandteil der kontinentalen Oberfläche werden.

Auch Riffe enthalten enorme Mengen an Karbonaten und sind ein wichtiges Kalziumkarbonat-Reservoir. Riffe sind aber bedeutend beständiger und weniger von Lösungsvorgängen betroffen als die Skelette planktonischer Organismen. Es wird vermutet, daß etwa 50% des Kalziumkarbonates, welches durch Flüsse in die Meere transportiert wird, in Riffen gebunden wird (SMITH 1978).

Die biogene Mineralisation ist auch für den Silizium-Kreislauf von Bedeutung. Opal ($SiO_2 \cdot nH_2O$) wird v.a. von Diatomeen, Radiolarien, Silicoflagellaten und in geringerer Menge auch von Kieselschwämmen gebildet. In den Meeren sind aber schon die Oberflächengewässer an SiO_2 untersättigt, daher erfolgt meist eine schnelle Lösung der Skelettelemente aus Opal. Eine Akkumulation am Meeresboden ist nur in Gebieten sehr hoher Produktivität möglich. Mit der Akkumulation und der Lösung von Opal ist wiederum eine Neuverteilung assoziierter Spurenelemente (v.a. Germanium und Zink) verbunden.

Makromoleküle

Mit den meisten, wenn auch nicht mit allen, biogenen Mineralien sind organische Makromoleküle assoziiert. Generell vorhanden sind solche Makromoleküle, wenn die Mineralisation biologisch kontrolliert abläuft (siehe unten). Sie erfüllen wichtige Aufgaben bei der Bildung des mineralischen Gewebes und beeinflussen auch dessen biomechanische Eigenschaften (WAINWRIGHT et al. 1976).

Die Untersuchung der Makromoleküle ist mit gewissen Schwierigkeiten verbunden. Zuerst muß die mineralische Phase gelöst werden. Dies geschieht bei Karbonaten und Phosphaten mit EDTA (Äthylendiamintetraacetat) durch Lösung bei pH 7. In der Lösung verbleiben fast immer Makromoleküle, welche meist stark sauer sind (Proteine reich an Aspartin- und/oder Glutaminsäure, gebundene saure Polysaccharide). Diese sauren Glykoproteine spielen bei der Mineralisation eine wichtige Rolle. Sie können offenbar spezifisch Kalzium beziehungsweise andere Kationen binden. Meist bleiben auch bedeutende Mengen an unlöslichen Makromolekülen zurück. Bei diesen Gerüstmolekülen ("framework macromolecules") handelt es sich um stark vernetzte, hydrophobe Proteine, Glykoproteine und Polysaccharide, welche das Substrat für die sauren Makromoleküle bilden und den Rahmen aufbauen, in welchem die Biomineralisation erfolgt. Die bekanntesten dieser Gerüstmoleküle sind Kollagen bei den Wirbeltieren und Chitin beziehungsweise Chitin-Protein-Komplexe bei verschiedenen Wirbellosen (LOWENSTAM & WEINER 1989).

Die Gerüstmoleküle beeinflussen in starkem Maße die biomechanischen Eigenschaften der mineralisierten Gewebe. So enthalten beispielsweise die Schalen der Riesenmuschel *Tridacna* und das Gehäuse der ebenfalls großen Schnecke *Strombus* kaum Gerüstmoleküle. Festigkeit und Stabilität wird hier allein durch die große Masse erreicht. Alle anderen, normalwüchsigen Mollusken weisen aber bedeutende Mengen an Gerüstmolekülen in der Schale auf. Das Perlboot *Nautilus* stellt das andere Extrem dar. Die Schale ist starkem hydrostatischem Druck ausgesetzt und enthält mehr Gerüstmoleküle als alle anderen marinen Mollusken.

4.2. Biomineralisationsprozesse

Die dokumentierte Diversität der Biomineralien läßt es eigentlich entmutigend erscheinen, nach Gesetzmäßigkeiten bei den Mineralisationsprozessen zu suchen. Andererseits existieren bei den verschiedensten Organismengruppen viele Parallelen bei den Makromolekülen. So erscheint die Biomineralisation zwar gleichermaßen vielfältig wie die Endprodukte, sie läßt sich aber auf einige wenige fundamentale Prozesse zurückführen.

Normalerweise wurde die Mineralbildung bei verschiedenen Organismen unterteilt in kontrollierte und nicht-kontrollierte Biomineralisation. Diese Unterteilung ist jedoch stark vereinfacht, da jeder Organismus den Vorgang in gewissem Maße kontrolliert, selbst wenn beispielsweise nur Metabolite ausgeschieden werden, welche mit Ionen des umgebenden Mediums reagieren und ausgefällt werden. Diese Art der Biomineralisation wird daher besser als biologisch induzierte der biologisch kontrollierten Mineralisation gegenübergestellt. Der letztere Prozeß wurde früher auch als "organic-matrix-mediated mineralization" bezeichnet (LOWENSTAM 1981), der neuere Ausdruck hat aber den Vorteil, daß er weniger restriktiv verwendet werden kann (MANN 1983, LOWENSTAM & WEINER 1989).

Biologisch induzierte Mineralisation

In vielen aquatischen Milieus ist Mineralisation nicht besonders schwierig. Bereits geringe Veränderungen des Chemismus, ausgelöst beispielsweise durch die Abgabe von metabolischen Endprodukten oder von Kationen durch die Zelle, kann dazu führen, daß Minerale ausgefällt werden. Dies wird als biologisch induzierte Mineralisation bezeichnet. Oft profitiert der Organismus vom Endprodukt, aber auch pathologische Mineralisation mit für den Organismus fatalen Folgen ist nicht selten. Es existieren verschiedene Kriterien, um die biologisch induzierte Mineralisation erkennen und von der biologisch kontrollierten Mineralisation abgrenzen zu können (LOWENSTAM & WEINER 1989): Die Mineralisation erfolgt im offenen Milieu und nicht in speziell dafür abgegrenzten Kompartimenten. Es existiert keine spezialisierte zelluläre oder makromolekulare "Apparatur", welche für den Mineralisationsprozeß verantwortlich ist. Die Minerale selbst, sofern sie in kristalliner Form vorliegen, sind gleich oder sehr ähnlich wie die entsprechenden anorganisch gebildeten; die Kristalle haben eine variable Größe und sind zufällig orientiert. Die Art der Mineralbildung ist stark von den Umweltbedingungen abhängig; der gleiche Organismus kann in verschiedenen Milieus unterschiedliche Minerale bilden. Diese Kriterien charakterisieren nicht spezifische Prozesse, sondern sind als Leitlinien zu verstehen, um das breite und heterogene Spektrum der biologisch induzierten Mineralisation zu erkennen.

Biologisch induzierte Mineralisation ist typisch für Bakterien und Pilze, kommt aber auch bei anderen Organismengruppen vor. Verschiedene Beispiele finden sich etwa bei Kalkalgen

(BOROWITZKA 1982), welche das ganze Feld von der biologisch induzierten bis zur biologisch kontrollierten Mineralisation abdecken. Die Braunalge *Padina* beispielsweise bildet an der Oberfläche, im offenen Milieu also, Aragonitkristalle ohne weitere Kontrolle über die Mineralisation. Bei der Grünalge *Halimeda* erfolgt die Bildung von Kalzitkristallen zwischen den Zellen in teilweise abgeschlossenen Zwischenräumen, welche aber noch mit dem umgebenden Meerwasser in Verbindung stehen. Bei *Acetabularia* wachsen Aragonitkristalle in einer extrazellulären Hülle. Diese Kristalle weichen bezüglich des Gehalts an Spurenelementen und der Isotopenverhältnisse aber leicht gegenüber dem umgebenden Milieu ab, stehen also nicht im Gleichgewicht mit dem Meerwasser ("vitaler" Effekt; siehe unten). Dies deutet auf eine biologisch kontrollierte Mineralisation, wenn auch die Kontrolle nur schwach sein dürfte.

Biologisch kontrollierte Mineralisation

Im Folgenden soll die biologisch kontrollierte Mineralisation etwas genauer dargestellt werden. Die verschiedenen daran beteiligten Prozesse werden der Übersicht halber getrennt betrachtet, selbstverständlich wirken sie aber bei der Mineralbildung zusammen. Biologisch kontrollierte Mineralisation ist typisch für die meisten wirbellosen Tiere und auch für die Wirbeltiere.

Räumliche Abgrenzung

Räumliche Abgrenzung scheint eines der charakteristischen Merkmale der biologisch kontrollierten Mineralisation zu sein (WILBUR 1984). Dies scheint nötig zu sein, um die Zusammensetzung der übersättigten Lösung, aus welcher sich die Kristalle bilden, zu kontrollieren. Das häufigste Vorgehen ist die räumlichen Abgrenzung durch Lipid-Doppellagen, entweder durch Zellmembranen (z.B. Syncytium der Echinodermen: durch Zellaggregat gebildeter Hohlraum) oder durch Vesikel innerhalb oder außerhalb von Zellen. Etwas weniger gebräuchlich ist die Abgrenzung durch wasserunlösliche Makromoleküle (Proteine und/oder Polysaccharide), welche wasserundurchlässige Räume bilden (z.B. Anlage neuer Kammern bei rotaliinen Foraminiferen). Auch Kombinationen beider Strategien kommen vor. Die abgrenzenden Strukturen können auch eine Rolle bei der Mineralbildung selbst spielen, z.B. wenn sie saure Proteine enthalten (möglicherweise das Periostracum der Mollusken und die Cuticula der Arthropoden). In diesem Zusammenhang scheint die Abgrenzungsmembran gegenüber der präformierten organischen Matrix aber meist eine vernachlässigbare Rolle zu spielen.

Präformierte organische Matrix

Vor allem bei Mineralisationsprozessen, welche Skelett-Hartteile bilden, wird der durch Zellen und/oder polymerisierte Makromoleküle abgegrenzte Raum durch sogenannte organische Matrix-Makromoleküle weiter unterteilt. Es handelt sich um saure und basische Moleküle, welche von Zellen synthetisiert und nach außen abgegeben werden. Im extrazellulären Raum polymerisieren diese Moleküle selbständig und bilden einen dreidimensionalen Rahmen, bevor Mineralisation erfolgt. Organische Matrix-Makromoleküle scheinen seltener vorzukommen bei Vesikel-gebundener Mineralisation.

Aufbau der gesättigten Lösung

Damit Mineralausfällung erfolgen kann, ist, genau wie unter abiotischen Bedingungen auch, eine gesättigte Stammlösung erforderlich, und die thermodynamischen und kinetischen Bedingungen müssen erfüllt sein (MANN 1986). Der Aufbau der gesättigten Lösung wird bei der biologisch kontrollierten Mineralisation von Zellen kontrolliert. Der Prozeß ist energieaufwendig: Ionen werden selektiv ins Mineralisationskompartiment gepumpt. Somit wird die Ionenzusammensetzung und der Grad der Sättigung kontrolliert. Dabei haben viele Zellen offenbar die Fähigkeit, die Ionen in einer bestimmten zeitlichen Reihenfolge in die abgegrenzten Räume abzugeben. Eine andere Strategie ist es, Anionen und Kationen zuerst räumlich getrennt zu halten, bis die Mineralisation beginnen soll. Hier scheinen die sauren Makromoleküle eine wichtige Rolle zu spielen. Damit sie die Nukleation induzieren können, müssen sie offenbar zuerst mit Kationen (Ca^{2+}) assoziiert sein. Erst dann falten sie sich in die geordnete, reaktive Form. Die Abgabe von Kationen erfolgt vermutlich zeitgleich wie der Aufbau der Matrix-Moleküle.

Die Ionenzusammensetzung der Lösung ist von verschiedenen Faktoren abhängig: Entnahme der Ionen aus dem Umgebungsmilieu; Transport durch die Gewebe; Abgabe in den Mineralisationsraum. Viele Organismen sind in der Lage, die Ionenzusammensetzung, welche den Mineralisationsraum erreicht, sehr spezifisch zu regulieren. Es existieren viele Beispiele von biogenen Mineralien, welche in einem Milieu gebildet werden, wo sich dieses Mineralprodukt nie anorganisch bilden würde. Ein illustratives Beispiel sind die Acantharien, welche ein Skelett aus Strontiumsulfat aufbauen. An diesem Mineral sind die Meere stark untersättigt, die Skelette werden nach dem Absterben der Organismen sehr rasch gelöst. Das oben Gesagte gilt aber auch für die meisten anderen Organismen. Die Ionenzusammensetzung in der gesättigten Lösung entspricht nicht einfach "gefiltertem" Meerwasser, die Zusammensetzung wird durch Stoffwechselvorgänge der beteiligten Zellen streng kontrolliert. Biomineralien stehen denn auch in den meisten Fällen nicht im Gleichgewicht mit der Umwelt. Bei verschiedenen Organismen ist die Mineralisation aber dennoch von Umwelteinflüssen abhängig (siehe unten).

Kontrolle der Kristallisation

Von verschiedenen Organismen wird das ganze Spektrum von keinerlei Kontrolle bis zu nahezu vollständiger Kontrolle abgedeckt. Direkte Kontrolle der Kristallisation erfolgt im allgemeinen durch spezifische feste Oberflächen. Als feste Oberflächen agieren einerseits Lipid-Doppellagen (Vesikel-Oberflächen), andererseits spezifische Makromoleküle, nämlich die bereits erwähnten sauren Glykoproteine. Diese Substrate haben die Fähigkeit, Kalzium und andere Ionen spezifisch zu binden, die genauen Vorgänge sind allerdings noch unklar. Die Substrate scheinen aber als Katalysatoren für die Kristallisation essentiell zu sein. Die Art des Substrates (chemischer Aufbau, Stöchiometrie, Ultrastruktur) dürfte auch bestimmen, ob von einem Nukleationszentrum ein Kristall entsteht (z.B. Wirbeltierknochen, Perlmutt- und Prismenschicht bei Mollusken, etc.), oder ob viele Kristalle entstehen und eine sphärulitische Struktur bilden (Scleractinia, Eierschalen von Vögeln). Das Substrat bestimmt auch, ob benachbarte Kristalle zufällig oder gleichmäßig orientiert wachsen. Es wurde sogar vorgeschlagen, daß die Substratbeschaffenheit verantwortlich ist für die Bildung von Kalzit respektive Aragonit (HARE 1963). Dies scheint aber eine ungenügende Erklärung zu sein, das Kalzit-Aragonit-Problem ist nach wie vor nicht gelöst (LOWENSTAM & WEINER 1989).

Einiges deutet darauf hin, daß das weitere Kristallwachstum nicht nur durch den Aufbau der gesättigten Lösung gesteuert wird, sondern daß wiederum saure Glykoproteine (diesmal in Lösung?) an der Regulation beteiligt sind. Diese Regulation betrifft einerseits die Wachstumsgeschwindigkeit, andererseits die Orientierung der Kristalle.

Das biologisch kontrollierte Kristallwachstum einer mineralisierten Struktur wird irgendwann beendet. Eine vermutlich verbreitete, wenn auch kaum zu beweisende Möglichkeit, das Kristallwachstum zu stoppen, besteht darin, keine weiteren Ionen mehr zum Mineralisationsort zu transportieren. Eine andere Strategie wird offenbar bei Vesikel-gebundener Mineralisation verfolgt. Diese Vesikel dehnen sich während des Kristallwachstums aus. Das Wachstum erfolgt an den Vesikelrändern, weshalb abgerundete Kristallmorphologien resultieren (z.B. Diatomeen, Coccolithen, Radiolarien, Echinodermen). Die mehr oder weniger konstante Ausbildung der maturen Skelettstrukturen deutet aber darauf hin, daß die definitive Ausdehnung und Ausbildung der Vesikel genetisch determiniert ist. Die Kristalle hören auch auf zu wachsen, wenn sie mit präformierten organischen Oberflächen in Kontakt kommen. In diesem Fall resultieren meist sehr regelmäßige Kristallstrukturen mit idiomorphen Oberflächen. Häufig dürfte auch ein kombinierter Effekt sein: Die Kristalle füllen in einer Dimension präformierte Kompartimente auf und stoppen in den zwei anderen Dimensionen mit dem Wachstum, wenn sie auf benachbarte Kristalle treffen.

Die einmal gebildete Mineralphase muß nicht während der ganzen Ontogenese eines Organismus erhalten bleiben. Es sind mehrere Fälle bekannt, wo im juvenilen Stadium zuerst eine Mineralphase produziert, später aber durch eine andere, stabilere ersetzt wird (LOWENSTAM & WEINER 1989). Verbreitet ist auch die Bildung unterschiedlicher Mineralogien während der Ontogenese, ohne daß später das zuerst gebildete Mineral ersetzt wird. So produzieren Austern eine larvale Schale aus Aragonit, welche unter günstigen Bedingungen an der adulten Kalzitschale erhalten bleiben kann.

4.3. Mineralogie und Skelettstruktur bei ausgewählten Tiergruppen

Nachdem in den vorangegangenen Abschnitten vor allem chemische und biochemische Phänomene im Vordergrund standen, sollen nun bei einigen ausgewählten Organismengruppen aktuelle Skelettstrukturen und die bei ihrem Aufbau beteiligten Organellen, Zellen und Gewebe etwas genauer vorgestellt werden. Die Beispiele beschränken sich hier auf einige wirbellose Tiergruppen. Für Wirbeltiere sei auf FRANCILLON-VIEILLOT et al. (1990), CARLSON (1990) sowie das entsprechende Kapitel in LOWENSTAM & WEINER (1989) verwiesen. Spezielle Aspekte der Biomineralisation bei Pflanzen sind in RHOADS & LUTZ (1980), BOROWITZKA (1982) und LEADBEATER & RIDING (1986) dargestellt.

Foraminiferen

Die Foraminiferen sind eine sehr diverse Gruppe, welche ca. 34'000 beschriebene Arten umfaßt (davon 4'000 rezent). Die meisten leben benthisch, einige wenige planktonisch. Die fundamentale taxonomische Unterteilung der Foraminiferen beruht auf dem Skelettbaumaterial des meist gekammerten Gehäuses. Die Allogromiina bilden glatte, flexible, membranöse Gehäuse aus organischen Makromolekülen. Agglutinierendes Material kann aus dem umgebenden Substrat aufgenommen und auf der Außenseite des Gehäuses angelagert werden. Überraschenderweise zeigen hier einige Formen eine starke Selektivität bezüglich der Mineralogie der agglutinierten Körner (HEMLEBEN et al. 1986).

Biomineralisation 55

Die Textulariina zeigen einen ähnlichen Aufbau wie die Allogromiina, die Gehäuse sind jedoch komplizierter und das agglutinierte Material kann durch biogen ausgefällten mineralischen Zement verkittet werden (Fig. 4.1). Es ist noch wenig bekannt, wie der Zement gebildet und wie die Fremdkörper verkittet werden. Ziemlich sicher spielen die sehr beweglichen Pseudopodien dabei eine große Rolle (HOTTINGER 1986). Der biogene Zement besteht im Wesentlichen aus Gerüstproteinen und Polysachariden, der mineralische Anteil aus Kalzit oder Eisenoxiden.

Die Fusulinina sind eine ausgestorbene Gruppe von Foraminiferen, welche ein Gehäuse aus mikrogranulärem Kalzit aufbauten. Die einzelnen Kristalle besaßen charakteristische Morphologien (GREEN et al. 1980).

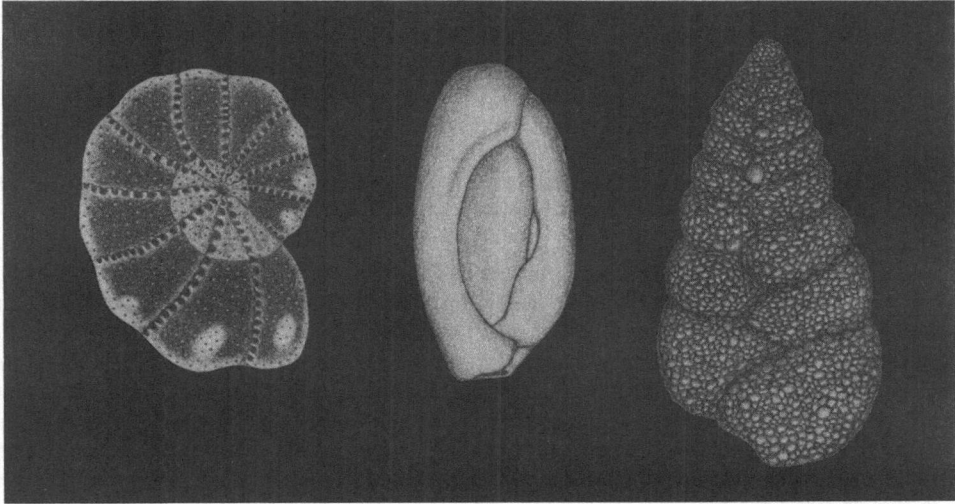

Fig. 4.1. Die wichtigsten Gehausetypen bei Foraminiferen: agglutiniert (*Textularia*), porzellanartig-imperforat (*Quinqueloculina*), hyalin-perforat (*Cribroelphidium*).

Die Gehäuse der Miliolina sind aus Mg-Kalzit aufgebaut (eine Form, *Silicoloculina*, bildet merkwürdigerweise ein Gehäuse aus Opal!) und erscheinen porzellanartig (Fig. 4.1). Die Ultrastruktur ist komplex. Die einzelnen Kalzitkristalle erscheinen zufällig orientiert, nur an der glatten Außenseite des Gehäuses verlaufen sie oberflächenparallel. Detaillierte Untersuchungen haben ergeben, daß kleine Kristallbündel intrazellulär in Vesikeln gebildet werden. Die Bündel bestehen aus orientierten Kristallen, von denen jeder von einer organischen Hülle umgeben ist. Die Kristallbündel werden in der Folge durch Exozytose aus der Zelle ausgeschieden (BERTHOLD 1976, HEMLEBEN et al. 1986). Die Bildung einer neuen Kammer beginnt damit, daß eine transparente organische Membran aufgespannt wird, an welche Detritus angelagert wird. In der Folge beginnen sich die präformierten Kristallbundel an der Oberfläche der darunterliegenden Kammer und an der neugebildeten organischen Membran anzulagern. Dieser Prozeß geht weiter, bis die neue Kammer die definitive Wandstärke erreicht hat. Bei der Anlagerung der Kristallbündel und bei der Formgebung der neuen Kammer sind die Pseudopodien sehr aktiv. Es existieren keine Hinweise, daß die Mineralisation in einer präformierten organischen Matrix erfolgt.

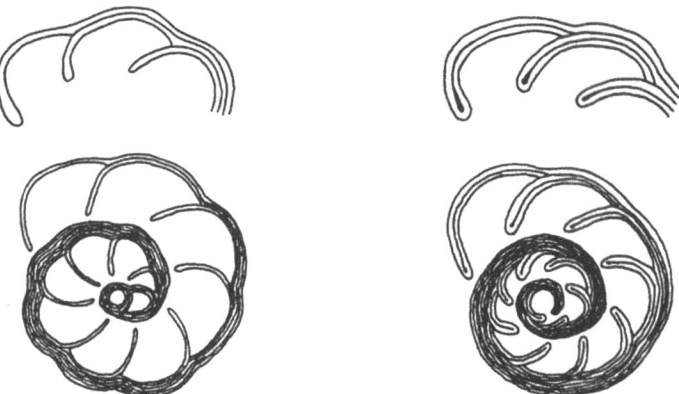

Fig. 4.2. Lamellärer Aufbau der Gehäuse bei Rotaliina. Die ontogenetisch früh angelegten Kammern sind aus zahlreichen mineralischen und organischen Lagen aufgebaut. Nach LOEBLICH & TAPPAN 1964.

Die Gehäuse der Rotaliina erscheinen durchscheinend, hyalin, und die Wände sind von zahlreichen Poren durchbrochen (Fig. 4.1). Skelettbaumaterial ist Kalzit mit unterschiedlichem Mg-Gehalt, nur die Robertinacea bauen aragonitische Gehäuse. Gleichfalls bemerkenswert sind die Vertreter der Spirillinacea, die kalzitische Gehäuse aufbauen, welche die Eigenschaften eines Einkristalls aufweisen. Auch die Rotaliina bilden mehrkammrige Gehäuse wie die Miliolina. Die erste Kammer (Proloculus) besteht aus einer Schicht organischen Materials (primäre organische Membran), an welche eine (monolamellär) oder häufiger zwei Lagen (bilamellär) mineralischer Substanz auf beiden Seiten der organischen Schicht angelagert sind. Bei der Bildung einer neuen Kammer wird gewöhnlich eine Lage organischen Materials und eine mineralische Lage an das ganze schon bestehende Gehäuse angelagert. Dieser Wachstumsvorgang resultiert darin, daß die ontogenetisch früh gebildeten Kammern bei ausgewachsenen Formen durch zahlreiche mineralische und organische Lagen aufgebaut werden (Fig. 4.2). Die grundlegenden Vorgänge bei der Bildung einer neuen Kammer unterscheiden sich gegenüber den bei den Miliolina beobachteten Verhältnissen, sind aber nur bei wenigen Arten dokumentiert (HEMLEBEN et al. 1986) und werden hier am Beispiel der benthischen Foraminifere *Heterostegina* dargestellt (Fig. 4.3). Zuerst erstrecken sich die Pseudopodien aus dem Gehäuse in einen langsam sich erweiternden Raum. Die Pseudopodien enthalten organische Partikel, welche sich am Ort der zukünftigen Wandbildung konzentrieren. Die erst diffuse Schicht organischer Partikel differenziert sich sodann in eine äußere und eine innere Lage. Zwischen diesen beiden Lagen wird in der Folge die primäre organische Membran gebildet. Sodann erfolgt Kristallisation auf beiden Seiten dieser organischen Membran, offensichtlich in einem präformierten organischen Rahmen (im Gegensatz zu den Miliolina) und ohne weitere Beteiligung der Pseudopodien. Die einzelnen Kalzitkristalle erscheinen sehr unregelmäßig, die Grenzen zwischen ihnen verlaufen sinusförmig. Vermutlich wachsen sie nicht isoliert in je einem eigenen Kompartiment, sondern aus einer gemeinsamen übersättigten Lösung. Das Kristallwachstum wird

Biomineralisation

aber offensichtlich kontrolliert, denn die einzelnen Kristalle sind orientiert. Der Aufbau einer neuen Kammer benötigt insgesamt nur 15 bis 20 Stunden (HEMLEBEN et al. 1986). Die Foraminiferengehäuse enthalten ca. 0.02 Gew.% organisches Material. Es handelt sich v.a. um saure Proteine und Glykoproteine, welche nicht nur die primäre organische Membran und die Matrix-Proteine aufbauen. Zusätzlich wird die Innenseite und vermutlich auch die gesamte Außenseite des Gehäuses von einem dünnen organischen Häutchen überzogen.

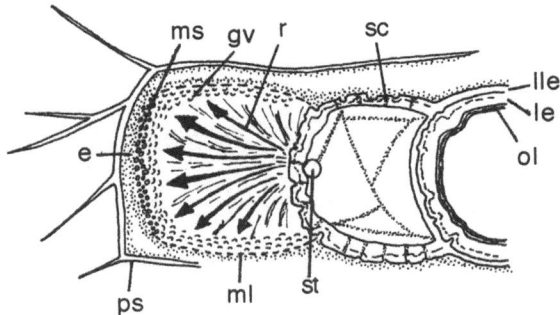

Fig. 4.3. Kammerbildung bei rotaliinen Foraminiferen (Bsp. *Heterostegina*, Radialschnitt). e: Ectoplasma; gv: Golgivesikel; le: äußere Lamelle; lle: sekundäre äußere Lamelle; ml: primäre organische Lage; ms: mediane Schicht; ol: organische Auskleidung; ps: protektive organische Schicht; r: Rhizopodienstränge; sc, sc': Suturalkanäle; st, st': Stolon; v: Vakuolen. Nach HOTTINGER 1986.

Der Prozeß der Kammerbildung ist bei planktonischen Vertretern der Rotaliina im wesentlichen der gleiche, aber die Anlage wird auf andere Weise gebildet (BÉ et al. 1979). Zuerst ziehen sich die langen, filamentartigen Pseudopodien in das Gehäuse zurück, und gleichzeitig wird Protoplasma ausgestülpt. Dieses Protoplasma bildet fächerförmige Rhizopoden, welche die Anlage der neuen Kammerwand bilden. Das Protoplasma dieser Rhizopoden differenziert sich anschließend in zwei Zonen, und die primäre organische Membran wird an der Grenze der beiden Kompartimente gebildet. Der weitere Ablauf der Mineralisation erfolgt wie bei den benthischen Rotaliina.

Die drei wichtigen Schalentypen (agglutiniert, porzellanartig, hyalin) zeigen in ihrer relativen Häufigkeit eine deutliche Milieuabhängigkeit (MURRAY 1991). Die Textulariina sind besonders im brackischen Milieu der kalten und temperierten Zonen häufig. Die Miliolina kommen bevorzugt im flachen, warmen Schelfbereich bei normaler bis erhöhter Salinität vor, während die Rotaliina die Regionen mit intermediärer Temperatur und normaler Salinität dominieren. Eine Darstellung der drei Gruppen in einem Dreiecksdiagramm ist eine gängige Technik, um eine grobe Milieucharakterisierung vorzunehmen (Fig. 4.4).

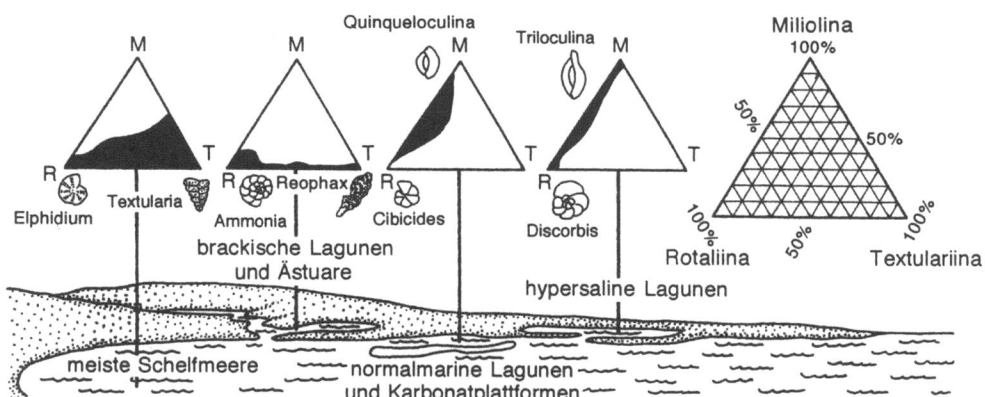

Fig. 4.4. Häufigkeit der drei Foraminiferen-Schalentypen in unterschiedlichen Milieus. Nach BRASIER 1980.

Korallen

Die Scleractinia sind eine weltweit verbreitete Gruppe der Anthozoa, welche massive Exoskelette bilden. Sie sind an Meerwasser mit mehr als 27‰ Salinität gebunden, kommen ansonsten aber vom flachsten Wasser der Tropen bis in kalte Gewässer von 6'000m Tiefe vor. Eine koloniale Wuchsform, wo die Skelette benachbarter Individuen miteinander verschmolzen oder durch das sogenannte Cenosteon verbunden sind, ist typisch für Korallenriffe, während Korallen in tieferem und/oder kaltem Wasser eher solitär sind.

Ein herausragendes Merkmal der riffbildenden Korallen ist, daß sie normalerweise Endosymbionten, einzellige dinoflagellate Algen (Zooxanthellen), in ihren Entodermzellen besitzen. Die riffbildenden Korallen werden als hermatypisch, die nicht-riffbildenden Vertreter als ahermatypisch bezeichnet. Die Zooxanthellen scheinen bei der Mineralisation eine wichtige Rolle zu spielen. Tatsächlich sind Korallen mit Symbionten zu deutlich schnellerem Wachstum befähigt als ahermatypische Korallen, aber nur bei ausreichender Lichtintensität (Photosynthese der Zooxanthellen! PEARSE & MUSCATINE 1971, GOREAU 1977, CHALKER & TAYLOR 1978).

Die Bildung des Exoskeletts geht vom basalen Ektoderm aus (calicoblastische Zellen; Fig. 4.5). Diese Zellen enthalten hohe Konzentrationen an Kalzium (JOHNSTON 1980). Wenn sich eine metamorphosierende Planula-Larve auf dem Substrat festsetzt und sich zu einem Polypen wandelt, wird zuerst eine dünne larvale Basalplatte ausgeschieden. Diese erste Skelettanlage besteht immer aus Kalzit. Erst in der Folge wird mit der Bildung des typischen adulten Scleractinien-Skeletts aus Aragonit begonnen. Dieses besteht aus vertikalen (Septen, Columella, Pali, Theka, Epithek) und transversalen (Dissepimente, Synaptikulae) Elementen (SORAUF 1972, WENDT 1990).

Die grundlegenden mikrostrukturellen Einheiten sind Bündel von nadelförmigen Aragonitkristallen, welche von einem gemeinsamen Wachstumszentrum ausstrahlen (sphaerulitischer oder ge-

Biomineralisation

nauer clinogonaler Aufbau, Fig 4 6, WENDT 1990) Im Wachstumszentrum wurde bei einer Art das Vorkommen von Kalzitkristallen nachgewiesen (CONSTANTZ & MEIKE 1988), es ist aber unklar, ob dies auch fur andere Arten zutrifft Die einzelnen Sphaeruliten (Sklerodermiten) selbst sind in schragen Pfeilern angeordnet (Trabeculae), welche ihrerseits die großeren Strukturen (Septen, Columella, Pali, Theka, Dissepimente) aufbauen (SORAUF 1972) Das adulte Skelett der Scleractinia enthalt 0 02 bis 0 03 Gew % Lipide (v a Phospholipide mit der Fahigkeit zur Ca-Bindung) und ca 0 03 Gew % saure Proteine (LOWENSTAM & WEINER 1989)

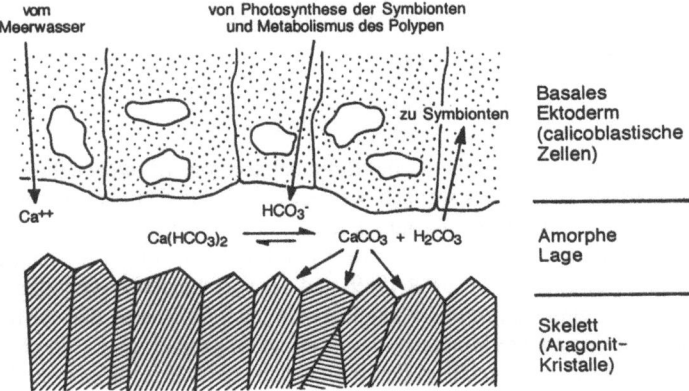

Fig. 4.5 Modell der Aragonitbildung in der Wachstumszone eines Korallenskeletts Nach WENDT 1990

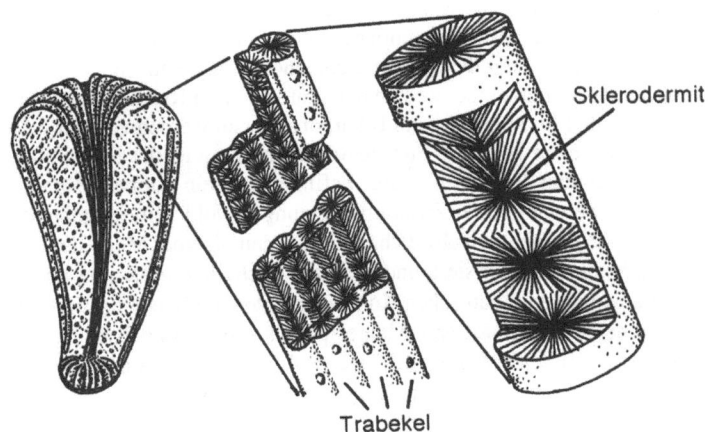

Fig 4 6 Mikrostruktureller Aufbau der Korallensepten Nach ZIEGLER 1983

Die mikrostrukturellen und biochemischen Untersuchungen ergeben bislang noch kein eindeutiges Bild, wie die Biomineralisation bei den Scleractinia vor sich geht Einerseits deutet der sphaerulitische Aufbau auf kaum kontrollierte Mineralisation hin und ist auch von inorganisch gebildeten Aggregaten bekannt, welche schnell aus einer stark übersättigten Lösung ausgefällt werden. Auch andere Biomineralisationsprodukte mit sphaerulitischem Aufbau, z.B. die Eierschalen von Vögeln, werden sehr schnell gebildet. Es hat sich aber gezeigt, daß zumindest die Initiierung des Kristallwachstums im Kristallisationszentrum organisch kontrolliert wird (CONSTANTZ 1986). Von diesem Zentrum aus erfolgt nachher anorganisches Wachstum der Aragonitnadeln, wobei die Calicoblasten den Aufbau der gesättigten Lösung kontrollieren. Das schnellere Wachstum der hermatypischen Korallen (v.a. am Tag) wird darauf zurückgeführt, daß die Endosymbionten CO_2 aus der Lösung abtransportieren und dadurch das Reaktionsgleichgewicht zugunsten von kristallinem $CaCO_3$ verschieben (Fig. 4.5, WENDT 1990). Die biologische Kontrolle erfolgt hier also hauptsächlich auf der Ebene der gesättigten Lösung.

Muscheln

Die Mollusken gelten gemeinhin als Experten der Biomineralisation, v.a. wegen ihrer Fähigkeit zur Bildung bewundernswerter Schalen. Tatsächlich beschränkt sich ihre Fähigkeit zur Mineralbildung nicht auf Skelettstrukturen, auch Radula-Zähne können mineralisiert werden, desgleichen Gift- und Liebespfeile und Eihüllen bei Schnecken. Die Vielfalt der Mineralien (bislang sind 21 verschiedene bekannt; LOWENSTAM & WEINER 1989) und der verschiedenen Kristallisationsformen und ultrastrukturellen Anordnungen ist in der Tat überwältigend. Es scheint, daß die Mollusken für jede beliebige Funktion eine andere Mineralstruktur entwickelt haben (vgl. Echinodermen: immer gleiches Material, strukturell entsprechend den biomechanischen Erfordernissen abgewandelt). Hier werden zur Illustration der Biomineralisation bei Mollusken die Muscheln genauer dargestellt, da sie gut untersucht sind und vielfältige Mikrostrukturen entwickelt haben.

Das Organ, welches für die Schalenbildung verantwortlich ist, ist der Mantel. Dies ist eine dünne Gewebeschicht aus zwei Epithelien und dazwischenliegendem Bindegewebe (Fig. 4.7; WALLER 1980, SALEUDDIN & PETIT 1983). Der Mantelrand der Muscheln ist in drei Lappen differenziert (bei Schnecken in zwei). Der Mantel wächst entlang seiner ganzen Länge durch mitotische Zellteilung. Das äußere Mantelepithel liegt der inneren Schalenoberfläche auf und synthetisiert und sezerniert die organischen Makromoleküle, welche den präformierten Rahmen der Schale bilden und die Mineralisation kontrollieren. Kalzium- und Bikarbonat-Ionen werden von der Hämolymphe an die äußeren Mantelepithelzellen geliefert. Für die Schalenbildung ist der Raum zwischen Mantel und Schale von grundlegender Bedeutung. Hier befindet sich ein dünner Flüssigkeitsfilm, die extrapalliale Flüssigkeit, welche in ihrer Zusammensetzung sowohl vom umgebenden Wasser als auch von der Hämolymphe beträchtlich abweicht. Hier werden die vom Mantelepithel sezernierten organischen Makromoleküle polymerisiert, und hier wird auch die übersättigte Lösung aufgebaut, aus welcher in den präformierten organischen Kompartimenten die Kristallisation erfolgt. Mineralisation erfolgt entlang des gesamten äußeren Mantelepithels, die aktivste Zone ist aber der Mantelrand. Die hier lokalisierten Zellen enthalten zahlreiche Mitochondrien, ein gut entwickeltes endoplasmatisches Retikulum und einen großen Golgi-Apparat. Am Mantelrand erfolgt nicht nur Schalenverdickung, sondern auch -verlängerung. Hier wird auch das erste organische Substrat (Periostracum) gebildet, von welchem aus die nachfolgende Mineralisation beginnt.

Der Mantelrand der Muscheln ist, wie bereits erwähnt, in drei Lappen aufgefaltet, was in der Bildung von zwei Furchen resultiert. In der äußeren, der Schale nächstgelegenen Furche wird das Periostracum gebildet. Es handelt sich um eine Lage aus Gerüstproteinen, welche beim erwachsenen Tier die Außenseite der Schale bedeckt. Das Periostracum wird von spezialisierten Zellen an der Basis der Furche produziert. Die Makromoleküle werden in den Golgi-Zisternen synthetisiert und dann über sekretorische Vesikel ausgeschieden. Extrazellulär polymerisieren die Moleküle zu dünnen Häutchen, welche von der Furche nach außen ziehen. Das Periostracum kann durch zusätzliche Zellen sekundär verdickt werden. Das Periostracum ist sehr schwer löslich und besteht v.a. aus basischen Proteinen, teilweise mit eingelagertem Chitin. Daran angelagert sind aber auch saure Matrix-Proteine. Das Periostracum erfüllt verschiedene Funktionen: Schutz der Schale, Substrat für Biomineralisation, räumliche Abgrenzung des Ortes der Biomineralisation (CLARK 1976).

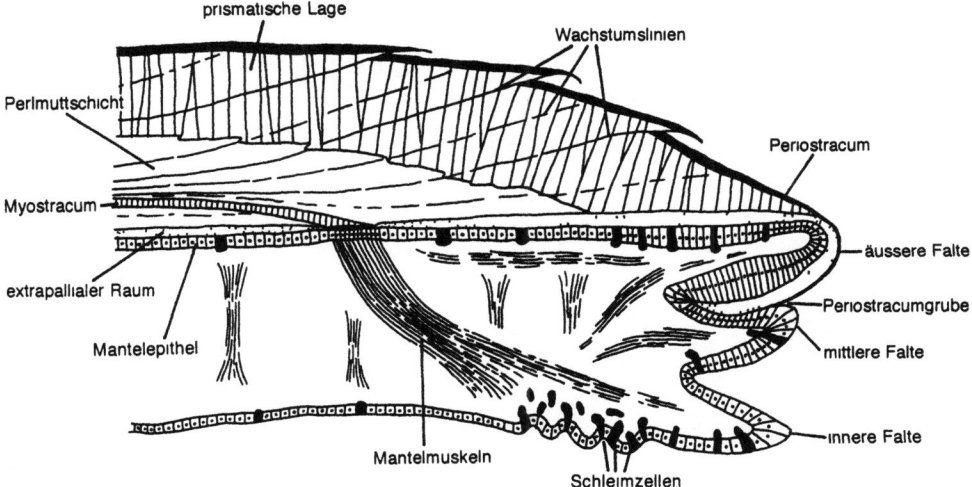

Fig. 4.7 Schematischer Schnitt durch Schalenrand und Mantel von *Anodonta cygnea*

Die Schale der Muschel zeigt, wie diejenige der anderen Mollusken auch, einen mehrschichtigen Aufbau. Sie besteht aus Kalziumkarbonat in der Form von Kalzit, Aragonit, oder beiden Komponenten. Der Anteil an organischem Material beträgt 0.01 bis 5 Gew.%. Wenn sowohl Kalzit als auch Aragonit am Schalenaufbau beteiligt sind, dann sind die beiden Polymorphe von Kalziumkarbonat stets in verschiedenen Lagen organisiert. Die einzelnen Schichten zeigen gewöhnlich unterschiedliche Ultrastruktur. Es können etwa 50 verschiedene Typen und Subtypen unterschieden werden (TAYLOR et al. 1969, 1973, CARTER 1980, 1990a,b, CARTER & CLARK 1985), von denen die wichtigsten in Fig. 4.8 dargestellt sind. Die Anordnung der einzelnen Lagen kann ziemlich komplex sein, da sich die einzelnen Schichten verzahnen können und zusätzlich dünne Zwischenlagen an den Muskelansatzstellen gebildet werden. Diese Myostraca sind stets aragonitisch und haben eine prismatische Struktur.

Das organische Material in der Schale ("Conchiolin") bildet einen dreidimensionalen Rahmen und umschließt jeden einzelnen Kristall. Einige organische Makromoleküle dürften aber auch in die

Kristalle inkorporiert sein. Das organische Material wird von den Mantelzellen als erstes in den extrapallialen Raum sezerniert, wo sie die dreidimensionale Matrix bilden, in welchem Kristallwachstum erfolgt. Es handelt sich überwiegend um saure Glykoproteine mit der Fähigkeit zur Ca-Bindung. Auch Chitin ist ein integraler Bestandteil der organischen Matrix. Die verschiedenen Bestandteile der organischen Fraktion sind ebenfalls in Schichten (bis zu fünf Lagen) organisiert (WEINER & TRAUB 1984).

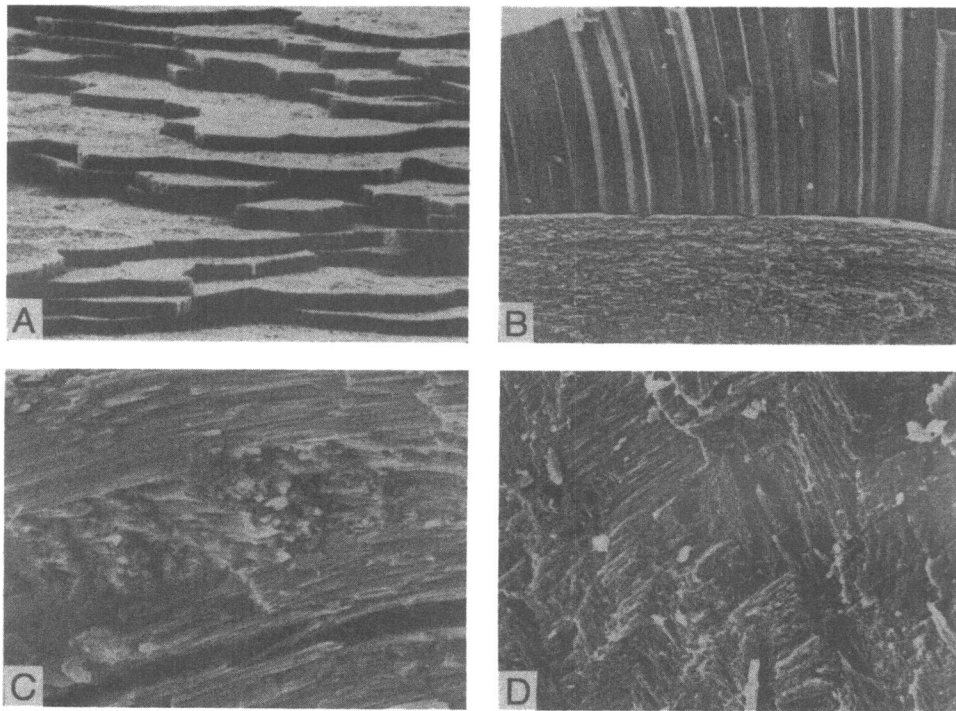

Fig. 4.8. Die wichtigsten der in Muschelschalen vorkommenden Ultrastrukturtypen. A: Perlmutt-Struktur (*Unio*, rezent); B: Prismenschicht (*Pinna*, rezent); C: foliate Struktur (*Chlamys*, rezent); D: kreuzlamelläre Struktur (*Cardium*, rezent).

Im Folgenden sollen kurz die wichtigsten in Muschelschalen vorkommenden Ultrastrukturen besprochen werden. Die Perlmuttstruktur besteht aus dünnen nebeneinanderliegenden, in Lagen angeordneten Täfelchen aus kristallinem Aragonit. Die c-Achse der Kristalle steht senkrecht zu den einzelnen Lagen, a- und b-Achsen können bei benachbarten Kristallen mehr oder weniger gut übereinstimmen. Jeder einzelne Kristall ist von einer organischen Hülle umgeben. Die prismatische **Struktur** besteht aus länglichen, senkrecht zur Schalenoberfläche orientierten Prismen, welche je von organischem Material umhüllt sind. Baumaterial ist Kalzit, seltener Aragonit (z.B. in den

Biomineralisation 63

Myostraca). Die foliate (= lamelläre) Struktur besteht aus dünnen Lagen subparallel angeordneter länglicher, kalzitischer Kristallplättchen, welche leicht schräg zur Oberfläche verlaufen. Sehr verbreitet ist die normalerweise aus Aragonit gebildete kreuzlamelläre Struktur. Bündel von dünnen Aragonitnadeln sind kreuzweise orientiert, wobei beide Orientierungsrichtungen schräg zur Schalenoberfläche verlaufen.

Durch die enge Verbindung von Kalkkristallen und organischen Makromolekülen zeigen die Schalen der Muscheln (und auch der anderen Mollusken) mechanische Eigenschaften, wie sie von künstlich hergestellten Verbundmaterialien bekannt sind. Besonders gut untersucht sind diesbezüglich Perlmutt und kreuzlamelläre Struktur. Perlmutt ist sehr resistent gegen senkrecht zur Oberfläche ansetzende punktuelle Belastung (schalenknackende Räuber!). Die heute unter Muscheln weiter verbreitete kreuzlamelläre Struktur ist in normalen Versuchsanordnungen zwar weniger widerstandsfähig, besitzt aber die vorteilhafte Eigenschaft, einmal gebildete Risse an ihrer weiteren Ausdehnung zu hindern (CURREY 1990).

	aragonit Prismen & Perlmutt	calcit Prismen & Perlmutt	foliat	zusammengesetzte Prismen & kreuzlamellar & komplex kreuzlamellar	kreuzlamellar & komplex kreuzlamellar	homogen
freiliegend epibenthisch			●●			
byssat		●●●●●	●●●		●●●●●	
zementiert	●●●		●●●		●	
bohrend		●			●●●●●	●
untief grabend	●●●●● ●●●●●		●		●●●●●●● ●●●●●●●	●●●●●●
tief grabend	●●●●			●●●●●● ●●●●●	●●●	●●●●

Fig. 4.9. Korrelation zwischen Schalenstruktur und Lebensweise bei Muschelfamilien Jeder Punkt repräsentiert eine Familie. Nach TAYLOR & LAYMAN 1972.

Die Ultrastrukturen, welche bei Muscheln vorkommen, sind einerseits phylogenetisch recht konservative Merkmale, tendieren also dazu, innerhalb einer monophyletischen Gruppe konstant zu sein (CARTER & CLARK 1985). Andererseits zeigt sich auch eine Abhängigkeit von der Lebensweise der betreffenden Muscheln (TAYLOR & LAYMAN 1972; Fig. 4.9). Die Kombination von Kalzitprismen mit Perlmutt oder foliater Struktur ist beispielsweise mit einer epibenthisch-byssaten oder zementierten Lebensweise korreliert. Die Kombination von komplexen Prismen, kreuzlamellärer und komplex-kreuzlamellärer Struktur ist mit tief eingegrabener Lebensweise assoziiert. Die Kombination von kreuzlamellärer und komplex-kreuzlamellärer Struktur findet sich zwar bei einer Vielzahl von Muscheln mit verschiedener Lebensweise vor, ist aber am häufigsten bei untiefgrabenden Formen. Muschelfamilien mit aragonitischen Prismen und Perlmutt sind ebenfalls typischerweise untiefgrabend, kommen aber vorwiegend im Süßwasser und im tiefmarinen Milieu vor.

Eine adulte Muschelschale ist kein statisches Gebilde, welches nur dem Schutz der Weichteile dient. Es ist bekannt, daß Kalzium vom Schalenmaterial in Blut und Gewebe überführt werden kann. Die Schale fungiert also als Kalzium-Reservoir, analog zu den Wirbeltierknochen. Die Lösung von Schalenmaterial erfolgt vermutlich durch Succinat, welches unter anderem bei anaerober Respiration entsteht. Für einige Schnecken (z.B. *Murex*) ist es beim Weiterwachsen sogar unumgänglich, vorher gebildetes Schalenmaterial (Stacheln) wieder abzubauen.

Krebse

Wie alle Arthropoden besitzen auch die Krebse segmentierte Körper und Körperanhänge, welche ein verfestigtes Exoskelett ausbilden. Während des Wachstums wird dieses Exoskelett mehrmals gehäutet und durch ein neues, größeres ersetzt. Zu dieser Regel gibt es allerdings auch Ausnahmen (unvollständige Häutung bei Cirripediern und Conchostraken). Der normale Prozeß, durch welchen das Exoskelett der Arthropoden verhärtet, ist die sogenannte Sklerotisierung. Die Hauptbestandteile der Cuticula, Chitin und Proteine, werden chemisch vernetzt, polymerisiert. Bei den Krebsen und auch bei den ausgestorbenen Trilobiten wird das Exoskelett aber noch zusätzlich durch mineralische Einlagerungen verfestigt.

Das Integument aller Arthropoden zeigt denselben horizontalen Aufbau. Basal liegen die Epidermiszellen, welche die darüberliegende Cuticula abscheiden. Die Cuticula selbst wird in Endo-, Exo- und Epicuticula unterteilt (Fig. 4.10). Endo- und Exocuticula werden auch zusammen als Procuticula bezeichnet. Die Endocuticula ist relativ dick und wird aus wohlgeordneten fibrillären Strukturen aufgebaut. Die einzelnen Mikrofibrillen bestehen aus einem Chitin-Protein-Komplex und sind oberflächenparallel angeordnet. Die Mikrofibrillen zeigen lagenweise parallele Ausrichtung, in der nächsten darüber liegenden Lage sind die Mikrofibrillen aber jeweils leicht im Gegenuhrzeigersinn verschoben (Fig. 4.10). Die Folge dieses komplizierten Aufbaus sind in Anschnitten sichtbare Laminae, welche jeweils dort erscheinen, wo die Mikrofibrillen der Schnittrichtung parallel verlaufen. In den helleren Interlaminae sind die Mikrofibrillen sukzessive um weitere 180° gedreht. Die Exocuticula zeigt grundsätzlich den gleichen Aufbau, diese Zone ist aber durch "Gerbvorgänge" zusätzlich verhärtet und vernetzt (DALINGWATER & MUTVEI 1990). Die Epicuticula schließlich besteht nur aus Proteinen, Chitin ist hier nicht vorhanden. Die Epicuticula zeigt entsprechend auch keinen fibrillären Aufbau. Die gesamte Cuticula wird von zahlreichen vertikalen Kanälen unterschiedlichen Durchmessers durchbrochen, durch welche Sinnesborsten hindurchziehen und Drüsen an die Oberfläche münden. Selbstverständlich zeigt die Arthropodencuticula auch eine laterale Gliederung Es werden Skleriten (verhartete Zonen) und Gelenkmembranen (unverhartet, ermoglichen Beweglichkeit) unterschieden

Die weitere Verhartung der Cuticula erfolgt durch die Einlagerung von Mineralien Das haufigste Mineralisationsprodukt bei Krebsen ist Kalzit und amorphes Kalziumkarbonat sowie amorphes Kalziumphosphat (meist nur in Spuren) Die Epicuticula wird nur in geringem Maße mineralisiert und offensichtlich unter wenig kontrollierten Bedingungen Die Exocuticula mineralisiert starker, wobei die Bildung von langlichen Kalzitkristallen hauptsachlich an die Nachbarschaft der Mikrofibrillen gebunden ist Die dicke Endocuticula wird am starksten mineralisiert, wobei auch hier Mikrofibrillen als kontrollierendes Substrat wirken Mineralisation in den Porenkanalen erscheint dagegen nur wenig kontrolliert

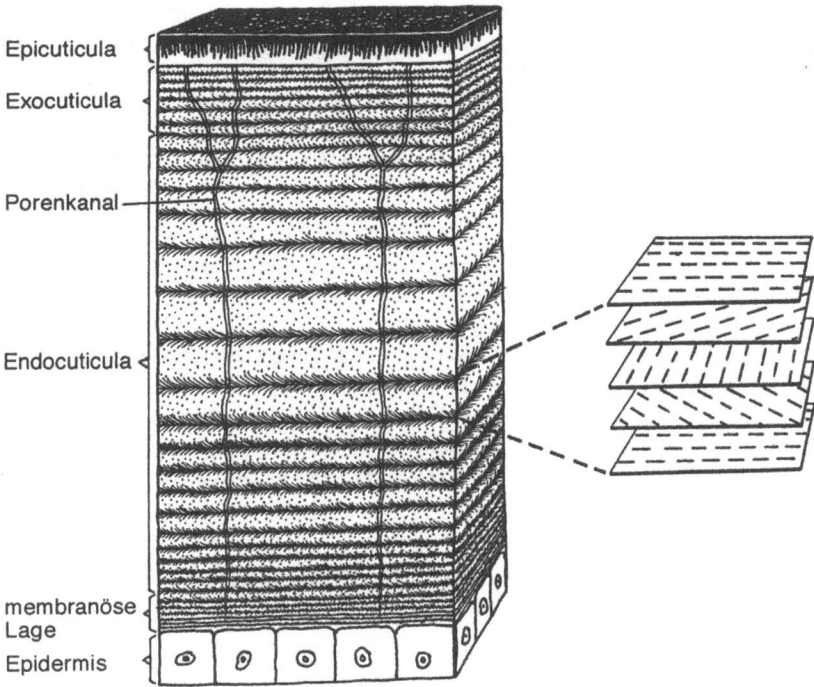

Fig. 4.10 Diagrammatische Darstellung der Cuticula eines decapoden Krebses Nach DALINGWATER & MUTVEI 1990

Der Mechanismus der Hautung (Ecdysis) wird hormonell gesteuert und ist komplex (GREENAWAY 1985) Bevor die alte Cuticula abgestoßen wird, wird sie teilweise dekalzifiziert Das mineralische Material wird gelost, uber die Hamolymphe abtransportiert und an speziellen Orten gespeichert Die Speicherung erfolgt in mineralischer Form, entweder als sogenannte Gastrolithen im Verdauungstrakt, oder intrazellular im Hepatopankreas (Verdauungsdruse) Das gespeicherte Material kann bei Sußwasser und terrestrischen Krebsen bis zu 75% des Kalziums der alten Cuticula be tragen, bei marinen Krebsen ist die Speicherung wegen des reichen Ca-Angebots im Meerwasser nicht in gleichem Maße von Bedeutung. Marine Krebse speichern normalerweise höchstens 10% des Kalziums der alten Cuticula. Sobald die Häutung erfolgt ist, wird die neue und zuerst weiche Cuticula sehr schnell mineralisiert. Diese Möglichkeit zur schnellen Mobilisierung und Wiederablagerung von Mineralien ist im gesamten Tierreich einzigartig.

Echinodermen

Auch die Echinodermen zeichnen sich in ihrer Fähigkeit zur Biomineralisation durch einige einzigartige Besonderheiten aus. Vertreter aller Klassen bilden ein mineralisiertes Skelett, welches aus einzelnen Elementen besteht. Diese sind bei den Seeigeln starr miteinander verbunden und bilden ein kugeliges oder abgeplattetes Gehäuse. Bei den Seesternen, Schlangensternen und Seelilien sowie bei den meisten ausgestorbenen paläozoischen Gruppen sind die einzelnen Ossikel gelenkig miteinander verbunden. Bei den Holothuroidea ist das Skelett zu isolierten Ossikeln reduziert. Die Hartteile der Echinodermen zeigen eine enorme Vielfalt bezüglich Form und Funktion und umfassen nicht nur Skelettelemente, sondern auch Zähne und Stacheln. Bemerkenswerterweise werden mit wenigen Ausnahmen alle diese Hartteile aber vom gleichen Mineral aufgebaut, nämlich Mg-Kalzit mit 5 bis 15% Mg-Karbonat. Der Kern der Seeigelzähne besteht aus Protodolomit (bis 40% Mg-Karbonat), verhält sich kristallographisch aber wie Mg-Kalzit (LOWENSTAM & WEINER 1989).

Die Hartteile der Echinodermen werden vom Mesoderm gebildet. Es handelt sich also, im Gegensatz zu den Verhältnissen bei den bisher besprochenen Tiergruppen, um echte Innenskelette, wie es auch von den Wirbeltieren her bekannt ist. Die Ultrastruktur der meisten Ossikel zeigt einen charakteristischen maschigen Aufbau (das sogenannte Stereom; Fig. 4.12). Das mesodermale Gewebe, welches das Stereom umhüllt, wird Stroma genannt. Ein großer Teil des Stroma besteht aus extrazellulärer Flüssigkeit. Die Oberflächen der mineralischen Phase erscheinen auch unter starker Vergrößerung äußerst glatt. Bruchflächen zeigen unter starker Vergrößerung einen muscheligen Bruch, wie er für amorphe, glasartige Materialien typisch ist. Überraschenderweise zeigen die Ossikel bei Untersuchung mit polarisiertem Licht oder Röntgen-Diffraktion aber das Verhalten von Einkristallen!

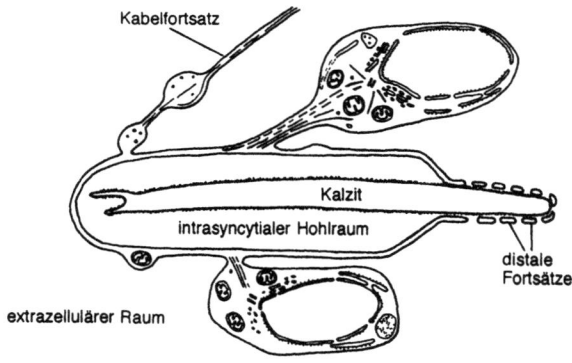

Fig. 4.11. Skelettbildung innerhalb eines Syncytiums bei Echinodermen. Nach MARKEL et al. 1986.

Biomineralisation

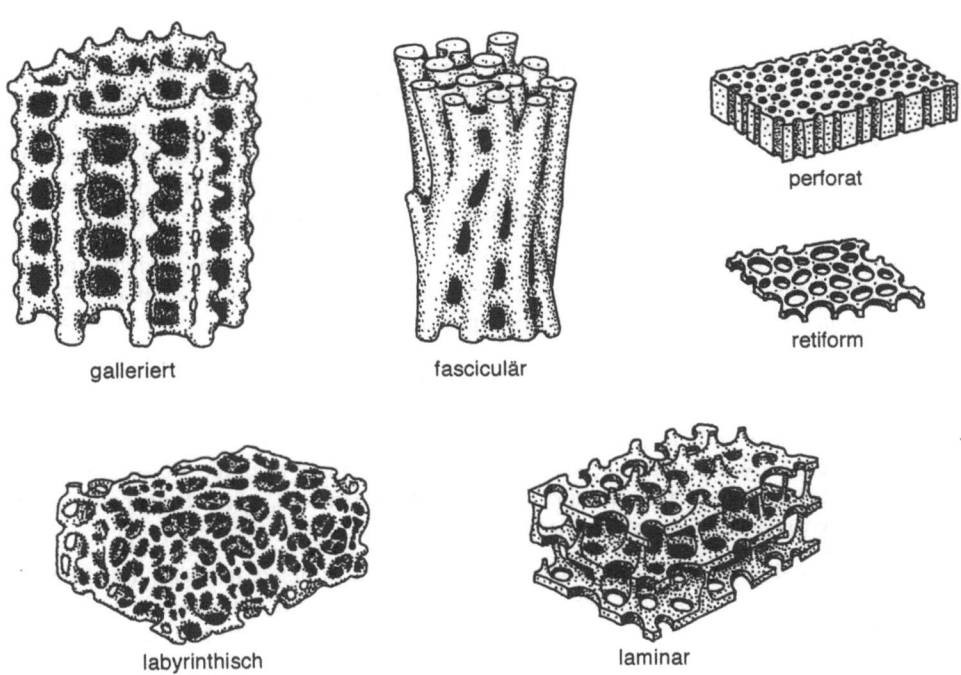

Fig 4 12 Blockdiagramme verschiedener Stereom Architekturen welche bei Seeigeln vorkommen Nach SMITH 1984

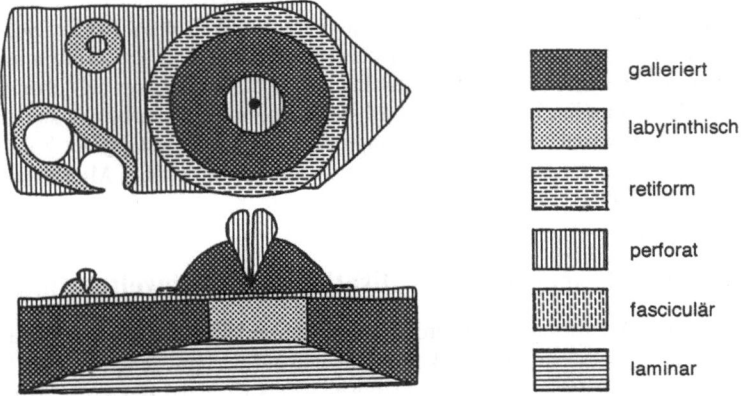

Fig. 4.13 Aufbau einer Ambulacralplatte eines Seeigels und Verteilung der verschiedenen Stereomtypen Nach SMITH 1990

Die meisten Erkenntnisse, welche man über die Biomineralisation bei Echinodermen bislang gewonnen hat, beruhen auf Studien an Seeigellarven und adulten Seeigeln. Der grundsätzlich gleiche Aufbau der Hartteile bei den anderen Echinodermen erlaubt aber die Verallgemeinerung dieser Resultate. Die Bildung eines neuen Ossikels beginnt mit dem Zusammenschluß mehrerer Zellen, der sogenannten Sclerocyten. Diese Sclerocyten bilden lange Fortsätze (Pseudopodien), welche mit den Fortsätzen der Nachbarzellen verschmelzen. Es resultiert ein Syncytium, in welchem ein Vesikel gebildet wird (Fig. 4.11). Dies ist der Ort der Mineralbildung (MÄRKEL et al. 1986). Die erste Anlage eines Ossikels erfolgt also intrazellulär (SMITH 1990). Die Form und Ultrastruktur des Ossikels wird weitgehend von der Form des Syncytiums bestimmt. Zwischen Vesikelmembran und kalzitischem Skelettelement bleibt aber ein flüssigkeitsgefüllter Hohlraum und der entstehende Ossikel ist stets von einer dünnen Hülle aus Proteinen überzogen (MÄRKEL et al. 1986).

Die Ossikel der Echinodermen enthalten ca. 0.1 Gew.% saure Glykoproteine, welche eine wichtige Rolle bei der Ca-Bindung spielen. Diese organischen Moleküle werden während des Ossikelwachstums direkt in die mineralische Phase eingebaut (BERMANN et al. 1988). Daher verhalten sich die "Einkristalle" der Echinodermenossikel im Bruch wie amorphes Material. Die Kalzitkristalle mit den eingeschlossenen Glykoproteinen stellen eine spezielle Art von Verbundmaterialien dar, welche die Härte von Kristallen, nicht aber deren Zerbrechlichkeit aufweisen (BERMANN et al. 1988). Mit dem weiteren Wachstum des Ossikels wird auch der Vesikel vergrößert, bis er mit den Vesikeln benachbarter Syncytien verschmilzt. Schließlich erfolgt auch die Verschmelzung der einzelnen Ossikelanlagen zum dreidimensionalen Maschenwerk, unter Beibehaltung einer einheitlichen kristallographischen Orientierung.

Der ultrastrukturelle Aufbau des Stereoms kann beträchtlich variieren, teilweise innerhalb eines Ossikels (Fig. 4.12, 4.13; SMITH 1990). Grundsätzlich kann die maschige Struktur als Leichtbauweise verstanden werden. Darüber hinaus besitzt diese fenestrate Struktur auch vorteilhafte biomechanische Eigenschaften. So zeigen die von lebendem Gewebe umhüllten Ossikel eine für Hartteile außerordentlich hohe Elastizität und die Fähigkeit, auf lokalen Streß mit nur begrenztem Bruch zu reagieren (SMITH 1990). Diese letzte Eigenschaft ist natürlich auch eine Folge des Einbaus von organischen Komponenten in die Kalzitkristalle. Einige Elemente der Seeigel zeigen einen massiven Aufbau (Teile der Stacheln, Zähne). Die Ultrastruktur der Zähne ist sehr komplex und steht in Beziehung zur mechanischen Funktion (MÄRKEL & GORNY 1973). Die zentrale, härteste Region der Zähne besteht aus Mg-kalzitischen Fibern, welche in eine Matrix aus amorphem Mg-Kalziumkarbonat eingebettet sind. Der Gehalt an Mg-Karbonat beträgt hier über 40%, weshalb dieses Mineral als Protodolomit bezeichnet wird. Kristallographisch verhält es sich aber wie Mg-Kalzit. Der hohe Gehalt steht im Zusammenhang mit der hohen Belastung der Zähne. Es konnte gezeigt werden, daß das Stereom der Echinodermen mit zunehmendem Mg-Gehalt härter wird (WAINWRIGHT et al. 1976).

4.4. Abhängigkeit der Biomineralisation von Umwelteinflüssen

In den vorangegangenen Abschnitten wurde immer wieder darauf hingewiesen, daß die meisten Organismen die Biomineralisation in starkem Maße und auf verschiedenen Ebenen kontrollieren. Es ist deshalb beinahe überraschend, daß die Umwelt den Aufbau der biogenen Hartteile dennoch beeinflußt. Dieser für die Paläökologie glückliche Umstand wird allerdings etwas relativiert durch die Tatsache, daß die biogen gebildeten Mineralien häufig diagenetisch verändert sind.

Skelettwachstum

Der wohl häufigste Einfluß der Umwelt auf die Biomineralisation betrifft die Wachstumsrate Als Folge von Umweltveränderungen werden gewisse Stoffwechselvorgänge beschleunigt oder verlangsamt, was sich seinerseits in der Wachstumsgeschwindigkeit der Hartteile niederschlagen kann Bei Organismen, welche ihre Skelette durch randliche Anlagerung neuer Substanz vergrößern, bleiben Variationen in der Wachstumsrate erhalten und resultieren in der Bildung von Anwachslinien Diese Anwachslinien unterscheiden sich meist in den relativen Anteilen von organischem Material und Mineralphase vom umgebenden Skelettmaterial (LUTZ & RHOADS 1980) Die Diskontinuitäten können aber auch auf unterschiedlichen Ultrastrukturen beruhen (LOWENSTAM & WEINER 1989) Beispiele für Hartteile, welche Umweltfluktuationen „aufzeichnen", finden sich bei den Korallen (DODGE & VAISMYA 1980), Mollusken (JONES 1985), Seepocken (BOURGET 1980), Echinodermen (PEARSE & PEARSE 1975) und den Otolithen der Knochenfische (PANNELLA 1980, CAMPANA 1984) Die Ausbildung von Wachstumslinien und -unterbrüchen kann so verschiedene Ursachen haben wie tages- und jahreszeitliche Schwankungen in der Temperatur und der Lichtintensität, tidale und lunare Zyklen, aber auch traumatische Ereignisse wie Stürme oder Feindattacken Im Einzelfall kann es allerdings schwierig sein, die beobachteten Wachstumsmuster mit den verursachenden Umweltschwankungen in Verbindung zu bringen

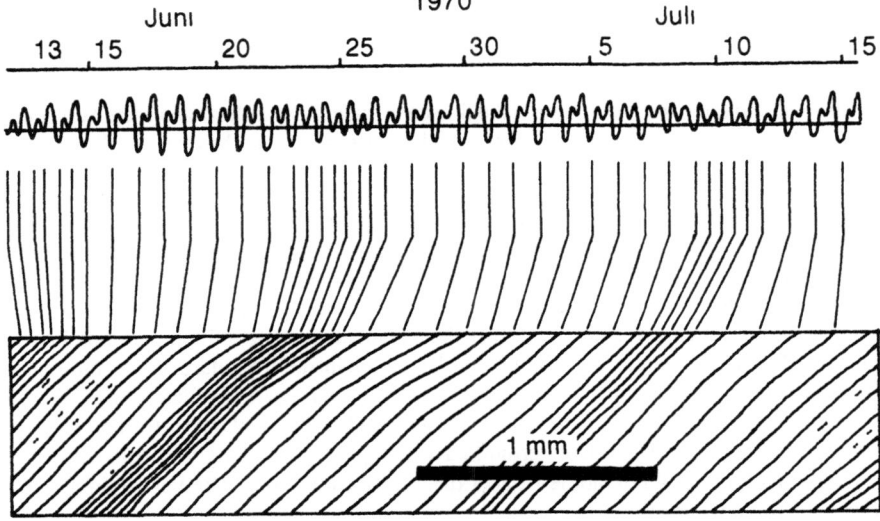

Fig 4 14 Anwachslinien bei der intertidalen Muschel *Clinocardium nuttalli* Oben ist das Gezeitenmuster am Lebensort angegeben Nach JONES 1985

Bei Muscheln ist das Auftreten von Wachstumslinien besonders gut untersucht Häufig lassen sich bereits auf der Außenseite einer Muschelschale deutliche konzentrische Ringe erkennen Die prominentesten von ihnen stammen von einem verlangsamten Wachstum oder einem Wachstumsstopp während der kalten Wintermonate. Diese Art kräftiger Wachstumsringe ist offensichtlich an ein deutlich saisonales Klima gebunden. Feinere Anwachslinien sind auf der Schalenaußenseite einer Muschel nur undeutlich zu erkennen. Genauer lassen sie sich an An- und Dünnschliffen beobachten (JONES 1985). Durch diese Technik ist eine sehr genaue Auflösung erreichbar. So konnte beispielsweise EVANS (1972) zeigen, daß die Anwachslinien bei der intertidal lebenden Muschel *Clinocardium nuttalli* sogar das komplizierte Muster halbtäglich gemischter Gezeiten aufzeichneten (Fig. 4.14). Seither sind bei vielen anderen Muscheln Wachstumslinien analysiert worden, welche halbtägliche, tägliche, vierzehntägige, monatliche und jährliche Periodizität zeigen (JONES 1985). Vergleichende Studien an Muscheln aus verschiedenen Milieus erbrachten ebenfalls erwähnenswerte Resultate. So zeigte sich bei Muscheln der Gattung *Nucula*, daß Flachwasserformen viel deutlichere und unregelmäßiger verteilte Wachstumsringe aufwiesen als Tiefwasserformen (RHOADS & PANNELLA 1970). Die im flacheren Wasser lebenden Individuen wurden viel häufiger durch Stürme gestört und standen unter höherem Umweltstreß.

Die Entstehung von Wachstumsringen steht in engem Zusammenhang mit der Physiologie und der Lebensweise der Muscheln. Normalerweise produziert eine Muschel eine Schale mit einem ausgewogenen Verhältnis von mineralischer zu organischer Substanz. Die Produktion organischen Materials scheint relativ konstant zu sein, die Abscheidung von Kalziumkarbonat hängt dagegen stark von Stoffwechselendprodukten ab. Wenn eine Muschel ihre beiden Klappen schließen muß, so atmet sie anaerob. Gewisse intertidale Muscheln können auf diese Weise mehrere Monate der Trockenheit überdauern. Bei der anaeroben Respiration entstehen saure Stoffwechselendprodukte, welche die Ablagerung von Kalziumkarbonat verlangsamen oder sogar zu einer Anlösung schon gebildeter Schalensubstanz führen. Die organische Substanz der Schale bleibt in diesem Fall aber an der Schaleninnenseite erhalten. Wenn die Muschel ihre Klappen wieder öffnen kann, atmet sie wieder normal und kann wieder mineralische Substanz bilden. Die zuletzt gebildete Schalenschicht wird aber relativ mehr organisches Material enthalten, was als Anwachslinie oder Wachstumsring zu beobachten ist (LUTZ & RHOADS 1977).

Das Studium von Anwachslinien und Wachstumsringen ist in der Palökologie offensichtlich ein vielversprechendes Gebiet. Entsprechende Untersuchungen lassen sich allerdings nur an gut erhaltenem Material vornehmen. Ausgeprägte, periodische Ringe deuten auf saisonales Klima, während Muscheln in Gebieten ohne ausgeprägte Jahreszeiten keine kräftigen periodischen Wachstumsringe aufweisen sollten. Auch Informationen über die Paläobathymetrie sollten sich ableiten lassen. Wenn eine Muschelschale aus dem subtidalen Bereich häufige irreguläre Wachstumsringe aufweist, dann deutet dies darauf hin, daß sie oft von Stürmen ausgewaschen wurde. Ein solches Muster ist also typisch für Flachwasserformen, während es bei Tiefwasserformen fehlen sollte (RHOADS & PANNELLA 1970). Die vermutlich wichtigste Anwendung von Anwachslinien und Wachstumsringen in der Palökologie ist aber die Altersbestimmung. Die Feststellung des Alters von Fossilien kann wertvolle Hinweise liefern auf die Altersstruktur von Populationen sowie auf die Lebenszyklen von Arten, was wiederum Hinweise auf das Milieu liefern kann (siehe Kap. 7). Verschiedene Muscheln können sich bezüglich ihrer Wachstumsraten und ihrer Lebenserwartung recht drastisch unterscheiden (Fig. 4.15).

Biomineralisation 71

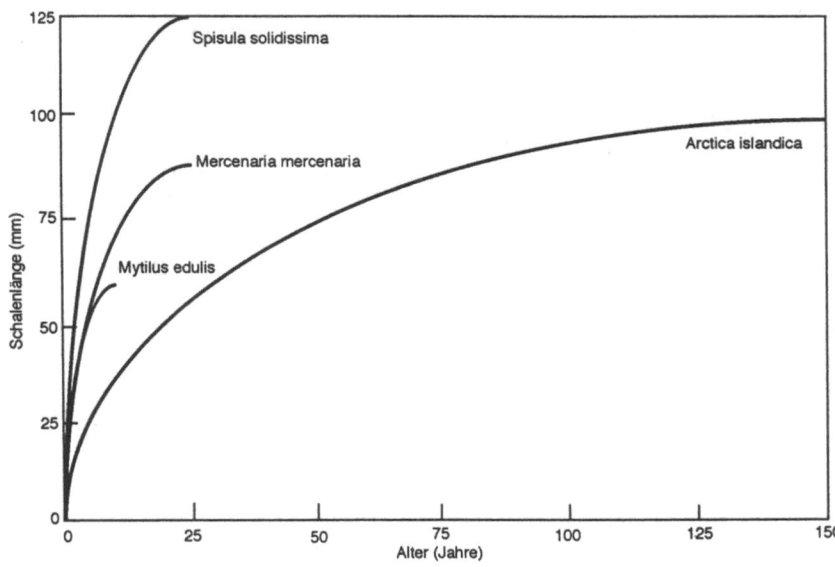

Fig. 4.15. Wachstumskurven verschiedener Muscheln von der Ostküste Nordamerikas. Nach JONES 1985.

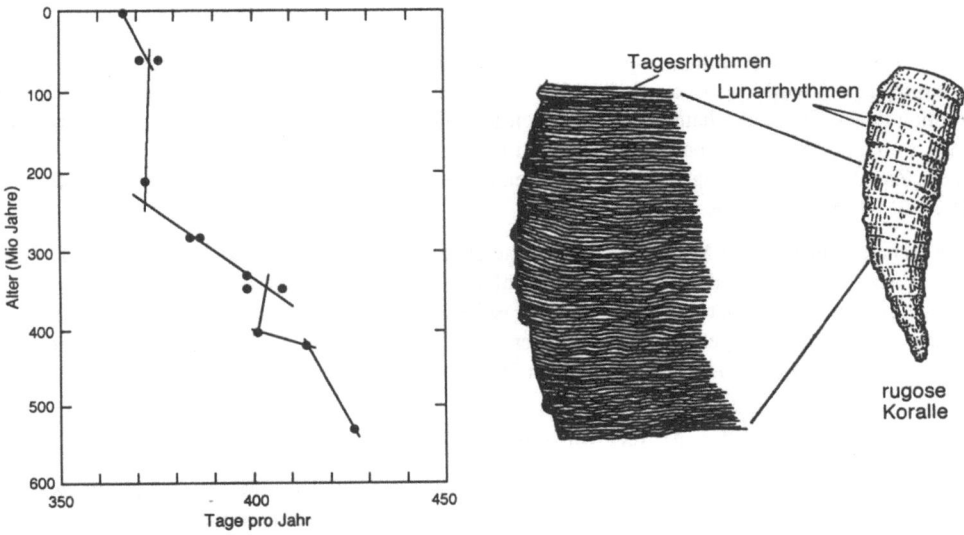

Fig. 4.16. Anzahl Tage pro Jahr, anhand von Anwachslinien bei Fossilien abgeschätzt. Nach LOWENSTAM & WEINER 1989, ZIEGLER 1983

Die wohl spektakulärste Untersuchung von Anwachslinien wurde an Korallen vorgenommen. Die Epithek heute lebender Scleractinia aus der Karibik weist in dem in einem Jahr gebildeten Abschnitt rund 360 Anwachslinien auf. Dies bedeutet, daß täglich eine solche Linie gebildet wird. WELLS (1963) untersuchte nun die Epithek fossiler Korallen (Rugosa) aus dem Devon und Karbon und stellte fest, daß die karbonischen Korallen in einem Jahr etwa 390, die devonischen sogar etwa 400 Anwachslinien ausbildeten (Fig. 4.16). Damit war erstmals von paläontologischer Seite geklärt, daß die Anzahl Tage pro Jahr während der letzten 400 Millionen Jahre abgenommen beziehungsweise daß sich die Rotation der Erde um ihre Achse in dieser Zeit verlangsamt hatte. Dies war zuvor schon von Astronomen postuliert worden. Der Grund für die abnehmende Rotationsgeschwindigkeit liegt in der durch die Gezeiten verursachten "Reibung".

Mineralisationsrate und Wassertemperatur

In verschiedenen marinen Organismengruppen existieren Kalt- und Warmwasserarten, welche das gleiche Mineral bilden. Mineralisationsrate und Skelettvolumen sind in diesem Fall bei den Warmwasserarten aber häufig markant größer (LOWENSTAM & WEINER 1989). Vieles deutet darauf hin, daß dieser Trend auch in der geologischen Vergangenheit existierte.

Beispiele zu temperaturabhängiger Mineralisationsrate finden sich bei diversen Kalkalgen. Die Vertreter der inkrustierenden Rotalgenfamilie Peysoneliacea sind weltweit verbreitet. Ihre Aragonitkristallbildung erfolgt offenbar ohne Kontrolle, es handelt sich also um biologisch induzierte Mineralisation. Verschiedene Kaltwasserarten bilden überhaupt keinen Kalk, andere bilden Aragonitnadeln, aber in bedeutend geringerem Umfang als die Arten der Subtropen und Tropen. Unter den Warmwasserarten besitzen die riffbewohnenden tropischen Arten die am stärksten ausgebildeten Skelette. In Neu-Kaledonien können ihre Hartteile bis zu 60% des Riffkarbonates ausmachen (LOWENSTAM & WEINER 1989).

Die hermatypischen Korallen sind auf die Oberflächengewässer der Tropen beschränkt, das Verbreitungsgebiet wird in etwa durch die 15°C Isotherme des kältesten Monats limitiert. Nördlich und südlich davon findet überhaupt keine Korallen-Riffbildung statt. Innerhalb des Verbreitungsgebietes ist eine leichte Zunahme der Mineralisation von den Subtropen zu den Tropen festzustellen, diese Zunahme ist allerdings gering verglichen mit dem abrupten Wechsel an der 15°C-Isotherme (LOWENSTAM & WEINER 1989).

Ein Beispiel für stärkere Mineralisation mit zunehmender Wassertemperatur existiert auch unter den Wirbeltieren. Unter den höheren Knochenfischen nimmt die Mineralisation der Schuppen in Abhängigkeit der Temperatur zu. Arktische Fische weisen durchschnittlich 26.9% Karbonat-Hydroxylapatit, Arten der gemäßigten Gewässer 33.2% und tropische Arten 50% dieses Minerals in den Schuppen auf (LOWENSTAM & WEINER 1989).

Milieuabhängigkeit der Mineralbildung

Es gibt verschiedene Beispiele dafür, daß Tiere in warmen Gewässern Mineralien bilden, welche verschieden sind von denen, die nahe Verwandte in kalten Gewässern produzieren (LOWENSTAM & WEINER 1989). Die Mehrzahl der dokumentierten Fälle betrifft die Polymorphe von Kalziumkarbonat, Aragonit und Kalzit. Unter normalen Druck-Temperatur-Bedingungen ist Kalzit, nicht aber Aragonit in wässriger Lösung stabil. Dies bedeutet, daß Aragonit leichter löslich ist als Kalzit. Dem steht aber gegenüber, daß Aragonit vermutlich das am häufigsten biogen gebildete Karbonat

Biomineralisation

der Flachmeere ist (DODD & STANTON 1990) Die Losung dieses anscheinenden Paradoxon liegt in der hohen Magnesium-Konzentration im Meerwasser Unter diesen Umständen ist Aragonit stabil, sogar stabiler als der unter diesen Verhältnissen gebildete hoch-Mg-Kalzit (mehr als 8 5 Mol% $MgCO_3$, BERNER 1975)

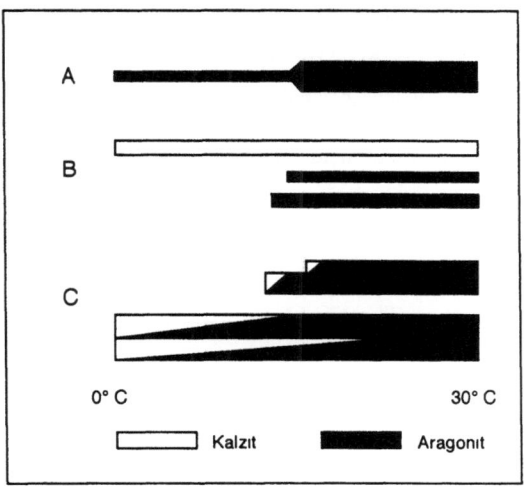

Fig. 4.17 Drei Moglichkeiten, wie sich die Temperaturabhangigkeit der Mineralisation auswirkt Weitere Erlauterungen im Text Nach LOWENSTAM 1954

Im allgemeinen steht die Mineralogie der biogen gebildeten Hartteile unter genetischer Kontrolle (LOWENSTAM & WEINER 1989) In verschiedenen Organismengruppen ist aber eine temperaturabhangige Kontrolle sichtbar Diese Kontrolle kann sich auf drei verschiedene Arten manifestieren (LOWENSTAM 1954, Fig 4 17)

- Einige Organismengruppen, welche aragonitische Skelette bilden, sind nahezu vollstandig auf tropische Bereiche beschrankt Das beste Beispiel hierzu sind die Scleractinia, welche außerhalb des circumaquatorialen Gurtels nur eine untergeordnete Rolle spielen

- Organismengruppen konnen sowohl Vertreter mit kalzitischen als auch solche mit aragonitischen Hartteilen umfassen In diesem Fall konnen Vertreter mit aragonitischem Skelett auf Warmwassergebiete beschrankt sein, wahrend Kalzit-bildende Gruppen sowohl im warmen als auch im kalten Milieu vorkommen Hierher gehoren einige Gruppen von Kalkalgen

- Wenn Organismen Hartteile bilden, welche sowohl aus Kalzit als auch aus Aragonit aufgebaut sind, dann nimmt innerhalb einer taxonomischen Gruppe der Aragonitgehalt mit steigender Wassertemperatur zu Beispiele hierzu finden sich unter den Cnidaria, Bryozoen, Mollusken, Anneliden und Cirripediern

Die Ubertragung dieser Trends auf fossile Assoziationen muß allerdings mit großter Vorsicht betrieben werden Selbst nahe verwandte Gattungen oder Arten zeigen mitunter nicht denselben Trend (LOWENSTAM & WEINER 1989) Am vielversprechendsten durfte die Untersuchung von Formen sein, welche aus Kalzit und Aragonit zusammengesetzte Hartteile besitzen Am besten un tersucht sind diesbezüglich die Muscheln. In kalten Gewässern vorkommende Vertreter der Gattung *Mytilus* besitzen eine Schale mit einer äußeren, teilweise auch einer inneren Schicht aus Kalzit, sowie einer mittleren Perlmuttschicht aus Aragonit. Mit zunehmender Wassertemperatur wird die innere kalzitische Schicht immer mehr reduziert bis sie völlig verschwindet, und auch die äußere kalzitische Schicht wird immer dünner, während die aragonitische Perlmuttschicht immer dicker wird (LOWENSTAM & WEINER 1989). Einige tropische Vertreter der Mytilacea besitzen sogar eine vollständig aus Aragonit aufgebaute Schale (TAYLOR et al. 1969).

Gut untersucht sind auch verschiedene Arten der Gattung *Chama*. Tropische Arten besitzen Schalen, welche ausschließlich aus Aragonit bestehen, während Arten kälterer Gewässer zusätzlich eine äußere kalzitische Schalenschicht abscheiden (Fig. 4.18; KENNEDY et al. 1970, LOWENSTAM & WEINER 1989).

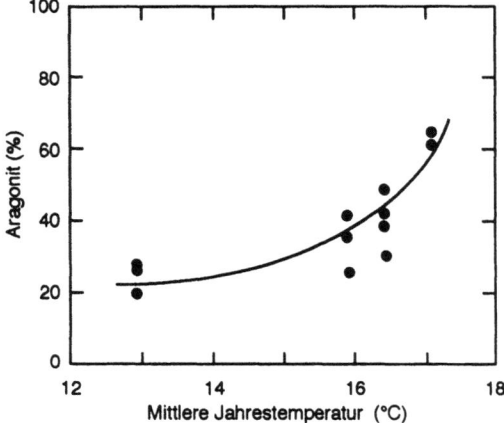

Fig. 4.18. Relativer Anteil von Aragonit (Gew.%) in den Schalen der Muschel *Chama arcana* von der Westküste Nordamerikas in Abhängigkeit von der mittleren Jahres-Wassertemperatur. Nach LOWENSTAM & WEINER 1989.

Solche Untersuchungen werden verkompliziert durch die Tatsache, daß das Aragonit/Kalzit-Verhältnis auch eine Abhängigkeit von der Salinität zeigen kann. So nimmt bei *Mytilus* mit abnehmender Salinität der Anteil an Aragonit deutlich zu (DODD 1963, DODD & STANTON 1990).

Bei der Untersuchung von Schalensubstanzen von Fossilien muß stets der diagenetische Effekt im Auge behalten werden. Wegen der größeren Löslichkeit von Aragonit im Porenwasser resultieren im allgemeinen Fossilassoziationen mit im Originalzustand erhaltenen Vertretern mit kalzitischer Schale sowie von ursprünglich aragonitschaligen Arten, deren Hartteile während der Diagenese zu Kalzit umgewandelt wurden. Nicht selten sind auch Assoziationen, welche ausschließlich aus ursprünglich kalzitschaligen Arten bestehen. Hier wurden die Vertreter mit aragonitischen Hartteilen vor der Verfestigung des Sediments weggelöst. Solche Assoziationen bilden offensichtlich keine vertrauenswürdige Basis für Untersuchungen fossiler Hartteile.

Biomineralisation

Spurenelemente

Die biogen gebildeten Mineralien sind nie vollständig rein. Abgesehen von den häufig eingebauten organischen Molekülen enthalten sie stets auch geringe Mengen an Fremdionen (Spurenelemente). Liegen diese Fremdionen in Konzentrationen von mehreren Mol% vor, spricht man von akzessorischen anstelle von Spurenelementen. Die in der Palökologie bei weitem am besten untersuchten Spurenelemente sind Magnesium und Strontium, welche recht häufig ins Kristallgitter von biogenem Kalzit und Aragonit eingebaut werden. Diese Ionen kommen häufig im Meerwasser vor, besitzen die gleiche Ladung sowie einen ähnlichen Ionenradius wie Ca^{2+}.

Anorganischer und als erste Annäherung auch biologischer Einbau von Spurenelementen in das Kristallgitter von Kalzit oder Aragonit ist proportional zur Konzentration des betreffenden Spurenelementes im Umgebungsmilieu. Je häufiger das Spurenelement relativ zum Ca^{2+}-Ion ist, umso häufiger sollte es also auch in das Mineral eingebaut werden. Dies läßt sich mit folgender Formel beschreiben:

$$[Sp/Ca]_{Mineral} = K\,[Sp/Ca]_{Lösung} \qquad (4.1)$$

wobei Sp die molare Konzentration des Spurenelements und Ca die molare Konzentration der Kalzium-Ionen bezeichnet. Die Proportionalitätskonstante K wird normalerweise Verteilungs- oder Partitionskoeffizient genannt. Dieser Koeffizient hängt zuerst einmal von der Kristallstruktur ab. So wird Mg deutlich leichter in Kalzit als in Aragonit eingebaut. Der gegenteilige Trend ist bei Sr der Fall. Dies hängt mit den unterschiedlichen Radien der beiden Ionen zusammen (Sr^{2+} ist größer als Mg^{2+}). Daneben wird der Gehalt an Spurenelementen in Karbonaten durch Umweltfaktoren und, im Fall der biogen gebildeten Mineralien, durch physiologische Vorgänge beeinflußt.

Unter den beeinflussenden Umweltfaktoren ist der Effekt der Temperatur auf die Konzentration von Spurenelementen am besten dokumentiert. Unter sonst gleichbleibenden Bedingungen zeigen sowohl anorganisch gebildeter Kalzit als auch Aragonit mit zunehmender Temperatur einen abnehmenden Sr-Gehalt, während der Mg-Gehalt in anorganisch gebildetem Kalzit mit zunehmender Temperatur ebenfalls zunimmt (JONES 1985, DODD & STANTON 1990).

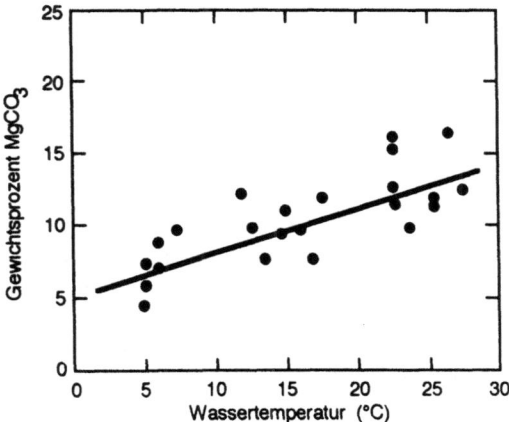

Fig. 4.19. Mg-Konzentration in Abhängigkeit von der Temperatur bei Seeigelskeletten. Nach DODD & STANTON 1990.

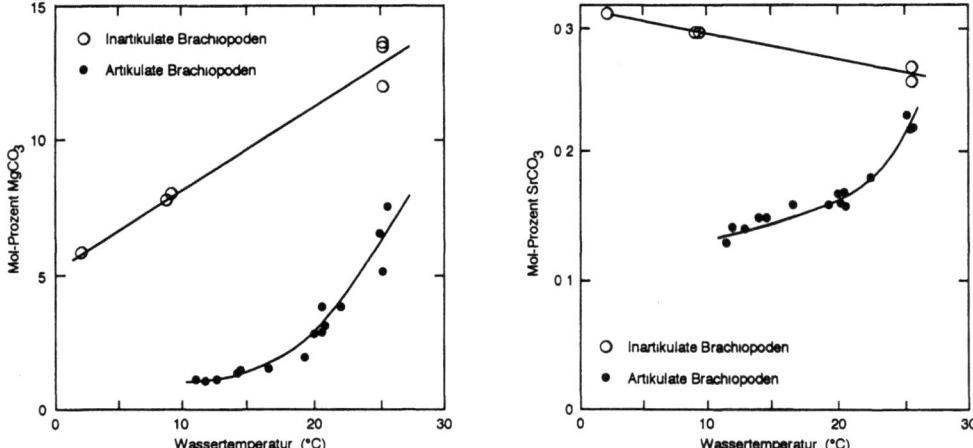

Fig. 4.20. Abhängigkeit der Mg- und Sr-Konzentration von der Wassertemperatur bei Brachiopoden. Nach LOWENSTAM & WEINER 1989.

Temperaturabhängige Effekte für die Spurenelement-Konzentration wurden auch für biogen gebildete Karbonate beobachtet. Generell gilt, daß auch in biogenem Kalzit mit steigender Temperatur die Mg-Konzentration zunimmt. Diese positive Korrelation zwischen Temperatur und Mg-Gehalt wurde bei corallinen Rotalgen und nahezu allen wirbellosen Gruppen beobachtet (Fig. 4.19). Die absoluten Mg-Konzentrationen in biogenem Kalzit sind jedoch nicht dieselben wie in anorganisch ausgefälltem Kalzit, und verschiedene Organismen können verschiedene Verteilungskoeffizienten haben. Eine gegebene Temperatur-Spurenelement-Korrelation kann für eine ganze Klasse oder Unterklasse Gültigkeit haben (articulate beziehungsweise inarticulate Brachiopoden; Fig. 4.20; LOWENSTAM & WEINER 1989), sie kann aber auch nur für eine Gattung oder Art gelten (Mollusken; DODD & STANTON 1990). Daher existiert keine universell gültige Beziehung zwischen Spurenelement-Konzentration und Temperatur. Die entsprechende Korrelation muß vielmehr für jede taxonomische Gruppe erst bestimmt werden. Über die Variation der Mg-Konzentration in Abhängigkeit der Temperatur in biogenem Aragonit ist nahezu nichts bekannt (LOWENSTAM & WEINER 1989).

Der temperaturabhängige Effekt für die Sr-Konzentration in biogenen Karbonaten ist nicht gleichermaßen eindeutig. In einigen Fällen ist die Korrelation positiv, wie im Fall der articulaten Brachiopoden, in anderen negativ, wie bei den Korallen, den Seeigeln und den inarticulaten Brachiopoden (Fig. 4.20; LOWENSTAM & WEINER 1989, DODD & STANTON 1990). Bei Muscheln der Gattung *Mytilus* zeigen Temperatur und Sr-Konzentration in der kalzitischen Schalenschicht eine positive Korrelation, in der aragonitischen Schicht hingegen eine negative Korrelation (Fig. 4.21; DODD & STANTON 1990).

Die Spurenelement-Konzentration von biogenen Karbonaten in Abhängigkeit von der Salinität konnte bisher nicht befriedigend geklärt werden. Die Mg/Ca- und Sr/Ca-Verhältnisse von in brackischem Milieu gebildeten Hartteilen zeigen keine lineare Korrelation zum Salzgehalt, und bei einer Salinität von 10‰ oder mehr zeigen die Mg- und Sr-Konzentrationen keine Unterschiede im Vergleich zu vollmarinen Bedingungen (DODD & STANTON 1990) Erwähnenswert ist, daß bei Holothurien aber eine klare negative Korrelation zwischen Sr-Gehalt und hydrostatischem Druck festgestellt wurde (LOWENSTAM & WEINER 1989)

Neben Magnesium und Strontium wurden auch einige andere Spurenelemente in biogenen Karbonaten untersucht (DODD & STANTON 1990) Die Kalkschalen von Süßwasserorganismen zeigen meist deutlich höhere Mn/Ca- und Fe/Ca-Verhältnisse als die marinen Organismen Der Gehalt an Cadmium scheint im marinen Bereich positiv mit der Produktivität korreliert zu sein, und der Barumgehalt zeigte in einigen untersuchten Organismengruppen eine lineare Abhängigkeit von der Salinität und der Produktivität

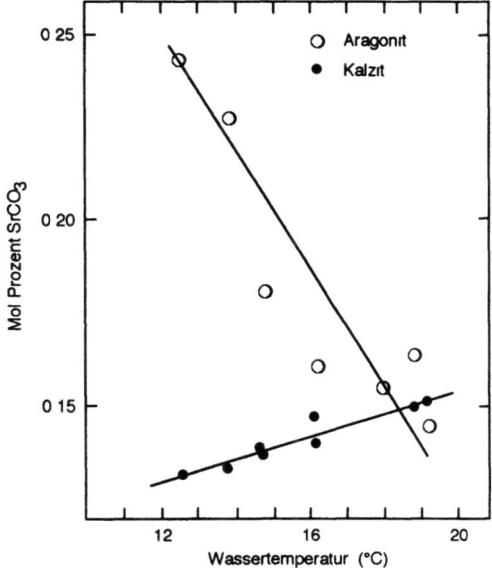

Fig. 4.21 Variation des Sr-Gehaltes in Abhängigkeit von der Temperatur in der äußeren kalzitischen Prismenschicht und inneren aragonitischen Perlmuttschicht bei *Mytilus* Nach DODD & STANTON 1990

Wie bereits erwähnt, zeigen biogene Karbonate häufig nicht dieselben Verteilungskoeffizienten wie die anorganisch gebildeten Minerale Dieser sogenannte physiologische Effekt äußert sich auf verschiedene Weisen (DODD & STANTON 1990) So können im selben Milieu vorkommende Organismen unterschiedliche Konzentrationen an Spurenelementen aufweisen (phylogenetischer Effekt) Während des Wachstums eines Individuums kann der Gehalt an inkorporierten Spurenelementen Schwankungen unterworfen sein (ontogenetischer Effekt) Die Spurenelement-Konzentration kann auch bei einem Organismus in unterschiedlichen Skelettteilen (z B Schalenschichten) verschieden sein (mikrostruktureller Effekt) Diese Komplikationen müssen bei Analysearbeiten stets mitberücksichtigt werden Deshalb sollten nur genau definierte Proben (welche Art? welches Wachstumsstadium? welche Schalenschicht?) untersucht und miteinander verglichen werden

Während der Diagenese reagiert ein biogener Hartteil mit dem zirkulierenden Porenwasser. Das Ausmaß der Veränderung der Skeletteile ist dabei von mehreren Faktoren abhängig. Von großer Bedeutung ist die Offenheit des Systems. In offenen Systemen (z.B. poröser Sandstein) wird der Chemismus vom Porenwasser dominiert, und die resultierende Zusammensetzung des diagenetisch veränderten Hartteils ist weitgehend abhängig von der Ionenzusammensetzung des zirkulierenden Wassers. In geschlossenen Systemen (z.B. dichte Tone, Asphalt) bestimmt der eingeschlossene Skelettrest den lokalen Chemismus, und die diagenetischen Veränderungen sind minim. In den während der Diagenese zirkulierenden Porengewässern sind die Mg- und Sr-Konzentrationen meist bedeutend geringer als im Meerwasser. Ein diagenetisch veränderter Schalenrest wird daher einen gegenüber dem ursprünglichen Zustand verringerten Anteil dieser Spurenelemente enthalten. Andere Ionen (Mn, Fe) können dagegen durchaus angereichert werden. Die Porenwasserzirkulation geht im allgemeinen langsam vor sich. Daher zeigen Fossilien in erdgeschichtlich jungen Ablagerungen häufig noch die ursprüngliche Struktur und eine unveränderte chemische Zusammensetzung. Je älter die Sedimentgesteine sind, desto wahrscheinlicher ist es, daß die darin enthaltenen Fossilien chemisch verändert und somit nicht mehr zu Spurenelement-Untersuchungen geeignet sind.

Stabile Isotopen

Die Untersuchung von stabilen Isotopen ist heute wohl die am häufigsten angewandte geochemische Methode in der Palökologie. Insbesondere die Messung der Sauerstoffisotopen hat sich zu einer Routinemethode entwickelt und als sehr wertvoll bei der Rekonstruktion der Paläotemperatur und der Paläosalinität erwiesen (HOEFS 1987). Die physikalisch-chemischen Grundlagen werden im folgenden vor allem anhand der stabilen Sauerstoffisotopen erläutert. Sie haben aber sinngemäß auch für die anderen Isotopen Gültigkeit.

Sauerstoff kommt in der Natur in drei verschiedenen stabilen Isotopen vor. Etwa 99.76% des atmosphärischen Sauerstoffs besteht aus dem Isotop ^{16}O, 0.04% ist ^{17}O und 0.20% liegt als ^{18}O vor (HOEFS 1987). Da sich die verschiedenen Isotope eines Elements nur in der Anzahl der Neutronen unterscheiden, verhalten sie sich bei chemischen Reaktionen sehr ähnlich, aber nicht völlig identisch. Die geringen Unterschiede im Atomgewicht bewirken aber auch, daß die Isotope bei physikalischen Vorgängen leicht unterschiedlich reagieren. Je größer die Unterschiede im Atomgewicht sind, desto größer ist die Fraktionierung bei physikalischen und chemischen Reaktionen. So bestehen im Verhalten von ^{16}O und ^{17}O beziehungsweise ^{17}O und ^{18}O geringere Differenzen als zwischen ^{16}O und ^{18}O.

Sowohl Sauerstoff- als auch Kohlenstoffatome sind in karbonatischen Skeletten in der Form des CO_3^{2-}-Ions vorhanden. Während des Mineralisationsprozesses waren die CO_2-Ionen im chemischen Gleichgewicht mit dem Sauerstoff und Kohlenstoff im Wasser, in welchem das Skelettmaterial über folgende Reaktion gebildet wurde:

$$CO_2 + H_2O \rightarrow H_2CO_3 \rightarrow H^+ + HCO_3^- \rightarrow 2H^+ + CO_3^{2-} \qquad (4.2)$$

Wegen ihrer geringen Masseunterschiede verhalten sich die verschiedenen Isotope in diesen Reaktionen nicht identisch. Die Isotopenverhältnisse werden sich also in den einzelnen Termini der Reaktionsgleichung unterscheiden. Die vereinfachte Gleichung, welche nur die Endprodukte sowie die Sauerstoffisotopen ^{16}O und ^{18}O berücksichtigt (^{17}O ist in diesem Zusammenhang vernachlässigbar), lautet folgendermaßen:

Biomineralisation

$$H_2^{18}O + 1/3\ C^{16}O_3^{2-} \rightarrow H_2^{16}O + 1/3\ C^{18}O_3^{2-} \qquad (4.3)$$

Die Gleichgewichtskonstante für diese Reaktion ist:

$$K = \frac{[H_2^{16}O]\ [C^{18}O_3^{2-}]^{1/3}}{[H_2^{18}O]\ [C^{16}O_3^{2-}]^{1/3}} \qquad (4.4)$$

wobei in den eckigen Klammern molare Konzentrationen angegeben sind. Um die Auftrennung der Isotopen in einer chemischen Reaktion zu beschreiben, wird ein Fraktionierungsfaktor α eingeführt. Dieser hat für die Gleichung (4.3) folgende Größe:

$$\alpha = \frac{(^{18}O/^{16}O)CO_3^{2-}}{(^{18}O/^{16}O)H_2O} \qquad (4.5)$$

oder:

$$(^{18}O/^{16}O)CO_3^{2-} = \alpha\ (^{18}O/^{16}O)H_2O \qquad (4.6)$$

wobei $(^{18}O/^{16}O)CO_3^{2-}$ das Verhältnis von ^{18}O zu ^{16}O im Carbonat-Ion und $(^{18}O/^{16}O)H_2O$ das Verhältnis dieser Ionen im Wasser angibt. Wenn sich die beiden Sauerstoffisotope chemisch gleichwertig verhalten würden, wären sowohl die Gleichgewichtskonstante als auch der Fraktionierungsfaktor α = 1. Tatsächlich ist für die Reaktion (4.3) α bei 25°C 1.021. Dies bedeutet, daß die ^{18}O-Konzentration in Karbonat im Vergleich zu Wasser leicht angereichert wird. Die Temperaturabhängigkeit des Fraktionierungskoeffizienten ermöglicht es nun, mittels Sauerstoffisotopen-Messungen Paläotemperaturen zu bestimmen (siehe unten). Man beachte übrigens die Ähnlichkeit zwischen der Fraktionierung von Isotopen und der Partitionierung von Spurenelementen (Gleichung (4.1)). Die gleiche Gesetzmäßigkeit gilt auch für die Kohlenstoffisotopen. Sie werden in der gleichen Art zwischen CO_2 und CO_3^{2-} fraktioniert wie die Sauerstoffisotopen zwischen H_2O und CO_3^{2-}.

Die Gleichung (4.5) zeigt, daß bei einer bestimmten Temperatur das $^{18}O/^{16}O$-Verhältnis des Karbonates direkt mit dem $^{18}O/^{16}O$-Verhältnis des umgebenden Wassers variieren sollte. Jede Änderung von $(^{18}O/^{16}O)H_2O$ wird also im $(^{18}O/^{16}O)CO_3^{2-}$-Wert reflektiert. Es konnte nun gezeigt werden, daß $(^{18}O/^{16}O)H_2O$ tatsächlich variiert, und zwar in genau vorhersagbarer Weise. Der Grund für diese Variationen liegt darin, daß während des Prozesses der Verdampfung die H_2O-Moleküle entsprechend ihrer Sauerstoffisotopen (die Wasserstoffisotopen sind hier vernachlässigbar) fraktionieren. Die entsprechende Gleichung lautet:

$$(H_2^{16}O)_F + (H_2^{18}O)_G \rightarrow (H_2^{18}O)_F + (H_2^{16}O)_G \qquad (4.7)$$

wobei $(H_2^{16}O)_F$ die Konzentration des entsprechenden Moleküls in der flüssigen Phase ist, $(H_2^{18}O)_G$ die Konzentration dieses Moleküls in der gasförmigen Phase etc. Die Fraktionierung der Sauerstoffisotopen wird ausgedrückt durch:

$$\alpha = \frac{(^{18}O/^{16}O)_F}{(^{18}O/^{16}O)_G} \qquad (4.8)$$

Bei 25°C ist α für diese Reaktion 1.008. Das heißt, das $H_2^{16}O$-Molekül geht leichter in die gasförmige Phase über als das schwerere $H_2^{18}O$-Molekül. Wenn Wasser verdampft, dann wird die Gasphase ein um 0.8% niedrigeres $^{18}O/^{16}O$-Verhältnis haben als das flüssige Wasser. Diese Feststellung gilt auch für den umgekehrten Prozeß der Kondensation. So besitzt Regen ein um 0.8% höheres $^{18}O/^{16}O$-Verhältnis als der Wasserdampf, aus welchem sich das Kondensat bildete.

Die Messung der Isotopenverhältnisse erfolgt in einem Massenspektrometer. Dafür ist es erforderlich, daß die Proben gasförmig vorliegen. Als Gas wird CO_2 benutzt, da es relativ einfach hergestellt und manipuliert werden kann. Die Präparation erfolgt normalerweise mit Phosphorsäure, wobei folgende Reaktion gilt:

$$6H^+ + 2PO_4^{3-} + 3CaCO_3 \rightarrow 3CO_2 + 3H_2O + 3Ca^{2+} + 2PO_4^{3-} \qquad (4.9)$$

Wie aus obiger Gleichung hervorgeht, reagieren nur zwei Drittel des Sauerstoffs der Probe zu CO_2. Der Rest reagiert mit H^+ zu H_2O. Auch in dieser Reaktion erfolgt eine Fraktionierung der Sauerstoffisotopen zwischen Wasser und CO_2. Das zu messende CO_2 kann dennoch als vertrauenswürdige Probe des ursprünglichen Karbonates behandelt werden, wenn die Probenaufbereitung stets unter konstanten Bedingungen durchgeführt wird. In diesem Fall führt die Fraktionierung zu einem konstanten Fehler, welcher sich berechnen läßt (BOWEN 1966).

Die ionisierten CO_2-Partikel, welche das Massenspektrometer durchlaufen, besitzen v.a. die Ionenmassen 44, 45 und 46. Die Masse 44 ist die häufigste und besteht ausschließlich aus $^{12}C^{16}O^{16}O$. Die Masse 45 besteht vorwiegend aus $^{13}C^{16}O^{16}O$, und Masse 46 hauptsächlich aus $^{12}C^{16}O^{18}O$. Das Verhältnis von Masse 46 zu 44 wird eine recht genaue Annäherung an das $^{18}O/^{16}O$ und das Verhältnis der Massen 45/44 ein Maß für das Verhältnis $^{13}C/^{12}C$ sein. Offensichtlich geben diese Massenverhältnisse aber die ursprünglichen Isotopenverhältnisse nicht völlig exakt an, da ein Teil der Isotopen in Molekülen vorliegen, welche nicht gemessen werden. So liegt beispielsweise ein Teil des ^{18}O-Isotops in Form von $^{12}C^{18}O^{18}O$, $^{13}C^{16}O^{18}O$ und $^{13}C^{18}O^{18}O$ vor. Diese Moleküle enthalten einen kleinen Teil des totalen ^{18}O-Gehaltes. Desgleichen ist ^{16}O auf verschiedene CO_2-Molekülsorten verteilt, welche aber alle viel seltener sind als $^{12}C^{16}O^{16}O$. Ähnliche Komplikationen ergeben sich bei der Bestimmung des $^{12}C/^{13}C$-Verhältnisses. Schließlich ist das seltene Isotop ^{17}O für weitere Variationen verantwortlich. Die sich aus diesen Verteilungsproblemen ergebenden Fehler sind jedoch klein und können mathematisch korrigiert werden (z.B. CRAIG 1957).

Für die meisten Problemstellungen ist nicht der absolute Wert der Isotopenkonzentration, sondern der Unterschied der Isotopenverhältnisse in unterschiedlichen Proben von vorrangigem Interesse. Daher wird in der Literatur zumeist die Abweichung δ als Promill-Abweichung von einem Standard angegeben. Der $\delta^{18}O$-Wert ist folgendermaßen definiert:

$$\delta^{18}O(‰) = \frac{(^{18}O/^{16}O)_{Probe} - (^{18}O/^{16}O)_{Standard}}{(^{18}O/^{16}O)_{Standard}} \times 1000 \qquad (4.10)$$

Der $\delta^{13}C$-Wert wird sinngemäß errechnet. Als Vergleichswert wurde in der Paläökologie zumeist der sogenannte PDB-Standard (*Belemnitella americana* aus der Peedee-Formation, South Carolina) verwendet. Dieses Material ist inzwischen jedoch längst erschöpft, so daß inzwischen andere Standards zur Anwendung gelangen, deren Beziehung zum PDB-Standard bekannt ist. In der

Biomineralisation

neueren Literatur ist auch der sogenannte SMOW-Standard ("Standard Mean Ocean Water") gebräuchlich.

Wie in den vorangegangenen Abschnitten dargestellt wurde, folgt die Isotopenfraktionierung bei anorganisch gebildetem Karbonat genauen Gesetzmäßigkeiten, und die resultierenden Isotopenverhältnisse lassen sich berechnen. Jeder Unterschied in der Isotopenzusammensetzung von biogenem Karbonat im Vergleich zu unter gleichen Umweltbedingungen gebildetem anorganischem Karbonat muß auf physiologische Faktoren zurückgeführt werden. Dieser sogenannte "vitale Effekt" ist aber glücklicherweise gering und meist gut erkennbar. Bei einigen der wichtigsten Fossilgruppen, z.B. den meisten Foraminiferen, Brachiopoden und Mollusken, scheint die physiologische Kontrolle kaum eine Rolle zu spielen (vgl. aber GROSSMANN 1984, ROMANEK et al. 1987). Paläotemperatur-Studien wurden daher auch meist an Vertretern dieser Gruppen durchgeführt.

Bedeutende vitale Effekte sind bei vielen Kalkalgen, einigen Foraminiferen, Korallen, balaniden Cirripediern und Echinodermen zu beobachten. Zumeist ist das $^{18}O/^{16}O$-Verhältnis gegenüber anorganisch gebildetem Karbonat erniedrigt (Korallen und Echinodermen). Große Foraminiferen, einige ahermatypische Korallen und balanoide Cirripedier zeigen aber einen gegenüber den Gleichgewichtsverhältnissen erhöhten ^{18}O-Gehalt (LOWENSTAM & WEINER 1989). Es scheinen zwei Faktoren für dieses Ungleichgewicht ("non-equilibrium precipitation") verantwortlich zu sein: ein kinetischer und ein metabolischer Effekt (McCONNAUGHEY 1989a,b).

Der kinetische Effekt rührt daher, daß bei der Reaktion (4.2) das Gleichgewicht zwischen CO_2 und Karbonat wegen zu schnellem Reaktionsablauf nicht erreicht wird. Am ausgeprägtesten manifestiert sich dieser Effekt bei Organismen, welche sehr schnell mineralisieren (z.B. Korallen). Das Resultat ist eine relative Anreicherung der leichteren Isotope ^{16}O und ^{12}C. Der metabolische Effekt scheint nur das Kohlenstoffisotopen-Verhältnis zu beeinflussen und ist auf eine durch Photosynthese und Respiration verursachte Änderung im gelösten CO_2 ("dissolved inorganic carbon"; DIC) der Umgebung zurückzuführen. Während der Photosynthese wird bevorzugt ^{12}C in organische Moleküle eingebaut, was den ^{12}C-Gehalt des umgebenden CO_2-Reservoirs erniedrigt. Kalziumkarbonat, welches in diesem Milieu gebildet wird, wird also vermehrt ^{13}C enthalten. Andererseits werden während des Atmungsvorganges organische Moleküle oxidiert, wobei das resultierende CO_2 an ^{12}C angereichert ist. In diesem Milieu gebildetes Kalziumkarbonat enthält also vermehrt ^{12}C. Der photosynthetische Aspekt des metabolischen Effekts ist besonders ausgeprägt bei hermatypischen Korallen (Symbiose).

Einige Fälle, in denen die Kohlenstoffisotopenverhältnisse von biogenem Kalziumkarbonat nicht im Gleichgewicht mit dem umgebenden Meerwasser zu stehen scheinen, sind in Wahrheit keine vitalen Effekte, sondern auf Variationen im Mikromilieu zurückzuführen. So leben einige Foraminiferen und zahlreiche Muscheln unterhalb der Substratoberfläche. Wegen der Oxidation von organischem Material im Sediment weist das Porenwasser ein gegenüber dem offenen Meerwasser erniedrigtes $^{13}C/^{12}C$-Verhältnis auf. Entsprechend abweichende Isotopenverhältnisse zeigen auch die in diesem Milieu gebildeten Foraminiferen- (CORLISS 1985) und Muschelschalen (KRANTZ et al. 1987).

Box 3. Stabile Isotopen und Umweltfaktoren

Die bekannteste und für paläökologische Untersuchungen wohl auch wertvollste Anwendung von stabilen Isotopen betrifft die Bestimmung von Paläotemperaturen mit Hilfe der Sauerstoffisotopen. Daneben zeigt

die Fraktionierung der Sauerstoff- und Kohlenstoffisotopen aber auch eine Abhängigkeit von der Salinität
Hier sollen die physikalisch-chemischen Grundlagen der Isotopenfraktionierung unter wechselnden Umweltbedingungen kurz vorgestellt werden (nach HOEFS 1987, DODD & STANTON 1990)

Temperatur

Die Fraktionierung der verschiedenen Isotopen eines Elementes in einer chemischen Reaktion ist temperaturabhängig Je tiefer die Temperatur, desto unterschiedlicher verhalten sich die verschiedenen Isotopen Dies folgt aus der thermodynamischen Abhängigkeit der Gleichgewichtskonstante für die Reaktion

$$\ln K = - F°/RT \qquad (4.11)$$

wobei K die Gleichgewichtskonstante, F° die Änderung der freien Enthalpie der Reaktion, R die Gaskonstante und T die absolute Temperatur ist Je kleiner T, umso größer wird K und daher auch die Fraktionierung (theoretisch unendlich am absoluten Nullpunkt) Wenn T steigt, geht ln K gegen Null, K nähert sich also 1, das bedeutet keine Fraktionierung Wie bereits oben erwähnt, beträgt der Fraktionierungsfaktor α der Sauerstoffisotopen für die Reaktion zwischen H_2O und CO_3^{2-} bei 25°C 1.021, während α für die gleiche Reaktion bei 0°C 1.025 beträgt Die Fraktionierung hat eine Anreicherung des schwereren ^{18}O Isotops im Karbonat-Ion relativ zu Wasser zur Folge Die Korrelation zwischen Temperatur und Fraktionierung (Fig 4.22) sollte es ermöglichen, anhand des Unterschiedes im $^{18}O/^{16}O$-Verhältnis zwischen einem Fossil und dem Wasser, in welchem die Schale gebildet wurde, die Paläotemperatur zu bestimmen Der Schwachpunkt der Methode ist offensichtlich die Unsicherheit über das $^{18}O/^{16}O$-Verhältnis in den Meeren vergangener Epochen Die Größe und die Offenheit dieses Systems machen es aber wahrscheinlich, daß das Wasser in den offenen Meeren der erdgeschichtlichen Vergangenheiten die gleiche Zusammensetzung hatte wie in den heutigen Ozeanen Korrekturen müssen aber für das in Form von kontinentalem Eis gebundene Wasser gemacht werden (siehe unten)

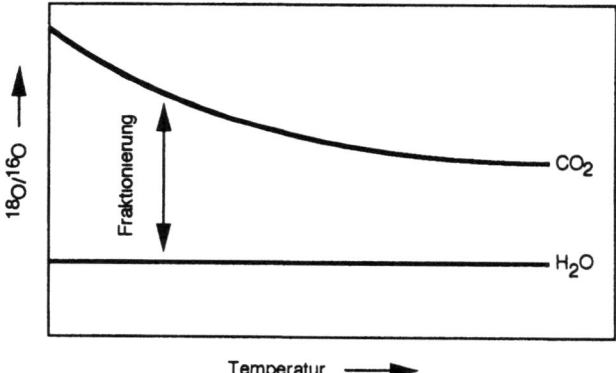

Fig. 4.22 Schematische Darstellung des Unterschiedes im $^{18}O/^{16}O$-Verhältnis in Wasser und in Karbonat, welches im Gleichgewicht mit diesem Wasser bei verschiedenen Temperaturen ausgefallen wurde Nach DODD & STANTON 1990

Unter normalen Bedingungen (normalmarine Bedingungen zwischen 0 und 30°C) besteht eine lineare Korrelation zwischen Wassertemperatur und der Isotopenzusammensetzung sowohl von anorganisch als auch biogen gebildetem Kalzit (Fig 4.23) Die entsprechende Gleichung hat die folgende Form

Biomineralisation

$$T(°C) = 16.9 - 4.2 (\delta^{18}O_P - \delta^{18}O_W) + 0.13 (\delta^{18}O_P - \delta^{18}O_W)^2 \quad (4.12)$$

wobei $\delta^{18}O_P$ die Abweichung des $^{18}O/^{16}O$-Verhältnisses der Probe vom PDB-Standard und $\delta^{18}O_W$ die Abweichung des CO_2 im Wasser vom PDB-Standard ist. Dies ist die heute am meisten verwendete Gleichung zur Temperaturbestimmung anhand von Kalzitskeletten. Aragonit weist gegenüber Kalzit einen leicht unterschiedlichen Fraktionierungsfaktor auf. Folgende Gleichung gilt für die Temperaturabhängigkeit der Fraktionierung bei Aragonit:

$$T(°C) = 20.6 - 4.34 (\delta^{18}O_P - \delta^{18}O_W) \quad (4.13)$$

Entsprechende Gleichungen existieren auch für Phosphate und Silikate (siehe DODD & STANTON 1990). Theoretisch sollte es möglich sein, mit zwei unabhängigen Messungen (z.B. eine an Kalzit und eine an Phosphat), die Annahme eines bestimmten $^{18}O/^{16}O$-Verhältnisses für Wasser zu vermeiden. In diesem Fall würden zwei Gleichungen für zwei Unbekannte (Temperatur und $^{18}O/^{16}O$ Verhältnis für Wasser) vorliegen. Die Differenz in den $^{18}O/^{16}O$-Verhältnissen zwischen Kalzit und Phosphat, welche im gleichen Milieu gebildet wurden, ist temperaturabhängig. Unglücklicherweise verlaufen die beiden Geraden aber sehr ähnlich, so daß sich dieses Vorgehen in der Praxis nicht bewährt hat.

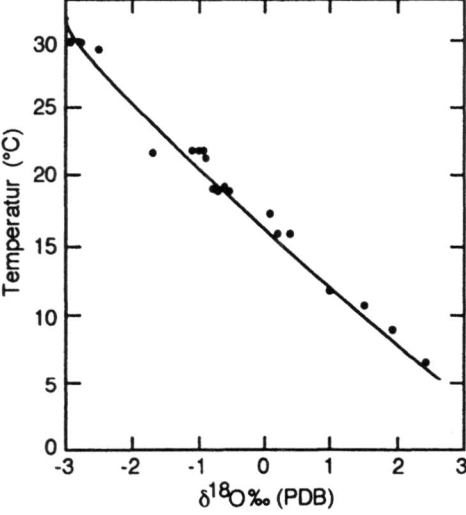

Fig. 4.23 Abhängigkeit des $^{18}O/^{16}O$-Verhältnisses in biogenem Kalzit von der Wachstumstemperatur. Nach DODD & STANTON 1990

Die Kohlenstoffisotopen gehorchen in ihrem Verhalten den gleichen physikalisch-chemischen Gesetzen wie die Sauerstoffisotopen. Theoretisch sollte es daher möglich sein, auch anhand des $^{13}C/^{12}C$-Verhältnisses in karbonatischen Fossilien auf die Paläotemperatur zu schließen. Die Anwendung dieser Methode ist aber problematisch. Die beiden Kohlenstoffisotopen weisen nur geringe Massenunterschiede auf, was zu einer geringeren Fraktionierung führt. Von größerer Wichtigkeit ist aber, daß im Wasser bedeutend geringere Mengen an gelöstem CO_2 als an Sauerstoff vorhanden sind. Dies führt zu einer beträchtlichen Variabilität des $^{13}C/^{12}C$-Verhältnisses, welches stark von lokalen chemischen Prozessen beeinflußt wird.

Salinität

Die Sauerstoffisotopen-Zusammensetzung der Hydrosphäre variiert beträchtlich wegen des unterschiedlichen Gasdruckes von $H_2^{16}O$ und $H_2^{18}O$. Diese Variabilität beruht auf der Fraktionierung, welche während der Verdampfung und Kondensation von Wasser erfolgt. Wenn sich durch Verdunstung Wasserdampf über dem offenen Ozean bildet, dann sollte dieser Wasserdampf ein gegenüber dem Ozeanwasser um 8‰ erniedrigtes $^{18}O/^{16}O$-Verhältnis haben (vgl. oben). Wenn der Dampf nun zu kondensieren beginnt, dann sollte der daraus hervorgehende Regen ein gegenüber der Dampfphase um 8‰ erhöhtes $^{18}O/^{16}O$-Verhältnis haben, also wieder dieselbe Isotopenzusammensetzung wie Meerwasser haben. Dies hat aber zur Folge, daß der verbliebene Wasserdampf weniger ^{18}O enthält. Wenn nun weiterer Regen aus diesem Dampf kondensiert, so ist das $^{18}O/^{16}O$-Verhältnis des Regens gegenüber dem Dampf zwar wieder um 8‰ erhöht, gegenüber dem ersten Regen aber erniedrigt. Wenn sich dieser Prozeß wiederholt, dann wird sowohl der verbleibende Wasserdampf als auch der sich daraus bildende Regen zunehmend leichter, das $^{18}O/^{16}O$-Verhältnis nimmt also immer weiter ab. Der Prozeß der progressiven Abnahme von $H_2^{18}O$ läßt sich berechnen und graphisch darstellen (Fig. 4.24).

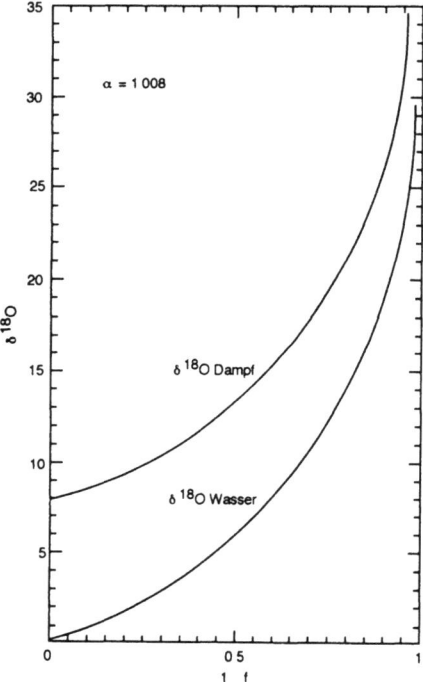

Fig. 4.24 Variation des $^{18}O/^{16}O$-Verhältnisses in Wasser und Wasserdampf in Abhängigkeit des Kondensationsgrades. Die kondensierte Fraktion wird dem System kontinuierlich entzogen. f ist die in der Dampfphase verbleibende Fraktion. Nach DODD & STANTON 1990.

Biomineralisation

Dieses Modell hat wichtige Implikationen für die $^{18}O/^{16}O$-Verhältnisse in Süßwasser, Schnee und Eis. Regen ist isotopisch umso leichter, je weiter er vom Meer entfernt fällt. Da die Kondensation von Wasser zudem abhängig von der Temperatur ist, werden die Niederschläge in den kältesten Regionen das niedrigste $^{18}O/^{16}O$-Verhältnis haben. In der Tat wurden die niedrigsten $^{18}O/^{16}O$-Verhältnisse in polarem Schnee gefunden. Auch Winter- und Sommerschnee läßt sich auf Grund der unterschiedlichen Isotopenverhältnisse unterscheiden.

Das sehr niedrige $^{18}O/^{16}O$-Verhältnis von Gletschereis führt zu einigen Komplikationen bei der Bestimmung von Paläotemperaturen. Die Gletscher speichern einen Überschuß an $H_2^{16}O$ auf den Kontinenten, was das $^{18}O/^{16}O$-Verhältnis des im Meer verbliebenen Wassers erhöht. Es wird geschätzt, daß der maximale Unterschied im $^{18}O/^{16}O$-Verhältnis zwischen Eiszeiten und Zwischeneiszeiten etwa 1.5‰ beträgt. Dies entspricht einem Fraktionierungsunterschied, wie er durch eine Änderung der Temperatur um 6°C verursacht wird. Änderungen im $^{18}O/^{16}O$-Verhältnis von fossilen Foraminiferen aus Tiefsee-Bohrkernen repräsentieren eher Änderungen in der Isotopenzusammensetzung der Meere als Temperaturschwankungen. Offensichtlich muß dieser Effekt bei Berechnungen von Paläotemperaturen berücksichtigt werden, insbesondere wenn stratigraphische Intervalle untersucht werden, während denen ausgedehnte polare Eiskappen existierten.

Die Verdunstung entzieht dem Meerwasser konstant $H_2^{16}O$. Wegen des kontinuierlichen Süßwasserzuflusses und der fortwährenden Durchmischung weist das Wasser des offenen Meeres aber ein nahezu konstantes $^{18}O/^{16}O$-Verhältnis auf. Das $^{18}O/^{16}O$-Verhältnis kann in Lagunen erhöht sein, wo die Evaporation den Süßwasserzufluß übersteigt. Andererseits wird das $^{18}O/^{16}O$-Verhältnis in brackischen Gebieten erniedrigt sein. Wenn sich Meerwasser mit einer konstanten Isotopenzusammensetzung mit Süßwasser von ebenfalls konstanter Isotopenzusammensetzung mischt, dann variiert das $^{18}O/^{16}O$-Verhältnis des intermediären Brackwasser linear mit der Salinität. Bei konstanter Temperatur ist auch der Fraktionierungsfaktor konstant, Karbonatskelette zeigen in ihrer Isotopenzusammensetzung also ebenfalls eine lineare Abhängigkeit von der Salinität (Fig. 4.25). Diese Tatsache sollte es erlauben, anhand von Isotopenmessungen an Fossilien die Paläosalinität zu bestimmen. Dazu müssen aber die $^{18}O/^{16}O$-Verhältnisse des Meer- und Süßwassers, welche sich im brackischen Bereich mischten, bekannt sein. Für Meerwasser kann die Zusammensetzung von normalem offenmarinem Wasser angenommen werden, doch Süßwasser kann bezüglich der Sauerstoffisotopen sehr variabel sein. Eine Lösung dieses Problems ist die Bestimmung des $^{18}O/^{16}O$-Verhältnisses an einem Fossil, dessen Schale im entsprechenden Süßwasser gebildet wurde.

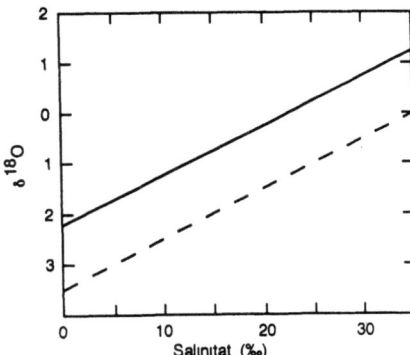

Fig. 4.25 Beziehung zwischen $\delta^{18}O$ und Salinität für Wasser und Schalen bei 12°C unter der Annahme einfacher Durchmischung von Meeres- und Süßwasser. Nach DODD & STANTON 1990.

> Das Verhältnis der Kohlenstoffisotopen variiert ebenfalls mit der Salinität. Das $^{13}C/^{12}C$-Verhältnis ist in marinen Karbonatskeletten meist höher als in Schalen von Süßwasserformen. Brackische Arten weisen intermediäre Werte auf. Das im Meer gelöste CO_2 stammt aus der Oxidation von marinem organischem Material und steht im Gleichgewicht mit dem CO_2 der Atmosphäre. Diese beiden Kohlenstoffreservoirs sind durch hohe $^{13}C/^{12}C$-Verhältnisse charakterisiert. Im Gegensatz dazu stammt das im Süßwasser gelöste CO_2 aus der Oxidation von terrestrischem und limnischem organischem Material, welches generell durch niedrigere $^{13}C/^{12}C$-Verhältnisse gekennzeichnet sind. Zudem stehen Süßwasserkörper meist nicht im Gleichgewicht mit dem CO_2 der Atmosphäre. Generell ist das Verhältnis der Kohlenstoffisotopen im Süßwasser variabler als im Meer. Dies kommt teilweise auch daher, daß karbonatische Sedimente oder Gesteine mit anderer Isotopenzusammensetzung angelöst werden.

Unglücklicherweise wird die Sauerstoff- und Kohlenstoffisotopenzusammensetzung von Fossilien oft diagenetisch verändert. Generell gilt, daß die Wahrscheinlichkeit der diagenetischen Veränderung mit zunehmendem Alter des Fossils zunimmt. Die Beschaffenheit der umgebenden Matrix ist, wie schon bei den Spurenelementen diskutiert, dabei von äußerster Wichtigkeit. Je undurchlässiger das umgebende Gestein, desto größer ist die Wahrscheinlichkeit, daß die ursprüngliche Isotopenzusammensetzung erhalten bleibt. Die diagenetische Veränderung der Isotopenzusammensetzung ist abhängig von der Zirkulation des Porenwassers. Dabei gelten die gleichen Gesetzmäßigkeiten wie bei der Bildung des ursprünglichen Hartteiles. Sowohl die Isotopenzusammensetzung des Porenwassers als auch die Temperatur während der Diagenese weichen aber vermutlich von den während der Hartteilbildung herrschenden Bedingungen ab.

Folgende Kriterien wurden zur Erkennung von diagenetischen Veränderungen vorgeschlagen (DODD & STANTON 1990):

- Zeigt der Hartteil seine ursprüngliche Morphologie? Sind die mikrostrukturellen Einheiten erhalten? Dies ist ein nützliches, aber ungenügendes Kriterium. Wenn eine Schale rekristallisiert ist, so wird auch die Isotopenzusammensetzung geändert sein; wenn aber die ursprüngliche Mikrostruktur erhalten ist, dann ist dies noch keine Garantie für unveränderte Isotopenzusammensetzung.

- Liegt der Hartteil in seiner ursprünglichen mineralogischen Zusammensetzung vor? Wenn beispielsweise Aragonitschalen erhalten sind, dann weisen sie meist die ursprüngliche Isotopenzusammensetzung auf.

- Sind die Spurenelemente in ihrer originalen Konzentration erhalten? Im marinen Raum gebildete Skelette sollten wenig Mn und Fe enthalten (und daher keine Kathodenlumineszenz zeigen). Andererseits sollte mariner Kalzit relativ hohe Werte für Sr und Mg zeigen.

- Weicht die Isotopenzusammensetzung des Fossils von derjenigen der umgebenden Matrix ab? Extensive diagenetische Veränderung sollte eine karbonatische Schale in gleichem Maße betreffen wie die umgebende karbonatische Matrix und die ursprünglich vorhandenen Unterschiede verwischen.

- Ist die aufgrund des $^{18}O/^{16}O$-Verhältnisses errechnete Paläotemperatur "vernünftig", das heißt liegt sie zwischen 0 und 30°C für normal marine Organismen? Mit Hilfe dieses Kriteriums können allerdings nur starke Abweichungen vom ursprünglichen Zustand erkannt werden.

- Variiert die Isotopenzusammensetzung innerhalb des Fossils, insbesondere in einer Weise, die mit saisonalen Schwankungen der Umweltbedingungen in Zusammenhang gebracht werden kann? Die Diagenese sollte diese ursprünglichen Variationen eliminieren.

- Steht die aufgrund der Isotopenverhältnisse gewonnenen Resultate im Einklang mit den Interpretationen, welche aufgrund anderer, unabhängiger Methoden gemacht wurden? Temperaturvariationen werden sich nicht nur in der Isotopenzusammensetzung äußern, sondern auch in der Sedimentologie und der Faunenzusammensetzung sichtbar sein.

Am intensivsten wurden die stabilen Isotope in der Paläökologie zur Bestimmung von Paläotemperaturen verwendet. Die beste Dokumentation über die Temperaturentwicklung der vergangenen 100 Millionen Jahre stammt aus der Untersuchung der Sauerstoffisotopen bei Foraminiferen aus Tiefsee-Sedimenten (ANDERSEN 1990). Die Schalen dieser Organismen sind meist kaum diagenetisch verändert. Die quartären Schwankungen zeigen eine Periodizität von ungefähr 100'000 Jahren mit $\delta^{18}O$-Maxima während den Eiszeiten und $\delta^{18}O$-Minima während den Zwischeneiszeiten (SAVIN 1977). Obwohl die Schwankungen in der Sauerstoffisotopen-Zusammensetzung qualitativ mit den Temperaturveränderungen übereinstimmen, wird heute allgemein angenommen, daß die Isotopenkurven in erster Linie die Menge des kontinentalen Eisvolumens widerspiegeln (ANDERSEN 1990).

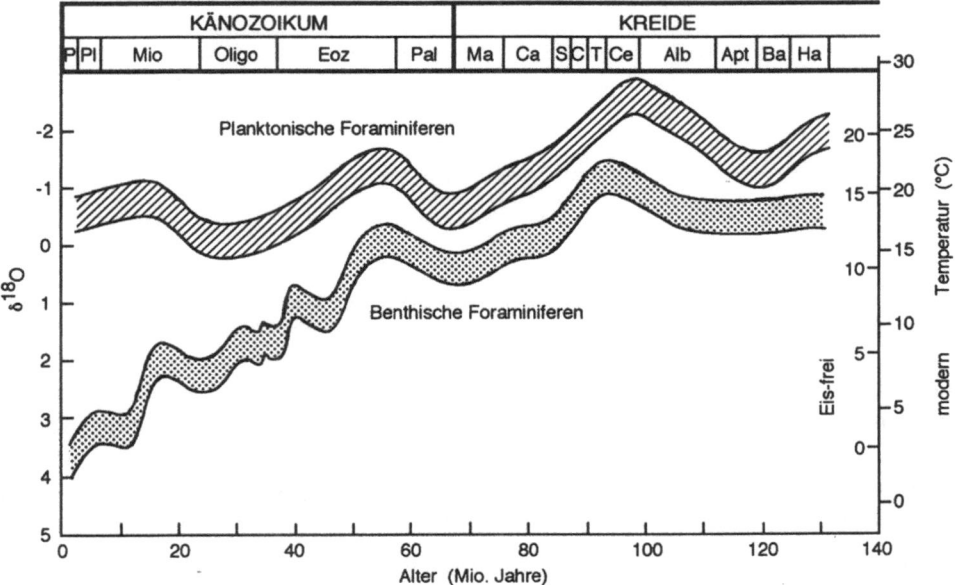

Fig. 4.26. Paläotemperaturkurven für die letzten 130 Millionen Jahre basierend auf den bei benthischen und planktonischen Foraminiferen gemessenen Sauerstoffisotopenverhältnissen. Nach ANDERSEN 1990.

Die gute Dokumentation der Paläotemperaturen reicht bis in die Kreide zurück. Untersuchungen der Sauerstoffisotopen bei planktonischen und benthischen Foraminiferen deuten darauf hin, daß die Meere in den letzten 100 Millionen Jahren zunehmend abkühlten. Temperaturmaxima wurden im Albian/Cenomanian und im Eozän erreicht (Fig. 4.26; ANDERSEN 1990). Die Temperaturen am Ozeanboden (benthische Foraminiferen) waren von der mittleren Kreide bis zum Eozän mit den Oberflächentemperaturen korreliert. Am Ende des Eozäns erfolgte ein abrupter Anstieg der δ^{18}O-Werte. Zu dieser Zeit dürfte die Bildung der antarktischen Eiskappe begonnen haben (ANDERSEN 1990). Die weitere Zunahme des δ^{18}O-Wertes im mittleren Miozän reflektiert vermutlich die schnelle Ausdehnung dieser Eiskappe. Die Eiskappenbildung hatte die Entstehung von kalten ozeanischen Tiefenströmungen zur Folge.

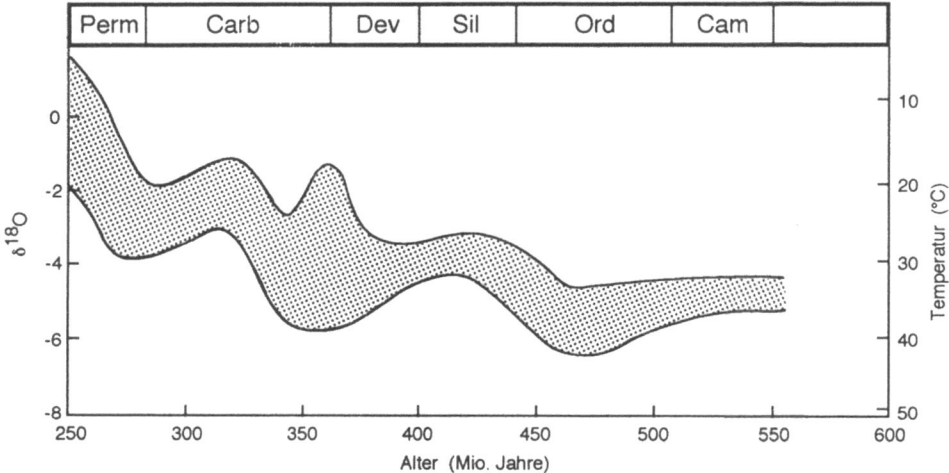

Fig. 4.27. Paläotemperaturkurve für das Paläozoikum, basierend auf den Sauerstoffisotopenverhältnissen bei Brachiopoden und marinem Zement. Temperaturwerte für eisfreie Ozeane. Nach ANDERSEN 1990.

Die Paläotemperatur-Rekonstruktion für das Paläozoikum ist auf die Untersuchung von flachmarinen benthischen Organismen beschränkt. Messungen an gut erhaltenen Brachiopoden und an primärem kalzitischem Zement belegen, daß die δ^{18}O-Werte während des Paläozoikums unregelmäßig zunehmen (Fig. 4.27). Ob dies einer Abnahme der globalen Temperatur entspricht oder nur eine Änderung des Meereschemismus widerspiegelt, ist umstritten (ANDERSEN 1990).

Variationen in der Zusammensetzung der Kohlenstoffisotopen sind schwieriger zu beurteilen als die entsprechenden Änderungen der Sauerstoffisotopenverhältnisse. Als vielversprechend hat sich insbesondere die Abschätzung der marinen Paläoproduktivität anhand der δ^{13}C-Werte erwiesen. Marines Phytoplankton inkorporiert während der Photosynthese bevorzugt leichtes $^{12}CO_2$. Das umgebende Oberflächenwasser wird daher bei hoher Produktivität ein erhöhtes $^{13}C/^{12}C$-Verhältnis

Biomineralisation

aufweisen (HERBERT et al. 1989). Coccolithen und andere kalkabscheidende Organismen des Oberflächenplanktons bilden ihre Skelette also in einem relativ an ^{13}C angereicherten Pool von gelöstem CO_2. Positive $\delta^{13}C$-Exkursionen in pelagischen Kalken oder in Schalen planktonischer Foraminiferen können daher meist mit erhöhter Produktivität in Verbindung gebracht werden. Möglicherweise sind Produktivität und Klimaentwicklung gekoppelt, da häufig $\delta^{13}C$-Exkursionen mit Änderungen in der Sauerstoffisotopen-Zusammensetzung gekoppelt sind (HERBERT et al. 1989). Im mittleren Miozän (vor 17.5 - 14 Millionen Jahren) läßt sich in allen ozeanischen Ablagerungen eine starke Zunahme der $\delta^{13}C$-Werte bei Foraminiferenschalen beobachten (Fig. 4.28). Diese Exkursion ist mit einer $\delta^{18}O$-Anreicherung der ozeanischen Tiefengewässer sowie mit der Ablagerung von kohlenwasserstoffreichen (organisches Material) und biosilikatischen Sedimenten korreliert. Es wurde ein Rückkoppelungsmechanismus vorgeschlagen ("Monterey hypothesis"), wonach die erhöhte Produktivität und die anschließende Sedimentation des organischen Materials den Gehalt des CO_2 ("Treibhausgas") in der Atmosphäre verringerte und die Bildung der antarktischen Eiskappe auslöste (VINCENT & BERGER 1985). Dies wiederum hatte eine relative Anreicherung des schweren ^{18}O-Isotops in den ozeanischen Tiefengewässern zur Folge.

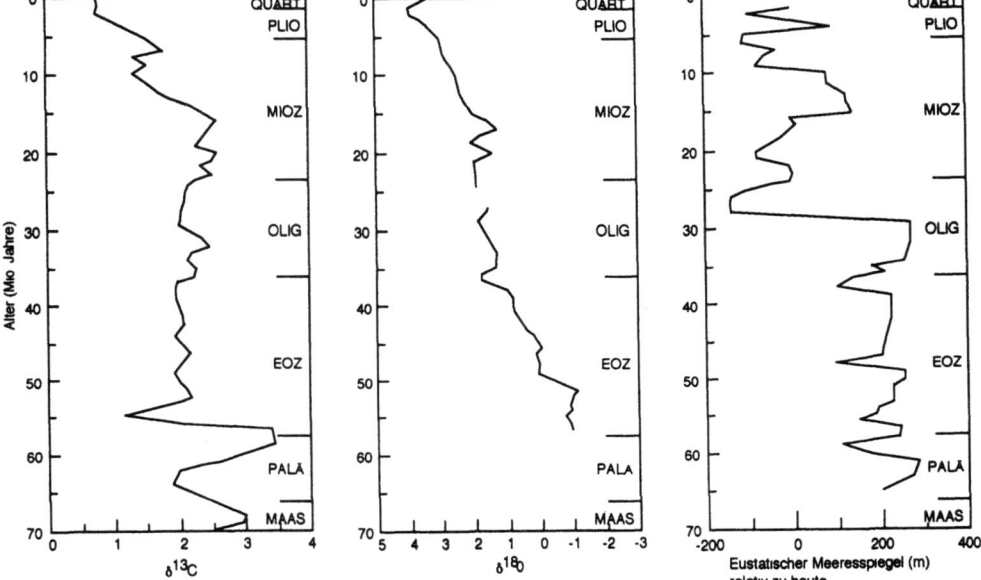

Fig. 4.28. Variationen der Kohlenstoff- und Sauerstoffisotopenwerte in marinen tertiären Karbonaten und tertiäre Meeresspiegelkurve. Weitere Erläuterungen im Text. Nach KUMP 1990.

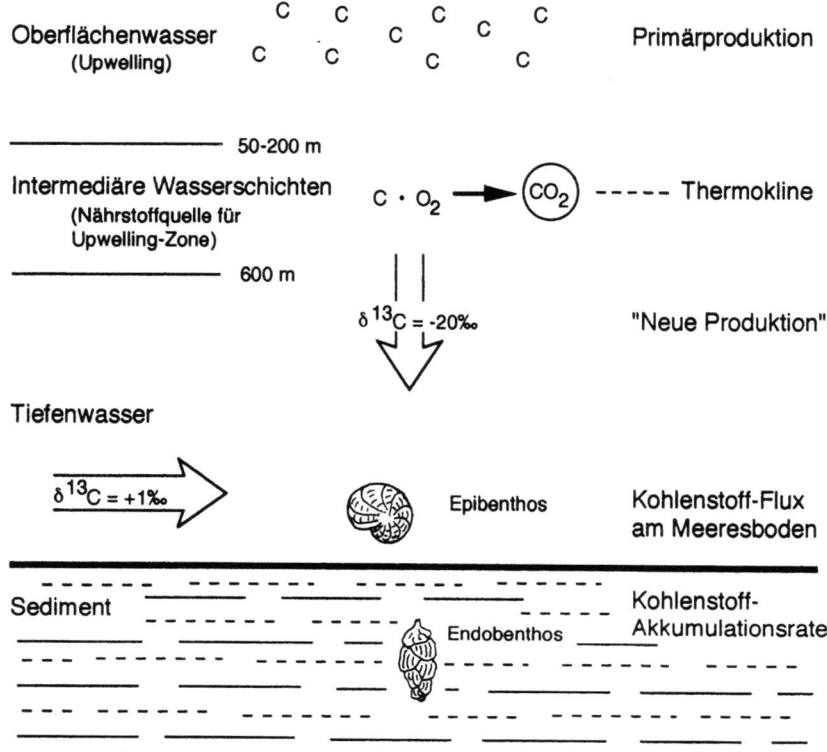

Fig. 4.29. Abhängigkeit der Kohlenstoffisotopenwerte des ozeanischen Tiefenwassers von der Oberflächenproduktion und der Erneuerungsrate des Tiefenwassers. Nach ALTENBACH & SARNTHEIN 1989.

In der Kohlenstoffisotopenzusammensetzung bestehen Unterschiede zwischen Kalkschalen, welche im Oberflächenwasser und solchen, welche am Meeresboden gebildet wurden. Normales Oberflächenwasser der Meere steht im Gleichgewicht mit der Atmosphäre und weist ein $\delta^{13}C$ von etwa +1‰ auf (gegenüber PDB-Standard). Dies gilt auch für sauerstoffreiche tiefere Wassermassen, welche direkt von solchen Oberflächengewässern stammen. Wenn aber Oberflächenwasser langsam nach unten strömt, wird gelöster Sauerstoff bei der Oxidation partikulärer organischer Substanz verbraucht, welche von der Oberfläche sinkt; der Wasserkörper "altert" (ALTENBACH & SARNTHEIN 1989). Durch diesen Prozeß wird isotopisch leichteres $^{12}CO_2$ bevorzugt freigesetzt, was in einem $\delta^{13}C$ von etwa -20‰ des Tiefenwasser-CO_2 resultiert (Fig. 4.29; ALTENBACH & SARNTHEIN 1989). Die Kohlenstoffisotopen-Zusammensetzung des Tiefenwassers wird also von zwei Faktoren kontrolliert: 1. der Produktivität des Oberflächenwassers und des Kohlenstoff-Fluxes; 2. der Erneuerungsrate von sauerstoffreichem Tiefenwasser. Die Kalkschalen von benthischen Foraminiferen können dazu verwendet werden, die zeitlichen $\delta^{13}C$-Variationen des Tiefenwassers zu dokumentieren. Untersuchungen der Kohlenstoffbilanz bei Foraminiferen haben ergeben, daß in die kalkige Schale vorwiegend CO_2 aus dem umgebenden Medium eingebaut wird. CO_2 metabolischer Herkunft ist, außer bei symbiontischen Arten, vernachlässigbar (TER KUILE 1991). Es existieren allerdings beträchtliche interspezifische Unterschiede, welche meist auf verschiedene Mikrohabitate zurückgeführt werden können. Die epibenthische Art *Cibicidoides wuellerstorfi* zeigt ein $\delta^{13}C$, welches etwa im Gleichgewicht mit dem umgebenden Tiefenwasser steht, während die endobenthische Art *Uvigerina peregrina* ein um 2‰ verringertes $\delta^{13}C$ aufweist (ALTENBACH&SARNTHEIN 1989). Dies repräsentiert die weitere Anreicherung von isotopisch leichterem $^{12}CO_2$ im Porenwasser durch Oxidation organischen Materials im Sediment.

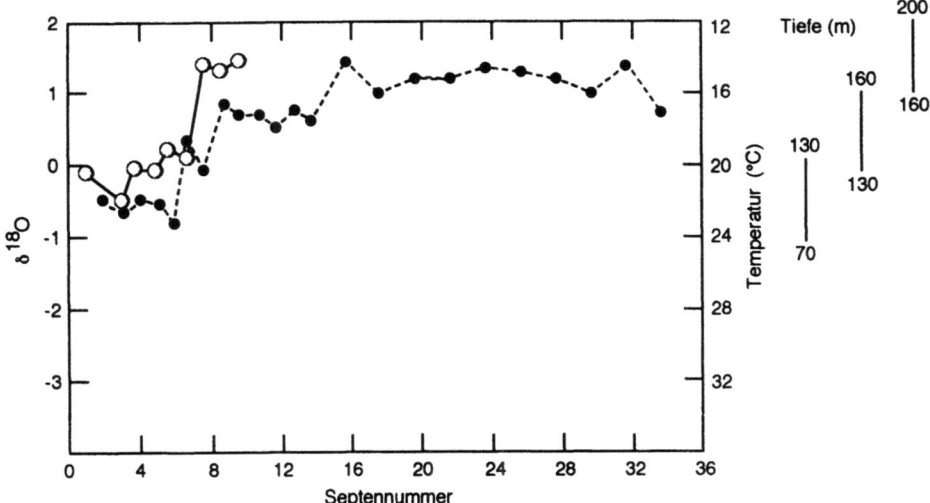

Fig. 4.30. Sauerstoffisotopenwerte und abgeleitete Habitatstiefen für zwei Exemplare von *Nautilus belauensis* von Palau. Nach WARD 1987.

Wie aus dem vorhergehenden Abschnitt ersichtlich ist, läßt sich die Untersuchung der stabilen Isotopen auch dazu verwenden, Information über das Habitat von Tieren zu gewinnen. Ein anschauliches Beispiel ist die Erforschung der Habitatstiefe des rezenten *Nautilus*. Bis vor kurzem war der Fang mit Köderfallen die einzige Methode, etwas über die Wassertiefe zu erfahren, in welcher sich *Nautilus* normalerweise aufhält. In neuerer Zeit erfolgten auch Untersuchungen mit Sendern, welche auf die Schalen geklebt wurden (WARD 1987). Mit dieser Technik war aber nur die kurzzeitige Aufzeichnung der Aktivitätsmuster (tägliche vertikale Wanderungen) möglich. Messungen der O-Isotopen der aragonitischen Septen von *Nautilus* lieferten zusätzliche Information über die Aufenthaltstiefe während der frühen Ontogenese. *Nautilus* legt die ersten sieben Septen der Schale noch in der Eihülle an. Die Isotopenwerte dieser ersten Septen deuten auf einen Aufenthalt im untiefen, wärmeren Wasser. Die Isotopenzusammensetzung scheint aber in der Eihülle vom umgebenden Meerwasser abzuweichen. Daher ist ein deutlicher Sprung der Werte zwischen 7. und 8. Septum zu beobachten. Dieser Sprung repräsentiert den Zeitpunkt des Schlüpfens (WARD 1987; Fig. 4.30). In den folgenden Septen ist eine mehr oder weniger kontinuierliche Zunahme des $\delta^{18}O$ zu beobachten. Dies dokumentiert eine Abnahme der Wassertemperatur zur Bildungszeit, deutet also auf eine Migration der noch juvenilen Individuen in tieferes Wasser (WARD 1987) hin.

Für Ammoniten wurden entsprechende Untersuchungen vorgenommen. Hier interessierte jedoch eher die Wachstumsgeschwindigkeit. Messungen an jurassischen Ammoniten zeigten in der Tat eine regelmäßige Fluktuation der $\delta^{18}O$-Werte für aufeinanderfolgende Septen (STAHL & JORDAN 1969, JORDAN & STAHL 1970). Das Wachstum erfolgte also unter jahreszeitlichen Temperaturschwankungen. Nach diesen Untersuchungen muß angenommen werden, daß die Ammoniten (z.B. *Staufenia*) etwa 10 Septen oder 1/4- bis 1/3-Windung pro Jahr bildeten (Fig. 4.31). Dies würde eine Wachstumsdauer für normalwüchsige Ammoniten von 12 bis 15 Jahren ergeben, was mit den Verhältnissen bei *Nautilus* übereinstimmen würde. Die Ergebnisse wurden jedoch verschiedentlich angezweifelt, da viele Merkmale der Ammoniten darauf hindeuten, daß sie schneller wachsen konnten als der rezente *Nautilus* (WARD 1987).

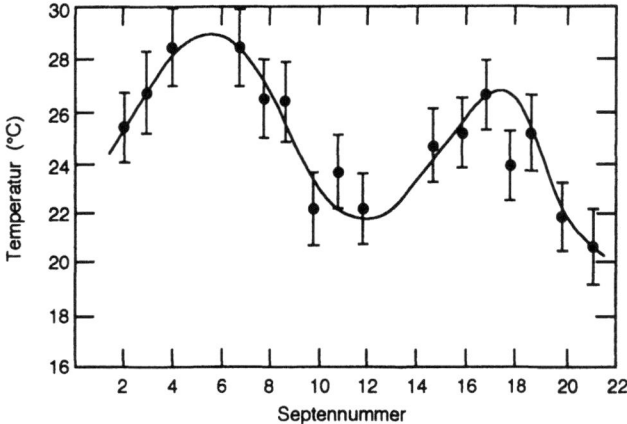

Fig. 4.31. Auf Sauerstoffisotopen basierende Paläotemperaturen sukzessiver Septen von *Staufenia* sp. Die Minima und Maxima werden als Sommer- und Winterwerte interpretiert. Die Kurve repräsentiert also zwei Jahre Wachstum. Nach JORDAN & STAHL 1970.

Stabile Kohlenstoffisotopen wurden bislang seltener verwendet, um Hinweise auf die Lebensweise fossiler Organismen zu erhalten. Eine kombinierte Messung der Sauerstoff- und Kohlenstoffisotopen wurde vorgenommen, um das Habitat von oberkretazischen Inoceramen zu bestimmen (MACLEOD & HOPPE 1992). Diese Muscheln sind in Jura und Kreide häufiger Faunenbestandteil dysaerober Ablagerungen. Sie wurden entweder als pseudoplanktonische Drifter (z.B. an Treibholz angeheftet) oder als echtes Benthos klassifiziert. Der Vergleich von Sauerstoff- und Kohlenstoffisotopen dieser Inoceramen mit den bei planktonischen resp. benthonischen Foraminiferen gefundenen Werten (aus der gleichen Probe) sollte eine definitive Zuordnung zu einem der möglichen Lebensräume erlauben (pelagisch oder benthisch). Die $\delta^{18}O$- und $\delta^{13}C$-Werte der Inoceramen sind jedoch widersprüchlich (MACLEOD & HOPPE 1992). Die Sauerstoffisotopenwerte gleichen denjenigen der gleichzeitig vorkommenden benthischen Foraminiferen, während die Kohlenstoffwerte denjenigen der planktonischen Foraminiferen ähneln (Fig. 4.32). Dieses Paradox wurde dadurch erklärt, daß die Inoceramen am Meeresboden (tiefere Temperatur, hohes $\delta^{18}O$) in Symbiose mit chemoautotrophen Bakterien lebten (hohes $\delta^{13}C$; MACLEOD & HOPPE 1992).

Biomineralisation

Chemosynthetische (hier: H_2S-oxidierende) Bakterien inkorporieren bevorzugt isotopisch leichteres $^{12}CO_2$, so daß das umgebende Milieu an ^{13}C angereichert wird (FISHER 1990). Dies äußert sich in einem erhöhten $\delta^{13}C$-Wert der Organismen, welche in Symbiose mit solchen Bakterien leben. Diese Untersuchung ist allerdings nicht unumstritten, und die von den Foraminiferen abweichenden Isotopenwerte lassen sich vermutlich auch ohne die Annahme von Chemosymbiose bei den Inoceramen erklären (GROSSMAN et al. 1993).

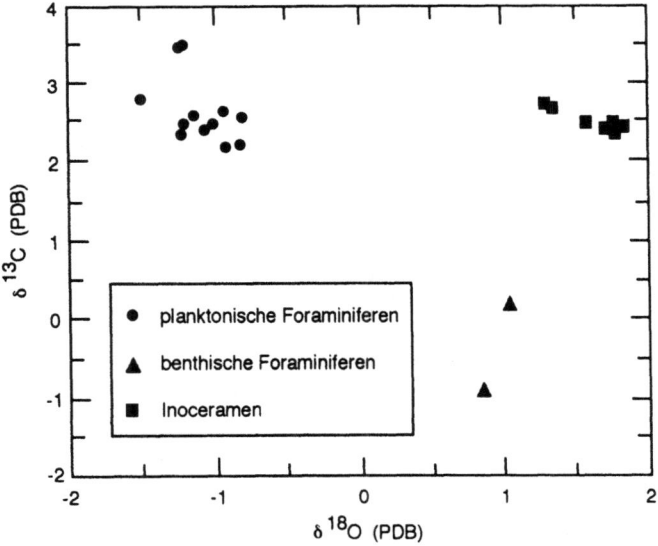

Fig. 4.32. $\delta^{13}C$- und $\delta^{18}O$-Werte für planktonische und benthische Foraminiferen sowie für Inoceramen. Weitere Erläuterungen im Text. Nach MACLEOD & HOPPE 1992.

5. Ichnologie

Die modernen Grundlagen der Ichnologie wurden erst in den fünfziger und sechziger Jahren gelegt. Seither hat die Ichnologie aber eine intensive Bearbeitung erfahren, und heute ist eine Einführung in die Palökologie ohne die Behandlung der Spurenfossilien kaum mehr denkbar. Mittlerweile ist die Publikationsflut allerdings so stark angewachsen, daß das Gebiet fast nur noch von Spezialisten überblickt werden kann. Empfehlenswerte Einführungen in die Ichnologie sind die Publikationen von EKDALE et al. (1984) und BROMLEY (1990).

5.1. Gebiet der Ichnologie

Ichnologie ist das Teilgebiet der Paläontologie, welches sich mit den Auswirkungen biologischer Aktivität auf das abgelagerte Sediment beschäftigt (EKDALE et al. 1984). Damit behandelt die Ichnologie alle biogenen Strukturen mit Ausnahme der Körperfossilien.

Einige Begriffe

Die biogenen Strukturen werden allgemein als Lebensspuren ("trace fossils") bezeichnet und umfassen folgende Kategorien (EKDALE et al 1984, PEMBERTON et al. 1990): 1. Trittsiegel ("tracks"), z.B. einzelne Fuß-Spuren, 2. Fährten ("trackways"), z.B. Abfolge von einzelnen Fussabdrücken, 3. Kriechspuren ("trails"), z.B. Kriechspuren von Schnecken, 4. Gänge ("burrows"), im unverfestigten Sediment angelegte Spuren, 5. Bohrspuren ("borings"), in hartem Substrat angelegte Spuren, 6. Bioerosionsspuren, z.B. Bohrlöcher von carnivoren Gastropoden, diverse Fraßspuren. Eine Liste äquivalenter Begriffe der Ichnologie in Englisch, Deutsch und Französisch findet sich in HÄNTZSCHEL (1975).

Viele Autoren zählen auch Koprolithen und Kotpillen ("fecal pellets"), Durchwurzelungsspuren von Pflanzen und Biostratifikationsstrukturen (Mikrobenmatten, Stromatolithen) zu den Spurenfossilien. Dagegen zählen beispielsweise Roll- und Schleifmarken, welche von toten Körpern auf dem Sediment hinterlassen wurden, nicht zu den Spurenfossilien. Diese Marken repräsentieren kein biologisches Verhalten und müssen daher zu den Sedimentstrukturen gerechnet werden (EKDALE et al. 1984)

Im allgemeinen werden Spuren auch als biogene sedimentäre Strukturen bezeichnet. Der Begriff Bioturbation bezeichnet dagegen den Prozeß der Sedimentumlagerung durch Organismen und wird meist nur angewandt, wenn die Aktivität der Organismen keine abgegrenzten, erkennbaren Spuren, sondern eine undeutlich durchwühlte Textur hinterläßt (BROMLEY 1990). Für kleinräumige Homogenisation des Sedimentes durch die Meiofauna wurde der Begriff der Kryptobioturbation eingeführt (HOWARD & FREY 1975).

Historisches

Viele Spurenfossilien wurden ursprünglich als fossile Pflanzen (z.B. *Chondrites, Cruziana, Fucoides*) oder als "Würmer" (*Helminthoides, Lumbricaria, Nereites*) angesehen. So stellte BROGNIART Anfang des 19. Jahrhunderts die Gattung *Fucoides* auf und beschrieb unter diesem Namen eine Vielzahl von Fossilien, die er als Reste mariner Algen auffaßte (EKDALE et al. 1984). Noch heute ist der Begriff "Fucoiden" nicht selten und wird gelegentlich in Profilbeschreibungen verwendet, um das Vorkommen von unbestimmten Lebensspuren anzugeben. In der Mitte des letzten Jahrhunderts häuften sich die Abhandlungen zu diesem Thema. Auch OSWALD HEER widmete sich in seiner "Urwelt der Schweiz" diesem Thema und beschrieb zahlreiche "Algenarten", welche in schönen Lebensbildern illustriert wurden.

Zweifel an der Pflanzennatur der "Fucoiden" wurden erst gegen Ende des 19. Jahrhunderts laut. Klarheit brachten insbesondere die Schriften des schwedischen Paläontologen NATHORST. Er konnte zeigen, daß die als Pflanzen beschriebenen *Cruziana* und *Rusophycus* keine sich gabelnden Strukturen sind, daß sie sich vielmehr überschneiden. Zudem konnte er beobachten, daß diese Strukturen nahezu immer an der Unterseite von grobkörnigen Sandsteinen erhalten sind, was bei einem pflanzlichen Ursprung nicht einleuchtend erschien. Bei *Chondrites* beobachtete NATHORST zwar eine regelmäßige Aufspaltung, aber die einzelnen Zweige zeigen einen konstanten Durchmesser, was ebenfalls untypisch für Pflanzen ist (EKDALE et al. 1984).

Solche Debatten, wie sie am Ende des 19. Jahrhunderts geführt wurden, muten heute etwas lächerlich an. Es ist aber auch heute für einen mit der Ichnologie nicht vertrauten Geologen oftmals schwierig, zwischen Spuren und inorganischen Sedimentstrukturen zu unterscheiden. Als eigenständige Richtung entwickelte sich die Ichnologie schließlich zu Beginn des 20. Jahrhunderts vor allem in Deutschland. Insbesondere das Arbeitsgebiet der Aktuopaläontologie (SCHÄFER 1962, 1972) lieferte viele neue Erkenntnisse zur Grabtätigkeit mariner Organismen und ihrer Auswirkungen auf das Sediment. Die moderne Ichnologie wurden schließlich von SEILACHER in den 50er und 60er Jahren begründet. Seine wegweisenden Arbeiten, in denen er die ethologische Klassifikation der Lebensspuren und den Begriff der Ichnofazies einführte (SEILACHER 1953, 1957, 1964a,b, 1967a,b), bilden immer noch die Grundlage dieser Arbeitsrichtung.

Spurenfossilien und Paläkologie

Spuren sind gleichzeitig: 1. sedimentäre Strukturen (Ausnahme Bohrspuren); 2. Zeugen organischer Aktivität, tierischen Verhaltens; 3. das Produkt von ganz bestimmten Organismen (SIMPSON 1975). Entsprechend diesen Aspekten sind verschiedene Ansätze (und Klassifikationsschemata; siehe unten) in der Ichnologie möglich; die Untersuchung der Spurenfossilien ist "interdisziplinär".

Klassischerweise bildeten die Körperfossilien die hauptsächliche, ja fast die einzige Informationsquelle für paläontologische Untersuchungen. Dies ist verständlich, denn Körperfossilien sind auffällige Gebilde, lassen sich meist leicht bestimmen und ebenso leicht in Beziehung setzen zu lebenden Organismen (DODD & STANTON 1990). Den Spurenfossilien fehlen die meisten dieser Attribute. Inzwischen wurde die Bedeutung der Ichnologie für die Paläontologie und hier insbesondere für die Faziesinterpretation allgemein erkannt. Heute ist eine paläkologische Untersuchung ohne eingehende Behandlung der Spurenfossilien kaum mehr denkbar.

Spurenfossilien besitzen gegenüber Körperfossilien eine ganze Reihe von Vorteilen, welche sie insbesondere für paläkologische Arbeiten besonders wertvoll machen:

- Spurenfossilien werden nahezu immer in situ gefunden; sie können nicht transportiert werden, ohne daß sie dabei zerstört werden.

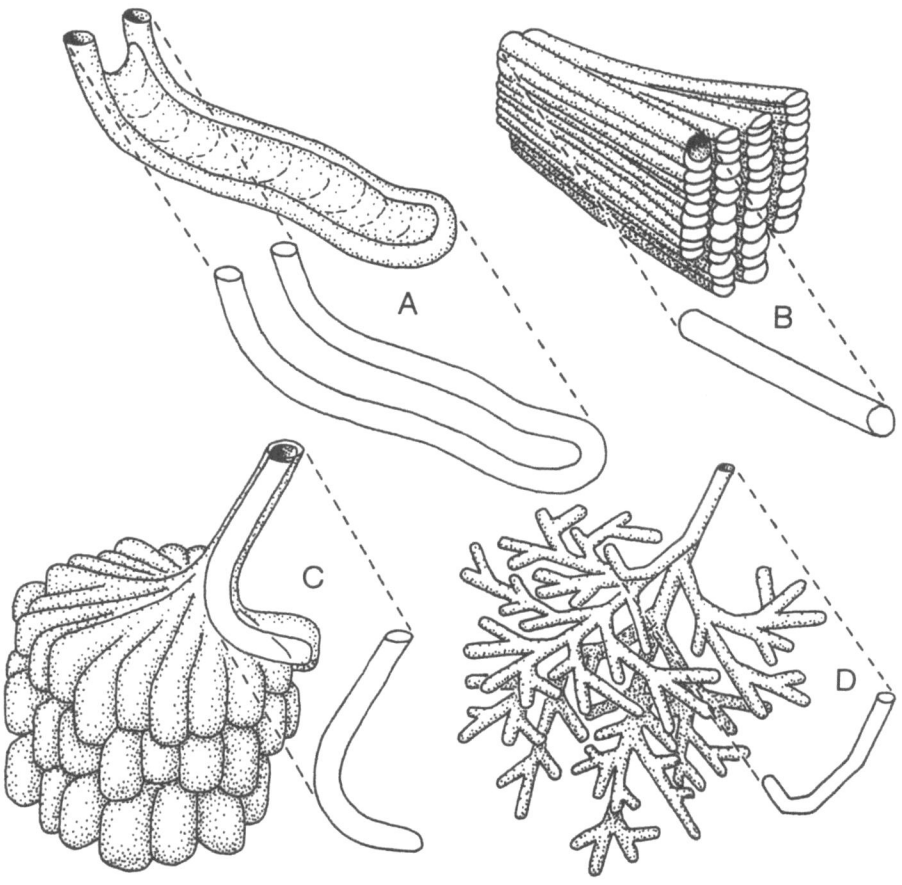

Fig. 5.1 Vier komplexe Bauten von stationären Depositfressern, wie sie in Sedimentgesteinen erhalten bleiben Der aktive Teil der Bauten wie er in rezenten Sedimenten beobachtet werden konnte, ist besonders hervorgehoben a *Rhizocorallium irregulare*, b *Teichichnus rectus*, c *Dactyloidites rectus*, d *Chondrites* sp Nach SEILACHER 1957

- Wirbellose Tiere ohne Hartteile stellen auf oder in marinen Weichböden einen gewichtigen Anteil der Biomasse Diese Organismen werden jedoch kaum je als Körperfossilien überliefert, hinterlassen aber Spuren Die Rekonstruktion einer fossilen Assoziation unter Einbezug der Spurenfossilien ergibt ein vollständigeres Bild, als es die Analyse der Körperfossilien allein erlaubt (RHOADS 1975, EKDALE et al 1984)

- Viele Spurenfossilien kommen in einem langen stratigraphischen Intervall vor, sind aber auf einen engen Faziesbereich beschränkt Dies erleichtert den Vergleich von Sedimenten unterschiedlichen Alters und reflektiert gleichzeitig ähnliche Verhaltensmuster der Organismen unter gleichen Umweltbedingungen (PEMBERTON et al 1990)

- Spurenfossilien leiden weit weniger als Körperfossilien unter diagenetischen Prozessen. Oftmals werden sie durch diagenetische Veränderungen sogar besser sichtbar (SEILACHER 1964a).
- Spurenfossilien erlauben meist eine direkte Aussage über das Verhalten des verursachenden Organismus. Insbesondere die Rekonstruktion der Substratbeziehung und der Ernährungsgewohnheiten ist in diesem Zusammenhang wichtig für ökologische Aussagen.

Spurenfossilien besitzen aber auch eine Reihe von nachteiligen Eigenschaften, die ihren Wert für die Paläökologie wieder etwas mindern:

- Der Verursacher kann bei Spuren von Invertebraten kaum je eruiert werden. Die Faunenliste eines Fundortes bleibt also unvollständig und muß durch eine nicht gleichwertige Liste der Ichnotaxa ergänzt werden.
- Der Aktualismus ist für die Analyse von fossilen Lebensspuren von begrenztem Wert (FREY & SEILACHER 1980), in erster Linie wegen der praktischen Schwierigkeit, Neo-Ichnologie zu betreiben. Mit Sediment gefüllte Spuren werden meist nicht als solche wahrgenommen, erkannt wird jeweils nur der neueste, noch aktiv benutzte Teil der Lebensspur (Fig. 5.1; SEILACHER 1957, BROMLEY 1990). Zudem sind die meisten wichtigen Ablagerungsgebiete (tieferes marines Milieu) nicht direkter Beobachtung zugänglich. Hier brachte die Untersuchung von marinen Sedimenten mit Hilfe von Kastengreiferproben und Oberflächenphotographien in der letzten Zeit große Fortschritte. Sehr große Grabgänge und Wohnbauten lassen sich so jedoch nicht untersuchen, ebensowenig durch Beobachtungen lebender Tiere in Aquarien (FREY & SEILACHER 1980).

Diesen Besonderheiten entspricht auch eine Arbeitsweise in der Ichnologie, welche sich von derjenigen der Körperfossil-Paläontologie teilweise stark unterscheidet.

5.2. Einige rezente Spurenverursacher

Tiere können durch ihr Verhalten das Sediment in verschiedenem Ausmaß beeinflussen. Einige hinterlassen nur zufällig Spuren auf der Oberfläche, wie Krebse oder Wirbeltiere, welche sich auf dem Substrat fortbewegen. Andere verbringen mehr oder weniger ihr ganzes Leben eingegraben im Sediment und konstruieren zu diesem Zweck ausgeklügelte Bauten (BROMLEY 1990). Das Leben im Sediment bietet einige Vorteile: Schutz vor Feinden und vor starken Fluktuationen der Umweltbedingungen, reichhaltiges Nährstoffangebot im Sediment und auf der Substratoberfläche (LEVINTON 1982). Andererseits muß die Versorgung mit Frischwasser und die Fortpflanzung gewährleistet sein, was nur mit Hilfe entsprechender Bauten möglich ist. Es sind diese Endobenthonten, welche die im Fossilbeleg am häufigsten erhaltenen Spuren hinterlassen.

Verschiedene Grabstile

Für ichnologische Zwecke ist eine Unterscheidung verschiedener Grabstile sinnvoll, welche sowohl auf der Sedimentbeschaffenheit als auch auf der muskulären Aktivität der Organismen basiert (BROMLEY 1990). Die folgenden grundlegenden Verhaltensweisen lassen sich unterscheiden: Intrusion (Eindringen), Kompression (Verdichtung), Ausgrabung ("excavation"), Versatz oder Rücktransport ("backfill").

Bei der Intrusion dringt ein Tier ins Sediment ein, indem der Körper unkonsolidiertes Material zur Seite verschiebt. Wenn sich das Tier weiterbewegt, schließt sich das Medium hinter dem Körper wieder. Durch diesen Prozeß entsteht eine Biodeformations-Struktur (SCHÄFER 1956). In stark wasserhaltigem Sediment kann die Intrusion durch modifizierte Schwimmbewegungen erfolgen, in stabilerem Substrat bewegen sich die Tiere durch Peristaltik fort. Die Intrusionstechnik wird von den endobenthischen Kleinorganismen (Meiofauna, z.B. Foraminiferen, Nematoden, Ostracoden) feinkörniger Sedimente praktiziert. Ebenfalls mit Hilfe der Intrusion bewegen sich zahlreiche endobenthische Muscheln und Anneliden (v.a. Sedimentfresser) fort.

Von Kompression spricht man, wenn ein Tier das Sediment beim Graben zur Seite preßt und kompaktiert. Wenn sich das Tier weiterbewegt, verbleibt ein offener Tunnel, dessen Wände glatt oder durch charakteristische Eindrücke skulptiert sein können. Kompressions-Graben ist verbreitet unter Muscheln und verschiedenen wurmartigen Organismen, aber auch der Maulwurf gräbt sich seine horizontalen Gänge durch Kompression (BROMLEY 1990).

In bereits kompaktiertem Sediment läßt sich ein offener Tunnel am einfachsten durch Ausgrabung konstruieren. Das vor dem Tier liegende Material wird gelockert und aus dem Grabgang hinausbefördert, meist über den Eingang an die Substratoberfläche. Zu den aktiven Ausgrabern im marinen Bereich zählen die Krebse, aber auch die meisten grabenden Säugetiere konstruieren einen Teil ihrer Bauten durch Ausgrabung (Maulwurfshügel).

Der Rücktransport ist vermutlich die effizienteste Grabtechnik. Das Tier lockert das vor ihm liegende Material, transportiert es während der Fortbewegung um seinen Körper herum und deponiert es hinter sich. Mit dieser Technik wird nur ein Minimum an Material transportiert, und der Gang muß nur wenig größer sein als das grabende Tier. Während andere Grabtechniken einen geringen Körperdurchmesser (wurmförmiger Körper) fordern, sind bei Rücktransport auch andere Morphologien möglich (sphärische Herzigel). Beim Transport der Sedimentpartikel nach hinten erfolgt im allgemeinen eine Sortierung. Ein Teil des Materials wird gefressen und hinten wieder ausgeschieden, unverdauliches Material wird um den Körper herum nach hinten transportiert. Daher zeigt das Füllmaterial des Ganges typischerweise eine Meniskus-Struktur (Stopfgefüge mit uhrglasförmigem Aufbau). Das Graben mittels Rücktransport ist eine so wirkungsvolle Technik, daß gewisse Organismen ihren Körper so auch seitwärts bewegen können. Bei dieser Grabweise entsteht eine sogenannte Spreite (SEILACHER 1953).

Im folgenden sollen nun einige marine Organismen und ihre Aktivitäten vorgestellt werden, um die verschiedenen Grabtechniken und die daraus resultierenden Strukturen zu illustrieren.

Cerianthus lloydii

Die Zylinderrose *Cerianthus lloydii* ist ein Bewohner von Weichböden im flacheren Subtidal des nördlichen Atlantiks. Wie alle Ceriantharia baut auch dieser Organismus eine vertikale, semipermanente Wohnröhre (Fig. 5.2; BROMLEY 1990). Eine an der Sedimentoberfläche liegende Zylinderrose gräbt sich mit ihrem Basalteil voran vertikal in das Substrat, wobei das Sediment durch peristaltische Bewegungen des Körpers verdichtet wird. Die vertikale Röhre wird durch Schleim, agglutinierte Sedimentpartikel und spezielle Nesselzellenprodukte verkittet (SCHÄFER 1962). Der fertige Bau besitzt einen Durchmesser von etwa 1 cm und ist länger als der Körper der Zylinderrose. *Cerianthus lloydii* bleibt stationär in ihrer Röhre und breitet zum Nahrungserwerb die Tentakel an der Sedimentoberfläche aus (Suspensionsfresser). Die Röhre wird durch peristaltische Be-

Ichnologie

wegungen des Korpers beluftet Bei Sedimentation bewegt sich die Zylinderrose nach oben, was sich in einer Gleichgewichtsstruktur oder einer Fluchtspur manifestiert

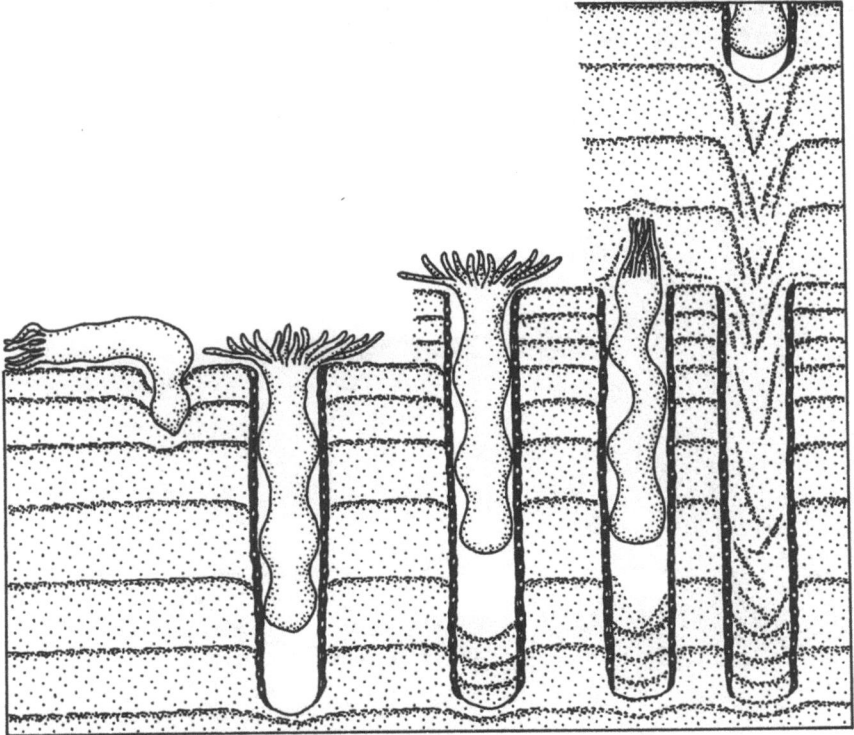

Fig. 5.2 Verhalten von *Cerianthus lloydii* unter verschiedenen Bedingungen Eingraben in das Sediment durch Kompression und Verkitten einer Wohnrohre durch Sedimentpartikel und Nesselzellenprodukte Als Antwort auf moderate Sedimentation erfolgt Bewegung nach oben (Gleichgewichtsspur) Bei schneller Zusedimentation erfolgt eine Fluchtbewegung nach oben (Fluchtspur) Nach BROMLEY 1990

Yoldia limatula

Yoldia limatula ist eine zu den Nuculoida gehorende Muschel, welche sich als Depositfresser in siltigen Sedimenten ernahrt (Fig 5 3, STANLEY 1970) Die Muschel pflugt sich in horizontaler Lage wenige Zentimeter unter der Oberflache durch das Sediment, um einen neuen Aufenthaltsort aufzusuchen Dabei wird die sogenannte "Doppelanker-Methode" praktiziert Zuerst werden die Klappen geoffnet, so daß sich die Schale im Sediment verankert In dieser Position wird der Fuß ausgestreckt und schließlich an seinem Ende umgebogen Nun werden die Klappen geschlossen und durch Muskelkontraktion zum Fuß hingezogen Durch diese Fortbewegung (Intrusion) entsteht eine Biodeformationsstruktur Am neuen Aufenthaltsort angelangt, richtet die Muschel das Schalenhinterende nach oben und steckt die Siphonen zur Substratoberflache Die Nahrungsaufnahme erfolgt mit kontraktilen Labialtentakeln, welche Sediment ciliar zum Mund befördern Unverdauliches Material wird durch den Ausstromsipho an die Sedimentoberfläche geblasen Die Aktivitäten von *Yoldia limatula* modifizieren das Sediment in beträchtlichem Maße Durch die Fortbewegung wird die Sedimentstruktur deformiert und der Wassergehalt erhöht, durch die Ernährung erfolgt eine Sortierung der Sedimentpartikel

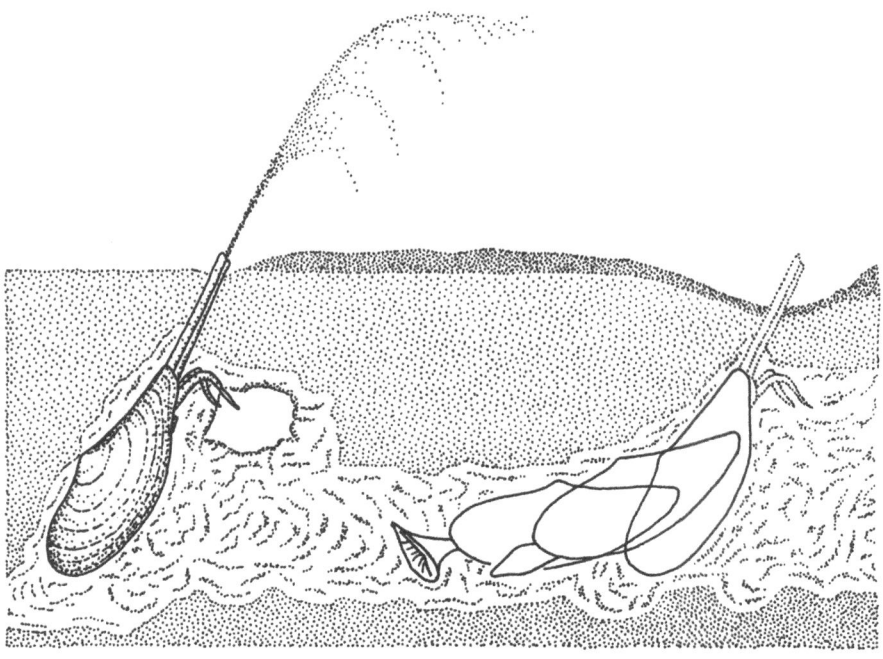

Fig. 5.3 Die detritusfressende Muschel *Yoldia limatula* in Lebensposition und bei der Bewegung nach rechts zu einem neuen Aufenthaltsort Nach BROMLEY 1990

Solecurtus strigillatus

Die suspensionsfressende Muschel *Solecurtus strigillatus* ist ein aberranter Vertreter der Tellinacea, welcher sehr schnell und tief graben kann Das Tier besitzt zwei divergierende Siphonen am Hinterende und eine nach hinten verlängerte, sackförmige Mantelhöhle Die klaffende Schale besitzt eine charakteristische, terrassenartige Grabskulptur Das Tier konstruiert eine J-förmige Röhre, welche bis 30 cm ins Sediment reichen kann (Fig 5 4) Bei Gefahr zieht sich *Solecurtus strigillatus* in den tieferen Teil der Röhre zurück und kontrahiert seine Siphonen Im Gegensatz zu den meisten anderen Muscheln bewegt sich *Solecurtus strigillatus* periodisch lateral fort (BROMLEY 1990) Dadurch entsteht eine spreitenartige Struktur

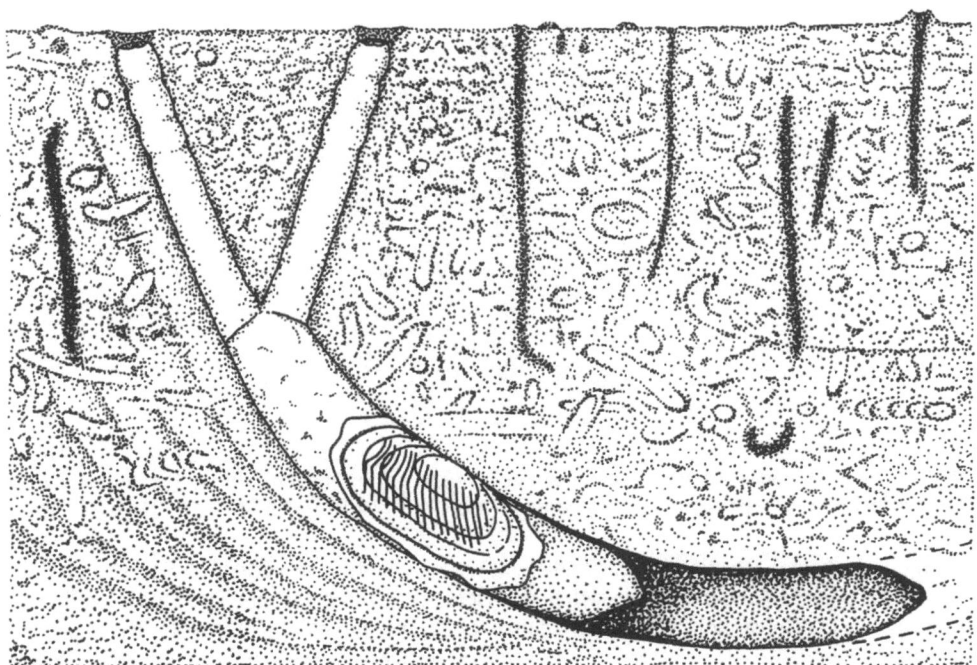

Fig 5 4 Die Muschel *Solecurtus strigillatus* in Lebensposition Die periodische Verschiebung der Rohre resultiert in einer Spreiten ahnlichen Struktur deren oberer Teil rasch durch Bioturbation verwischt wird Die gestrichelten Linien unten rechts geben die Richtung bei einer Fluchtreaktion an Nach BROMLEY 1990

Scolecolepis squamata

Einige Organismen produzieren direkt eine vertikale Sortierung des Sediments Zu diesen conveyor (= Forderband) Organismen gehort beispielsweise der im sandigen Strandbereich lebende Polychaete *Scolecolepis squamata* Vertreter dieser Art bilden vertikale Rohren, welche etwa dreifache Korperlange erreichen und deren Wande durch Schleim verkittet sind Die Tiere ernahren sich von Detritus an der Substratoberflache, welchen sie mit ihren Tentakeln einsammeln (Fig 5 5) Die Exkremente weiden am Grund der Wohnrohre ausgeschieden (inverted conveyors') Infolge der hohen Populationsdichte, welche diese Polychaeten normalerweise erreichen, resultiert mehrere Zentimeter tief im reinen Strandsand eine mit organischem Material angereicherte Lage aus Kotpillen

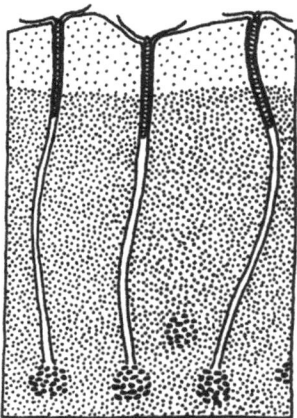

Fig. 5.5. Der im Strandbereich lebende Polychaete *Scolecolepis squamata* ernährt sich als Detritusfresser an der Substratoberfläche und deponiert die ausgeschiedenen Kotpillen am Grund der Wohnröhre. Nach BROMLEY 1990.

Einige Polychaeten (Pectinariidae, Maldanidae) leben ebenfalls in vertikalen Röhren, sind aber kopfabwärts gerichtet und ernähren sich in der Tiefe von Sediment. Diese Tiere scheiden Ihre Exkremente an der Substratoberfläche aus ("conveyors"). Das mitunter nur aus Kotpillen bestehende oberflächliche Sediment ist wegen der Aktivität dieser Organismen stark wasserhaltig, wodurch andere Organismen teilweise von einer Besiedelung ausgeschlossen werden.

Arenicola marina

Der Pierwurm *Arenicola marina* bevölkert in dichten Populationen die Watten des Ostatlantiks. Typischerweise gräbt der Pierwurm durch Kompression einen J-förmigen, schleimverkitteten Bau, in welchem er mit dem Kopfende nach unten lebt (Fig. 5.6). Durch peristaltische Bewegungen des Körpers wird frisches Wasser durch die nach oben offene Röhre zu den Büschelkiemen am Mittelteil des Wurmkörpers geleitet. Der Wasserstrom führt weiter zum Kopf des Tieres und verursacht dort eine Lockerung des Sediments. Dadurch sinkt das an organischem Detritus reiche oberflächliche Substrat trichterförmig nach unten zum Kopfende des Wurms, wo der Detritus gefressen wird. Periodisch steigt *Arenicola marina* mit dem Hinterende zur Substratoberfläche auf und deponiert dort seinen charakteristischen, wurmförmigen Kot in Häufchen. Grobkörnigere Partikel werden nicht gefressen und unterhalb der Kopfregion abgelagert. *Arenicola marina* ernährt sich also von Detritus der Substratoberfläche, obwohl er in der Tiefe frißt. Eine dichte Population von *Arenicola marina* lagert die obersten 10 cm des Sediments in etwa 100 Tagen vollständig um, was in einer lagenweisen Anreicherung grobkörniger Partikel in 20 - 25 cm Tiefe resultiert.

Ichnologie 103

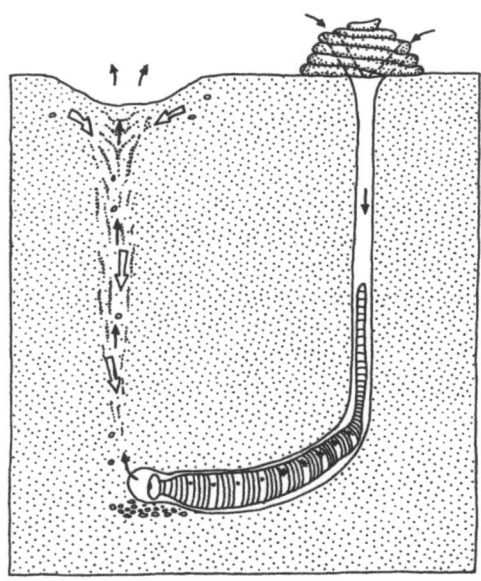

Fig. 5.6 *Arenicola marina* in seinem J formigen Bau Das Sediment sinkt trichterformig zum Kopfende (weiße Pfeile) wo selektiv die feinkornigen Partikel gefressen werden Groberkornige Partikel akkumulieren unterhalb des Kopfes Der wurmformige Kot wird an der Substratoberflache ausgeschieden Schwarze Pfeile Wasserstromung Nach BROMLEY 1990

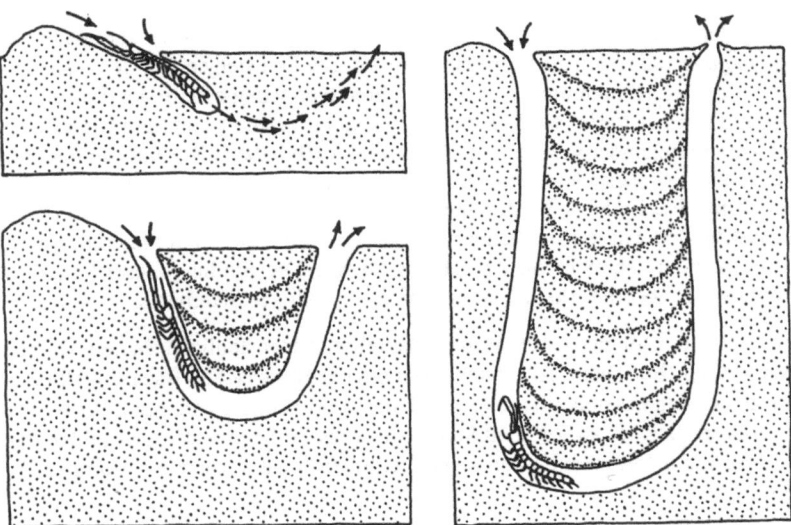

Fig. 5.7 Bau von *Corophium volutator* Die schwarzen Pfeile geben die Wasserstromung an Der Spreitenbau entsteht durch graduelle Verlegung des U formigen Baus nach unten Nach BROMLEY 1990

Corophium volutator

Der Amphipode *Corophium volutator* (Schlickkrebs) ist ein häufiger Kleinkrebs des Schlickwatts der Nordsee. Dieses Tier baut kleine U-förmige Bauten von etwa 4 cm Tiefe und ernährt sich als Detritusfresser an der Sedimentoberfläche (Fig. 5.7; SCHÄFER 1962, BROMLEY 1990). Ein Schlickkrebs konstruiert seinen Bau, indem er sich zuerst mit dem Hinterende flach einwühlt. Durch die zum Hinterende gerichtete Respirationsströmung wird dort das Sediment gelockert. Dieses Material transportiert den Kleinkrebs zur Substratoberfläche und deponiert ihn in einem kleinen Hügelchen (Ausgrabung). Durch diesen Vorgang entsteht ein flacher U-förmiger Bau. In der Folge wird die Röhre sukzessive weiter nach unten verlegt. Dies erfolgt durch Rücktransport des unten liegenden Materials nach oben, wodurch eine protrusive Spreite resultiert (SEILACHER 1967a). *Corophium volutator* ernährt sich an der Sedimentoberfläche, wo er mit seinen verlängerten Antennen das nährstoffreiche Substrat zusammenschaufelt und frißt. Die Ausscheidungsprodukte werden als Kotpillen am Ausgang der U-Röhre ebenfalls auf der Sedimentoberfläche deponiert.

Callianassa major

Unter allen wirbellosen Spurenverursachern ist vermutlich *Callianassa major* (Fig. 5.8) aus dem Südosten der USA der bekannteste, da diese Art Gänge baut, welche dem Spurenfossil *Ophiomorpha nodosa* äußerst ähnlich sind (FREY et al. 1978). Die Bauten von *Callianassa major* bestehen aus zwei Bauelementen: vertikalen Röhren und einem in Tiefen von 2-4 m liegenden Netzwerk horizontaler Röhren (Fig. 5.9). Die Bauten werden im Strandbereich durch Kompression und Ausgrabung gebildet. Jede Mündung der vertikalen Röhren ist von einem Kegel ausgeworfenen Materials umgeben. Die Bauten werden im Strandbereich angelegt, typischerweise in gut soitiertem, unstabilem Sand. Die Wände der Bauten müssen in diesem Sediment verstärkt werden, was durch das Anbringen von kleinen, eingeschleimten Kügelchen aus siltigem Material geschieht. Die Bauten haben daher von außen ein genopptes Aussehen. Das Substrat ist sehr nährstoffarm, und *Callianassa major* ernährt sich als Suspensionsfresser. Bei Flut steigen die Tiere nahe zu den Mündungen der vertikalen Röhren und erzeugen mit ihren Pleopoden eine in den Bau gerichtete Strömung. Suspendiertes Material wird an den Kieferfüssen gefiltert und zum Mund gebracht. Die terminalen Verengungen der vertikalen Röhren (Fig. 5.10) haben nicht nur die Funktion, Räuber abzuhalten, sondern sie beschleunigen durch die Querschnittverengung auch die Geschwindigkeit des Wasserstroms. Nach 15 bis 30 Minuten wird die Wasserzirkulation umgekehrt und Kotpillen werden ausgeschieden. Diese Kotpillen bestehen aus sehr feinkörnigem Material, welches normalerweise im Strandbereich nicht zur Ablagerung kommt. Die Bindung dieser Partikel in größere Kotpillen ermöglicht aber die Akkumulation tonigen und siltigen Sediments.

Andere Vertreter der Callianassidae (Maulwurfskrebse) bilden ähnliche Bauten. Die meisten sind aber Depositfresser. Es scheint folgender Zusammenhang zwischen Bauarchitektur und Ernährungsweise zu bestehen: Arten mit vielen vertikalen Röhren und einem nur untergeordneten horizontalen Netzwerk (z.B. *C. major*) sind Suspensionsfresser, Sedimentfresser bilden dagegen ausgedehnte horizontale Netzwerke oder sogar dreidimensional vernetzte Strukturen in der Tiefe (BROMLEY 1990).

Ichnologie

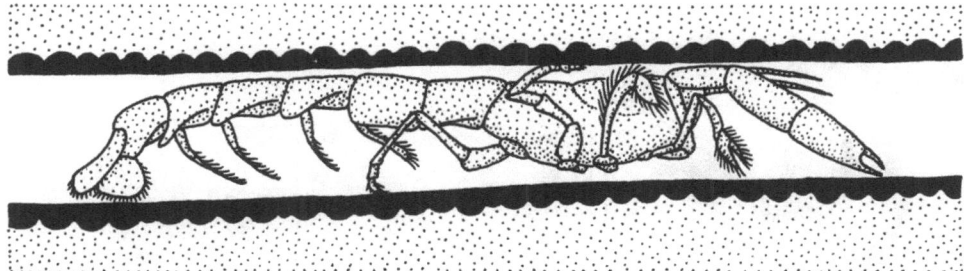

Fig. 5.8. *Callianassa major* in einer Wohnbauröhre. Nach BROMLEY 1990.

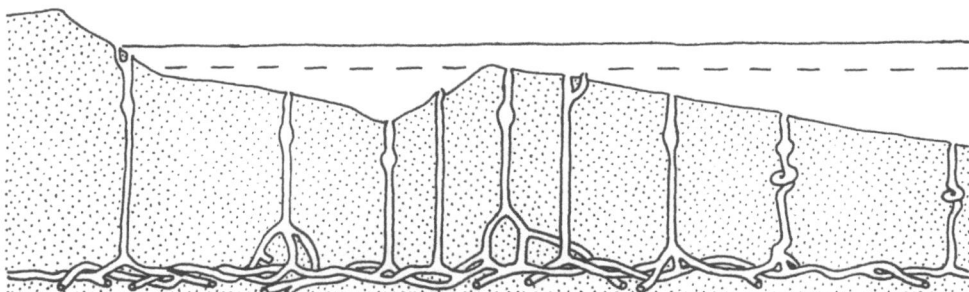

Fig. 5.9. 4 m hohes Strandprofil mit den Wohnbauten einer Population von *Callianassa major*. Die Dicke der Röhren ist stark übertrieben dargestellt. Nach BROMLEY 1990.

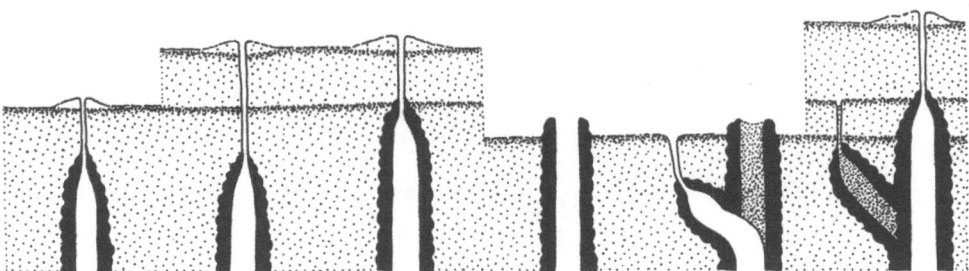

Fig. 5.10. Terminale Öffnungen der vertikalen Röhren von Bauten von *Callianassa major*. Dargestellt sind verschiedene Antworten auf erosive Beschädigung und Zusedimentation. Nach BROMLEY 1990.

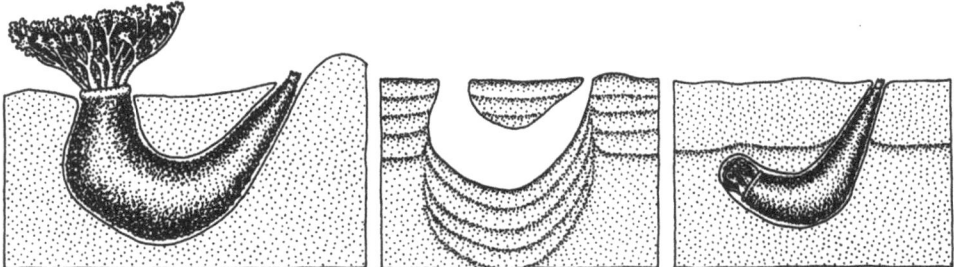

Fig. 5.11. Die suspensionsfressende Holothurie *Thyone briareus* in ihrem U-förmigen Bau. Bei langsamer Sedimentation resultiert eine restrusive Spreite, bei Zusedimentation wird das Hinterende zur Substratoberfläche gestreckt. Nach BROMLEY 1990.

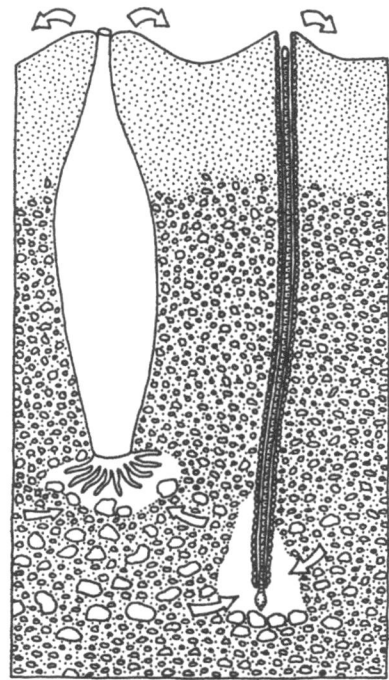

Fig. 5.12. "Conveyor"-Depositfresser. Links die Holothurie *Molpadia oolithica*, rechts der Polychaete *Clymenella torquata*. Das selektive Fressen feinkörnigen Sediments und die Ausscheidung an der Substratoberfläche bewirken eine Gradierung des Sediments. Nach RHOADS 1974.

Verschiedene Holothurien

Holothurien zeigen bezüglich des Grabens und der Ernährungsweise eine erstaunliche Vielfalt. Viele endobenthische Arten graben einen J-förmigen Bau mit assoziiertem Trichter über dem Kopfende und ernähren sich ähnlich wie *Arenicola marina* von Detritus der Substratoberfläche. Einige Holothurien leben in untiefen U-förmigen Bauten, wobei sowohl Vorder- als auch Hinterende des Körpers bis zur Sedimentoberfläche reichen. Solche Holothurien besitzen in der Regel, wie es auch für die meisten epibenthischen Arten typisch ist, große Kopftentakel und sind Suspensionsfresser (Fig. 5.11). Wieder andere Vertreter leben mit dem Vorderende nach unten orientiert vollständig eingegraben im Sediment. Sie ernähren sich als Sedimentfresser und geben ihren Kot in Form von Pillen an die Substratoberfläche ab ("conveyors"; Fig. 5.12; RHOADS 1974).

Echinocardium cordatum

Der Herzigel *Echinocardium cordatum* lebt bis 20 cm tief eingegraben in sandigem bis schlickigem Sediment. Das Tier bildet einen dreiteiligen Bau (Fig. 5.13). Um den Körper des Seeigels ist eine Wohnkammer ausgebildet, deren Wand von spezialisierten Stacheln mit Schleim verkittet und von den gebogenen Stachelenden gestützt wird. Nach oben wird von stark verlängerten Ambulacralfüßchen des Apex eine dünne Röhre zur Substratoberfläche gegraben. Nach hinten wird zudem ein horizontaler Drainagekanal freigehalten. Cilien-Epithelien erzeugen einen gerichteten Wasserstrom, welcher durch die vertikale Röhre in die Wohnkammer und von dort nach hinten in den Drainagekanal gelangt. *Echinocardium cordatum* ernährt sich hauptsächlich von Sediment, welches mit großen Ambulacralfüßchen zum Mund transportiert wird. Daneben gelangen auch geringe Mengen von Detritus der Substratoberfläche durch den vertikalen Schaft nach unten, wo das Material im vorderen Ambulacralfeld eingeschleimt und zum Mund befördert wird. Da *Echinocardium cordatum* in erster Linie ein Sedimentfresser ist, muß er sich fortbewegen. Dies geschieht recht langsam, in einer Stunde werden maximal einige Zentimeter zurückgelegt (BROMLEY 1990). Die Grabtechnik, mit welcher sich Herzigel fortbewegen, ist der Rücktransport. Spatelförmige Stacheln bewegen das Sediment nach hinten, wo es in einem Stopfgefüge (Meniskus-Struktur) deponiert wird (Fig. 5.13). Da durch die vertikale Röhre stets Sediment nach unten in die Wohnkammer dringt, muß hinten mehr Sediment deponiert werden, als vorne abgebaut wird. Das Stopfgefüge weist daher eine leicht höhere Kompaktion als das umgebende Sediment auf (BROMLEY 1990).

5.3. Klassifikation der Spurenfossilien

Spurenfossilien können nach verschiedenen Kriterien klassifiziert und in übergeordnete Gruppen eingeteilt werden (EKDALE et al. 1984):

- basierend auf der Systematik des verursachenden Organismus (Biotaxonomie)

- basierend auf der Morphologie der Spur selbst (Ichnotaxonomie)

- basierend auf der Art der Erhaltung (sedimentologische oder stratinomische Klassifikation)

- basierend auf dem Verhalten (ethologische Klassifikation)

- basierend auf dem Paläomilieu (Ichnofazies)

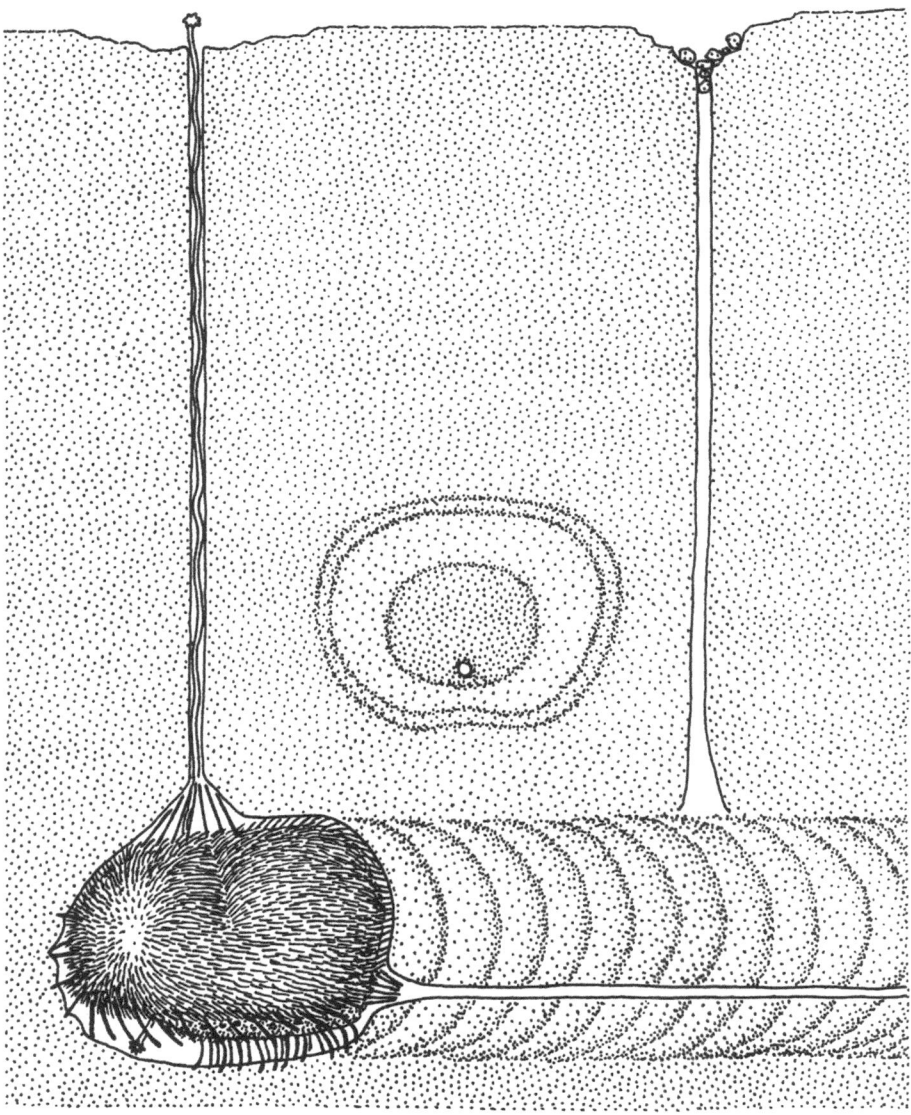

Fig. 5.13. *Echinocardium cordatum* in Lebensposition. Rechts ist ein verlassener vertikaler Schaft und in der Mitte der Querschnitt eines Stopfgefüges dargestellt. Nach BROMLEY 1990.

Ichnologie

Die systematische Stellung des verursachenden Organismus läßt sich nur in den wenigsten Fällen feststellen (SIMPSON 1975, FREY & SEILACHER 1980). In einigen Fällen kann zwar vermutet oder sogar belegt werden, daß ein bestimmtes Tier die untersuchte Spur produziert hat, aber insgesamt ist ein biotaxonomisches Klassifikationsschema für die Spurenfossilien nicht sinnvoll. Von Bedeutung ist die Klassifikation der Spuren aufgrund der Erhaltung. Für die Einteilung der Spuren in größere Gruppen hat sich aber die von SEILACHER (1953) eingeführte ethologische Klassifikation am besten bewährt. Die Klassifikation der Spuren entsprechend dem Paläomilieu führte schließlich zum Konzept der Ichnofazies (SEILACHER 1964a, 1967a; siehe unten).

Sedimentologische Klassifikation

Die sedimentologische oder stratinomische Spurenklassifikation beruht auf der Art der Erhaltung und der topographischen Beziehung der Spur zum abformenden Sediment. Angaben über die Erhaltung sollten bei keiner Spurenbeschreibung fehlen, da nur so die Erzeugung der Spur im Sediment verstanden werden kann (HALLAM 1975, EKDALE et al. 1984). Die am gebräuchlichsten Klassifikationsschemata sind diejenigen von SEILACHER (1964b) und MARTINSSON (1970).

Im Schema von SEILACHER (1964b; Fig. 5.14) wird zwischen Spuren unterschieden, welche innerhalb einer Schicht als "Vollrelief" erhalten sind und solchen, welche auf Schichtgrenzen als "Halbrelief" erhalten sind. Halbreliefs können als "Epirelief" auf Schichtoberseiten oder als "Hyporelief" auf Schichtunterseiten vorliegen. Diese Reliefs können wiederum "positiv" (konvex) oder "negativ" (konkav) ausgebildet sein. Eine auf der Schichtoberseite angelegte Spur kann unter Umständen Laminae innerhalb des Sediments deformieren. Eine solche Struktur, welche der ursprünglich oberflächlich angelegten Spur gleicht, wird als "Spaltungsrelief" bezeichnet.

Das Klassifikationsschema von MARTINSSON (1970) wurde für Wechsellagerungen von Sandsteinen (= Hauptabformungsmedium) und weicheren Mergeln oder Tonsteinen entwickelt (Fig. 5.14). Eine Spur, welche vollständig im Hauptabformungsmedium erhalten ist, wird als "Endichnion" bezeichnet; liegt die Spur vollständig außerhalb des Abformungsmediums, dann handelt es sich um ein "Exichnion". Ein "Epichnion" (Grat oder Grube) ist eine an der Schichtoberseite, ein "Hypichnion" ist eine an der Schichtunterseite erhaltene Spur.

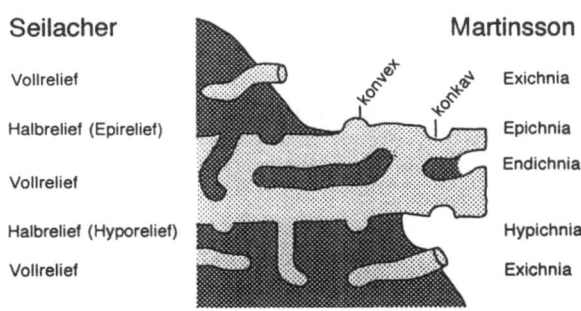

Fig. 5.14. Sedimentologische Klassifikation von Spurenfossilien nach den Terminologien von SEILACHER und MARTINSSON. Nach BROMLEY 1990.

Es ist äußerst wichtig, zwischen Erhaltung und Anlage einer Spur zu unterscheiden Endogen, das heißt im Sediment angelegte Spuren, können zum Beispiel als Epi-, Hypo- oder Vollrelief erhalten sein Oberflächenspuren besitzen ein sehr kleines Erhaltungspotential Offensichtlich exogen angelegte Spuren, beispielsweise Schreitspuren, sind meist nur als Spaltungsrelief erhalten (EKDALE et al 1984)

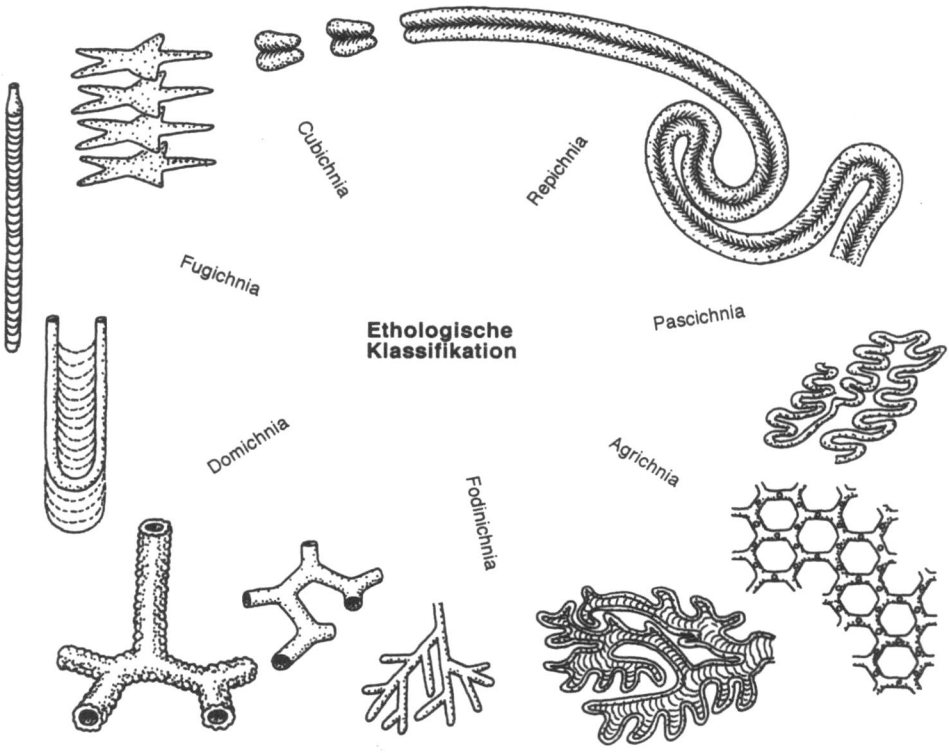

Fig. 5.15 Ethologische Klassifikation der Spurenfossilien Beachte daß einige Spuren intermediäre Positionen einnehmen Abgebildete Spuren von oben (Cubichnia) im Uhrzeigersinn *Rusophycus Cruziana, Cosmoi haphe, Palaeodictyon Phycosiphon Chondrites Thalassinoides Ophiomorpha Diplocraterion Gastrochaenolites Asteriacites* Nach EKDALE et al 1984

Ethologische Klassifikation

Da Lebensspuren direkt tierisches Verhalten dokumentieren, ist eine auf diesem Umstand grundende Klassifikation der Spurenfossilien am sinnvollsten (Fig 5 15) In der von SEILACHER (1953, 1964a, 1967b) eingeführten ethologischen Spurenklassifikation wurden ursprünglich fünf Verhaltenskategorien unterschieden Ruhespuren ("resting traces", Cubichnia), Kriech- und

Schreitspuren ("crawling traces", "trackways"; Repichnia), Weidespuren ("grazing trails"; Pascichnia), Wohnbauten ("dwelling structures"; Domichnia) und Freßbauten ("feeding structures"; Fodinichnia). Diesen Kategorien wurden in der Folge noch einige weitere hinzugefügt (EKDALE et al. 1984, EKDALE 1985, BROMLEY 1990): Fluchtspuren ("escape traces"; Fugichnia), Fallen- oder "Züchtungs"-Spuren ("farming, gardening traces"; Agrichnia oder "Graphoglyptiden"), Jagdspuren ("predation traces"; Praedichnia), "Gleichgewichtsspuren" ("equilibrium traces"; Equilibrichnia).

Ruhespuren entstehen, wenn sich ein Vertreter des vagilen Benthos zeitweise ins Sediment einwühlt und dort eine Eintiefung hinterläßt. Beispiele: *Asteriacites*, *Lockeia*, *Rusophycus*.

Kriech- und Schreitspuren repräsentieren gerichtete Fortbewegung ohne weitere offensichtliche Aktivität. Diese Spuren sind typischerweise auf Schichtflächen erhalten und können exogen oder endogen angelegt sein. Beispiele: Wirbeltierfährten, *Diplichnites*, *Cruziana*.

Wenn die Spur eines Organismus mäandrierend oder spiral verläuft, dann hat das verursachende Tier offensichtlich das Substrat abgeweidet oder während seiner Fortbewegung Sediment gefressen. Solche Weidespuren können exogen oder endogen sein und verlaufen schichtflächenparallel. Beispiele: *Planolites*, *Phycosiphon*, *Nereites*, *Helminthoida*.

Wohnbauten repräsentieren den semipermanenten Aufenthaltsort benthischer Tiere. Der Verursacher kann ein sessiler Suspensionsfresser, ein im Hinterhalt lauernder Räuber oder ein die Umgebung abweidender Detritusfresser gewesen sein. Beispiele: *Skolithos*, *Ophiomorpha*, *Arenicolites*.

Freßbauten sind die Spuren von endobenthischen Sedimentfressern, welche ausgehend von einem semipermanenten Gang das umgebende Sediment systematisch zur Nahrungsbeschaffung abgebaut haben. Freßbauten sind meist ziemlich komplexe Gebilde. Beispiele: *Thalassinoides*, *Rhizocorallium* (pars.), *Chondrites*, *Zoophycos*.

Fluchtspuren resultieren aus einer schnellen vertikalen Bewegung, welche ein Tier als Reaktion auf Zusedimentation nach oben oder wegen Erosion nach unten ausgeführt hat. Fluchtspuren werden nicht mit Gattungs- und Artnamen versehen.

Als "Graphoglyptiden" werden Spuren bezeichnet, welche eine regelmäßig gemusterte Struktur besitzen. Sie wurden früher als komplexe Weidespuren interpretiert. Einige dieser Spuren sind jedoch zu kompliziert aufgebaut, um dem Paradigma für effizientes Weiden zu entsprechen (SEILACHER 1977). Für die einfacheren, spiraligen und mäandrierenden Graphoglyptiden wird angenommen, daß sie als Fallen für Kleinorganismen (Meiofauna) funktionierten, die komplizierteren Graphoglyptiden könnten von Organismen angelegt worden sein, welche aktiv Mikroorganismen züchteten und periodisch abweideten (BROMLEY 1990). Beispiele: *Paleodictyon*, *Spirorhaphe*, *Cosmorhaphe*.

Jagdspuren können im wesentlichen nur auf harten Substraten erkannt werden. Ein typisches Beispiel wären Bohrlöcher auf Molluskenschalen, welche von Kegelschnecken oder Kraken produziert wurden. Bei in unverfestigtem Sediment angelegten Spuren läßt sich kaum je belegen, daß sie mit Jagdverhalten in Zusammenhang stehen (BROMLEY 1990).

"Gleichgewichtsspuren" entstehen, wenn sich ein eingegrabener Organismus infolge konstanter Sedimentation langsam, aber kontinuierlich nach oben bewegt. Gleichgewichtsspuren repräsentieren also ein normales Verhalten, während Fluchtspuren Reaktionen auf plötzliche Störungen darstellen. Die beiden Kategorien sind jedoch im konkreten Fall schwierig auseinanderzuhalten.

Diese Einteilung hat sich im Großen und Ganzen als brauchbar erwiesen. In den meisten Fällen läßt sich anhand der ethologischen Spurenkategorie auch eine Zuordnung zu den bei den Ökologen gebräuchlichen trophischen Gruppen (Suspensionsfresser, Detritusfresser, Räuber) vornehmen. Es soll jedoch nicht verschwiegen werden, daß bei gewissen Spuren die Zuweisung zu einer der Kategorien unsicher ist. So wurde etwa *Planolites* entweder als Pascichnium oder als Fodinichnium klassifiziert (BROMLEY 1990).

Funktionelle Interpretationen

Die funktionelle Interpretation versucht, die Struktur von Spurenfossilien mit bestimmten Verhaltensweisen des verursachenden Organismus in Verbindung zu bringen, ist also analog zur funktionellen Analyse von Organismen. Da der Spurenverursacher in der Regel aber nicht bekannt ist, können bestimmte Spuren meist unterschiedlich interpretiert werden.

Einfache vertikale Röhren (z.B. *Skolithos*), sofern sie nicht nur der Teil einer komplexeren Struktur sind, gelten als typisch für stationäre Suspensionsfresser (Polychaeten, Seeanemonen, Phoroniden). Gleichartige Spuren werden jedoch auch von räuberischen Krebsen und detritusfressenden "Würmern" angelegt (BROMLEY 1990).

Vertikale U-förmige Röhren werden ebenfalls typischerweise von Suspensionsfressern angelegt. Gelegentlich weisen solche Bauten bei einem Schaft einen Trichter auf (vgl. *Arenicola*), was auf einen Detritusfresser als Verursacher hindeutet. Eine U-förmige Röhre kann aber auch von einem Detritusfresser angelegt sein, ohne daß ein Trichter vorhanden ist (z.B. *Corophium*).

Im allgemeinen unterscheiden sich die von Detritus- und Suspensionsfressern angelegten Spuren auch in der Wandstruktur. Wenn sich ein wurmförmiges Tier durch das Sediment fortbewegt, hinterläßt es eine schleimige Spur. Wenn eine Spur aber eine ausgeprägte Wandstruktur aufweist, dann deutet das darauf, daß das Tier den entsprechenden Gang als Wohnröhre benutzt hat. Dies ist wiederum typisch für Suspensionsfresser, während die Spuren von Detritusfressern keine Wandstruktur besitzen. Eine ausgeprägte Verstärkung der Wand muß von Tieren angelegt werden, welche unstabile Substrate besiedeln (z.B. *Ophiomorpha*).

Von großer Bedeutung ist die Art der Verfüllung einer Spur. Eine aktiv verfüllte Spur unterscheidet sich lithologisch von der umgebenden Matrix. Häufig besteht die Verfüllung aus Kotpillen und zeigt einen Meniskus-förmigen Aufbau (Stopfgefüge). Aktiv verfüllte Spuren wurden von Sedimentfressern angelegt, wobei das Füllmaterial der Spur dem ausgeschiedenen Material entspricht. Spuren, welche sich in der Textur nicht vom umgebenden Sediment unterscheiden, wurden passiv verfüllt und sind typischerweise Wohnröhren von Suspensionsfressern oder Räubern. Meist zeigen diese Spuren eine Wandstruktur.

Viele Spuren weisen Verzweigungen auf. Solche können entstehen, wenn ein mobiler Detritusfresser das Sediment sukzessive in verschiedenen Richtungen abbaut. In diesem Fall werden die verschiedenen Äste der Spur meist sofort wieder aktiv verfüllt. Bei vielen Spurenfossilien muß aber angenommen werden, daß ein verzweigtes Gangnetz als unverfüllte Struktur existierte. Ein solches Gangsystem wurde von einem Organismus angelegt, welcher die einzelnen Partien immer wieder benutzte. Beispiele sind permanente Wohnbauten von Suspensions- und Detritusfressern,

Ichnologie

aber auch komplexe Freßbauten von stationären Sedimentfressern. Kriech- und Weidespuren zeigen dagegen nie echte Verzweigungen (BROMLEY 1990).

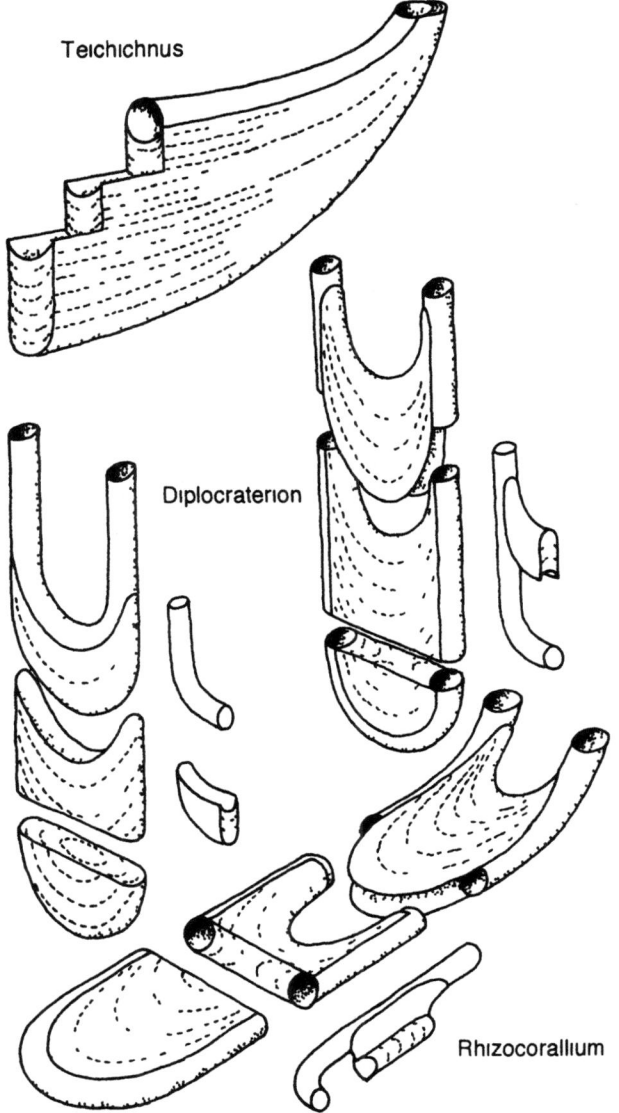

Fig. 5.16 Einige Spreitenbauten. In *Teichichnus* erfolgte die Bewegung nach oben, der Bau ist also retrusiv. *Rhizocorallium* ist hier als protrusive Spreite dargestellt, für *Diplocraterion* sind sowohl retrusive (links) als auch protrusive Spreite (rechts) angegeben. Nach EKDALE et al. 1984.

Spreitenbauten (Fig. 5.16) können auf verschiedene Arten entstehen. Horizontale Spreiten entstehen, wenn ein Detritusfresser während des Sedimentabbaus ("mining") einen Teil des Gangs lateral verschiebt. Vertikale Spreiten repräsentieren eine Verschiebung des Ganges nach unten (protrusive Spreite) oder nach oben (retrusive Spreite), wobei der ursprüngliche Gang meist J- oder U-förmig ist. Vertikale Spreiten sind typisch für Spuren von Suspensionsfressern, welche auf Sedimentation oder Erosion mit einer Verschiebung des Gangsystems reagieren.

Ichnotaxonomie und Nomenklatur

Einzelne Spurenfossilien besitzen in der Regel genügend morphologische Merkmale, daß sie mit einem Namen belegt werden können. Nach Beschluß der Internationalen Kommission für Zoologische Nomenklatur haben Ichnogenus und Ichnospezies den Status von Gattung und Art. Damit gilt auch für fossile Lebensspuren die duale Nomenklatur mit lateinisierten Namen. Für Spur und deren Verursacher müssen verschiedene Namen verfügbar sein, eine Synonymisierung ist nicht zulässig. Der Name einer Spur sollte ausschließlich auf der Morphologie beruhen (als Ausdruck des Verhaltens), unabhängig von der Erhaltung (PEMBERTON & FREY 1982, BROMLEY 1990). Dabei müssen aber folgende Punkte beachtet werden (BROMLEY & FREY 1974, FREY & SEILACHER 1980, EKDALE et al. 1984, BROMLEY 1990):

- Gleichartige Spuren können von verschiedenen Organismen verursacht werden (*Rusophycus* im Paläozoikum, *Isopodichnus* im Meso- und Känozoikum; vgl. Fig. 5.17).

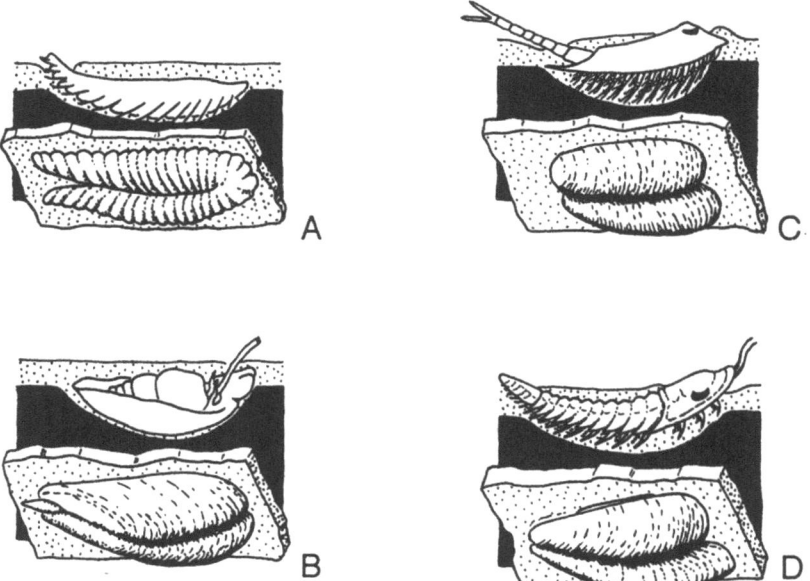

Fig. 5.17 Vier verschiedene Organismen, welche ähnliches Verhalten zeigen und gleichartige bilobate Ruhespuren produzieren (Ichnogenus *Rusophycus*). A: der Polychaete *Aphrodite*; B: eine nasside Schnecke; C: ein notostracer Krebs; D: ein Trilobit. Nach EKDALE et al. 1984

Ichnologie 115

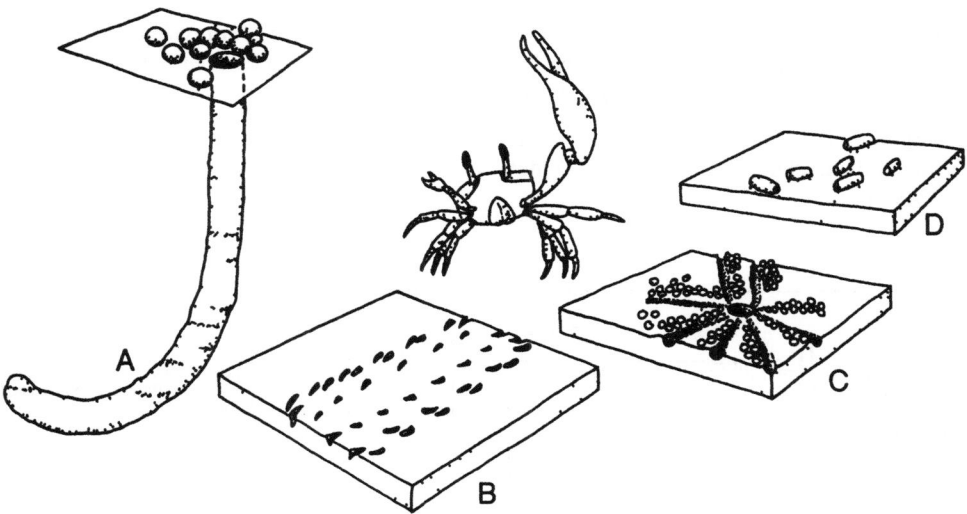

Fig. 5.18 Verschiedene biogene Sedimentstrukturen verursacht vom gleichen Organismus (Beispiel Winker krabbe *Uca* sp) A Wohnbau (Ichnogenus *Psilonichnus*) mit Aushubmaterial neben der Offnung B Schreitspur (Ichnogenus *Diplichnites*) C Weidespuren in der Umgebung des Röhreneingangs D Kotpillen Nach EKDALE et al 1984

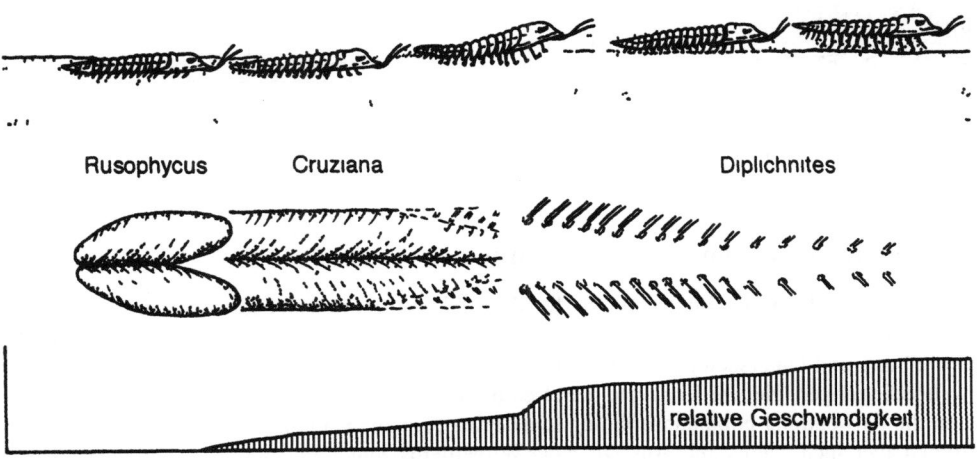

Fig. 5.19 Bestimmte Spuren zeigen Ubergange Beispiele von intergradierenden Trilobitenspuren Nach HANTZSCHEL 1975

- Der gleiche Organismus kann bei verschiedenem Verhalten und unterschiedlichen Bedingungen (Sedimentationsrate, Substratkonsistenz) verschiedene Spuren erzeugen (Fig. 5.18).
- Bestimmte Spuren zeigen Übergänge (z.B. *Cruziana - Rusophycus*, *Thalassinoides - Ophiomorpha - Gyrolithes*). Die verschiedenen Teile eines einzelnen Baus oder einer Spur werden also unter Umständen mit verschiedenen Namen belegt (Fig. 5.19).

Ichnogenus und Ichnospezies bleiben dennoch brauchbare Kategorien. Höhere Taxa (Ichnofamilien, Ichnoklassen etc.) sind allerdings in der Ichnotaxonomie nicht akzeptiert (EKDALE et al. 1984).

Zone	Tier	Ausmass der Bioturbation in %	Charakteristische Spurenfossilien	verursachende Körperfossilien
mixed	1	100	keine	Spatangoida, Asteroida, Ophiuroida, Gastropoda, Bivalvia, Scaphopoda, Annelida, etc., etc
	2	100	keine	
	3	100	Planolites	
Übergangszone	4	90	Thalassinoides	seltene Crustacea
	5	10	Taenidium	keine
	6	1	Zoophycos	keine
	7	0.5	Chondrites (gross)	keine
	8	0.05	Chondrites (klein)	keine

Fig. 5.20. Komplexer Stockwerkaufbau der Spuren in einem Weichboden. Beispiel aus dem Maastrichtian von Dänemark. Nach BROMLEY 1990.

5.4. Spurenfossilien und Paläomilieu

Die Ichnologie hat große Bedeutung für die Milieurekonstruktion von Sedimentationsräumen. Die bekannteste Anwendung in der Paläökologie ist vermutlich das Konzept der Ichnofazies, die Beschreibung und Untersuchung wiederkehrender Spurenassoziationen unter jeweils gleichen Umweltbedingungen. Neuere Konzepte betreffen insbesondere die Quantifizierung der Bioturbation und die Anwendung populationsökologischer Prinzipien auf Spurenassoziationen. Daneben existieren aber auch interessante Ansätze in der Wirbeltierpaläontologie, wo Fährten im Hinblick auf die Fortbewegungsgeschwindigkeit und das soziale Verhalten der Verursacher untersucht werden.

Ichnologie

Spurenstockwerke

Die von Organismen in einem Weichboden produzierten Spuren zeigen im allgemeinen einen Stockwerkaufbau ("tiering"), welcher hochkomplex sein kann (Fig 5 20, BROMLEY & EKDALE 1986, EKDALE & BROMLEY 1991) Das Erkennen dieses Aufbaus ist einerseits entscheidend für das Verstandnis der Textur ("fabric"), andererseits lassen sich aus der Erhaltung der verschiedenen Spurenstockwerke Rückschlüsse auf die Substratbeschaffenheit zur Ablagerungszeit und die Kompaktion ziehen Das Entschlüsseln des stockwerkartigen Aufbaus ist schließlich auch wichtig, wenn die Diversitat von Spurenassoziationen untersucht werden soll (BROMLEY 1990)

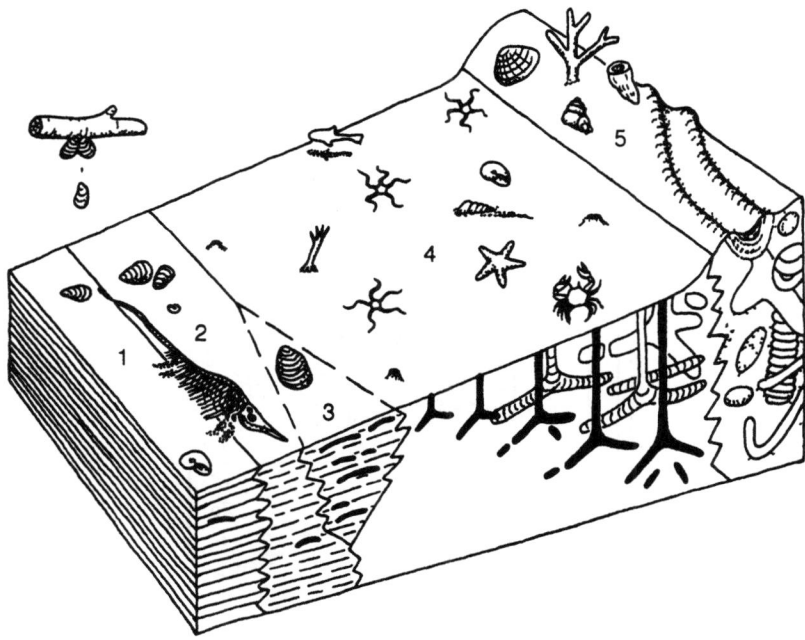

Fig. 5.21 Modell der Benthos-Abfolge in einem Sauerstoffgradienten nach SAVRDA & BOTTJER 1 anaerobe Biofazies (kein Sauerstoff im Bodenwasser) 2 quasi-anaerobe Biofazies ($O_2 < 0$ 1 ml/L) 3 exaerobe Biofazies 4 dysaerobe Biofazies (O_2 0 1-1 0 ml/L) 5 aerobe Biofazies ($O_2 > 1$ 0 ml/L) Im dysaeroben Bereich nimmt mit abnehmendem Sauerstoffgehalt die Anzahl der Spurenstockwerke die maximale Grabtiefe und der Durchmesser der Spuren ab Nach SAVRDA & BOTTJER 1991

Der Stockwerkaufbau einer Spurenassoziationen hat bedeutende Auswirkungen auf die Erhaltung der Spuren (BROMLEY & EKDALE 1986) Die im tiefsten Stockwerk angelegten Spuren sind die vollstandigsten Nur ihre oberen Teile werden von Spuren höherer Stockwerke durchschnitten Die Aktivitat in jedem Stockwerk tendiert dazu, die Spuren höherer Niveaus zu verwischen Das Sediment ist in den tieferen Schichten zudem weniger wasserhaltig und bereits stärker kompaktiert Daher sind die in tiefen Stockwerken angelegten Spuren meist deutlich und vollkörperlich erhalten, während die oberflächlicher angelegten Spuren, sofern sie überhaupt erhalten bleiben, stark kompaktiert werden und unscharfe Grenzen aufweisen. Die Anlage von Spuren tief im Sediment erfolgt auch in einem meist stark reduzierenden Milieu. Hier erfolgt wegen der starken Unterschiede im Mikromilieu zwischen Spur und umgebendem Sediment bevorzugt frühdiagenetische Mineralisation, was die Spur deutlich hervortreten läßt (BROMLEY 1990).

In den meisten rezenten marinen Weichböden nimmt die Rate der Bioturbation von der Substratoberfläche nach unten graduell ab. Die oberflächlichste Sedimentschicht ist vollkommen bioturbiert ("mixed layer") und überlagert eine mitunter mächtige Übergangsschicht ("transitional layer"), in welcher weniger Spuren angelegt werden und diskret erhalten bleiben. Der tiefste Sedimentbereich ohne aktive Spurenverursacher wird als historische Schicht bezeichnet ("historical layer"). Hier werden die angelegten Spuren nicht mehr durch nachfolgende Bioturbation gestört und können fossilisiert werden (EKDALE et al. 1984).

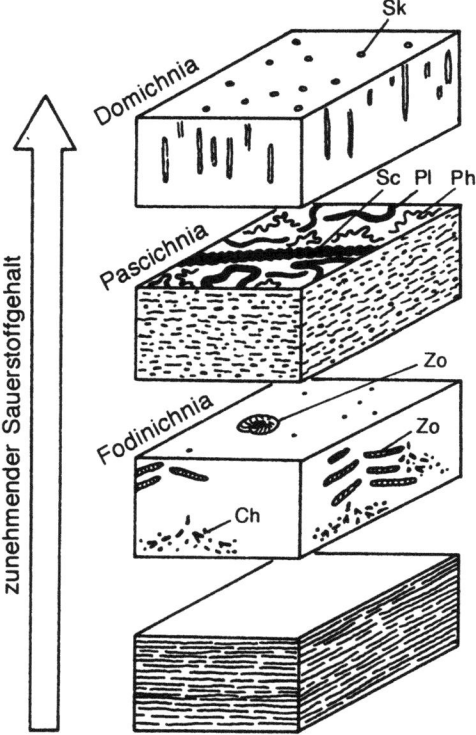

Fig. 5.22. Modell der Abfolge von Spurenfossilien in einem Sauerstoffgradienten nach EKDALE & MASON 1988. Mit abnehmenden Sauerstoffgehalt erfolgt ein Übergang von Domichnia-dominierten über Pascichnia-dominierte zu Fodinichnia-dominierten Spurenassoziationen. Sk: *Skolithos*; Sc: *Scalarituba*; Pl: *Planolites*; Ph: *Phycosiphon*; Ch: *Chondrites*; Zo: *Zoophycos*.

Die Abnahme der Bioturbationsaktivität mit zunehmender Sedimenttiefe gilt jedoch nicht ohne Ausnahme. Einige Spurenverursacher tiefer Stockwerke können in großen Populationen auftreten und sehr aktiv sein. Ein Beispiel wäre der Herzigel *Echinocardium cordatum*. Solche "Schlüssel-Bioturbanten" ("key bioturbator") können durch Zerstörung der oberflächlich angelegten Spuren die Spurendiversität eines Sediments stark reduzieren. Wenn nun die Anlage einer solchen "Elite-Spur" in einem tiefen Spurenstockwerk nicht erkannt wird, dann wird voreilig auf eine niedere Diversität des Endobenthos und damit auf ungünstige Umweltbedingungen geschlossen (BROMLEY 1990).

Die Stockwerkabfolge der Spuren in einem Sauerstoffgradienten ist besonders gut untersucht (vgl. Kapitel 3). Bei gut belüftetem Bodenmilieu zeigen Weichböden zahlreiche Spurenstockwerke. Mit abnehmendem Sauerstoffgehalt verschwinden sukzessive die oberen Stockwerke und die darunter liegenden verschieben sich nach oben (Fig. 5.21). Zuletzt bleiben unter einer dünnen homogenisierten Schicht nur noch ein Spurenstockwerk, welches typischerweise von *Chondrites* gebildet wird (SAVRDA & BOTTJER 1986, 1989, 1991). Ein etwas abweichendes Modell der Spurenabfolge in einem Sauerstoffgradienten schlägt bei abnehmender Bodenbelüftung den allmählichen Übergang von Domichnia-dominierten über Pascichnia-dominierten zu Fodinichnia-dominierten Spurenassoziationen vor (Fig. 5.22; EKDALE & MASON 1988). Es herrscht aber weitgehend Übereinstimmung, daß *Chondrites* das Spurenfossil ist, welches bei abnehmendem Sauerstoffgehalt als letztes verschwindet (BROMLEY & EKDALE 1984).

Ausmaß der Bioturbation

Unter normalen Bedingungen wird ein marines Sediment vollständig bioturbiert. Wenn die Bioturbation unvollständig ist, müssen besondere Ablagerungsbedingungen angenommen werden (BROMLEY 1990). So kann eine sehr hohe Sedimentationsrate die vollständige Durchwühlung verhindern, den gleichen Effekt haben aber auch fluktuierende Salinität und reduzierter Sauerstoffgehalt. Unvollständige Bioturbation deutet also auf eine Streßumgebung, was sich auf eine reduzierte Dichte der Sedimentbesiedlung auswirkt.

Vollständiges Fehlen einer bioturbaten Textur kann zwei Ursachen haben: es sind keine Spuren erhalten geblieben oder das Sediment wurde überhaupt nicht von grabenden Tieren besiedelt (BROMLEY 1990). Wenn primäre Sedimentstrukturen (z.B. Lamination) erhalten geblieben sind, dann ist dies ein untrügliches Indiz für fehlende tierische Kolonialisation. Die Gründe dafür können wiederum sehr schnelle Sedimentation oder reduzierter Sauerstoffgehalt am Meeresboden sein.

Um das Ausmaß der Bioturbation abzuschätzen, wurden halbquantitative Methoden vorgeschlagen. Anhand des Vergleichs mit schematischen Diagrammen läßt sich eine angeschliffene oder angewitterte Sedimentprobe einem Ichnotextur-Index ("ichnofabric index"; Fig. 5.23) zuweisen (DROSER & BOTTJER 1986, BOTTJER & DROSER 1991). Index 1 bedeutet Fehlen von jeglicher Bioturbation, die Indices 2-5 zunehmende Durchwühlung mit immer noch sichtbaren diskreten Spuren, Index 6 vollständige Bioturbation. Für jeden Ablagerungsraum ist eine bestimmte Kombination von solchen Ichnotextur-Indices zu erwarten (BOTTJER & DROSER 1991; Fig. 5.24).

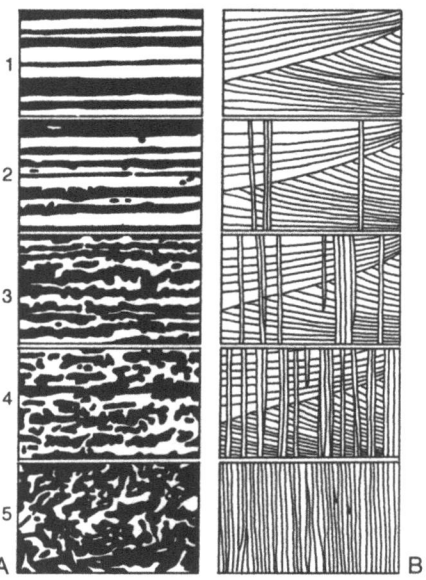

Fig. 5.23. Schematische Darstellung von Ichnotextur-Indices für A: Ablagerungen im Stillwasserbereich und B: Ablagerungen im hochenergetischen Milieu. Die Indices sind wie folgt definiert: 1: Keine Bioturbation, alle primären Sedimentstrukturen erhalten. 2: Diskrete, isolierte Spuren; bis 10% der primären Strukturen bioturbiert. 3: 10-40% der primären Strukturen bioturbiert; Spuren meist diskret, sich teilweise auch überlagernd. 4: Ursprüngliche Schichtung noch schwach erkennbar; Bioturbation 40-60%, einzelne Spuren erkennbar. 5: Ursprüngliche Sedimentstrukturen vollkommen verwischt; Spuren teilweise noch diskret erkennbar. 6 (nicht dargestellt): Nahezu vollkommene Homogenisierung des Sediments; keine Spuren mehr erkennbar. Nach BOTTJER & DROSER 1991.

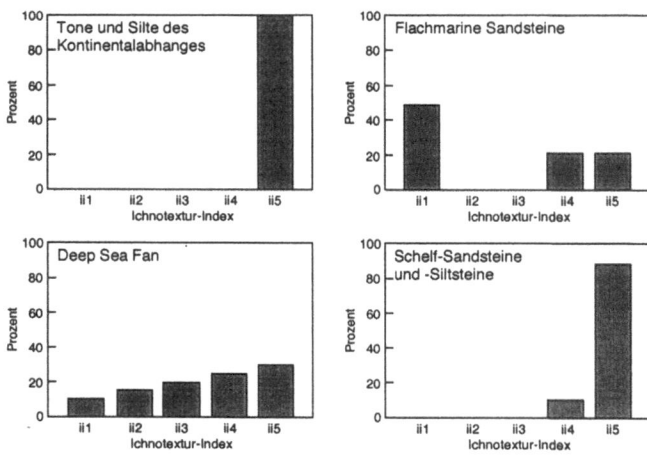

Fig. 5.24. Hypothetische Ichnogramme für vier Faziesbereiche in einem idealisierten Sedimentationsbecken. Nach BOTTJER & DROSER 1991.

Spurenfossilien und Populationsökologie

Eine Untersuchung der Spurenfossilien muß sich nicht auf die Morphologie der Bauten und das Verhalten der verursachenden Organismen beschränken. Es lassen sich auch populationsbiologische Modelle auf Spurenassoziationen anwenden.

Das Konzept der r- und K-Strategie (siehe Kapitel 7) wurde in der Ichnologie erst vor kurzem eingeführt (EKDALE 1985). Das Erkennen von r-selektionierten, opportunistischen Arten ist für die Paläkologie von besonderer Bedeutung. Solche Organismen sind typisch für frühe Sukzessionsstadien (siehe Kapitel 9) und physikalisch kontrollierte Umgebungen, wo die Umweltbedingungen stark fluktuieren können (Störungen) oder wo bestimmte physikalisch-chemische Parameter die Diversität stark einschränken (Streßmilieus). K-selektionierte Gleichgewichtsarten sind dagegen angepaßt an stabile Habitate mit vorhersagbaren Umweltbedingungen und verdrängen hier die r-Strategen, welche kompetitiv unterlegen sind. Die Dominanz einer bestimmten Spurenassoziation durch r-selektionierte Ichnotaxa ermöglicht daher direkt die Abschätzung des Umweltstreßes oder der Häufigkeit von Störungen.

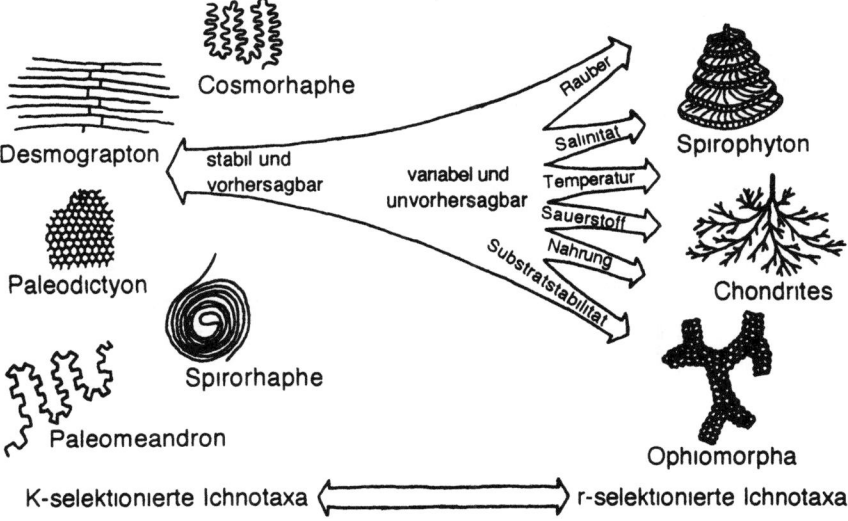

Fig. 5.25 Gradienten in der Stabilität und Vorhersagbarkeit der abiotischen Umwelt und ihr Einfluß auf die Populationsstrategien spurenverursachender Organismen. Weitere Erläuterungen im Text. Nach EKDALE 1985.

Opportunistische Ichnotaxa sind charakterisiert durch folgende Merkmale (EKDALE 1985, Fig 5.25): 1. Sie sind faziesübergreifend, das heißt, sie kommen in verschiedenen Ablagerungsmilieus vor. 2. Die räumliche und laterale Verbreitung ist unregelmäßig, aber wo sie auftreten, kommen sie oft in sehr großer Dichte vor. 3. Die aus r-Strategen bestehenden Spurenassoziationen zeigen typischerweise eine geringe Diversität. K-selektionierte Ichnotaxa weisen dagegen folgende Eigenschaften auf: 1. Sie sind beschränkt auf eine bestimmte sedimentäre Fazies. 2. Innerhalb dieser Fazies zeigen sie eine weite Verbreitung, treten aber nie massenhaft auf. 3. Die entsprechenden

Spurenassoziationen sind divers. 4. Die Morphologie der Spuren deutet auf hochspezialisiertes Verhalten (EKDALE 1985).

Um funktionell gleichartige Spuren zusammenzufassen, wurde der Begriff der "Ichnogilde" eingeführt (BROMLEY 1990). Das Konzept der Ichnogilde berücksichtigt neben der ethologischen Klassifikation auch die Ernährungsweise und das Stockwerk, welches die entsprechende Spuren besiedeln. Bislang wurden erst beispielhaft einige Ichnogilden benannt und charakterisiert. Die *Chondrites-Zoophycos*-Ichnogilde umfaßt Spuren von opportunistischen Depositfressern des tiefsten Stockwerks, welche typischerweise in Streßumgebungen auftreten. Die *Thalassinoides*-Ichnogilde besteht aus Spuren, welche von mobilen Depositfressern des mittleren Stockwerks angelegt werden. Die *Planolites*-Ichnogilde umfaßt von vagilen Depositfressern angelegte Spuren des obersten Stockwerks. Diese Gilde ist vermutlich sehr weit verbreitet, aber häufig wegen der intensiven oberflächennahen Bioturbation nicht erhalten.

Ichnofazies

Das hauptsächlich Anwendungsgebiet der Ichnologie in der Palökologie ist die Gruppierung wiederkehrender Spurenassoziationen in sogenannten Ichnofazies und die Korrelation dieser Gruppierungen mit bestimmten Paläomilieus. Das Konzept der Ichnofazies wurde von SEILACHER eingeführt und diente ursprünglich dazu, verschiedene Spurenassoziationen mit einem bathymetrischen Gradienten in Verbindung zu bringen (SEILACHER 1967a).

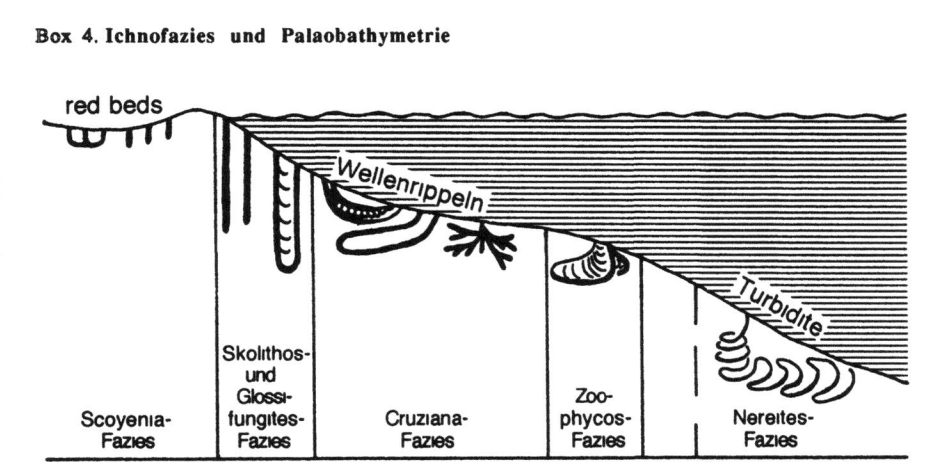

Fig. 5.26. Das ursprüngliche Ichnofazies-Schema von SEILACHER. Die verschiedenen Spurenassoziationen sind entlang einem bathymetrischen Gradienten angeordnet. Nach SEILACHER 1967a.

Einige Umweltparameter des marinen Raumes verändern sich in mehr oder weniger vorhersagbarer Weise mit zunehmender Wassertiefe. Dazu gehören beispielsweise Wasserenergie, Substratbeschaffenheit und Nährstoffangebot. Während im Strand- und küstennahen Bereich vorherrschend ein hohes hydrodynamisches Regime herrscht und das Substrat bevorzugt aus grobkörnigen, unstabilen Sanden besteht, nimmt die Wasserenergie mit zunehmender Tiefe sukzessive ab und das Substrat wird feinkörniger. Das Nährstoffangebot besteht im kustennahen Raum vor allem aus suspendierten Partikeln, während im tieferen Wasser die hauptsächliche Nahrungsquelle der Benthonten das Substrat selbst ist

Ausgehend von diesen Überlegungen gruppierte SEILACHER (1967a) seine fünf ursprünglichen marinen Spurenassoziationen in einem Gradienten entlang der Wassertiefe (Fig. 5.26). Wegen des spezifischen Nährstoffangebotes und des unstabilen Substrates dominieren im Strandbereich die Suspensionsfresser, welche hauptsächlich durch vertikale Wohnröhren repräsentiert sind (*Skolithos*-Ichnofazies). Im Vorstrandbereich treten bevorzugt U-förmige Bauten auf, welche aber auch noch von Suspensionsfressern gebildet werden (*Glossifungites*-Ichnofazies). Mit zunehmender Wassertiefe werden die Depositfresser dominant, wobei die Bauten zunehmend komplizierter und horizontal orientiert werden (*Cruziana*- und *Zoophycos*-Ichnofazies). Die *Nereites*-Ichnofazies ist charakteristisch für Sedimente des Kontinentalabhanges und der Tiefsee, wo infolge des knappen Nährstoffangebotes komplexe Weidespuren und Graphoglyptiden vorherrschen.

Heute werden neun Ichnofazies unterschieden, welche im Folgenden kurz vorgestellt werden.

- *Scoyenia*-Ichnofazies (Fig. 5.27): Dies ist eine schlecht definierte Spurenassoziation, welche typischerweise in kontinentalen Rotschichten auftritt. Möglicherweise können für den kontinentalen Bereich noch zusätzliche Ichnofazies ausgeschieden werden (EKDALE et al. 1984).

- *Psilonichnus*-Ichnofazies (Fig. 5.28): Diese Ichnofazies besteht aus vertikalen Röhren und J- und U-förmigen Bauten mit zahlreichen Verdickungen, welche von Insekten angelegt wurden. Wirbeltierfährten können assoziiert sein. Diese Ichnofazies ist typisch für den trockenen Strand- und Dünenbereich.

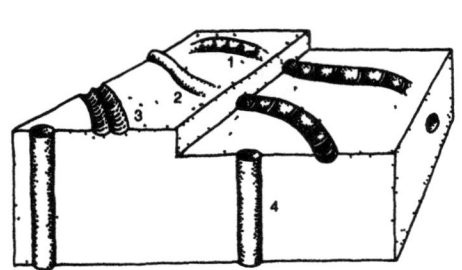

Fig. 5.27 Typische Spurenassoziation der *Scoyenia*-Ichnofazies. 1 *Scoyenia*; 2. *Ancorichnus*, 3 *Cruziana* (= *Isopodichnus*); 4. *Skolithos*

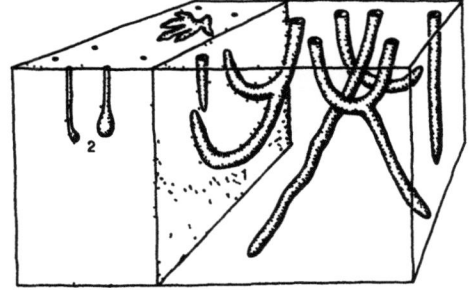

Fig **5.28** Spurenassoziation der *Psilonichnus*-Ichnofazies 1 *Psilonichnus*, 2 *Macanopsis*
Nach PEMBERTON et al 1990

- *Skolithos*-Ichnofazies (Fig. 5.29). Die Bauten bestehen vorwiegend aus vertikalen, zylindrischen und U-förmigen Wohnbauten von stationären Suspensionsfressern Horizontale Bauelemente fehlen fast vollständig. Die *Skolithos*-Ichnofazies ist typisch für hochenergetisches Milieu und sandiges Substrat (littoraler und sublittoraler Strandbereich)

- *Cruziana*-Ichnofazies (Fig. 5.30): Dies ist eine diverse Spurenassoziation, bestehend aus vertikalen, schrägen und horizontalen Elementen. Es handelt sich vorwiegend um Spuren, welche von Depositfressern angelegt wurden. Diese Ichnofazies ist typisch für Schelfbereiche unterhalb der normalen, aber oberhalb der Sturmwellenbasis.

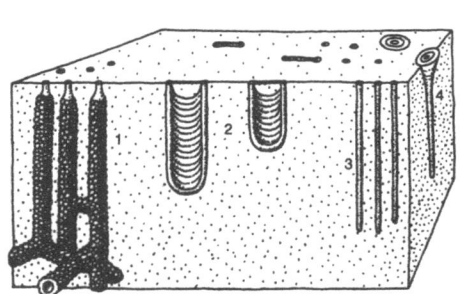

Fig. 5.29. Spurenassoziation der *Skolithos*-Ichnofazies. 1: *Ophiomorpha*; 2: *Diplocraterion*; 3: *Skolithos*; 4: *Monocraterion*.

Nach PEMBERTON et al. 1990.

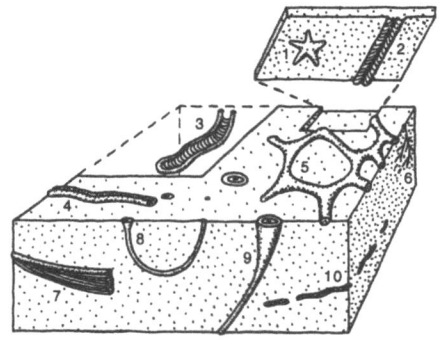

Fig. 5.30. Assoziation der *Cruziana*-Ichnofazies. 1: *Asteriacites*; 2: *Cruziana*; 3: *Rhizocorallium*; 4: *Aulichnites*; 5: *Thalassinoides*; 6: *Chondrites*; 7: *Teichichnus*; 8: *Arenicolites*; 9: *Rosselia*; 10: *Planolites*.

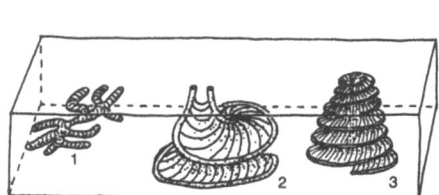

Fig. 5.31. Assoziation der *Zoophycos*-Ichnofazies. 1: *Phycosiphon*; 2: *Zoophycos*; 3: *Spirophyton*.

Nach PEMBERTON et al. 1990.

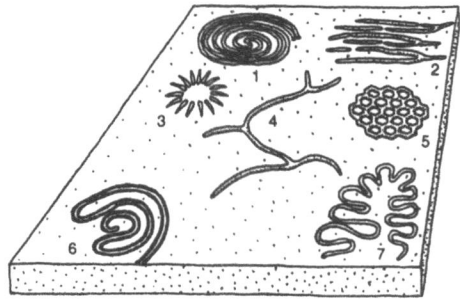

Fig. 5.32. Assoziation der *Nereites*-Ichnofazies. 1: *Spirorhaphe*; 2: *Urohelminthoida*; 3: *Lorenzinia*; 4: *Megagrapton*; 5: *Paleodictyon*; 6: *Nereites*; 7: *Cosmorhaphe*.

- *Zoophycos*-Ichnofazies (Fig 5 31) In dieser Spurenassoziation dominieren horizontale Sprei tenbauten, welche von Depositfressern gebaut wurden Die Diversität ist gering Die *Zoophycos*-Ichnofazies tritt im tieferen Schelf unterhalb der Sturmwellenbasis und in der Tiefsee auf

- *Nereites*-Ichnofazies (Fig 5 32) Diese Ichnofazies zeigt eine hohe Diversität, aber eine geringe Spurendichte Komplexe horizontale Pascichnia und Graphoglypiden dominieren Die *Nereites*-Ichnofazies tritt am Kontinentalabhang und in der Tiefsee auf, wo periodisch turbiditische Sedi mentation erfolgt

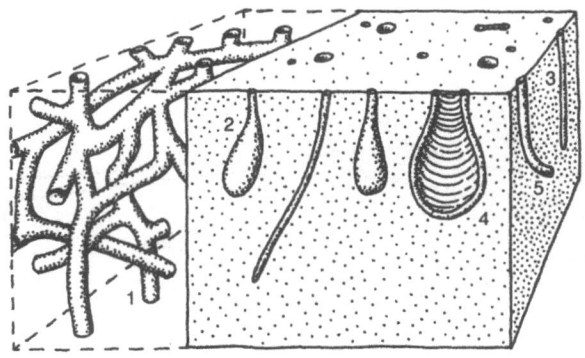

Fig. 5.33 Spurenassoziation der *Glossifungites* Ichnofazies 1 *Thalassinoides* oder *Spongeliomorpha* 2 *Gastrochaenolites* 3 *Skolithos* 4 *Diplocraterion* 5 *Psilonichnus* Nach PEMBERTON et al 1990

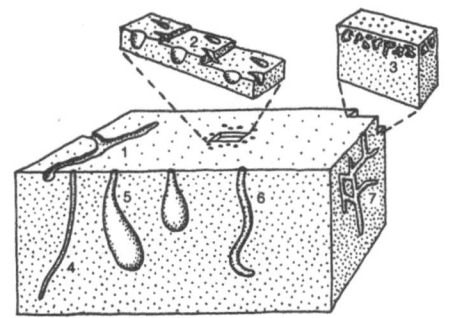

Fig. 5 34 Assoziation der *Trypanites* Ichnofazies
1 Seeigelspuren 2 *Rogerella* 3 *Entobia*
4 *Trypanites* 5 *Gastrochaenolites* 6 *Trypanites*
7 Polychaeten Bohrspur

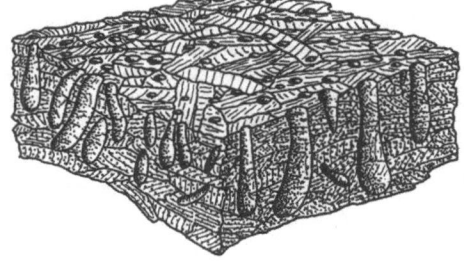

Fig 5 35 Assoziation der *Teredolites* Ichnofazies
Es dominiert die Bohrspur *Teredolites*

Nach PEMBERTON et al 1990

Die folgenden drei Ichnofazies reprasentieren weniger die Abhangigkeit von verschiedenen Umweltbedingungen auf marinen Weichboden, als vielmehr die starke Kontrolle der Substratqualitat auf die Zusammensetzung der Spurenfauna

- *Glossifungites*-Ichnofazies (Fig 5 33) Typisch sind Spuren von Organismen, welche in stark verfestigtem, aber nicht lithifiziertem Substrat graben konnen

- *Trypanites*-Ichnofazies (Fig 5 34) Diese Ichnofazies charakterisiert lithifizierte Substrate (Hartboden, Riffe, Felskuste)

- *Teredolites*-Ichnofazies (Fig 5 35) Hier besteht das Substrat aus Holz

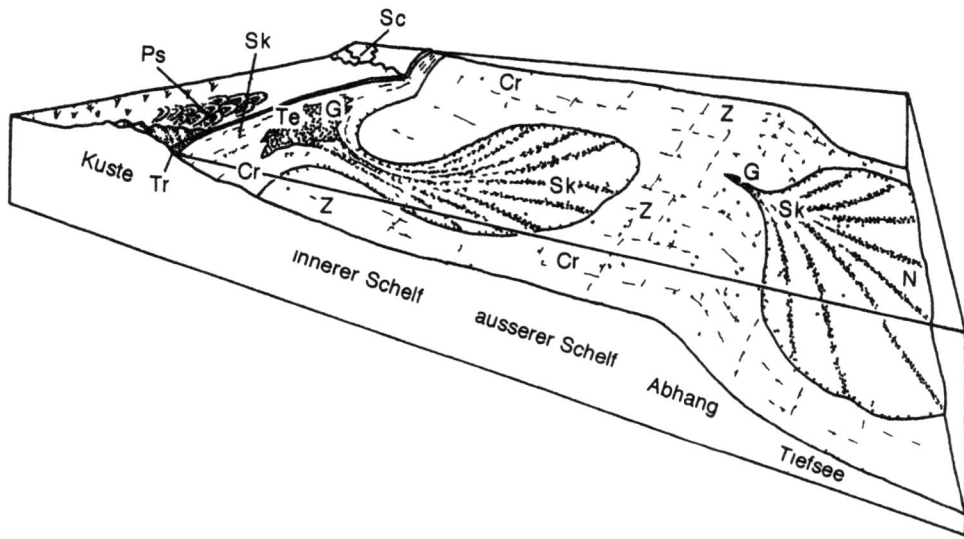

Fig. 5.36 Verbreitung der allgemein anerkannten Ichnofazies Die marinen Ichnozoenosen sind nicht in einem einfachen bathymetrischen Gradienten angeordnet, sondern zeigen eine Abhangigkeit von dynamischen Umweltfaktoren Ps *Psilonichnus*-Ichnofazies, Sc *Scoyenia*-Ichnofazies, Sk *Skolithos*-Ichnofazies, Tr *Trypanites*-Ichnofazies, Te *Teredolites*-Ichnofazies, G *Glossifungites*-Ichnofazies, Cr *Cruziana*-Ichnofazies, Z *Zoophycos*-Ichnofazies, N *Nereites*-Ichnofazies Nach FREY et al 1990

Wie schon diese Aufstellung der verschiedenen Ichnofazies zeigt, ist eine einfache Korrelation zwischen Spurenassoziation und Wassertiefe nicht gegeben Verschiedene andere Umweltfaktoren beeinflussen das Vorkommen dieser Ichnofazies ebenfalls in entscheidendem Maße So kann die *Skolithos*-Ichnofazies unter den entsprechenden hydrodynamischen Bedingungen auch im tiefen Schelfbereich, ja sogar in Schuttfachern des Kontinentalabhanges vorkommen (FREY et al 1990, Fig 5 36) Zudem spielen bei der Entstehung der verschiedenen fossilen Spurenassoziationen die taphonomischen Umstande eine wichtige Rolle (BROMLEY & ASGAARD 1991) Die verschiedenen Ichnofazies charakterisieren dennoch bestimmte Sedimentationsbereiche und konnen daher wertvolle Milieuindikatoren sein

Beispiele von Wirbeltierfährten

Bei der Untersuchung von Wirbeltierfährten stehen andere Fragestellungen im Vordergrund als bei der Analyse mariner Spurenassoziationen. Das hauptsächliche Interesse an den Wirbeltierfährten ist biologischer Natur. Interessante Beispiele finden sich bei der Untersuchung von Dinosaurierspuren (COOMBS 1990). In vielen Fällen wurden zahlreiche parallele Spuren verschiedener Individuen dicht nebeneinander gefunden, welche offenbar alle von Vertretern derselben Art verursacht wurden. Daraus wurde auf Herdenverhalten der entsprechenden (nicht näher bekannten) Dinosaurier geschlossen. Aus dem Abstand einzelner Trittsiegel konnte außerdem auf die Fortbewegungsgeschwindigkeit geschlossen werden. Fährten von carnivoren Dinosauriern weisen teilweise derart weit auseinanderliegende Trittsiegel auf, daß auf schnelles Rennen der entsprechenden Tiere geschlossen werden muß. Dies wiederum deutet darauf hin, daß diese Dinosaurier endotherm waren.

6. Taphonomie

Die Taphonomie, im deutschen Sprachgebrauch auch Fossilisationslehre, beschäftigt sich mit der Frage, wie Organismen oder ihre Reste von der Biosphäre in die Lithosphäre übergehen. Die Taphonomie untersucht also Prozesse, welche nach dem Absterben auf einen Organismenrest einwirken und zu Fossilerhaltung respektive Zerstörung führen. Fossilien sind in diesem Sinne nicht nur Reste von einst lebenden Organismen, sondern auch Zeugen dieser postmortalen Prozesse (KIDWELL & BEHRENSMEYER 1988). Jede Fossil-Assoziation ist gleichsam das Resultat der ehemaligen ökologischen Bedingungen und der taphonomischen Überprägung.

Für paläkologische Untersuchungen ist ein Einbezug der Taphonomie aus zwei Gründen essentiell: Erstens muß man beurteilen können, inwiefern sich eine Fossil-Assoziation von der ursprünglichen Lebensgemeinschaft unterscheidet, und zweitens sind die beobachteten Erhaltungsmuster Zeugen von Prozessen, welche im Ablagerungsraum wirksam waren. Traditionellerweise stand in der taphonomischen Forschung der erste Punkt im Vordergrund. Es interessierte also in erster Linie die Untersuchung des Informationsverlustes, welcher den Fossilbeleg betroffen hatte. Man versuchte, den "taphonomic overprint" (LAWRENCE 1968) zu ermitteln und damit die Verfälschung ("bias") abzuschätzen, welche eine Fossil-Vergesellschaftung durch die biostratinomischen und diagenetischen Prozesse erfahren hatte. Diese "negative" Taphonomie ist auch heute noch ein Schwerpunkt paläontologischer Forschung. Die taphonomischen Prozesse wirken in der Tat als starke Filter für biologische Information (BEHRENSMEYER & KIDWELL 1985).

Seit den 80er Jahren fanden zahlreiche neue Konzepte Eingang in die taphonomische Forschung. Betont wird heute die "positive" Taphonomie (SPEYER & BRETT 1988). Mit den Konzepten der vergleichenden Taphonomie (BRETT & BAIRD 1986) und der Taphofazies (SPEYER & BRETT 1986) wird es möglich, anhand der Fossilerhaltung direkte Rückschlüsse auf das Ablagerungsmilieu zu ziehen.

6.1. Vollständigkeit des Fossilbelegs

Die Beurteilung der Vollständigkeit des Fossilbelegs ist nicht nur für die Paläkologie, sondern auch für die Biostratigraphie und für evolutive Fragestellungen von großer Bedeutung. Das zur Verfügung stehende Material kann in der Paläontologie unter Umständen nur einen kleinen, nicht-repräsentativen Ausschnitt von den Organismen darstellen, welche einst im Ablagerungsgebiet gelebt haben. Die Beurteilung des Vollständigkeitsgrades ist deshalb wichtig, weil damit die Verläßlichkeit der Datenbasis geprüft wird.

Der Begriff der Vollständigkeit hat in der Paläontologie verschiedene Aspekte (ALLMON 1989, MCKINNEY 1991):

- Zeitliche Vollständigkeit: Wieviel Zeit ist in den untersuchten Sedimenten enthalten? Wie gut repräsentieren die Fossilien eine phylogenetische Entwicklung?

- Räumliche Vollständigkeit: Wie gut ist die ehemalige räumliche Verbreitung einer Art dokumentiert?

Auf untergeordneter Stufe sind noch weitere Kategorien denkbar (MCKINNEY 1991):

- Ontogenetische Vollständigkeit: Wie repräsentieren die Funde die Ontogenese einer fossilen Art?
- Taxonomische Vollständigkeit: Welche Proportion der Arten eines höheren Taxons ist erhalten geblieben?
- Vollständigkeit eines Ökosystems: Welcher Anteil der Arten einer ehemaligen Lebensgemeinschaft ist erhalten geblieben?

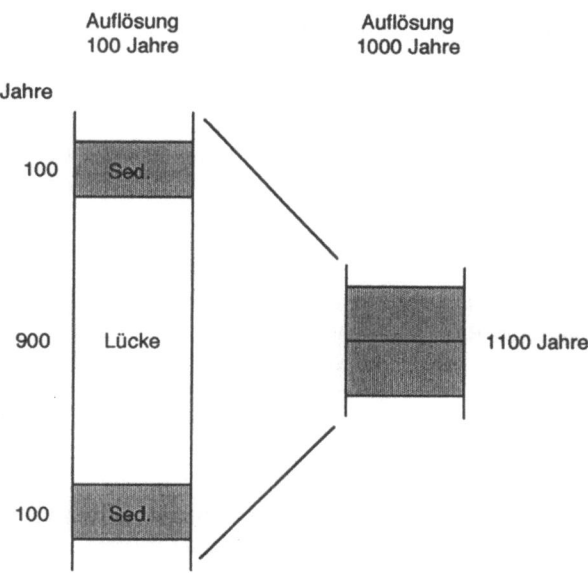

Fig. 6.1. Idealisiertes Profil, in welchem Sedimentation grau und Sedimentationsunterbruch weiß dargestellt ist. Bei einer stratigraphischen Auflösung von 100 Jahren ist die Vollständigkeit nur 10%, bei einer Auflösung von 1000 Jahren 100%.

Zeitliche Vollständigkeit

Unvollständigkeit ist in den Erdwissenschaften traditionellerweise mit "fehlender Zeit" (Schichtlücken) gleichgesetzt worden. Eine genauere Definition des Begriffs Vollständigkeit erfolgte aber erst in neuerer Zeit, ausgehend von Untersuchungen aktueller Sedimentationsraten (SADLER 1981, SCHINDEL 1982): der Grad der sedimentologischen Vollständigkeit ist der Teil der absoluten geologischen Zeitspanne, welche in einem Profil durch Sedimente anstelle von Schichtlücken repräsentiert ist (SCHINDEL 1982). Für paläontologische Zwecke ist eine etwas abgewandelte Definition sinnvoll: zeitliche Vollständigkeit ist die Proportion der von den Individuen der interessierenden Art ("group of interest") besiedelten Zeitspanne (oder des gesamten Raumes; siehe unten), welche durch Fossilien repräsentiert ist (ALLMON 1989). Wichtig ist in diesem Zusammenhang die Angabe einer Referenzgruppe. Die Aussage, daß der Fossilbeleg äußerst unvollständig sei, ist irrelevant. Wesentlich aufschlußreicher sind dagegen differenzierte Angaben (die zeitliche Vollständigkeit der Schelfmeerablagerungen des Phanerozoikums, repräsentiert durch marine Mollusken, ist hoch; der Fossilbeleg mesozoischer Vögel ist äußerst lückenhaft). Die paläontologische Vollständigkeit kann natürlich die sedimentologische Vollständigkeit in keinem Fall übertreffen.

Im Idealfall läßt sich der Grad der Vollständigkeit quantitativ abschätzen. Zentral ist dabei stets die Proportion der Phänomene oder Objekte der Vergangenheit, welche erhalten geblieben sind und sich beobachten lassen. Der quantitative Ansatz wurde als stratigraphische Vollständigkeit bezeichnet. Folgende Gesetzmäßigkeiten gelten: Bei einer bestimmten Mächtigkeit eines Sedimentgesteins ist zu erwarten, daß sehr lange Zeitspannen (z.B. 10 Millionen Jahre) im Sediment dokumentiert sind, während die darin enthaltenen kürzeren Zeitspannen (z.B. 100'000 Jahre) nur teilweise repräsentiert sind. In einem Ablagerungsraum ist in einem längeren Zeitraum die Wahrscheinlichkeit für Sedimentation größer als während kurzer Zeitspannen. Dies drückt sich bei Kompilationen über aktuelle Sedimentationsraten so aus, daß kurzfristig gemessene Raten höher sind als langfristige, weil bei letzteren zahlreiche, unerkannte stratigraphische Lücken mitenthalten sind (SADLER 1981, SCHINDEL 1982). Eine Berechnung der stratigraphischen Vollständigkeit kann nach folgenden Formeln vorgenommen werden (MCKINNEY 1991):

$$T = (S/R) \, 1'000 \qquad (6.1)$$

wobei T die Zeit in Millionen Jahren ist, in welcher das Sedimentpaket S (in Metern) akkumulierte, bei einer Sedimentationsrate R (in Metern pro 1'000 Jahren). Die Werte für R können den Zusammenstellungen von SADLER (1981) und SCHINDEL (1982) entnommen werden. Für eine bestimmte Schichtmächtigkeit resultiert also eine Zeitspanne T, in welcher tatsächlich Sedimentation erfolgte. Die Vollständigkeit C wird dann abgeschätzt:

$$C = T/D \qquad (6.2)$$

wobei D die, wenn möglich, mit absoluter Datierung bestimmte Zeitspanne (in Millionen Jahren) zwischen Ober- und Untergrenze der untersuchten Sedimentserie ist.

Die Feststellung der Vollständigkeit hängt von der Feinheit der stratigraphischen Auflösung ab (Fig. 6.1). In einer idealisierten Sequenz, in welcher jeweils während 100 Jahren Sedimentation erfolgt, dann ein 900jähriger Sedimentationsunterbruch, dann wieder 100 Jahre Sedimentation etc., wäre die stratigraphische Vollständigkeit bei einer Auflösung von 1'000 Jahren 100%, bei einer Auflösung von 100 Jahren aber nur 10%. Entsprechend kann ein Profil bei der biostratigraphischen Untergliederung vollständig erscheinen, wenn Zonen-Leitfossilien untersucht werden, aber lückenhaft sein, wenn Subzonen-Leitfossilien herangezogen werden.

Bei der Abschätzung der stratigraphischen Vollständigkeit müssen einige weitere Punkte beachtet werden (ALLMON 1989, MCKINNEY 1991):

- Die Kompaktion von Sedimenten ist sehr variabel. Wenn die Kompaktion nicht berücksichtigt wird, führt dies zu einer Unterschätzung der Akkumulationsrate und daher zu einer Unterschätzung der Vollständigkeit.

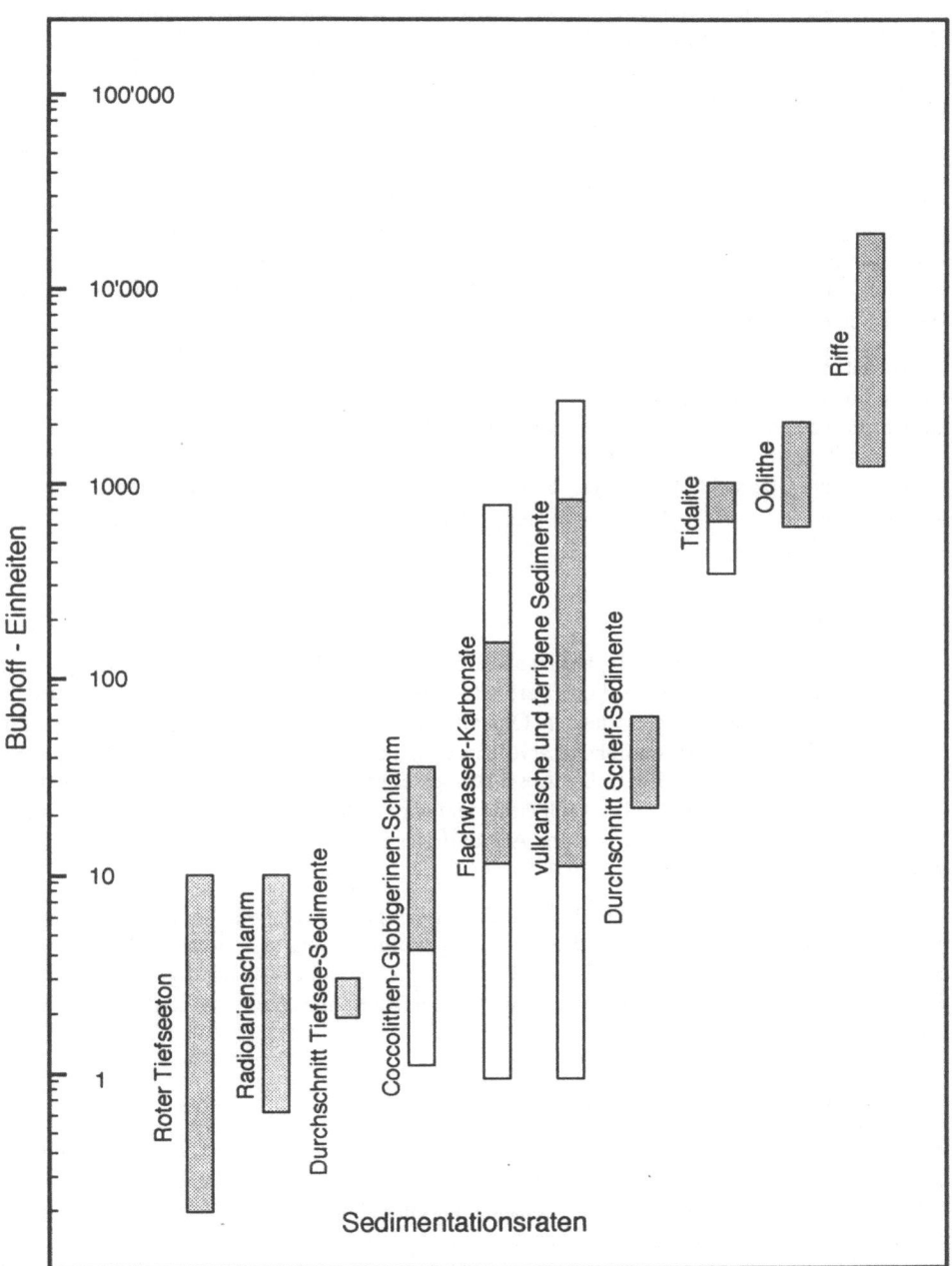

Fig. 6.2. Aktuelle Sedimentationsraten im marinen Bereich. Die normalen Werte sind gerastert hervorgehoben.

- Die Bestimmung der absoluten Zeitspanne zwischen Ober- und Untergrenze bezieht sich im allgemeinen auf die biostratigraphische Gliederung. Die Identifikation einer biostratigraphischen Zone bedeutet aber nicht, daß die Biozone in ihrer gesamten zeitlichen Dauer repräsentiert ist. Dadurch wird das untersuchte Zeitintervall überschätzt, was wiederum zu einer Unterschätzung der Vollständigkeit führt.

- Sehr geringe Sedimentationsraten in rezenten Ablagerungsbereichen werden bei kurzfristigen Untersuchungen nicht registriert. Daher dürften alle in SADLER (1981) und SCHINDEL (1982) angegebenen Sedimentationsraten Maximalwerte darstellen. Wenn diese Raten R als Basis für die Schätzung der Vollständigkeit genommen werden, wird diese wiederum unterschätzt. Zudem scheinen die Sedimentationsraten selbst im gleichen Ablagerungsmilieu sehr variabel zu sein (ANDERS et al. 1987), so daß ein mächtigeres Sedimentpaket nicht unbedingt vollständiger sein muß als eine im gleichen Milieu abgelagerte dünnere Sequenz.

Die Abschätzung der stratigraphischen Vollständigkeit bleibt dennoch ein wichtiges Hilfsmittel, um die erreichbare paläontologische Vollständigkeit und die mikrostratigraphische Auflösung einer Sedimentserie zu charakterisieren. Eine gute stratigraphische Vollständigkeit ist zusammen mit einer hohen mikrostratigraphischen Auflösung die ideale Voraussetzung für palökologische Untersuchungen. Eine Übersicht über aktuelle Sedimentationsraten, welche heute in Bubnoff-Einheiten ("Bubnoff unit" BU; 1 BU = 1µm/Jahr = 1mm/1'000 Jahre = 1m/Mio Jahre) angegeben werden, ist in Fig. 6.2. gegeben.

Räumliche Vollständigkeit

Die paläontologische Vollständigkeit besitzt auch eine räumliche Komponente. Zwei Gruppen von Organismen können die gleiche zeitliche Verbreitung besitzen, sich in ihrer horizontalen Ausdehnung aber stark voneinander unterscheiden. Organismen mit der Fähigkeit, sich schnell auszubreiten (z.B. Arten mit einer planktotrophen Larve), haben in der Regel eine weite geographische Verbreitung (JABLONSKI & LUTZ 1983). Die Abschätzung der geographischen Vollständigkeit paläontologischer Daten ist allerdings äußerst schwierig und wird noch komplizierter durch die Tatsache, daß die geographische Verbreitung einer Art zeitlich nicht konstant sein muß (Migrationen, Verbreitung etc.).

Räumliche Verbreitung und zeitliche Vollständigkeit hängen zusammen. Geographisch eng beschränkte Gruppen werden tendenziell seltener aufgesammelt, was sich in verkürzter zeitlicher Verbreitung manifestieren kann. In diesem Fall wird die zeitliche Vollständigkeit unterschätzt (MCKINNEY 1991). Dieser Punkt muß insbesondere bei der Kalibrierung von Leitfossilien beachtet werden.

Vollständigkeit der Beobachtung

Die Vollständigkeit der Beobachtung ist ein Teilaspekt der paläontologischen Vollständigkeit, definiert als Proportion des erhaltenen Materials, welches tatsächlich aufgesammelt wurde (MCKINNEY 1991). Offensichtlich wurde bislang nur ein kleiner Bruchteil des fossilen Materials beobachtet. Dies kann im einzelnen verschiedene Gründe haben:

- Verschiedene fossile Arten lebten in Umgebungen, welche nur untergeordnet durch Sedimente repräsentiert sind.

- Mit zunehmendem Alter der Ablagerungen wird die Wahrscheinlichkeit der Fossilerhaltung immer geringer ("pull of the recent", RAUP 1979) Grunde dafur sind spate Diagenese und Metamorphose, aber auch die zunehmende Wahrscheinlichkeit der Erosion alter Sedimente

- Bestimmte Regionen sind geologisch und palaontologisch noch weitgehend unerforscht

- Gewisse systematische Gruppen erfreuen sich unter den Palaontologen einer größeren Beliebtheit als andere Die nicht intensiv bearbeiteten Gruppen sind weniger bekannt, weil weniger auf gesammelt wurde Der Einfluß der Probengröße wirkt sich in erster Linie dadurch aus, daß die selteneren Arten nicht aufgefunden werden ("sample size effect", KOCH 1987)

Insgesamt muß davon ausgegangen werden, daß im Fossilbeleg extrem viele Informationen verloren gegangen sind Nur ein geringer Bruchteil von den Individuen und Arten sind erhalten geblieben Zudem ist die Information uber diese einstigen Lebewesen chronisch bruchstuckhaft Andererseits ist das sich den Palaontologen bietende Bild derart verzerrt, denn der Fossilbeleg enthalt eine Fulle repetitiver Information (z B viele Individuen der selben Art) Daher kann auch ein kleiner Ausschnitt aus der ehemaligen Datenfulle ein informatives Bild liefern (MCKINNEY 1991) Die palaontologische Information ist aber gleichsam gefiltert die hohen Frequenzen (kurzzeitige Schwankungen) sind verloren gegangen (MCKINNEY 1991) Im allgemeinen lassen sich aber langerfristige Trends erkennen (z B phyletische Großenzunahme Habitatsverschiebungen etc)

Informationsverlust in marinen benthischen Faunen

Unter normalen Bedingungen bleiben von einer marinen Weichbodengemeinschaft Taxa mit mineralisierten Skeletten erhalten, wahrend solche ohne Hartteile vollkommen zerstort werden und im Fossilbeleg nicht erhalten bleiben (KIDWELL & BOSENCE 1991) Arten mit nur schwach mineralisierten chitinigen oder phosphatischen Skeletten sowie solche mit in die Gewebe eingelagerten Spiculae zeigen eine intermediare Erhaltungsfahigkeit Der Anteil der potentiell erhaltungsfahigen Taxa schwankt auf rezenten Weichboden in weiten Grenzen und betragt 0 70% (KIDWELL & BOSENCE 1991) Als Richtwert durfte eine Angabe von 20 40% realistisch sein (STAFF & POWELL 1988) Fur Riff und Hartgrundmilieus deuten die wenigen existierenden Untersuchungen auf ahnliche Zahlen (KIDWELL & BOSENCE 1991) In den meisten marinen Milieus ist die Rate der Korrosion, der Losung und der Zerstorung der Schalen in der oberflachennahen taphonomisch aktiven Zone (TAZ) zu schnell, als daß bei normaler Hintergrundsedimentation Schalen uberhaupt akkumulieren konnen Eine Erhaltung ist nur moglich, wenn das Skelettmaterial durch episodische Schuttungen oder durch hohe Hintergrundsedimentation schnell aus der TAZ in tiefere Sedimentschichten entfernt wird (DAVIES et al 1989)

Untersuchungen des Vorkommens von hartschaligen lebenden Individuen und Schalen abgestorbener Tiere zeigen, daß ein hoher Prozentsatz (80 95%) der lebenden Taxa mit erhaltungsfahigen Hartteilen in Sedimenten eingebettet gefunden wird (KIDWELL & BOSENCE 1991) Es besteht also eine sehr gute Ubereinstimmung in der Artenzahl und der taxonomischen Zusammensetzung Wesentlich ungunstiger sehen die Verhaltnisse aus, wenn Vergleiche lebender und toter Assoziationen bezuglich der Dominanz oder der Großenverhaltnisse unternommen werden Hier herrscht meist keine Ubereinstimmung, was durch bevorzugte Zerstorung bestimmter Taxa oder bestimmter Großenklassen (v a juvenile werden zerstort) erklart wird Moglicherweise reprasentiert eine Gewichtung nach der Biomasse die ursprunglichen Verhaltnisse besser (STAFF et al 1985)

Es wird geschätzt, daß rund 85% aller Arten mit erhaltungsfähigen Hartteilen ursprünglich im Sediment eingebettet wurden und potentiell fossil werden konnten (siehe oben). Für den gesamten Fossilbeleg wird angenommen, daß bis 12% aller hartschaligen Taxa des Phanerozoikums überliefert sind (VALENTINE 1989). Wenn man bedenkt, daß zusätzliche Information über Weichkörper-Taxa aus der Untersuchung von Spurenfossilien abgeleitet werden kann, dann ist der Fossilbeleg zumindest für bestimmte Gruppen und Milieus (mariner Schelf) relativ gut.

Für palökologische Zwecke muß abgeklärt werden, wie stark die Verfälschung ehemalige Lebensgemeinschaften betroffen hat. Wie oben angedeutet, können in bestimmten Fällen über die taxonomische Zusammensetzung der hartschaligen Arten vertrauenswürdige Angaben gemacht werden, während Dominanz- und Größenverhältnisse fast immer stark verfälscht wurden. In vielen Fällen repräsentiert eine Fossilien-Assoziation jedoch nicht die ursprüngliche Lebensgemeinschaft, da Transport-, Kondensations- und Aufarbeitungsphänomene bei der Genese der Fossilien-Assoziation eine wichtige Rolle gespielt haben. Für die resultierenden Assoziationen existieren verschiedene Begriffe, welche den Grad der Verfälschung gegenüber der ursprünglichen Lebensgemeinschaft angeben:

- Lebensgemeinschaft ("community"): Die Gemeinschaft der zusammen an einem Ort vorkommenden lebenden Organismen.

- Totengemeinschaft (Thanatocoenose, "death assemblage", "indigenous assemblage"): Gruppe zusammen vorkommender Reste toter Organismen.

- Grabgemeinschaft oder Einbettungsgemeinschaft (Taphocoenose, "fossil assemblage"): Gruppe von zusammen im Sediment eingebetteten toten Organismen.

- Palaeocommunity ("census assemblage"): fossile Gemeinschaft (Oryktocoenose), welche autochthon ist und die Zusammensetzung der ehemaligen Lebensgemeinschaft repräsentiert.

- Langzeit-Durchschnittsgemeinschaft ("time-averaged assemblage"): fossile Gemeinschaft, deren Mitglieder autochthon sind, aber durch Akkumulation über längere Zeit (100 bis 10'000 Jahre) entstanden ist.

- Kondensierte Assoziation ("biostratigraphically condensed assemblage"): Entstanden durch langfristige Kondensation (100'000 bis 10 Millionen Jahre).

- Allochthone Assoziation ("allochthonous assemblage"): Die Organismenreste wurden aus ihrem Lebensraum wegtransportiert. Falls es sich um ein Gemisch autochthoner und allochthoner Elemente handelt, kann der Begriff parautochthone Assoziation ("mixed assemblage") verwendet werden.

- Aufgearbeitete Assoziationen ("remanié assemblage"): Organismenreste wurden aus signifikant älteren Schichten aufgearbeitet. Für den umgekehrten Fall der Intrusion jüngerer Elemente in ältere Schichten (Spaltenfüllungen, durch Spuren) existiert kein deutscher Begriff (engl.: "piped assemblage").

Einige der oben aufgeführten Begriffe lassen sich miteinander kombinieren, um komplexe Phänomene zu beschreiben (z.B. Kondensation und Transport). Der Begriff "fossile Assoziation" bezeichnet die an einem Ort und in einem bestimmten stratigraphischen Intervall zusammen vorkommenden Fossilien, ohne genaueres über die Genese auszusagen. Eine Übersicht äquivalenter Termini wird in KIDWELL & BOSENCE (1991) gegeben.

6.2. Biostratinomie

Die Biostratinomie ist das Teilgebiet der Taphonomie, die die Vorgänge untersucht, welche vom Absterben eines Organismus bis zur definitiven Einbettung auf diesen Körper oder dessen Teile einwirken (MÜLLER 1976). Biostratinomische Prozesse sind überwiegend physikalischer Natur (SEILACHER 1973). Die folgende Darstellung behandelt vorwiegend die Biostratinomie wirbelloser Tiere des marinen Raums. Für die Darstellung der Wirbeltiertaphonomie sei auf BEHRENSMEYER (1991) und MARTILL (1991), für die Taphonomie von Pflanzen auf GREENWOOD (1991) und SPICER (1991) verwiesen.

Es lassen sich verschiedene biostratinomische Prozesse unterscheiden, welche normalerweise sequentiell aneinandergereiht sind und in charakteristischen Erhaltungsmustern resultieren. Nach dem Absterben erfolgt zuerst Transport, Sortierung und Reorientation sowie Disartikulation. Diese Prozesse wirken meist unmittelbar nach dem Tod eines Organismus auf diesen ein. Danach kann Fragmentation und, falls die Reste länger auf der Substratoberfläche exponiert bleiben, Korrosion und Abrasion erfolgen (BRETT & BAIRD 1986). Für die Untersuchung dieser biostratinomischen Prozesse ist eine Gruppierung der Organismen nach der Art der Skelettorganisation sinnvoll (BRETT & BAIRD 1986, SPEYER & BRETT 1988). Folgende Einteilung wurde vorgeschlagen:

A. Einteilige Skelette

- massiv (Korallen, Stromatoporen)

- inkrustierend (Bryozoen, Serpuliden)

- bäumchenartig (Bryozoen, Korallen, Graptolithen)

- einklappig (Schnecken, Cephalopoden)

B. Mehrteilige Skelette

- zweiklappige Schale (Brachiopoden, Muscheln, Ostracoden)

- robuste Multi-Element-Skelette (Seeigel, Blastoiden, einige Seelilien)

- locker assoziierte Multi-Element-Skelette (Crinoiden, Seesterne, Schlangensterne, Trilobiten, Krebse)

Absterben und Verwesung

In den meisten Fällen ist die Todesursache eines fossilen Organismus nicht eruierbar. Seltener kann anhand von Fraß- oder Bohrspuren auf einen Räuber geschlossen werden (BOUCOT 1981). Unmittelbar nach dem Tod setzt Verwesung ein, was im Normalfall im vollständigen und schnellen Zerfall des Weichkörpers resultiert (SCHÄFER 1962, ALLISON 1990). Verantwortlich für die Degradation organischer Substanz sind aerobe und, mit etwas langsamerer Abbaurate, anaerobe (Sulfat reduzierende und methanogene) Bakterien.

Die Zersetzung des Weichkörpers ist eine der Hauptquellen des Informationsverlustes in der Paläontologie. Die Erhaltung von Weichteilresten ist an außergewöhnliche Fossilisationsbedingungen gebunden (frühdiagenetische Mineralisation, vollkommener Einschluß in ein konservierendes

Medium). Fossilvorkommen, welche Erhaltung von Weichteilresten zeigen, werden als Konservat-Lagerstätten bezeichnet.

Bei langandauernder mikrobieller Aktivität wird auch die in den Hartteilen eingelagerte organische Substanz degradiert. Dies wirkt sich negativ auf die Stabilität der Skelettelemente aus, welche in der Folge leichter fragmentiert werden können. Bleibt dagegen solche organische Substanz gut erhalten (z.b. Periostracum bei Mollusken), dann muß ein schneller Abschluß von aerober mikrobieller Zersetzung im anoxischen Sediment angenommen werden.

Transport- und Sortierungsphänomene

Hydrodynamische Prozesse können das Erscheinungsbild einer fossilen Assoziation in hohem Maße verändern. Durch Strömungs- und Welleneinwirkung werden Skelettelemente reorientiert, transportiert und teilweise sortiert. Verbleibt der Organismenrest am ehemaligen Lebensort und erfolgt nur eine Reorientation, dann ist der Skelettrest autochthon. Ist der Rest dagegen verfrachtet worden, so spricht man von allochthoner Einbettung. Bei einer Beurteilung der hydrodynamischen Prozesse des Ablagerungsortes muß die geometrische Form der biogenen Elemente berücksichtigt werden (Symmetrieverhältnisse, Länglichkeit, Grad der Einkrümmung, Vorhandensein von Skulptur und vorspringenden Strukturen; ALLEN 1990).

Am besten ist das Verhalten von Muschelklappen unter verschiedenen hydrodynamischen Bedingungen untersucht (Fig. 6.3; FUTTERER 1978, ALLEN 1990). Wenn eine Muschelklappe durch Wasserbewegung aufgewirbelt und transportiert wurde, wird sie mit der konkaven Seite nach oben orientiert nach unten sinken. Im strömungsfreien Milieu verbleibt die Klappe in dieser Orientierung auf dem Sediment. Bereits bei geringer Strömungsintensität (ca. 10 cm/sec) werden die Klappen aber gewölbt oben eingekippt. Bei stärkerer Strömung werden die Skelettelemente zusätzlich so eingesteuert, daß sie der Strömung den geringsten Widerstand entgegensetzen (FUTTERER 1978).

Folgende Begriffe sind im deutschen Sprachgebrauch üblich (MÜLLER 1976): Einregelung bezeichnet jegliche Reorientierung. Von Einkippung spricht man, wenn ein Objekt um eine horizontale Achse gedreht (gekippt) wird, Einsteuerung bezeichnet die Drehung um eine vertikale Achse. Eine gehemmte Einkippung oder Einsteuerung erfolgt, wenn die Reorientation bei Skelettresten erfolgt, welche auf der Sedimentoberfläche liegen (Hemmung durch Widerstand des Substrats).

Die Proportion der gewölbt-oben vorliegenden Muschelklappen eines Schalenpflasters ist ein guter Hinweis auf die Stärke der Strömung am Meeresboden. Die Einsteuerung von Objekten auf einer Schichtfläche kann gemessen und in einer Richtungsrose dargestellt werden (MÜLLER 1976). Dabei sind im wesentlichen drei Muster möglich: keine Einsteuerung, was auf höchstens schwache Strömung schließen läßt; unimodale Einsteuerung, kann auf eine kräftige, gerichtete Strömung zurückgeführt werden; bimodale Einsteuerung, entsteht bei oszillierender Strömung (Wellenwirkung; Fig. 6.3). Bei all diesen Mustern muß beachtet werden, daß sie nicht mit der ursprünglichen Lebenslage verwechselt werden (KIDWELL & BOSENCE 1991).

Starke Strömung resultiert häufig in einer Sortierung verschiedener Skelettelemente. Am häufigsten ist eine Sortierung nach der Größe, wobei kleinere, leichtere Elemente weiter verfrachtet werden. Unterschiedliche Verfrachtung der beiden Klappen von Muscheln können dort vorkommen, wo sich linke und rechte Klappe deutlich in der Form unterscheiden (DODD & STANTON 1990) oder wo unterschiedliche Schloß-Strukturen ausgebildet sind (z.B. Chondrophor in der linken Klappe der desmodonten Muscheln). Verschiedener Skelettaufbau und damit unterschiedliche

Taphonomie

Masseverhältnisse können schließlich zu einer Sortierung verschiedener Organismengruppen führen. Die Leichtbauweise des Skeletts bei Echinodermen führt dazu, daß einzelne Elemente schon bei geringer Strömung praktisch in Suspension transportiert werden (Fig. 6.8; SEILACHER 1973b). Dadurch werden Echinodermenreste häufig getrennt von den übrigen Organismenresten abgelagert, wo sie allochthone, monotypische Schille bilden können (Trochitenkalk).

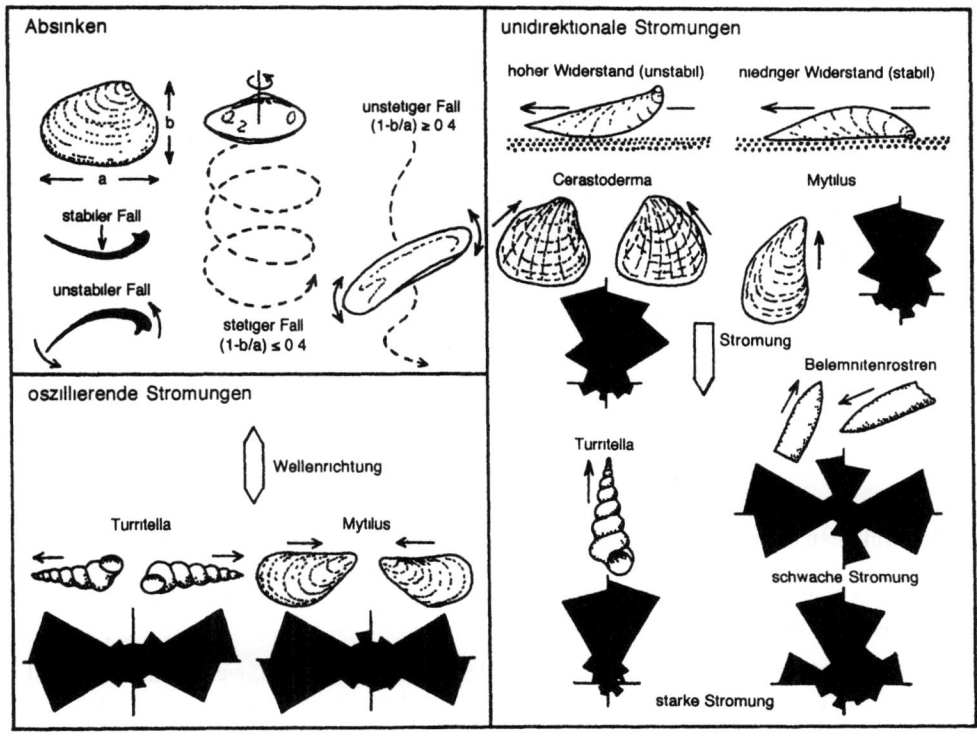

Fig. 6.3. Schematische Darstellung des Verhaltens verschiedener Hartteile beim Absinken im Wasser und unter Einwirkung von unimodaler und bimodaler (oszillierender) Strömung. Nach ALLEN 1990.

Disartikulation

Unter Disartikulation versteht man die Disintegration mehrteiliger Skelette entlang von Gelenken oder Nähten (BRETT 1990a). Die Disartikulation ist unter normalen Umständen eine logische Folge des Zerfalls des Weichkörpers. Das Gewebe, welches die einzelnen Skelettelemente verbindet, wird zersetzt, woraufhin sich die einzelnen Hartteile voneinander trennen und unterschiedlich verfrachtet werden können (Fig. 6.4). Die aerobe Verwesung der verbindenden Weichteile erfolgt in den meisten Fällen rasch. Für Echinodermen wird eine Zeitspanne von wenigen Stunden bis Tagen angegeben (SCHAFER 1962, MEYER & MEYER 1986). Die Ligamente der Muscheln sind resistenter und überdauern mehrere Monate (SCHAFER 1962). Der Zerfall ist unter anoxischen Bedingungen verlangsamt, zerstört die verbindenden Gewebe aber trotzdem (siehe oben; Absterben und Verwesung).

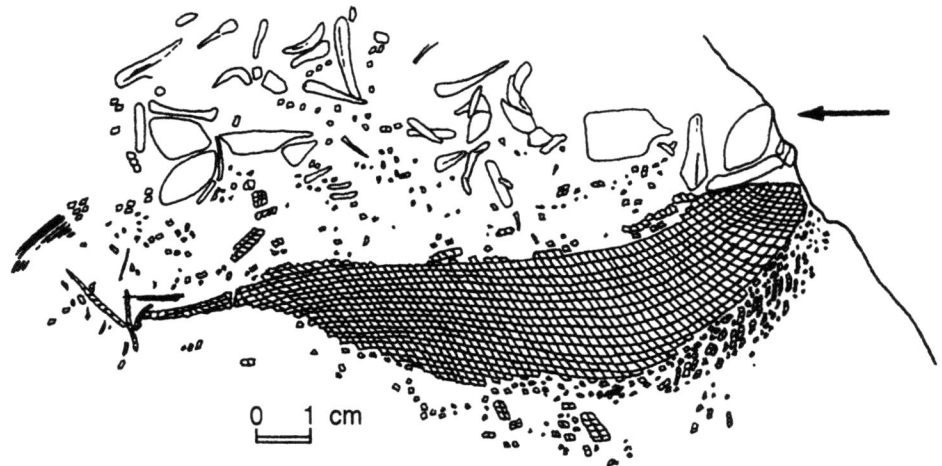

Fig. 6.4. *Palaeoniscus* sp. aus dem Kupferschiefer von Mansfeld. Das Kopfskelett löst sich auf und wird durch lineare Strömung (Pfeil) verfrachtet. Nach MÜLLER 1976.

Gewisse Multi-Element-Skelette sind durch ineinandergreifende Strukturen fest verbunden. Die Schloßstrukturen der meisten Brachiopoden verbinden die beiden Klappen äußerst fest miteinander, so daß artikuliert erhaltene Brachiopoden viel häufiger sind als zweiklappige Muscheln (BRETT & BAIRD 1986). Die Verbindung der Platten bei Seeigeln ist ebenfalls resistenter als bei den anderen Echinodermen.

Von großer Bedeutung sind Aasfresser und wühlende Endobenthonten, welche die Disartikulationsgeschwindigkeit durch ihre Aktivität bedeutend erhöhen. Epibenthische werden in der Regel schneller disartikuliert als endobenthische Formen. Selbst artikuliert eingebettete Reste werden aber durch die grabende Infauna in die Einzelteile zerlegt. Die höheren Artikulationsraten in anaeroben Umgebungen scheinen hauptsächlich darauf zurückzuführen zu sein, daß Endobenthonten ferngehalten sind, und weniger auf den langsameren Zerfall bei anaerober Verwesung (PLOTNICK 1986).

Der Einfluß von Strömungen oder Turbulenz ist entscheidend bei bereits fortgeschrittener Verwesung. Bereits geringste Strömungsstärken (weniger als 5 cm/sec) genügen, um eine vollständige Disartikulation zu erreichen (BRETT 1990a). Daher scheint eine möglichst rasche Einbettung (Stunden bis wenige Tage nach dem Absterben) für die Erhaltung von artikulierten Skeletten essentiell zu sein. Anoxische Umgebungen verlangsamen zwar die Disartikulation, ebenso fehlende Strömung. Diese beiden Faktoren genügen aber nicht, um artikulierte Erhaltung zu erklären; eine Zusedimentation muß dennoch erfolgen (BRETT 1990a).

Fragmentation

Fragmentation kann sowohl das Resultat physikalischer Vorgänge als auch das Resultat biologischer Aktivität (Fig. 6.5, Räuber, Aasfresser) sein. Ein hoher Anteil an fragmentierten Hartteilen deutet auf häufige, starke Wasserbewegung und Aufarbeitung oberhalb der normalen Wellenbasis. Episodische Stürme können aber auch in tieferen Bereichen Lagen mit stark fragmentierten Schalen sedimentieren (BRETT 1990a).

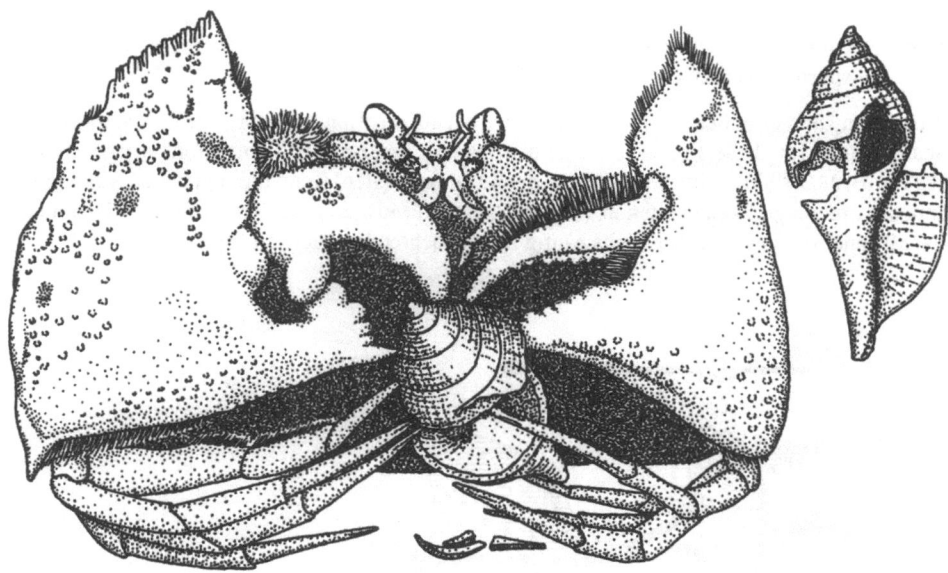

Fig. 6.5 Die Hahnenkammkrabbe *Calappa* sp. beim Öffnen einer Schneckenschale. Mit den kräftigen Knoten an der rechten Schere können auch sehr widerstandsfähige Schalenränder abgebrochen werden. Nach EKDALE et al. 1984.

Schalen tendieren dazu, entlang von Schwächezonen wie Wachstumslinien oder Rippen zu brechen. Die Resistenz gegenüber Fragmentation hängt aber auch von der Zusammensetzung und der Textur der Hartteile ab. Perlmuttstruktur scheint beispielsweise besonders resistent gegenüber Schalenbruch zu sein. Bei längerer Exposition auf der Substratoberfläche werden die Schalen von endolithischen Mikroalgen und Pilzen angebohrt und teilweise angelöst. Diese Bioerosion schwächt die Skelettteile in starkem Maße, so daß diese in der Folge viel leichter fragmentiert werden. Besonders empfindlich auf verstärkte Wasserenergie reagieren fragile, bäumchenartige Skelette von Korallen, Bryozoen und Graptolithen. Fehlende Fragmentation dieser Formen ist daher ein Anzeichen für fehlende oder höchstens sehr schwache Strömung oder Wellenwirkung.

Korrosion und Abrasion

Korrosion kann einerseits biogenen Ursprungs sein (Bioerosion, siehe oben), andererseits aber auch wegen der chemischen Instabilität der Skelettsubstanz im umgebenden Meerwasser inorganisch erfolgen. In jedem Fall ist Korrosion ein Indiz dafür, daß der Hartteil relativ lange an der Substratoberfläche verblieben ist, daß er also nicht unmittelbar eingebettet wurde.

Im hochenergetischen Milieu (Strandbereich) ist physikalische Abrasion ein häufiges Phänomen. Das Ausmaß der Abrasion ist abhängig von der Zeit, während welcher ein Skeletteil an der Sedimentoberfläche verbleibt, von der hydrodynamischen Energie und von der Korngröße des abrasiven Mediums. Je grobkörniger das umgebende Sediment ist, desto stärker wirkt die Abrasion. Wichtig ist aber auch die Größe des Skelettrestes und seine Mikrostruktur. Kleinere Elemente werden schneller abradiert, ebenso solche aus porösem Schalenmaterial. Eine Ausnahme sind Echinodermenossikel, welche wegen ihrer geringen Dichte meist nicht abradiert, sondern in Suspension transportiert werden (BRETT 1990a; Fig. 6.6).

Im Einzelnen kann es äußerst schwierig sein, zwischen Korrosion und Abrasion zu unterscheiden. Deshalb wurde für diese Prozesse zusammenfassend der Begriff "Korrasion" vorgeschlagen (BRETT & BAIRD 1986). Abrasion läßt sich dann klar feststellen, wenn die relative Bewegung von Sedimentpartikeln zu Skelettresten in charakteristischen Mustern resultierte. Ein Beispiel sind die bei Napfschnecken des Strandbereichs häufig zu beobachtenden Facetten (Fig. 6.7).

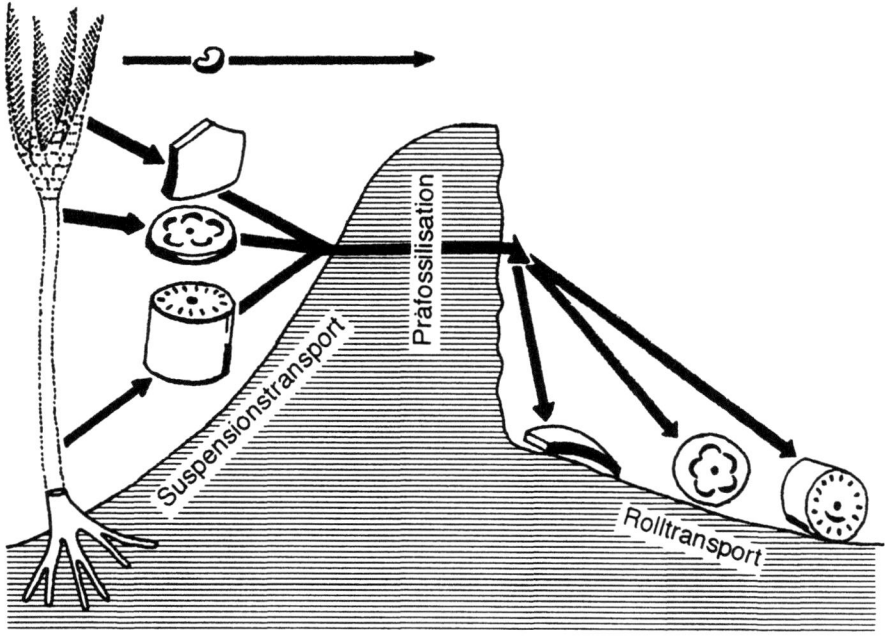

Fig. 6.6. Transport und Sedimentation bei Crinoiden. Ossikel von frisch abgestorbenen Tieren sind so leicht, daß sie hauptsachlich in Suspension transportiert werden. Nach Prafossilisation (primare Einbettung) werden die Stereomporen mit Kalzit gefüllt, und der weitere Transport erfolgt entlang dem Boden. Nach SEILACHER 1973b.

Taphonomie

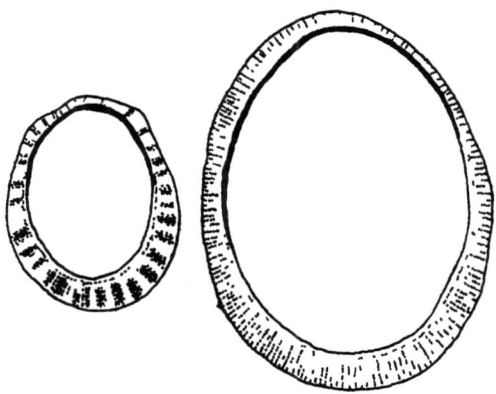

Fig. 6.7. Facetten bei Napfschnecken. Nach MULLER 1976

Shell beds

In den meisten Milieus ist die Wahrscheinlichkeit, daß ein Organismus fossilisiert wird, relativ klein. In einigen Fällen entstanden jedoch stratigraphisch und geographisch begrenzte Konzentrationen von organismischen Hartteilen. Diese Anreicherungen in diskreten Lagen werden in der englischsprachigen Literatur gewöhnlich als "shell beds" bezeichnet, äquivalente deutsche Bezeichnungen wären Schille und Lumachellen. Die Anreicherung von Schalenmaterial auf einer Sedimentoberfläche hat beträchtliche ökologische Auswirkungen, indem die Ansiedlung von Hartbodenbewohnern erleichtert und die Bioturbation weitgehend unterdrückt wird ("taphonomic feedback"; KIDWELL & JABLONSKI 1983).

Verschiedene Klassifikationen für solche Schalenanreicherungen wurden vorgeschlagen (KIDWELL 1991). Vermutlich die beste Methode zur Beschreibung dieser "shell beds" ist eine kombinierte stratigraphisch-genetische Klassifikation (KIDWELL 1991). Folgende Kategorien, welche allerdings intergradieren und sich teilweise überlagern, können unterschieden werden (Fig. 6.8):

- Ereignis-Konzentrationen ("event concentration"): diese Anreicherungen bestehen im allgemeinen aus dünnen Lagen oder Linsen, welche im Profil zwischen fossilärmere Bereiche eingeschaltet sind. Die interne Struktur solcher "shell beds" ist homogen oder einfach gradiert. Ereignis-Konzentrationen entstanden als Folge einzelner und kurzer Prozesse, z.B. Sturmaufarbeitungen.

- Zusammengesetzte Konzentrationen ("composite concentrations"): bestehen aus mikrostratigraphisch komplexen, teilweise mächtigen Lagen. Die taphonomische Signatur der Schalen ist variabel, und nicht selten sind solche Anreicherungen frühdiagenetisch zementiert. Zusammengesetzte Konzentrationen entstanden als Folge wiederholter Aufarbeitungen und Transportprozesse.

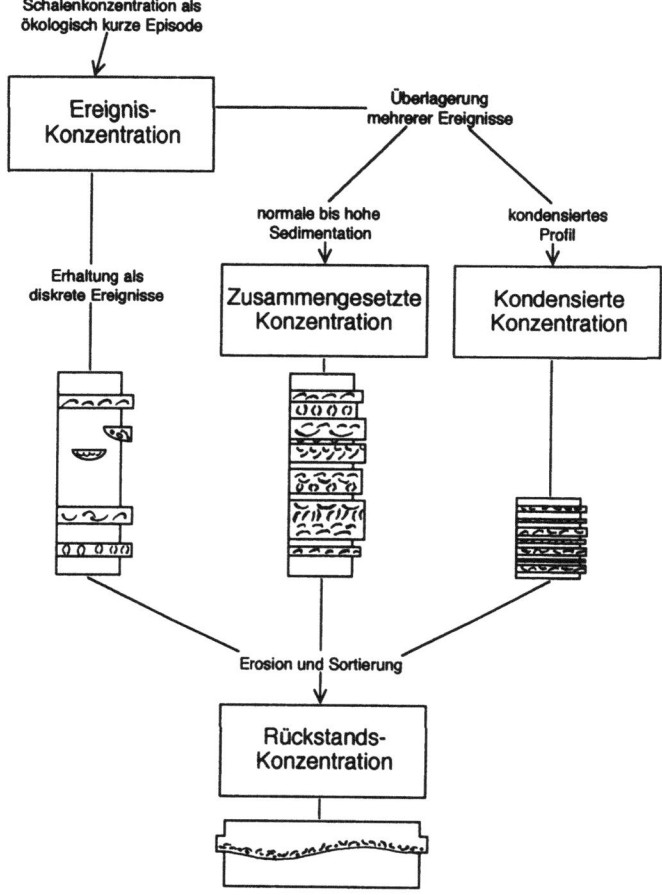

Fig. 6.8. Genetisch-stratigraphische Klassifikation von "shell beds". Nach KIDWELL 1991.

- Kondensierte Konzentrationen ("hiatal concentrations"): dies sind Linsen oder Lagen von Schalenkonzentrationen, welche deutlich dünner sind als altersgleiche laterale Äquivalente. Die Mikrostratigraphie solcher Anreicherungen ist komplex, aber wegen Bioturbation meist nicht mehr auf einzelne Ereignisse zurückführbar. Kondensierte Konzentrationen sind häufig mit Erosions-Horizonten assoziiert. Die taphonomische Signatur ist gemischt, mit sowohl gut erhaltenen als auch stark korrodierten Schalen und aufgearbeiteten Steinkernen. Kondensierte Konzentrationen entstanden als Folge wiederholter Aufarbeitungs- und Transportprozesse bei gleichzeitig stark erniedrigter Netto-Sedimentation.

- Rückstands-Konzentrationen ("lag concentrations"): dies sind dünne Lagen oder Linsen, welche meist mit Erosionsflächen assoziiert sind. Zumeist sind nur die robusteren Skelettelemente erhalten geblieben (z.B. Zähne und Knochen in "bone beds"). Rückstands-Konzentrationen entstanden als Folge wiederholter Aufarbeitung, Matrix-Wegtransport und Korrosion.

Offensichtlich ist die Genese der verschiedenen "shell beds" milieuabhängig, und die Untersuchung der verschiedenen Typen von Schalenkonzentrationen in einem bathymetrischen Gradienten ist vielversprechend (KIDWELL et al. 1986, NORRIS 1986, KIDWELL 1991).

6.3. Fossildiagenese

Die Fossildiagenese umfaßt die Vorgänge, welche nach der definitiven Einbettung eines Organismenrestes auf diesen einwirken (MÜLLER 1976). Diagenetische sind im Gegensatz zu den biostratinomischen Prozessen überwiegend chemisch kontrolliert (SEILACHER 1973b). In diesem Abschnitt sollen nur frühdiagenetische Prozesse behandelt werden, da die späte Diagenese nicht mehr die Bedingungen des Ablagerungsmilieus repräsentiert (SPEYER & BRETT 1988).

Tab. 6.1. Hauptsächliche Skelettbaumaterialien wichtiger Fossilgruppen

	Aragonit	Kalzit	hoch-Mg-Calzit	Aragonit + Calzit	Skelettopal	Kalziumphosphat	Chitinophosphat	Skleroprotein
Coccolithen		X						
Diatomeen					X			
Stromatolithen		X						
Foraminiferen		X		(X)				(X)
Radiolarien					X			
Schwämme	(X)	X			X			
Archaeocyatha		X						
Rugosa		X?						
Tabulata		X?						
Scleractinia	X							
Bryozoen	(X)		X	(X)				
Brachiopoden		X				X	(X)	(X)
Muscheln	X	X		X				
Schnecken	X			X				
Cephalopoden	X	X						
Serpuliden		X						
Trilobiten		X				X	X	
Krebse	(X)	X				X	X	X
Echinodermen			X					
Graptolithen								X
Conodonten						X		
Wirbeltiere						X		

Um die frühdiagenetischen Prozesse, insbesondere die Skelettlösung, sinnvoll untersuchen zu können, muß eine Einteilung der Fossilien nach ihrem Skelettbaumaterial vorgenommen werden (Tab. 6.1). Die chemische Stabilität nimmt von Chitinophosphat über Kalziumphosphat, Silikat,

Kalzit zu Aragonit ab (SPEYER & BRETT 1988) Diese Abfolge kann allerdings durch Skelettfaktoren (Porositat, Dichte) und Sedimenteigenschaften (Permeabilitat) modifiziert werden

Kompaktionelle Deformation und Frakturierung

Mineralisierte Skelette brechen normalerweise, wenn sie kompaktiert werden Das resultierende Bruchmuster hangt in erster Linie von der Geometrie und der Dicke der kompaktierten Skelettreste ab Dunnschalige Muscheln und Brachiopoden brechen in komplexen Mustern, wahrend dickschalige Formen klare radiale Frakturen zeigen Wirbeltierknochen frakturieren wahrend der Kompaktion vor allem in den dunneren zentralen Bereichen, wahrend die massiveren Knochenenden resistenter sind (BRIGGS 1990)

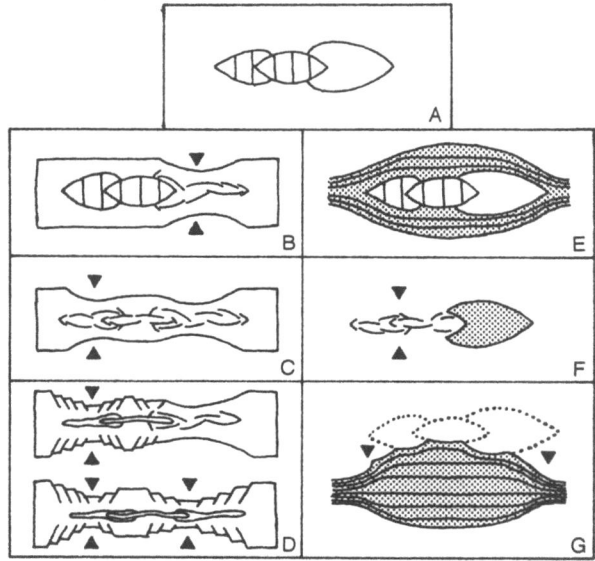

Fig. 6.9 Erhaltungsmuster bei Ammoniten A unkompaktierte Schale B Kollaps der Wohnkammer C Kollaps des Phragmokons (zweite Phase) D Bei gleichzeitiger Losung der Schale erfolgt plastische Deformation des Phragmokons oder der ganzen Schale E fruhdiagenetische Konkretionsbildung, verhindert Kompaktion F Wohnkammerkonkretion G Konkretionswachstum außerhalb der Schale Nach SEILACHER et al 1976

Schichtparallel eingebettete Ammoniten kollabieren in zwei Phasen Zuerst wird die Wohnkammer fragmentiert und erst zu einem spateren Zeitpunkt der von Septen gestutzte Phragmokon Es resultieren charakteristische Bruchmuster (SEILACHER et al 1976) Wenn die Kompaktion wahrend oder nach der Skelettlosung erfolgt, ist unter Umstanden nur noch die Wohnkammer bruchdeformiert, der Phragmokon (oder bei erhohter Bruchfestigkeit resp fruher einsetzender Losung auch die Wohnkammer) zeigt eine plastische Deformation (Fig 6 9)

Die Muster der kompaktionellen Deformation konnen durch andere fruhdiagenetische Prozesse betrachtlich modifiziert werden Die Skelettlosung wurde bereits angesprochen, ebenfalls von Bedeutung sind die Bildung von Karbonatkonkretionen und Pyrit- und Phosphatausfüllungen. Solche frühdiagenetischen Mineralisationen verhindern den Kollaps des Skelettrestes, so daß undeformierte Steinkerne in einer kompaktierten Matrix vorliegen (BRIGGS 1990; Fig. 6.9).

Skelettlösung

In der ursprünglichen Mineralogie vorliegende aragonitische Fossilien sind selten. Aragonit ist im marinen Milieu nicht stabil und wird meist schnell gelöst. Das Vorkommen aragonitischer Fossilien deutet darauf hin, daß das Sediment schon in der frühen Diagenese undurchlässig war und/oder daß das Porenwasser karbonatgesättigt war. Während der Kompaktion wird ständig Porenwasser von tieferen Sedimentschichten nach oben verdrängt, es entwickelt sich eine Lösungsfront ("solubility front"). Die Aragonitlösung wird kontrolliert durch die Diffusionsrate von untersättigtem Porenwasser durch das Sediment und damit durch die Substratpermeabilität. In feinkörnigen Sedimenten kann die Durchlässigkeit jedoch weitgehend unterdrückt sein, so daß aragonitische Fossilien in abgeschlossenen und Karbonat-gesättigten Taschen eingeschlossen werden (SPEYER & BRETT 1988). In diesem Fall können aragonitische Fossilien in der ursprünglichen Substanz erhalten bleiben, sofern die Permeabilität des Sediments nicht durch Bioturbation erhöht wird.

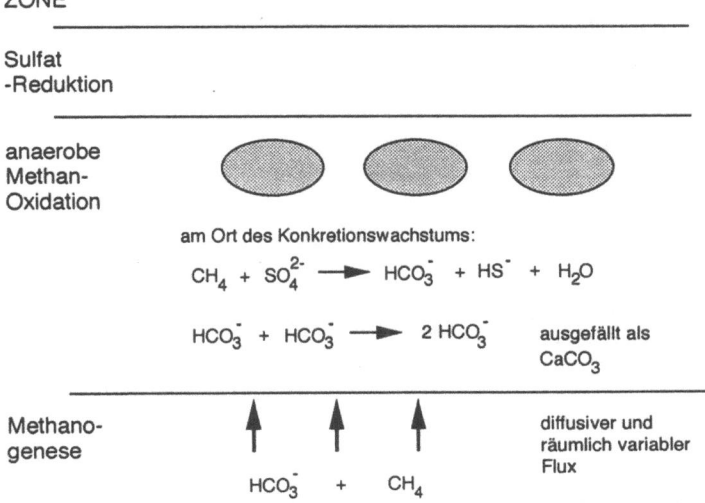

Fig. 6.10. Schematische Darstellung der mikrobiell kontrollierten chemischen Vorgänge am Ort des Konkretionswachstums. Nach RAISWELL 1987.

Kalzitische Fossilien bleiben in der Regel diagenetisch unverändert erhalten, auch in den gleichen Sedimenten, in welchen Aragonit vollständig weggelöst wurde. Falls das Sediment sehr stark an Kalziumkarbonat untersättigt ist, kann es auch zur Lösung kalzitischer Substanz kommen (BRETT & BAIRD 1986). In diesem Fall enthält das Gestein nur noch die resistenteren phosphatischen Fossilien ("chemical lag deposit").

Karbonatkonkretionen

Karbonatkonkretionen werden in den meisten Fällen frühdiagenetisch gebildet. Darauf deuten die darin eingeschlossenen vollkörperlich erhaltenen Fossilien, welche in seltenen Fällen sogar Weichteilerhaltung zeigen. Das Wachstum solcher Konkretionen erfordert einen lokal erhöhten pH, was als Folge der Ammonium-Produktion um verwesende organische Reste herum entsteht (BRETT & BAIRD 1986). Bei gleichzeitiger Produktion von gelöstem Karbonat durch Sulfat-reduzierende Bakterien kommt es zur Ausfällung. Die häufige Assoziation von Karbonatkonkretionen mit framboidalem Pyrit deutet auf die Entstehung im reduzierenden Milieu innerhalb der obersten Meter des Sediments (Fig. 6.10; RAISWELL 1987, CANFIELD & RAISWELL 1991b).

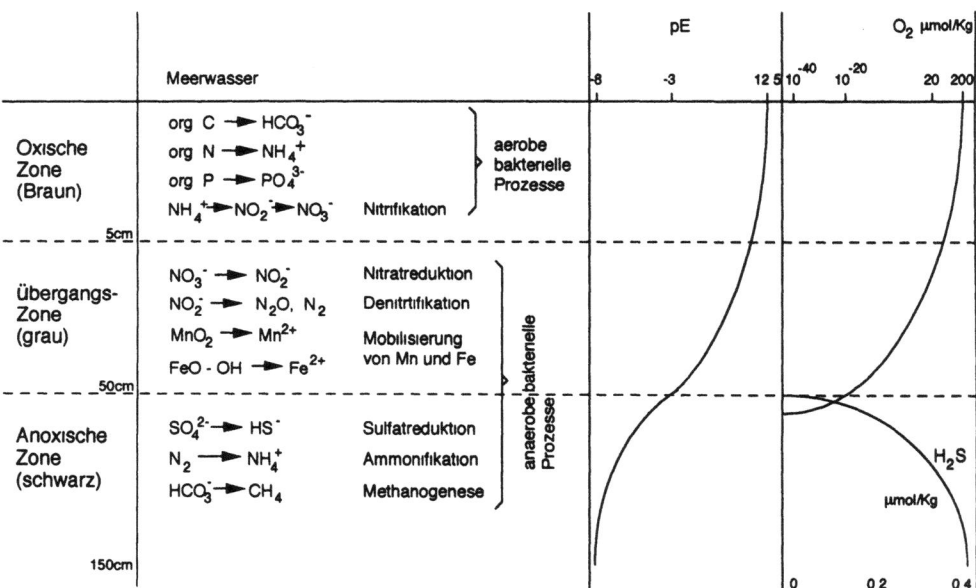

Fig. 6.11. Schematisches Profil durch ein feinklastisches marines Sediment. Angegeben sind die wichtigsten mikrobiellen Prozesse und die damit einhergehenden Änderungen im Redoxpotential, der Sauerstoff- und Schwefelwasserstoff-Konzentration.

Pyrit

Pyrit kann in verschiedener Form im Sediment und an Fossilien gebunden vorkommen: als kleine, feinverteilte Framboide, als dünne Imprägnation der Schale (Patina), als framboidale Ausfüllung von Hohlräumen (Pyritsteinkerne) und als dicke euhedrale Krusten ("overpyrite") auf der Außenseite von Fossilien (CANFIELD & RAISWELL 1991a). Die Bildung von Pyrit in marinen Weichböden ist gut untersucht (BERNER 1984). In den obersten Metern des Sediments wird interstitielles

Sulfat (aus dem Meerwasser stammend) von sulfatreduzierenden Bakterien zu Sulfid reduziert (vgl. Sedimentprofil, Fig. 6.11). Als Reduktions-Agens dient organisches Material. Das gebildete H_2S reagiert in der Folge mit detritischen Eisenmineralien über metastabile Eisenmonosulfide zu Pyrit, vermutlich ebenfalls unter Beteiligung von Bakterien.

Die Pyritbildung ist im wesentlichen auf feinkörnige terrigene Sedimente beschränkt. Sulfat ist im Meerwasser reichlich vorhanden und scheint bei der Pyritbildung selten limitierend zu sein. In grobkörnigen Sedimenten ist die Sulfatreduktion wegen der niedrigen Konzentration organischen Materials und oxidierenden Bedingungen meist nicht möglich. In Kalken verhindert dagegen die niedrige Konzentration von Eisen die Pyritbildung.

Die Art der Pyritbildung ist weitgehend von der Sauerstoffversorgung des Bodenmilieus abhängig (BRETT & BAIRD 1986). In oxischen bis dysoxischen Sedimenten ist die Pyritbildung auf Orte beschränkt, welche an organischem Material angereichert sind, daher ist hier Pyrit bevorzugt an Fossilien gebunden. Pyritsteinkerne sind typisch für im dysaeroben Milieu abgelagerte bioturbierte Tone. In nahezu oder vollständig anoxischen Sedimenten können Pyritframboide dagegen bereits an oder nahe der Sediment/Wasser-Grenze gebildet werden. Solche Sedimente enthalten daher verstreuten framboidalen Pyrit, welcher nicht an Fossilien gebunden ist. Dies repräsentiert fehlende chemische Unterschiede zwischen potentiell reduzierenden Mikroumgebungen (Organismenreste) und Sediment.

Phosphat, Glaukonit und Eisenoxide

Phosphatische Steinkerne und Knollen sind meist an Aufarbeitungs- und Kondensationshorizonten gebunden. Die Bildung erfolgte unmittelbar unterhalb der Sediment/Wasser-Grenze während Perioden fehlender oder minimaler Sedimentation. Die anaerobe Fermentation setzt gelöste Phosphate aus organischem Material frei. Falls das Sediment bis zur Substratoberfläche anoxisch ist, diffundiert das Phosphat einfach in das darüberliegende Wasser. Falls aber eine oberflächennahe oxidierende Sedimentschicht existiert, kann Phosphat ausgefällt werden, was bevorzugt in reduzierenden Mikromilieus reich an organischem Material erfolgt (Organismenreste). Der Prozeß der Phosphatisierung wird besonders begünstigt, wenn abrupte Zusedimentation organischen Materials von einem längeren Sedimentationsunterbruch gefolgt wird (BRETT & BAIRD 1986).

Unter ähnlichen, vermutlich stärker oxidierenden Bedingungen können Fossilien glaukonitisch oder chamositisch imprägniert oder umkrustet werden. Eine nachfolgende Aufarbeitung unter vollständig aeroben Verhältnissen kann in der Folge zur oxydativen Bildung von Hämatit und anderen Eisenmineralien führen (BRETT & BAIRD 1986).

Kieselkonkretionen

In feinkörnigen, relativ reinen Kalken sind Kieselknollen häufig mit Fossilien oder Spuren assoziiert. Die Genese dieser Kieselkonkretionen ist noch nicht geklärt, aber sie scheinen an reduzierende Mikroumgebungen gebunden zu sein. Das Fehlen jeglicher Kompaktion und die teilweise hervorragende Erhaltung der eingeschlossenen Strukturen deuten auf ein sehr frühdiagenetisches Wachstum hin (BRETT & BAIRD 1986).

6.4. Erhaltung organischen Materials

In den meisten Sedimenten sind geringe Mengen organischen Materials enthalten. Die Genese von Sedimenten mit einem bedeutenden Anteil organischen Materials (> 0.5 Gew.% org. C) ist aber an besondere Bedingungen gebunden (TISSOT & WELTE 1984, KILLOPS & KILLOPS 1993). Solche Sedimente werden in aquatischen Milieus gebildet, welche eine hohe Produktivität aufweisen oder eine hohe Zufuhr organischen Materials erhalten. In terrestrischen Sedimenten wird die organische Substanz durch Oxidation sehr schnell zerstört. Günstige Bedingungen für die Erhaltung nennenswerter Mengen organischen Materials sind vor allem in Stillwasser-Schelfbereichen (Lagunen, Ästuare, tiefere Becken) und am oberen Kontinentalabhang zu finden (TISSOT & WELTE 1984, BERGER et al. 1989, KILLOPS & KILLOPS 1993). Die Untersuchung des organischen Materials in Sedimenten und Sedimentgesteinen ist das Gebiet der organischen Geochemie und mittlerweile ein ausgedehntes Spezialgebiet der Geologie. Da die Erhaltung der organischen Substanz ebenfalls stark von diagenetischen Prozessen abhängig ist, wird hier im Kapitel "Taphonomie" auf dieses Gebiet eingegangen.

Tab. 6.2. Element-Zusammensetzung verschiedener organischer Substanzklassen. Nach HOLLERBACH 1985.

Substanz- klasse	Element-Zusammensetzung (%)			
	C	O	H	N
Lignin	63	30	6	-
Kohlenhydrate	44	50	6	-
Lipide	69	18	10	-
Wachse	82	4	14	-
Cutin	72	17	10	-
Proteine	52-55	21-24	7	15-18
Nucleinsäuren	50	7	6	23

Herkunft und Produktion

Der Hauptteil des auf der Erde gebildeten organischen Materials ist pflanzlicher Natur (TISSOT & WELTE 1984, HOLLERBACH 1985). Die Photosynthese bildet seit ca. 2 Mio. Jahren die Basis für die Produktion organischer Substanz, die Chemosynthese prokaryontischer Organismen ist in diesem Zusammenhang von geringerer Bedeutung (HOLLERBACH 1985).

In marinen Sedimenten stammt das organische Material, welches in Sedimente eingebettet werden kann, im wesentlichen aus zwei Quellen: der Primär- (Phytoplankton) und Sekundärproduktion (Zooplankton) in der euphotischen Zone, und dem Input terrigenen Materials (v.a. Reste höherer Pflanzen). Die relative Bedeutung der beiden Komponenten hängt natürlich von der (paläo-)geographischen Situation ab. Im Schwarzen Meer beispielsweise wird der Großteil des organischen Materials durch das Phytoplankton synthetisiert (ca. 100g C_{org} m^{-2} y^{-1}). Ein kleinerer Teil (ca. 7g

C_{org} m^{-2} y^{-1}) stammt vom Asowschen Meer und aus Süßwasserzuflüssen (DEUSER 1971). Die Chemosysnthese autotropher anaerober Bakterien in den stagnierenden unteren Wasserschichten trägt mit weniger als 15g C_{org} m^{-2} y^{-1} zur Bildung organischen Materials bei. Völlig anders liegen die Verhältnisse in der Nachbarschaft großer Flußmündungen. Hier stammt das meiste organische Material aus terrestrischen Pflanzenresten. Es wird geschätzt, daß der Amazonas pro Jahr 10^{10} Tonnen organischen Kohlenstoff ins Meer führt (TISSOT & WELTE 1984). Dies ist rund hundert Mal mehr als die gesamte Jahresproduktion des Schwarzen Meeres.

Insgesamt ist die Produktivität (pro Zeit- und Flächeneinheit produziertes organisches Material) im offen-marinen Bereich niedrig. Typische Werte sind 120g C_{org} m^{-2} y^{-1} für den Schelf und 30g C_{org} m^{-2} y^{-1} für offene Ozeane (BERGER et al. 1989). Nur in "upwelling"-Regionen können Werte von über 300g C_{org} m^{-2} y^{-1} erreicht werden. Damit erscheinen die Ozeane als biologische Wüsten, im Vergleich zu den tropischen Regenwäldern (bis 3500g C_{org} m^{-2} y^{-1}; BEGON et al. 1991).

Folgende Organismengruppen leisten im marinen Bereich einen wesentlichen Beitrag zur Produktion organischen Materials (in absteigender Reihenfolge): 1. Phytoplankton, 2. Bakterien, 3. Zooplankton, 4. Makroalgen und höhere Pflanzen. Andere Gruppen sind vernachlässigbar (TISSOT & WELTE 1984). Die wichtigsten Produzenten des Phytoplanktons sind Diatomeen und Dinoflagellaten, daneben spielen auch Coccolithophoriden, Cyanobakterien und Silicoflagellaten in der Primärproduktion eine nennenswerte Rolle. Die wichtigsten Komponenten des Zooplanktons sind Kleinkrebse, v.a. Copepoden. Weitere wichtige Gruppen sind Larven höherer Krebse, Foraminiferen, Radiolarien, Hydro- und Scyphomedusen, pteropode Schnecken und Larven nektonischer und benthonischer Tiere. Da sich das Zooplankton direkt oder indirekt vom Phytoplankton ernährt, ist einerseits die Häufigkeit der beiden Organismengruppen miteinander korreliert, und andererseits muß die Produktivität des Zooplanktons geringer sein als diejenige des Phytoplanktons. In der Regel beträgt die Zooplankton-Produktivität etwa 1:8 bis 1:10 der Phytoplankton-Produktivität. Ein größerer Teil der Phytoplankton-Produktion wird von Bakterien verwertet. In Regionen, wo zusätzliches organisches Material zur Verfügung steht (z.B. von Flüssen ins Meer transportiertes organisches Material terrestrischer Herkunft), kann die bakterielle Produktion organischen Materials sogar diejenige des Phytoplanktons übersteigen (TISSOT & WELTE 1984). Makroalgen und höhere Pflanzen spielen im marinen Bereich insgesamt nur eine untergeordnete Rolle, obwohl die Produktivität von Tangen und Seegräsern, ebenso der Eintrag terrestrischer Pflanzenreste, lokal hoch sein kann.

Die chemische Zusammensetzung der Biomasse ist überaus vielfältig (DE LEEUW & LARGEAU 1993). Gewisse Substanzklassen kommen bei allen Organismen vor, andere sind auf bestimmte taxonomische Gruppen beschränkt. Universell vorhanden sind Kohlenhydrate, Proteine, Lipide und Nukleinsäuren (letztere mengenmässig vernachlässigbar). Bei höheren Pflanzen ist zudem Lignin (polymerisierte Phenylpropyl-Alkohole) ein wichtiger Naturstoff. Die verschiedenen Substanzklassen unterscheiden sich nicht nur in ihrer chemischen Struktur, sondern auch in ihrer Elementzusammensetzung (Tab. 6.2). Normalerweise ist Kohlenstoff das häufigste Element, gefolgt von Sauerstoff und Wasserstoff. Generell lassen sich sauerstoffreiche (Kohlenhydrate, Lignin) und wasserstoffreiche Naturstoffe (Lipide) unterscheiden (HOLLERBACH 1985). Proteine und Nukleinsäuren enthalten noch zusätzlich Stickstoff. Die verschiedenen Substanzklassen sind recht unterschiedlich auf die verschiedenen Organismengruppen verteilt (Tab. 6.3). Marines Plankton zeichnet sich durch hohe Proteingehalte aus, welche beim Zooplankton am höchsten sind. Bakterien weisen eine sehr variable chemische Zusammensetzung auf, normalerweise ist aber der Proteinanteil am höchsten. Die Zellwände der Bakterien bestehen meist aus dem Glycoprotein Murein. Höhere Pflanzen, insbesondere ihre verholzten Teile, weisen einen Lignin- und Cellulose-Gehalt von 60-80% auf (siehe Tab. 6.3).

Tab. 6.3. Elementarzusammensetzung und Anteile der Substanzklassen bei verschiedenen Organismengruppen. Nach HOLLERBACH 1985.

Organismen und -Teile	Element-Zusammensetzung (%)					Anteile der Substanzklassen (%)				
	C	O	H	N	Asche	Kohlenhydrate	Lignin	Lipide	Proteine	Cutin, Suberin
Holz	43-47	37-40	5-6	0.2-1	5-10	45-65	20-45	0.2-15	12-16	
Blätter	41-47	35-40	6	1-2	3-11	15-40	4-24		6-22	
Rinden	48-50	32-35	6	1	5-10	-	20-50	3-15	-	30-40
Cuticulen						15-35	-	10-40	-	25-75
Algen	35-38	5-38	5	2	17-23	-				
Phytoplankton	12-44	7-32	2-7	1-10	12-77	0-36	-	2-10	28-48	
Zooplankton					4-6	0-4	-	5-19	71-77	
Bakterien	50	21-30	7	10-15	3-7	5-30	-	10-20	50	

Von dem von außen in die Oberflächengewässer eingetragenen beziehungsweise hier produzierten organischen Material sinkt nur ein geringer Teil nach unten, welcher potentiell einsedimentiert werden kann (Fig. 6.12). Der größte Teil wird in der euphotischen Zone im Nahrungsnetz verwertet oder photooxidativ remineralisiert. Totes organisches Material kann in zwei Formen nach unten sinken: als partikuläre Fraktion ("particulate organic matter"; POM; "particulate organic carbon"; POC) oder in gelöster Form ("dissolved organic carbon"; DOC). Diese Zweiteilung ist jedoch etwas willkürlich. Als gelöste Fraktion wird der Teil des organischen Materials definiert, welcher von einem Filter mit 1 µm (oder 0.5 µm; HOLLERBACH 1985) Porenweite nicht zurückgehalten wird. Die aktuelle Größenverteilung ist aber fließend (TISSOT & WELTE 1984). Traditionellerweise hat man sich den Flux des organischen Materials von der euphotischen Zone nach unten als "Regen" partikulären Materials vorgestellt. Nach neueren Ergebnissen ist aber der Anteil des DOC bisher stark unterschätzt worden (TOGGWEILER 1989).

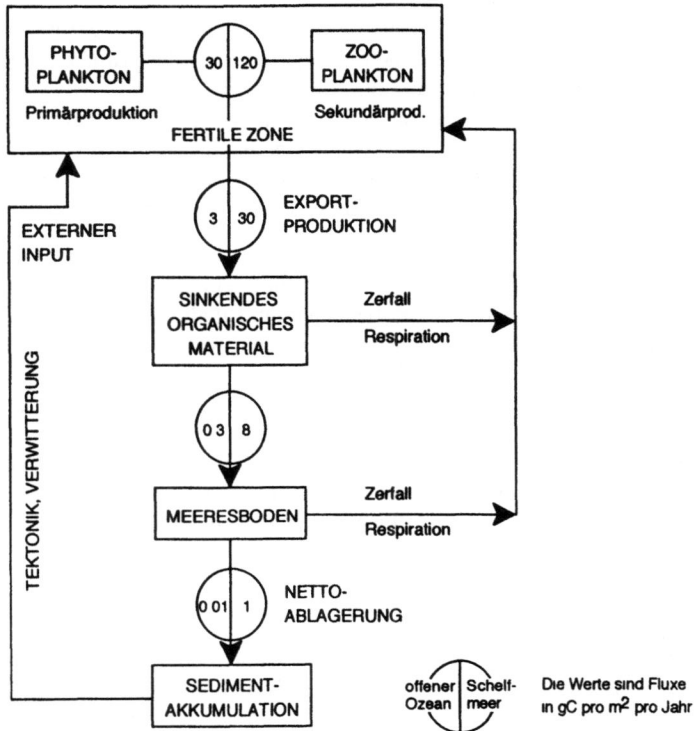

Fig. 6.12. Schematische Darstellung des Fluxes von organischem Kohlenstoff von der produktiven euphotischen Zone zum Sediment. Nach BERGER et al. 1989.

Während das organische Material nach unten sinkt, erfährt es mehr oder minder starke Modifikationen (WAKEHAM & LEE 1993). Von größter Bedeutung sind Mineralisierung und Modifikation durch bakterielle Abbauvorgänge, die Zusammensetzung des organischen Materials der Primärproduzenten wird aber auch bei der Verwertung durch das Zooplankton verändert (Anreicherung von Sterolen, z.B. Cholesterol; FARRIMOND & EGLINTON 1990). Es gilt die Regel, daß die Erhaltungsfähigkeit des organischen Materials umso besser ist, je schneller die Partikel nach unten sinken. Ein großer Teil der kleinen Partikel wird in Kotpillen (Zooplankton) eingelagert nach unten transportiert (DEGENS & ITTEKKOT 1987). Beim biologischen Abbau werden bevorzugt die Proteine abgebaut, Kohlenhydrate und vor allem Lipide sowie die widerstandsfähigen Stoffe höherer Pflanzen (Lignin, Cutin) bleiben eher erhalten. Dies hat zur Folge, daß das organische Material zunehmend stickstoffärmer wird. Während das C/N-Verhältnis in Oberflächengewässern 5-8 beträgt, sind für die tieferen Wasserschichten C/N-Verhältnisse von 10-12 typisch (HOLLERBACH 1985).

Einbettung und Diagenese

Das organische Material erfährt also bereits vor der Einbettung starke Veränderungen. Weitere Modifikation und Remineralisation erfolgt im Sediment durch mikrobielle Abbauvorgänge

(KILLOPS & KILLOPS 1993). Das Makrobenthos scheint hier nur eine geringfügige Rolle zu spielen. Es wird geschätzt, daß durchschnittlich weniger als 0.1% der primären organischen Produktion in Sedimentgesteinen erhalten bleibt. Nur unter besonders günstigen Bedingungen (sauerstoffarme Milieus, hohe Sedimentationsrate) können bis zu 4% erhalten bleiben (TISSOT & WELTE 1984). Dabei ist noch strittig, ob die Akkumulation organischen Materials im Sediment als Einbettung kontinuierlicher Überschußproduktion der produktiven euphotischen Zone angesehen werden muß, oder ob die Akkumulation eher auf saisonale Planktonblüten zurückzuführen ist (BERGER et al. 1989).

Die Vorgänge während der frühen Diagenese stehen hauptsächlich unter mikrobieller Kontrolle. Dabei werden die Biopolymere (Proteine, Polysaccharide, Lipide, Lignin, etc.) enzymatisch zu Monomeren abgebaut, welche von den Bakterien konsumiert werden können. Unter aeroben Bedingungen kommt es unter Freisetzung von CO_2 und H_2O zur Mineralisation. Der von den Bakterien nicht verwertete Rest der organischen Substanz erfährt mit zunehmender Diagenese Polykondensation und Polymerisation. Es entsteht amorphe braune Substanz, bestehend aus Humin, Fulvin- und Huminsäuren respektive verwandte Substanzen (TISSOT & WELTE 1984, KILLOPS & KILLOPS 1993). Dieser organische Substanzkomplex wird auch Protokerogen genannt (FARRIMOND & EGLINTON 1990). Die einzelnen Komponenten des Protokerogens unterscheiden sich bezüglich ihrer Löslichkeit (Extrahierbarkeit) in NaOH und HCl (MILES 1989). Besonders resistente organische Komponenten wie Sporen-, Pollen- und Algenzysten sowie lignin- und cutinreiche Reste höherer Pflanzen können im Verband erhalten bleiben.

Mit weiter fortschreitender Diagenese erfolgt zunehmende Polymerisation und Verlust der funktionellen Gruppen. Die organische Substanz wird damit unlöslich und weist ein abnehmendes O/C-Verhältnis auf (KILLOPS & KILLOPS 1993). Es kommt zur Bildung von Kerogen (= Gesamtmenge des in Sedimenten vorliegenden unlöslichen organischen Materials; WHELAN & THOMPSON-RIZER 1993). Es können verschiedene Typen von Kerogen unterschieden werden. Dazu werden Gesteinsdünnschliffe oder Kerogen-Konzentrate (Karbonate und Silikate durch HCl und HF-Behandlung weggelöst) im Durchlicht und unter UV-Auflicht untersucht. In einer mikroskopischen Klassifikation unterscheidet man folgende Typen (TISSOT & WELTE 1984, MILES 1989):

- Liptinite (= Exinite): erscheinen im Durchlicht gelblich-bräunlich und fluoreszieren unter UV-Licht. Diese Macerale (= mikroskopisch identifizierbare organische Komponenten) umfassen H-reiche Substanzen, welche von Algen und Sporen stammen (Alginit und Sporinit).

- Vitrinite: erscheinen im Durchlicht orange bis dunkelbraun. Unter UV-Licht ist keine Fluoreszenz zu beobachten. Vitrinite sind arm an H und stammen hauptsächlich aus Lignin und Cellulose höherer Pflanzen (Collinit, Telinit).

- Inertinite: erscheinen im Durchlicht dunkelbraun bis schwarz. Unter Auflicht reflektieren sie, während unter UV-Licht keine Fluoreszenz zu beobachten ist. Inertinite sind oxidierte, H-arme und O-reiche Macerale und stammen ebenfalls aus Bestandteilen höherer Pflanzen (Fusinit, Semifusinit, Sclerotinit, Detrovitrinit).

Die chemische Klassifikation von Kerogen beruht auf den H/C- und O/C-Verhältnissen, welche direkt gemessen oder durch Rock-Eval-Pyrolyse annäherungsweise als Wasserstoff- beziehungsweise Sauerstoff-Indices bestimmt wurden (siehe unten). Es können drei Kerogen-Typen unterschieden werden (Fig. 6.13; TISSOT & WELTE 1984, MILES 1989):

Taphonomie

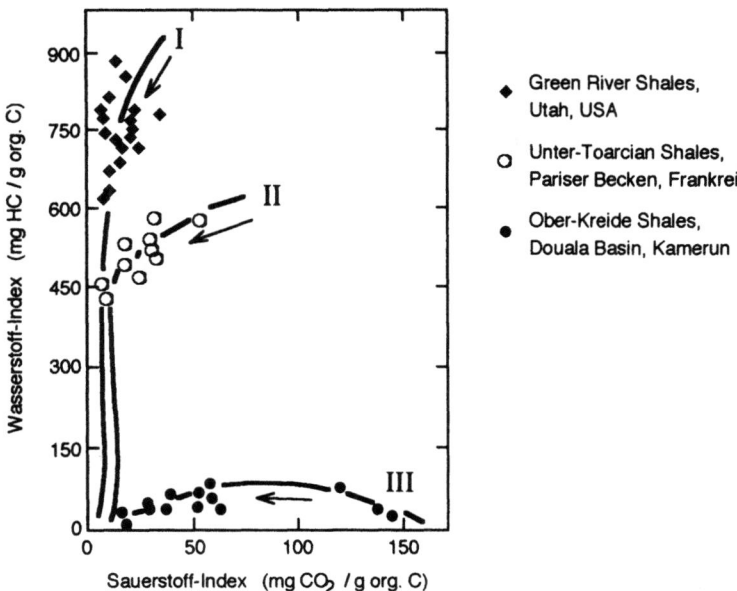

Fig. 6.13. Chemische Zusammensetzung der Kerogentypen I - III. Die Pfeile geben die Veränderungen während der Reifung an. Nach MILES 1989.

- Typ I: Dieser Kerogentyp ist H- und Alkan-reich und enthält mehr aliphatische als zyklische Alkane. Das H/C-Verhältnis ist > 1.5 (Wasserstoff-Index 600-950) und das O/C-Verhältnis ist < 0.1. Kerogen Typ I leitet sich von Algenmaterial ab, welches in anaeroben, insbesondere lakustrinen Milieus eingebettet wurde (z.B. Green River-Formation), und ist das chemische Äquivalent von Alginit.

- Typ II: Dieser Kerogentyp ist relativ H- und S-reich und enthält vorwiegend alizyklische und naphthenische Lipide. Das H/C-Verhältnis beträgt ca. 1.5 (Wasserstoff-Index 400-600), das O/C-Verhältnis 0.15-0.05 (Sauerstoffindex 15-80). Es handelt sich um Phytoplankton-Detritus, welcher unter anaeroben bis dysaeroben Bedingungen eingebettet wurde (Äquivalente: Exinit, Sporinit).

- Typ III: Es handelt sich um H-arme, vorwiegend polyaromatische Verbindungen. Das H/C-Verhältnis ist < 1.0 (Wasserstoff-Index 0-300), das O/C-Verhältnis mit bis 0.3 ursprünglich sehr hoch (Sauerstoffindex 30-150). Dieser Kerogentyp leitet sich von Resten höherer Pflanzen ab (Äquivalente: Vitrinit, Telinit, Collinit).

Mit zunehmendem Reifegrad (Druck, Temperatur) gleichen sich die Kerogentypen I - III immer mehr an (abnehmende H/C- und O/C-Verhältnisse).

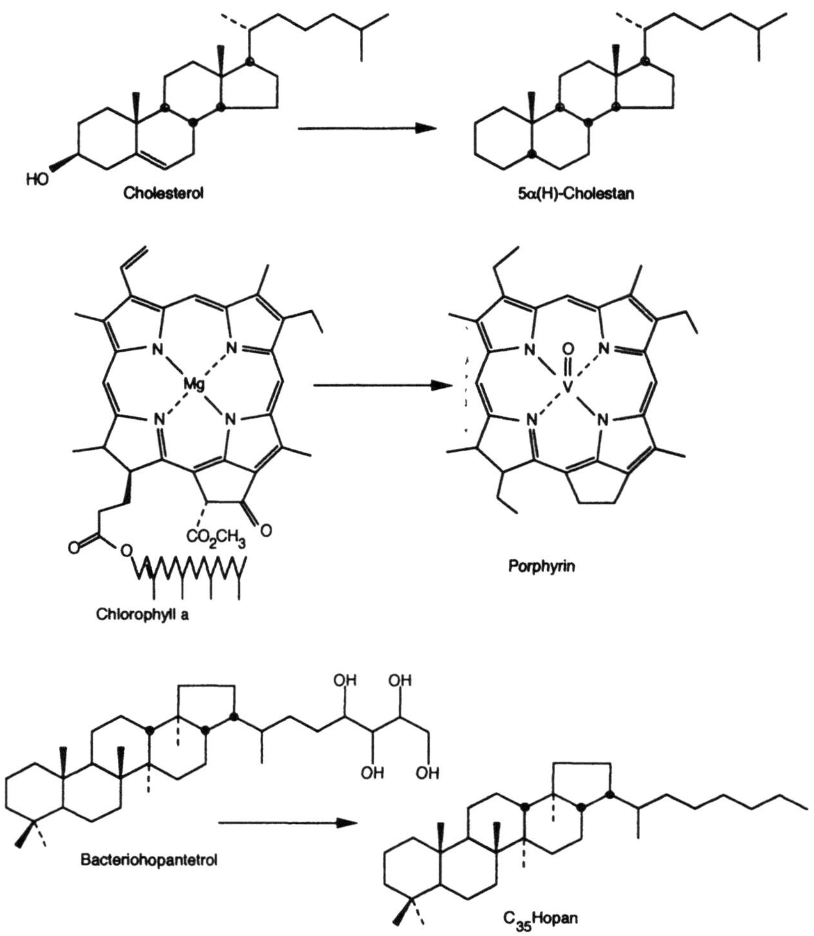

Fig. 6.14. Drei weitverbreitete Biomoleküle (links) und ihre diagenetisch veränderte Form (rechts; Biomarker, Geolipid). Nach FARRIMOND & EGLINTON 1990.

Ein kleiner Teil des organischen Materials liegt nicht in Form unlöslichen Kerogens, sondern als freie Moleküle vor. Es handelt sich um nicht oder nur geringfügig modifizierte Biomoleküle (v.a. Lipide) mit einem meist hohen Molekulargewicht. Solche fossilen Moleküle, bei welchen häufig die funktionellen Gruppen verloren gegangen sind, das Kohlenstoffskelett aber intakt geblieben ist, können meist bestimmten Organismen zugeordnet werden. Diese Moleküle werden als geochemische Fossilien oder Biomarker bezeichnet (FARRIMOND & EGLINTON 1990, KILLOPS & KILLOPS 1993). Sie sind ein Bestandteil des Bitumens (= Gesamtheit des mit organischen Lösungsmitteln extrahierbaren organischen Materials). Die Biomarker zeigen, wie bei der Diversität der produzierenden Organismen nicht anders zu erwarten ist, eine große Vielfalt (Fig. 6.14). Um die in den geochemischen Fossilien enthaltene Information nutzen zu können, ist eine chemotaxonomische Kenntnis der rezenten Organismen essentiell. Dabei wird die Annahme gemacht, daß ausgestorbene Organismen eine ähnliche molekulare Zusammensetzung wie ihre rezenten Verwandten hatten (FARRIMOND & EGLINTON 1990). Unverzweigte Alkane (n-Alkane) und ihre funktionellen Äquivalente (Alkanole und Alkanone) sind ein wichtiger Bestandteil vieler verschiedener Organismen (z.B. Blattwachse höherer Pflanzen, Membranlipide von Algen und Bakterien). Kurze (C_{15}-C_{19}) und mittellange Ketten (C_{20}-C_{24}) sind aber typisch für Algen und Bakterien, während lange Ketten (C_{27}-C_{33}) auf höhere Pflanzen als Produzenten schließen lassen. Langkettige azyklische Isoprenoide sind häufige Bestandteile von Archaebakterien, wobei einige Stoffklassen auf methanogene Bakterien beschränkt sind. Andere Beispiele von Biomarkern sind $18\alpha(H)$-Oleanan (höhere Pflanzen), 4-Methylsteroide (v.a. Dinosterol; Dinoflagellaten), langkettige Alkenone (Prymnesiophyten), Hopane (Bakterien).

Mit zunehmender sedimentärer Überlast beziehungsweise tektonischer Beanspruchung beginnt unter Drücken von 300-1500 bar und Temperaturen von 50-150°C (Katagenese; Ölfenster) die Degradation von Kerogen und die Bildung von Erdöl (TISSOT & WELTE 1984, KILLOPS & KILLOPS 1993). Die aromatischen und nicht-aromatischen Ringe werden ebenso wie die verbliebenen funktionellen Gruppen weitgehend eliminiert, so daß Rohöl hauptsächlich aus Alkanen und Isoalkanen zusammengesetzt ist. Bei weiter zunehmenden Drücken und Temperaturen (Metagenese) werden die Moleküle in kleinere Komponenten aufgespalten und es kommt zur Gasbildung. Als stabiles Endprodukt bleibt schließlich Graphit zurück. Der Grad der Kerogenevolution läßt sich aufgrund der H/C- und O/C-Verhältnisse sowie anhand der Vitrinit-Reflektivität bestimmen (siehe unten). Wenn das organische Ausgangsmaterial vorwiegend aus Resten terrestrischer Pflanzen besteht, kommt es unter entsprechenden Bedingungen zu Kohlebildung. Die meisten Kohlelagerstätten entstanden in nicht-marinen Milieus (v.a. Sümpfe), und das Ausgangsmaterial zeichnet sich durch ein niedriges H/C- und ein hohes O/C-Verhältnis aus (vergleichbar Kerogen Typ III). Unter zunehmendem Druck und zunehmender Temperatur erfolgt Inkohlung von Torf über Braunkohle, Steinkohle (inkl. Anthrazit) zu Graphit. Dabei kommt es kaum zur Bildung flüssiger Komponenten, nur Gase werden generiert (v.a. CO_2 und Methan).

Methoden zur Charakterisierung des organischen Materials

Die in der organischen Geochemie gebräuchlichen Methoden sind hauptsächlich in der Erdölgeologie entwickelt worden. Sie eignen sich aber auch zur Bestimmung der Zusammensetzung des organischen Materials in Sedimentgesteinen, welche nicht als Erdöl-Muttergesteine ("source rocks") in Frage kommen. Da die Anwendung einer einzelnen Untersuchungsmethode häufig Resultate liefert, welche verschieden interpretiert werden können, empfiehlt sich die kombinierte Anwendung von mehreren geochemischen Methoden zur Charakterisierung der organischen Substanz (STEIN 1991). Im Folgenden werden die wichtigsten analytischen Methoden kurz vorgestellt.

- Absoluter Gehalt an organischem Kohlenstoff ("total organic carbon"; TOC): Um den Gehalt an organischem Kohlenstoff einer Sediment- oder Gesteinsprobe zu bestimmen, wird von der eingewogenen Probe das Karbonat vollständig weggelöst (heiße HCl) und der verbleibende Rest einer Hochtemperatur-Verbrennung in Sauerstoff unterzogen. Aus dem freigesetzten CO_2 kann der Gehalt an organischem Kohlenstoff (C_{org}) errechnet werden (Gew.%). Es gilt, daß der Gehalt an organischem Material (TOM) etwa 1.2mal höher ist als der TOC (COOPER 1990).

- Elementanalyse: Das Prinzip ist wiederum die Hochtemperatur-Verbrennung. Heute stehen für solche Analysen automatisierte Verfahren zur Verfügung, welche nur geringste Probenmengen erfordern (Carlo-Erba-Apparat, Heraeus-Apparat). An Sedimentproben wird der Gehalt an Kohlenstoff, Stickstoff und Schwefel gemessen, zur Bestimmung des Gehalts an organischem Kohlenstoff werden Karbonat-freie Proben benötigt, und die organischen Kohlenstoff-, Wasserstoff- und Sauerstoffgehalte werden an Kerogenkonzentraten gemessen (STEIN 1991). Folgende Parameter lassen sich daraus bestimmen:

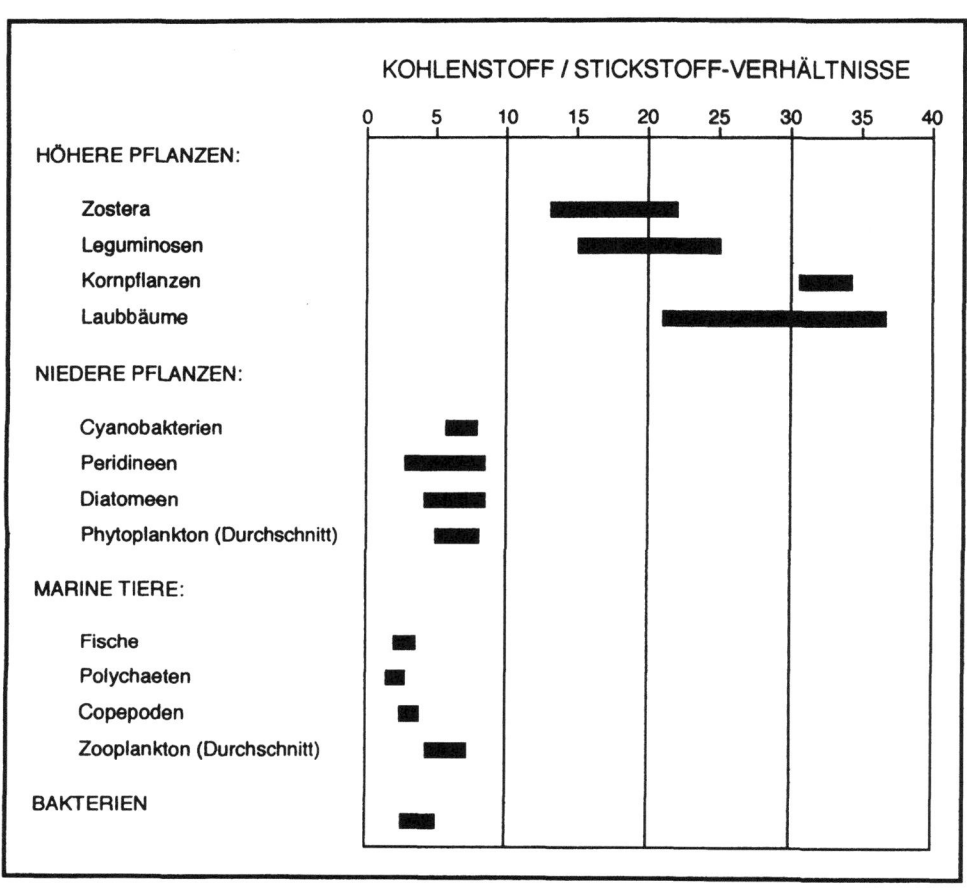

Fig. 6.15. Kohlenstoff-/Stickstoff-Verhältnisse (C/N) mariner und terrestrischer Organismen. Nach STEIN 1991.

- C/N-Verhältnis des organischen Materials: Dieses Verhältnis charakterisiert die Art des organischen Materials, da verschiedene Organismen organische Substanz synthetisieren, welche sich in den Kohlenstoff- und Stickstoffgehalten stark unterscheiden können (Fig. 6.15). Das mittlere C/N-Verhältnis für marines Phyto- und Zooplankton beträgt 5-8. Dieser Wert kann aber beim Absinken des organischen Detritus auf 10-12 ansteigen, da die N-reichen Proteine bevorzugt abgebaut werden. Auf der anderen Seite sind höhere Pflanzen durch ein C/N-Verhältnis von mehr als 15 charakterisiert. Das C/N-Verhältnis ist nur für C_{org}-reiche Sedimente aussagekräftig, da in C_{org}-armen Ablagerungen ein bedeutender Anteil des Stickstoffs als inorganische

Ammoniumionen an Tonminerale gebunden vorliegen können, was das C/N-Verhältnis zu stark erniedrigt (STEIN 1991).

- H/C- und O/C-Verhältnisse von Kerogenkonzentraten: Werden diese Verhältnisse in einem Diagramm gegeneinander aufgetragen (Van Krevlen-Diagramm; Fig. 6.17), so läßt sich das organische Material als Kerogentyp I, II oder III klassifizieren (siehe oben).

- Rock-Eval-Pyrolyse: Dies ist eine billige Routinemethode, mit welcher näherungsweise der Wasserstoff- und Sauerstoffgehalt des organischen Materials bestimmt werden kann (MILES 1989, COOPER 1990). Eine kleine Menge pulverisierten Gesteinsmaterials wird in Heliumgas während 20 Minuten kontinuierlich von 250° auf 550°C aufgeheizt und danach wieder abgekühlt. Dabei wird kohlenwasserstoffreiches Gas und CO_2 produziert. In Fig. 6.16 ist ein typisches Analyseresultat dargestellt. In einer ersten Phase von 250° bis 300°C werden vorhandene Kohlenwasserstoffe ausgetrieben (S_1). Die Erhitzung von 350° auf 550°C bewirkt die Spaltung von Kerogen in Kohlenwasserstoffe (S_2). Das während dieser Prozedur ausgetriebene CO_2 wird separat gemessen (S_3). Folgende Werte lassen sich ableiten: Wasserstoffindex (HI = S_2/TOC), Sauerstoffindex (OI = S_3/TOC), Produktionsindex (PI = $S_1/(S_1 + S_2)$). Der Produktionsindex ist ein Maß für die bereits aus Kerogen erzeugte Kohlenwasserstoffmenge und damit ein Maß für die Reife des Muttergesteins, Wasserstoff- und Sauerstoffindex charakterisieren die Kerogenzusammensetzung.

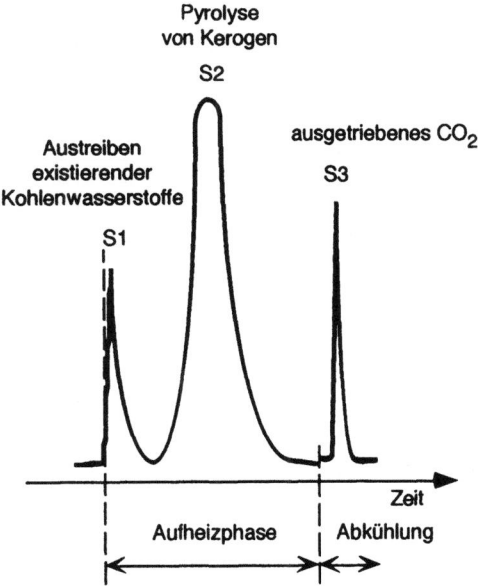

Fig. 6.16. Typisches Resultat einer Rock-Eval-Pyrolyse. Weitere Erläuterungen im Text. Nach MILES 1989.

Tab. 6.4 Kohlenstoffisotopen Verhaltnisse bei verschiedenen Organismen Nach COOPER 1990

Organismengruppe	$\delta^{13}C$ ‰ (PDB)
Marine chemoautotrophe Bakterien	37 bis 34
Purpurbakterien	30 bis 26
Grune photosynthetische Bakterien	21 bis 19
Cyanobakterien in Lagunen	15 bis 8
Susswasser Cyanobakterien	27 5
Methanogene Bakterien	15 bis 10
Phytoplankton, tropische Ozeane	24 bis 19
Phytoplankton, arktische Ozeane	30 bis 26
Benthische Alge Halimeda	16 bis 9
Flora der Salzmarschen	26 bis 10
Seegraser und Epiphyten	16 bis 10
Landpflanzen, gemassigte Zonen	28 bis 22
Landpflanzen, tropische Zone	34 bis 26
Monocotyledonen (inkl Graser)	18 bis 6

- Stabile Kohlenstoffisotopen Das Verhaltnis der stabilen Kohlenstoffisotopen ^{12}C und ^{13}C des organischen Kohlenstoffs ($\delta^{13}C_{org}$) wird entweder vom gesamten organischen Kohlenstoff oder von einer Fraktion (Alkane und Aromaten) im Massenspektrometer gemessen Diese $\delta^{13}C_{org}$ Werte konnen gebraucht werden, um die Herkunft des organischen Materials zu charakterisieren In Tab 6 4 sind typische $\delta^{13}C_{org}$-Werte fur ganze Organismen angegeben Marines Plankton temperater Regionen (Temperaturabhangigkeit der Isotopenfraktionierung!) weist $\delta^{13}C_{org}$-Werte von durchschnittlich -20‰ (gegenuber PDB-Standard) auf, wahrend Landpflanzen typischerweise Werte von -25 bis -35‰ aufweisen (STEIN 1991) Eine Ausnahme bilden die in trockenen, sonnigen Gebieten haufigen C4-Pflanzen (abweichender physiologischer Weg der CO_2-Fixierung, z B Mais, Zuckerrohr) mit Werten von -10 bis -20‰ Der $\delta^{13}C_{org}$-Wert einer Pflanze ist aber auch abhangig von der Kohlenstoffisotopen-Zusammensetzung des atmospharischen CO_2 Anderungen im CO_2-Reservoir in der Erdgeschichte werden sich also auch in der Isotopenzusammensetzung der Organismen widerspiegeln Wahrend der Diagenese konnen sich die $\delta^{13}C_{org}$-Werte ebenfalls andern

- Kerogen-Mikroskopie Auf die mikroskopische Klassifikation von Kerogen wurde bereits an anderer Stelle eingegangen Nicht selten lassen sich mit diesem Vorgehen auch direkt Organismenreste bestimmen und somit die relativen Haufigkeiten im Sediment bestimmen (Reste terrestrischer Pflanzen, Sporen, Pollen, verschiedene Algenzysten)

- Vitrinit-Reflektivitat Dies ist eine Routinemethode, um den Reifegrad des Kerogens zu bestimmen Dazu werden die Vitriniteinschlusse (> 10µm) in polierten Gesteinsanschliffen oder von Kerogenkonzentraten unter Olimmersion im Auflicht gemessen Von einer statistisch signifikanten Anzahl Messungen wird die mittlere Prozent Reflektivitat (% R_o) errechnet Die Reflektivitat der Kerogenbestandteile nimmt mit zunehmender Reife zu (Fig. 6.17). Die Erdölbildung aus Kerogen beginnt bei R_0 von 0.45% bis 0.6%.

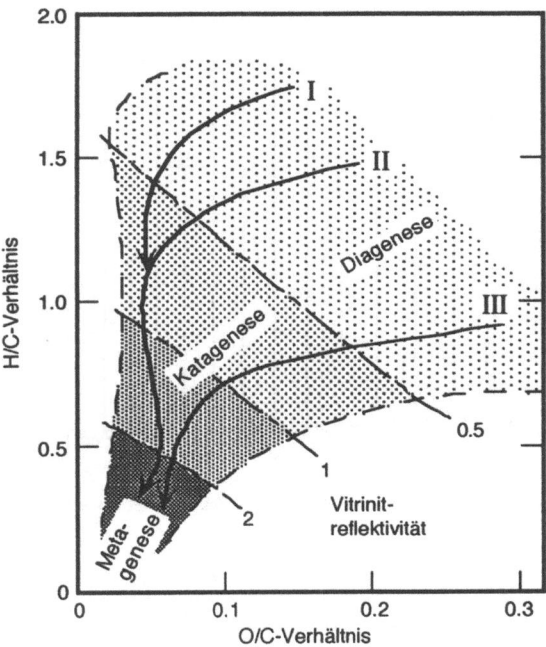

Fig. 6.17. Zunehmende Vitrinitreflektivität mit zunehmender Reife des Kerogens. Nach STEIN 1991.

- Gas-Chromatographie (GC) und Gas-Chromatographie/Massenspektrometrie (GC/MS): Bei der Gas-Chromatographie wird organisches Extrakt in einem inerten Gas (meist Helium) über eine stationäre Phase (hochmolekulares Alkan) transportiert. Dabei trennt sich das Gemisch entsprechend der Flüchtigkeit, und die einzelnen Komponenten können am Ende der Chromatographie-Kolonne durch Flammenionisation oder Messung der Wärmeleitfähigkeit registriert werden. Um auch schwerere Komponenten in einem vernünftigen Zeitrahmen messen zu können, wird die Kolonne während der Analyse graduell aufgeheizt (MILES 1989, COOPER 1990). In den meisten Extrakten erscheinen die normalen Alkane und Pristan und Phytan als deutliche Peaks (Fig. 6.18). Wird der Gaschromatograph mit einem Massenspektrometer verbunden, so lassen sich (allerdings mit einem beträchtlichen apparativen Aufwand) direkt Biomarker feststellen (Fig. 6.19).

- Pristan/Phytan-Verhältnis: Dieses Verhältnis wird benutzt, um Rückschlüsse auf das Ablagerungsmilieu zu ziehen. Beide Moleküle leiten sich von der Phytol-Seitenkette des Chlorophylls ab. Unter reduzierenden Bedingungen degradiert Phytol zu Phytan, während unter oxidierenden Bedingungen Pristan entsteht (DIDYK et al. 1978). Ein hohes Pristan/Phytan-Verhältnis (> 1) deutet also auf aerobes Milieu, während ein niedriges Pristan/Phytan-Verhältnis (< 1) auf anoxisches Milieu hinweist. Es hat sich allerdings gezeigt, daß sowohl Pristan wie auch Phytan nicht ausschließlich aus der Phytol-Seitenkette entstehen können, sondern daß sie und ihre Vorläufer auch bei einigen Vertretern des Zooplanktons und bei verschiedenen Bakterien vorkommen.

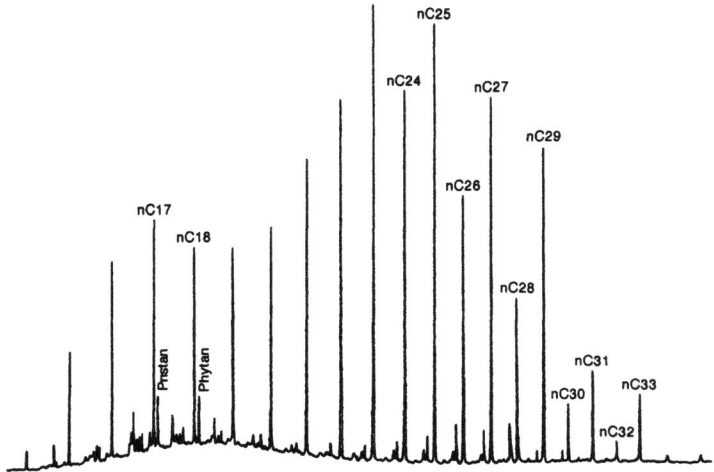

Fig. 6.18. Resultat der Gaschromatographie eines Rohöls. Als deutliche Peaks erscheinen die Alkane sowie Pristan und Phytan. Nach MILES 1989.

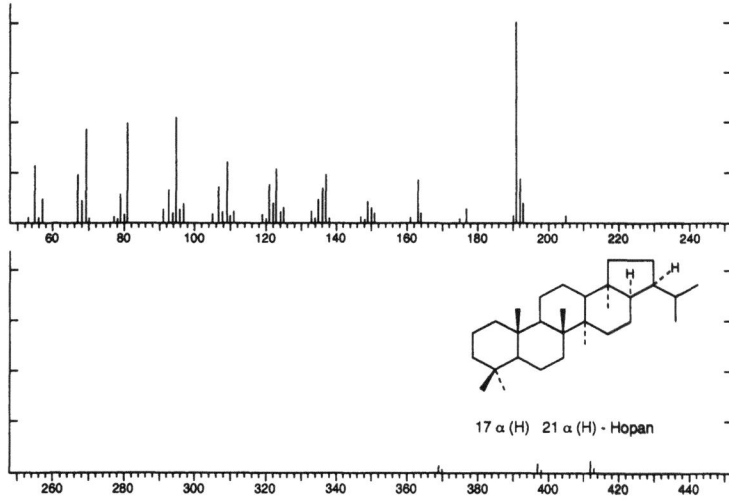

Fig. 6.19. Resultat eines an einem Gaschromatographen angeschlossenen Massenspektrometers. Die relative Häufigkeit der einzelnen ionisierten Bruchstücke ermöglicht die Identifikation des chromatographisch isolierten Moleküls. Nach COOPER 1990.

- Pristan/n-C_{17}-Verhältnis: Auch dieses Verhältnis wird als Milieu-Indikator benutzt. Der relative Beitrag von Phytoplankton (n-C_{17}-Alkan) und Archaebakterien (Pristan) kann abgeschätzt werden. Hohe Werte von Pristan (und Phytan) im Vergleich zu C_{17} und C_{18} n-Alkanen ((Pr + Ph)/(C_{17} + C_{18}) > 1.0) deuten darauf hin, daß die Produzenten nahe am Einbettungsort lebten. Obwohl Phytoplankton nicht ausgeschlossen werden kann, ist ein solches Verhältnis typisch für bodenlebende photosynthetische Mikroben und dysaerobe bis anaerobe Verhältnisse (COOPER 1990).

Beispiele organisch-geochemischer Untersuchungen

Die mitteltriassische Grenzbitumenzone des Monte San Giorgio (Tessin) ist eine 16 m mächtige Wechsellagerung feinlaminierter, bituminöser Dolomite und bituminöser Tonsteine. Die Grenzbitumenzone ist eine berühmte Fossillagerstätte mitteltriassischer Fische und Reptilien, während autochthones Benthos vollständig fehlt. Die Ablagerung erfolgte in einem weitgehend abgeschlossenen, untiefen Meeresbecken unter permanent anoxischen Bedingungen (BERNASCONI 1991). Der Gehalt an organischem Kohlenstoff in den Dolomiten beträgt bis 10 Gew.%, während er in den stark bituminösen Tonsteinen bis 40 Gew.% erreichen kann. Porphyrine sind häufig und die Spurenelementkonzentration ist hoch. Sedimentologische und anorganisch-geochemische Daten deuten darauf hin, daß die Sedimentationsrate sehr niedrig war (2 bis 5 m/Mio Jahre). Das organische Material ist unreif und vorwiegend marinen Ursprungs und kann als Kerogen Typ II klassifiziert werden. Die hohe Konzentration von Hopan deutet auf hohe bakterielle Produktion. Die $\delta^{13}C_{org}$-Werte schwanken zwischen -27.5 und -32‰ (PDB), wobei die negativsten Werte in den Schichten mit den höchsten Hopan-, Phytan- und Pristan-Konzentrationen auftreten. Diese Korrelation wird dadurch erklärt, daß Bakterien, welche eine ^{13}C-angereicherte Kohlenstoffquelle genutzt haben, wichtige Produzenten organischen Materials waren (BERNASCONI 1991). Es wurde ein Modell vorgeschlagen, nach welchem Cyanobakterien und chemoautotrophe Bakterien in der Wassersäule an der Sprungschicht zwischen anoxischem Tiefenwasser und höheren Wasserschichten in einer Lage gelebt hätten ("bacterial plate"; BERNASCONI 1991).

Die miozäne Monterey-Formation Kaliforniens wurde in tiefem Wasser unterhalb einer "upwelling"-Region abgelagert. Die phosphatreichen laminierten Diatomiten und Turbidite enthalten bis zu 20 Gew.% TOC. Das Kerogen weist Wasserstoffindices von bis zu 700 und Sauerstoffindices von 15 bis 50 auf. Der Schwefelgehalt beträgt 5-10%, die $\delta^{13}C_{org}$-Werte liegen zwischen -22 und -25‰ (PDB). Ein besonderes Merkmal des organischen Materials ist die hohe Konzentration von 28,30-Bisnorhopan. Das Pristan/Phytan-Verhältnis ist < 1. Offensichtlich geht der hohe Gehalt an organischem Material auf hohe planktonische Pimärproduktion und dysaerobes Bodenmilieu zurück. Das organische Material wurde aber vor der Einbettung nahezu vollständig durch Bakterien modifiziert. Für die Herkunft der Biomarker kommen in erster Linie Sulfidoxidierende Bakterien (*Beggiatoa*) in Frage, welche an der Sedimentoberfläche Matten gebildet und das anoxische Sediment versiegelt haben (WILLIAMS 1984).

6.5. Vergleichende Taphonomie und Taphofazies

Eine vergleichende Betrachtung der Erhaltungsmuster im marinen Raum zeigt, daß diese in den Sedimentgesteinen in nicht-zufälliger Weise variieren. Die auf biostratinomische und diagenetische Prozesse zurückgehenden Muster zeigen vielmehr eine Fazies-Abhängigkeit, welche vor allem auf Variationen in der Wasserturbulenz, der Bodenbelüftung und der Sedimentationsrate zurückgeführt werden können (SPEYER & BRETT 1988). Die Erhaltungsmuster einer Fossilassoziation sollten bei einer vergleichend taphonomischen Untersuchung quantitativ erfaßt werden.

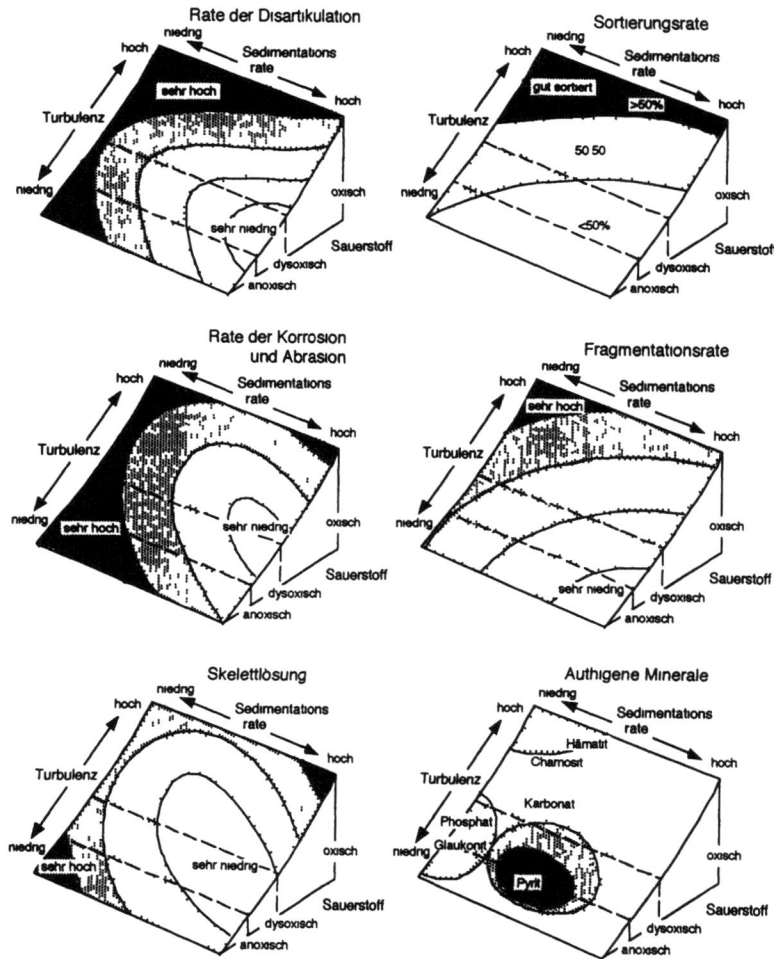

Fig. 6.20 Biostratinomische und frühdiagenetische Erhaltungsmuster in Abhängigkeit von Wasserturbulenz, Sedimentationsrate und Sauerstoffgehalt am Meeresboden. Nach SPEYER & BRETT 1988.

Die Korrelation zwischen taphonomischen Erhaltungsmustern und Umweltparametern läßt sich in Blockdiagrammen (Fig 6 20) darstellen, in welchen ein proximal-distaler Trend bezüglich der Wasserenergie und der Bodenbelüftung gilt. Als davon unabhängige Achse wird die Variation in der Sedimentationsrate aufgetragen. Damit werden zwar nur ein paar wenige Umweltparameter modelliert, aber zahlreiche andere sind in Schelfmeeren eng mit diesen primären Faktoren verknüpft.

Langfristige und kurzfristige Prozesse

Die Achsen in den oben erwähnten Blockdiagrammen repräsentieren langfristige Prozesse ("background processes"), welche von kurzfristigen Prozessen überlagert werden können. Deshalb können beispielsweise artikulierte Skelette in jeder Fazies vorkommen, desgleichen stark fragmentiertes und disartikuliertes Material (SPEYER & BRETT 1988). Ein wichtiger Aspekt eines Taphofazies-Modells ist deshalb die Beurteilung, inwiefern sich langfristige und kurzfristige Prozesse in einer bestimmten sedimentären Fazies überlagern.

Die meisten Schelfmeere sind genügend seicht, daß sich sturmgenerierte Wellen und Strömungen am Boden auswirken können. Insbesondere zwischen normaler und Sturm-Wellenbasis gelegene Böden werden stark von episodischen Stürmen beeinflußt, was sich in häufiger Aufarbeitung und Vermischung ("amalgamation") von Faunenelementen auswirkt (SPEYER & BRETT 1988, 1991). In küstenferneren, tieferen Gebieten manifestieren sich Sturmereignisse hauptsächlich durch episodische Sedimentation feinkörniger Silte und Tone, welche im untiefen Bereich suspendiert wurden. In den tiefsten Ablagerungsbereichen wirken sich Stürme gar nicht mehr aus.

Für ein bestimmtes Sedimentationsgebiet ist also die Häufigkeit episodischer Ereignisse eine einfache Funktion der Wassertiefe. Etwas anderes ist aber die Erhaltung solcher episodischer Sedimentationsereignisse. Im untiefsten, küstennahen Bereich ist die Häufigkeit der Ereignisse am größten, zurückliegende Episoden werden aber sehr häufig durch nachfolgende kräftigere Ereignisse wieder verwischt. Im küstenferneren, tieferen Milieu sind episodische Sedimentationsereignisse zwar seltener, diese werden aber häufiger erhalten bleiben. Generell gilt, daß eine hohe Hintergrundsedimentation die Erhaltungsfähigkeit einzelner Ereignisse erhöht.

Die Überlagerung von langfristigen Hintergrundprozessen und kurzfristigen Ereignissen führt zu charakteristischen taphonomischen Signaturen (SPEYER & BRETT 1991). Diskrete Signaturen ("discrete signatures") lassen eine Unterscheidung zwischen langfristigen und kurzfristigen Prozessen zu. Im einzelnen läßt sich eine bestimmte sedimentäre Einheit als Ereignis dominiert oder als Hintergrund dominiert erkennen. Widersprüchliche Signaturen ("conflicting signatures") entsprechen einer unauflösbaren Überprägung von Ereignissen und Hintergrundprozessen. Die Orientierung von Skelettelementen, welche während eines Sturmes eingebettet wurde, kann beispielsweise durch nachfolgende Bioturbation modifiziert werden. Umgekehrt kann ein sedimentäres Ereignis zur Erhaltung artikulierter Reste in einem Milieu führen, wo normalerweise keine Artikulation zu beobachten ist. Zusammengesetzte Signaturen ("compounded signatures") entstehen, wenn die Überlagerung episodischer und langfristiger Prozesse eine Verstärkung der taphonomischen Muster bewirken, welche bei isoliertem Einwirken nur eines Prozesses entstehen. In diesem Falle wirken die beiden Prozesse additiv (z B Fragmentation durch tägliche hydrodynamische Prozesse und durch Sturmereignisse). Zusammenwirkende Signaturen ("cooperating signatures") ergeben sich, wenn die Überlagerung kurzfristiger und langfristiger Prozesse zu speziellen Erhaltungsmustern führt, welche bei der Einwirkung nur eines Prozesses nicht entstehen würden. Bei spiele für zusammenwirkende Signaturen sind viele frühdiagenetische Mineralisationen, welche einerseits von den Hintergrundprozessen abhängen (Sedimentchemie), andererseits eine Folge plötzlicher Zusedimentation sind (reduzierende Mikroumgebungen).

Milieuabhängigkeit taphonomischer Prozesse

Reorientation, Transport und Sortierung sind weitgehend abhängig von der Intensität der Wasserbewegung. Eine starke Abhängigkeit besteht auch von der Sedimentationsrate. Generell nimmt der Grad der Reorientation und der Sortierung mit zunehmender Wassertiefe (geringere Turbulenz) und zunehmender Sedimentationsrate (schnellere Einbettung, weicheres Substrat) ab (Fig. 6.20; SPEYER & BRETT 1988).

Die Disartikulationsrate ist am höchsten in Milieus, wo keine Nettosedimentation erfolgt und akkumulierendes Skelettmaterial konstant durch Strömung und Welleneinwirkung aufgearbeitet wird. Mit zunehmender Wassertiefe nimmt zwar die Turbulenz ab, bei geringer Sedimentation ist die Disartikulation wegen des langen Verbleibs der Skelettreste auf der Substratoberfläche dennoch hoch. Bei hoher Hintergrundsedimentation werden die Reste schneller eingebettet. In Regionen mit zusätzlicher episodischer Sedimentation resultiert eine erhöhte Artikulationsrate (SPEYER & BRETT 1988). In küstenfernen Regionen mit hoher Hintergrundsedimentation werden die Reste zwar ebenfalls artikuliert eingebettet, wegen der intensiven Bioturbation (abhängig von der Bodenbelüftung) sind artikulierte Reste aber seltener (Fig. 6.20).

Fragmentation ist ebenso wie Reorientation und Transport im wesentlichen eine Funktion der Turbulenz und der Sedimentationsrate. Mit zunehmender Wassertiefe nimmt die Fragmentation ab, ebenso mit zunehmender Sedimentation (Fig. 6.20).

Das Ausmaß von Korrosion und Abrasion ("Korrasion") ist weitgehend abhängig von der Zeitspanne, während welcher ein Skelettrest auf der Substratoberfläche verbleibt. In proximalen Milieus ist die Abrasion am stärksten, in distalen Umgebungen spielt die Korrosion und Bioerosion die Hauptrolle. Bei fehlender Sedimentation wird ein Hartteil auch in diesem Milieu vollständig korrodiert. Den niedrigsten Grad der "Korrasion" findet man wieder in mittleren Wassertiefen mit hoher Sedimentationsrate, wo episodische Prozesse die Skelettreste vollständig einbetten und von der Bioturbation abschneiden (Fig. 6.20).

Skelettlösung hängt von einer Vielzahl von Parametern ab, unter anderem von der ursprünglichen Skelettmineralogie (siehe oben). Ein generalisiertes Schema zur Skelettlösung muß zusätzlich zur Wasserturbulenz und der Sedimentationsrate noch die Art des Sediments berücksichtigen. Karbonatische Sedimente puffern kalkige Skelette gegen Lösung, während siliziklastische Sedimente an Kalk stark untersättigt sind. Unter sonst gleichen Bedingungen ist die Skelettlösung am stärksten bei geringer Sedimentation und erniedrigtem Sauerstoffgehalt (SPEYER & BRETT 1991), während die Skelettlösung bei hohen Sedimentationsraten im gut belüfteten Milieu am geringsten ist (Fig. 6.20).

Authigene Mineralisation ist abhängig von der Sedimentchemie, der Sedimentationsrate (v.a. episodische Prozesse) und dem Sauerstoffgehalt am Meeresboden und im oberflächennahen Sediment (Fig. 6.20). Kalkkonkretionen und Pyritsteinkerne entstehen in lokalen reduzierenden Mikromilieus bei mittleren Sedimentationsraten. Das Bodenmilieu muß dysaerob bis schwach aerob sein, bei stark dysaeroben bis anaeroben Verhältnissen kann nur verstreuter framboidaler Pyrit gebildet werden (Fig. 6.21).

Taphonomie

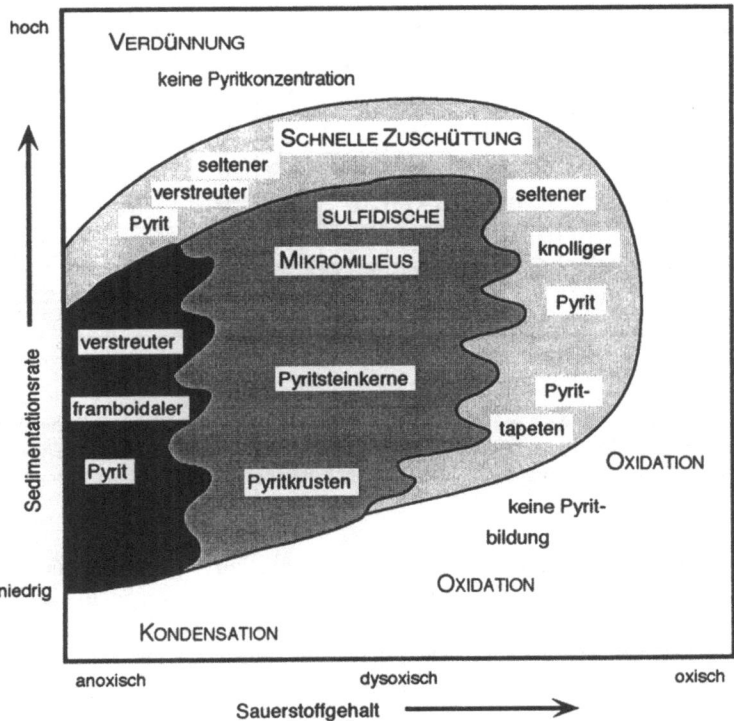

Fig. 6.21. Schematisches Diagramm zur Illustration der Milieuabhängigkeit verschiedener Formen frühdiagenetisch gebildeten Pyrits. Nach BRETT & BAIRD 1986.

Taphofazies-Modelle

Bislang wurden Taphofazies-Modelle erst für paläozoische Sedimente erarbeitet (Fig. 6.22). Gewisse Generalisierungen sind aber sicherlich erlaubt, und die meisten taphonomischen Prozesse dürften sich während des Phanerozoikums nicht verändert haben. Vorsicht ist aber angebracht bei Erhaltungsmustern, welche durch die Aktivität von Organismen beeinflußt werden (Bioturbation, selektive Räubereinwirkung). Diese Prozesse haben sich seit dem frühen Paläozoikum teilweise dramatisch verändert. Im folgenden werden die für die mitteldevonischen Schelfablagerungen der Hamilton-Gruppe (Appalachen) aufgestellten Taphofazies kurz vorgestellt (SPEYER & BRETT 1991).

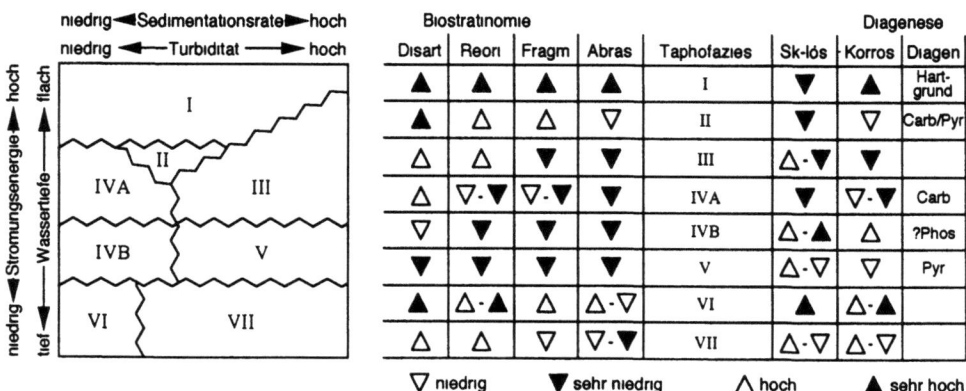

Fig. 6.22. Generalisiertes Taphofazies-Mosaik. Sieben Taphofazies sind entlang von lateralen Gradienten in Sedimentationsrate und Turbiditat und vertikalen Gradienten in Strömungsintensität und Wassertiefe angeordnet. Jede Taphofazies ist durch eine spezifische Kombination taphonomischer Attribute gekennzeichnet. Nach SPEYER & BRETT 1991.

Taphofazies I: Küstennahe durchmischte Assoziation ("nearshore amalgamated shell beds"; Fig. 6.23). Diese Taphofazies ist charakterisiert durch mächtige Schillagen mit Auskolkungen. Die Skelettreste sind stark abradiert, die Disartikulations- und Fragmentationsrate ist hoch. Massive Skelettelemente (Korallenkolonien) sind häufig umgekippt. Die Ablagerung erfolgte in einem hochenergetischen Milieu bei variabler Sedimentationsrate, und langfristige und episodische Ereignisse resultierten in einer zusammengesetzten taphonomischen Signatur. Daher lassen sich kurzfristige und langfristige Prozesse nicht immer unterscheiden. Die Häufigkeit abradierter Skelettelemente läßt jedoch darauf schließen, daß die Hintergrundprozesse im stark turbulenten Milieu von größter Wichtigkeit waren.

Taphofazies II: Strömungs-ausgewaschene Assoziation ("current-winnowed shell beds"; Fig. 6.24). Ablagerungen diesen Typs zeigen eine Wechsellagerung von Schalenpflastern und weitgehend fossilleeren Tonen. Die Schalenpflaster zeigen eine charakteristische Mikrostratigraphie: die entsprechenden Bänkchen enthalten vorwiegend disartikulierte und reorientierte Reste, während die Oberfläche der Pflaster häufig artikulierte Skelettelemente aufweist. Diese Taphofazies ist charakteristisch für mittlere Sedimentationsraten und relativ turbulentes Milieu. Langfristige und kurzfristige Prozesse äußern sich in diskreten taphonomischen Signaturen. Als Folge der Hintergrundprozesse akkumulierten Skelettelemente, welche wegen häufigen Auswaschens in Pflastern angereichert wurden. Episodische Stürme bedeckten diese Lagen mit feinkörnigem Sediment.

Taphofazies III: Bioturbierte Ablagerungen mit Schalenpflastern ("bioturbated deposits with shelly patches"; Fig. 6.25). Diese Assoziation besteht aus fossilarmen, stark bioturbierten Tonen und kleinen, darin eingelagerten Biohermen. Die Disartikulationsrate ist generell hoch, in den Biohermen aber etwas niedriger als im umgebenden Sediment. Diese Taphofazies ist typisch für relativ hohe Sedimentationsraten und mäßige Turbulenz. Episodische Ereignisse und Hintergrundprozesse resultierten offenbar in einer widersprüchlichen Signatur. Die bei normaler Sedimentation erfolgende intensive Bioturbation verwischte alle Zeugen vorangegangener Ereignisse. Das seltene Vorkommen artikulierter Reste weist aber darauf hin, daß solche Ereignisse stattgefunden haben. Die Konzentration artikulierter Fossilien in den Biohermen ist durch die hier fehlende Bioturbation erklärbar.

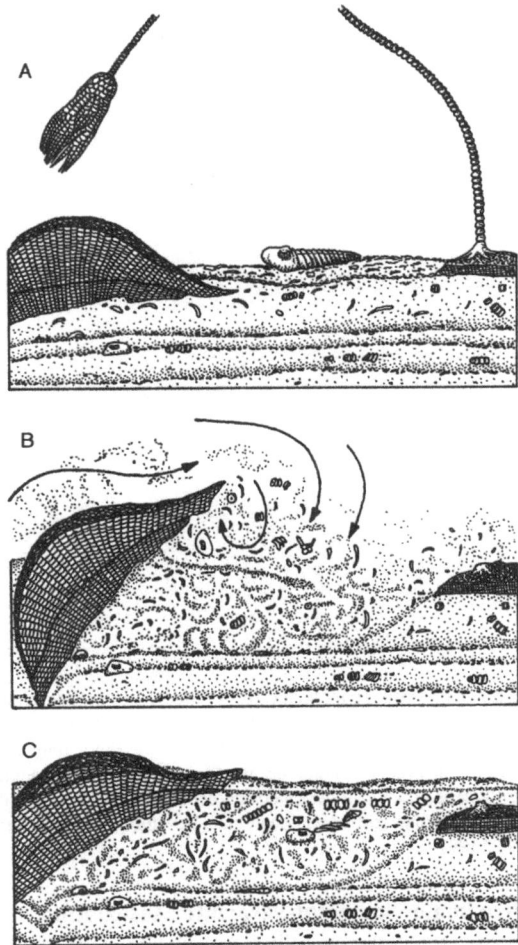

Fig. 6.23. Taphonomische Geschichte von Taphofazies I. A: Meeresboden in der Nähe der normalen Wellenbasis. Skelettreste akkumulieren infolge gelegentlichen Auswaschens der feinkörnigen Matrix. Wegen der hohen Wasserenergie und der langen Verweilzeit der Skelettreste auf der Substratoberfläche ist die Disartikulations-, Fragmentations- und Abrasionsrate sehr hoch. B: Episodische, aber häufige Sturmereignisse können sogar massive Organismenreste dislozieren und die Sedimenttextur verändern. C: Das Resultat ist eine amalgamierte Schalenakkumulation mit zusammengesetzter taphonomischer Signatur. Nach SPEYER & BRETT 1991.

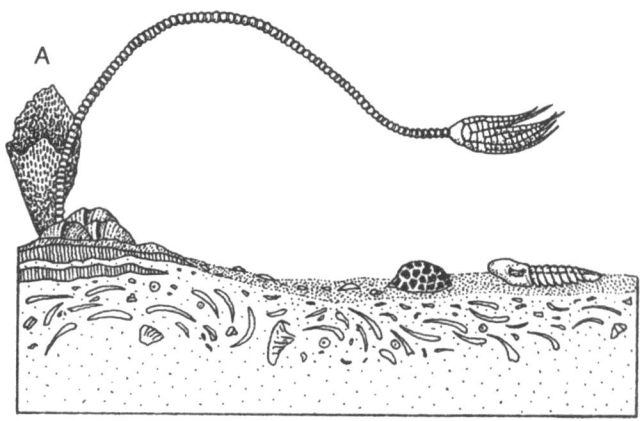

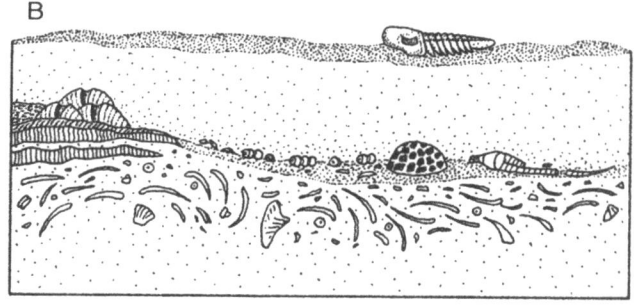

Fig. 6.24 Taphonomische Geschichte von Taphofazies II A Meeresboden zwischen der normalen und der Sturmwellenbasis Haufige Stromungen reichern die Schalenreste in Lagen an (konkav unten) Die Disartikulations rate ist hoch Fragmentation und Abrasion sind maßig bis hoch B Schnelle Einbettung durch episodische sedimen tare Schuttungen resultieren in zwei diskreten taphonomischen Signaturen dicht gepackte Pflaster disartikulierter Reste und artikuliert erhaltene Skelettelemente an der Oberseite der Schalenpflaster Vagiles Benthos ist hier nicht erhalten da es der sedimentaren Bedeckung entfliehen konnte Die Schuttungen selbst sind als fossilleere Schichten erhalten Nach SPEYER & BRETT 1991

Taphofazies IV A: Proximale Sediment-verarmte Assoziation ("proximal sediment-starved shell beds", Fig 6 26) Die hierher gestellten Assoziationen weisen wie Taphofazies II diskrete Lagen mit angehauften Skelettresten auf Fragmentation, Abrasion und Reorientation sind hier jedoch sehr niedrig Wiederum ist die Fossilerhaltung an der Oberseite der einzelnen Bankchen am besten Die Taphofazies IVA entsteht bei geringer Nettosedimentation, wobei die Akkumulation der Schalen dem Hintergrundsprozeß bei niedriger Sedimentationsrate entspricht Ein haufiges Auswaschen feinkornigen Sediments kann wegen der guten Erhaltung der Fossilien aus geschlossen werden Episodische Sturme deckten diese Schalenlagen mit tonigem Sediment zu (diskrete Signatur)

Taphonomie

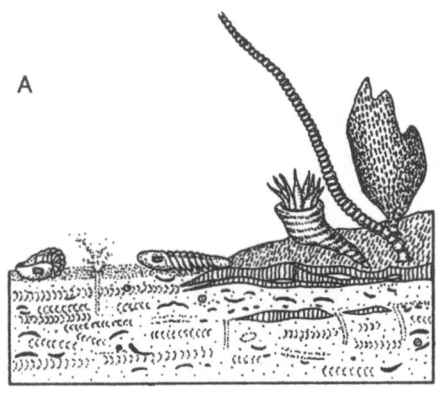

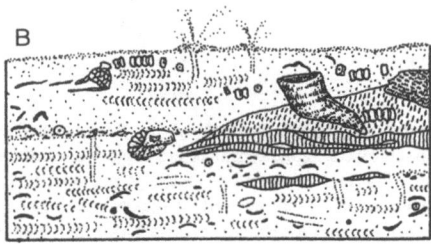

Fig. 6.25. Taphonomische Geschichte von Taphofazies III. A. Untiefer Schlammboden nahe der Untergrenze der Sturmwellenbasis. Hohe Hintergrundsedimentation verdünnt die anfallenden Skelettreste und ermöglicht der grabenden Fauna die vollständige Bioturbation des Sediments. Lokale Schalenanhäufungen werden von Hartgrundorganismen besiedelt. B: Episodische Schüttungen können das Wachstum der Bioherme unterbrechen. In den tonigen Lagen verwischt die nachfolgende intensive Bioturbation die Spuren solcher Schüttungen, aber in der Nähe der Bioherme bleiben artikulierte Reste wegen der hier fehlenden Bioturbation erhalten. Nach SPEYER & BRETT 1991.

Taphofazies IV B: Distale Sediment-verarmte Assoziation ("distal sediment-starved shell beds"; Fig. 6.27). Diese Taphofazies ist charakteristisch für distale Bereiche mit geringer Nettosedimentation und geringer Turbulenz. Die Fossilien treten in lateral diskontinuierlichen Lagen zwischen Tonen auf und zeigen eine sehr geringe Fragmentations-, Abrasions- und Reorientationsrate. Die Elemente sind mäßig häufig artikuliert. Die Akkumulation der Skelettreste erfolgte während längerer Zeiten fehlender Sedimentation, während episodische Stürme die Schalenlagen mit feinkörnigem Sediment zudeckten (diskrete Signatur).

Taphofazies V: Dysaerobe, tonige Assoziation ("dysaerobic, mud-supported shell beds"; Fig. 6.28). Fossilien in diesen Ablagerungen sind eher selten, zeigen aber eine sehr gute Erhaltung (geringe Fragmentations-, Disartikulations-, Abrasions- und Reorientationsrate). Typischerweise sind die Skelettreste frühdiagenetisch pyritisiert. Diese Taphofazies wird im tiefen Beckenbereich bei hoher Hintergrundsedimentation, geringer Turbulenz und erniedrigtem Sauerstoffgehalt angesiedelt. Episodische Zuschüttung verursachte die Einbettung von Organismen mit Weichgewebe, worauf in diesen Mikromilieus frühdiagenetische Pyritbildung erfolgte In diesem Fall resultierte aus dem Zusammenwirken von Hintergrundsprozessen und Ereignissen eine zusammenwirkende Signatur.

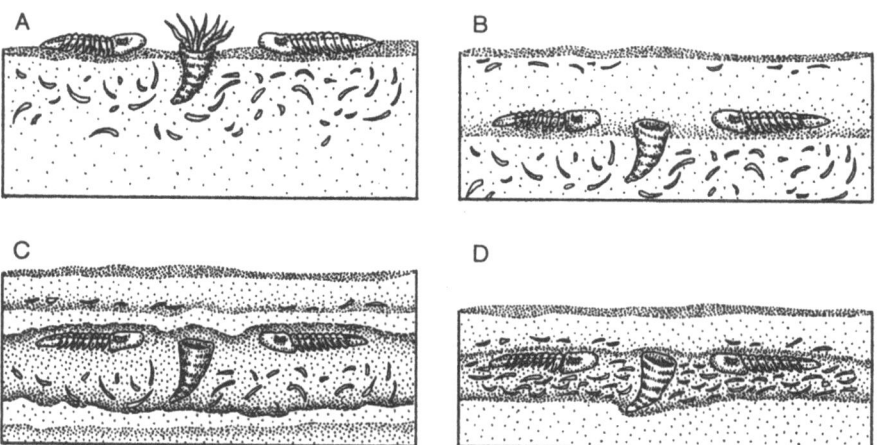

Fig. 6.26. Taphonomische Geschichte von Taphofazies IV A. A: Schlammboden im tiefen Milieu unterhalb der Sturmwellenbasis. Geringe bis mäßige Sedimentationsraten und lange Verweildauer der Skelettreste bewirken eine hohe Disartikulationsrate, während Fragmentation und Abrasion gering sind. B: Episodische Schüttungen verursachen Massensterben des gesamten Benthos, sofern die Sedimentbedeckung mächtig genug ist. In der Folge kann es zu frühdiagenetischer Karbonatausfällung und zur Bildung von Kalkbänkchen kommen (C), oder das Schalenmaterial wird bei fehlender Karbonatausfällung kompaktiert, was in dicht gepackten Schalenlagen resultiert (D). Nach SPEYER & BRETT 1991.

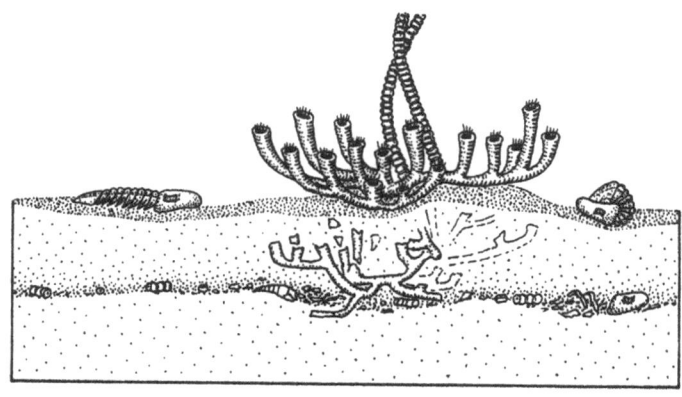

Fig. 6.27. Taphonomische Geschichte von Taphofazies IV B. Tiefmariner Bereich unterhalb der Sturmwellenbasis, Sauerstoffgehalt leicht erniedrigt. Die Sedimentationsrate ist sehr niedrig, die Skelettreste zeigen die Merkmale langer Verweildauer auf der Sedimentoberfläche. Das Schalenmaterial wird gelegentlich von Hartbodenorganismen bewachsen. Gelegentliche Schüttungen begruben das sessile Benthos, während sich vagiles Benthos (Trilobiten) von der sedimentären Bedeckung befreien konnte. Nach SPEYER & BRETT 1991.

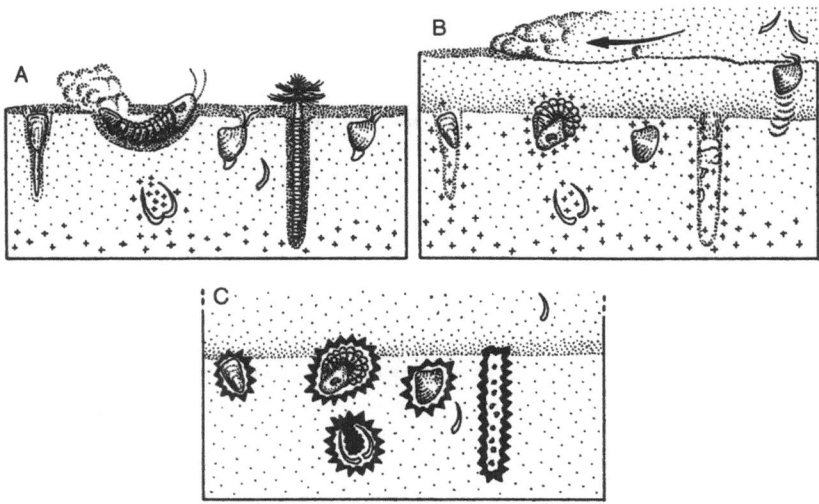

Fig. 6.28. Taphonomische Geschichte von Taphofazies V. A: Tiefwasserumgebung, dysaerobes Milieu. Die Reste der spärlichen Fauna werden durch die hohe Sedimentationsrate verdünnt. B: Gelegentliche Schüttungen sind schwierig zu erkennen, da nur wenige Hartteile die ehemalige Substratoberfläche markieren. Katastrophaler Tod resultiert aber häufig in anderen Erhaltungsmustern (z.B. eingerollte Trilobiten) als normales Absterben (z.B. geöffnete Muschelklappen). Die anaerobe Zersetzung der Weichteile führt zur Anreicherung bakterieller Ausscheidungsprodukte (z.B. H_2S; durch Kreuze angegeben). C: In Sedimenten arm an organischem Material werden die Fossilien frühdiagenetisch pyritisiert Nach SPEYER & BRETT 1991.

Taphofazies VI: Exaerobe, Sediment-verarmte Assoziation ("exaerobic, sediment-starved shell beds"; Fig. 6.29). Die Fossilien in dieser Assoziation bestehen aus nektonischen und wenig diversen benthonischen Elementen, welche typischerweise nur in bestimmten dünnen Lagen vorkommen. Die aragonitische Skelettsubstanz ist vollständig weggelöst, dagegen ist das Periostracum erhalten Die Disartikulationsrate ist hoch, desgleichen der Grad der Reorientierung. Diese Taphofazies ist typisch für tiefe Beckenbereiche mit nahezu fehlender Hintergrundsedimentation und weitgehend fehlender Turbulenz (nur geringe Strömungen). Der stark erniedrigte Sauerstoffgehalt am Meeresboden und das anoxische Sediment machte eine Besiedlung durch grabende Fauna unmöglich. Daher konnten auch feinste Lagen fragiler Skelettreste erhalten bleiben, welche episodisch von dünnen Lagen feinkörnigen Sediments zugeschüttet wurden. Wegen erniedrigtem pH im Sediment wurden die Aragonitschalen frühdiagenetisch weggelöst. Das Fehlen signifikanter Unterschiede im Chemismus zwischen Sediment und potentiell reduzierenden Mikroumgebungen verhinderte eine frühdiagenetische Mineralisation der Skelettreste.

Taphofazies VII: Dysaerobe, Sediment-dominierte Assoziation ("dysaerobic, sediment-dominated beds; barren shales") Zu dieser Taphofazies gehören mächtige, siltige Tone mit einer spärlichen Fauna. Die hohe Sedimentationsrate verhinderte eine Akkumulation von Fossilien in diskreten Lagen, die geringe Wasserturbulenz führte zu einer erniedrigten Fragmentations- und Abrasionsrate. Aragonitschalen sind weggelöst. Erniedrigter Sauerstoffgehalt verhinderte frühdiagenetische Mineralisationen und führte gleichzeitig zu einer nur spärlichen Besiedlung durch benthische Organismen. Im Gegensatz zu den bisher besprochenen Assoziationen sind hier kaum episodische Prozesse erkennbar.

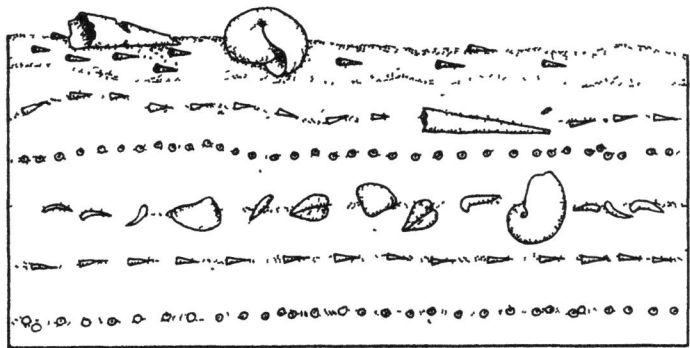

Fig. 6.29. Taphonomische Geschichte von Taphofazies VI. Tiefwassermilieu, stark dysaerob bis anaerob. Die mangelhafte Bodenbelüftung verhindert eine intensive Besiedelung des Substrates. Das akkumulierende Schalenmaterial besteht in erster Linie aus Resten nektonischer Tiere (Goniatiten, Nautiliden, Styliolıniden), Benthos ist auf bestimmte Lagen beschränkt. Das Fehlen von Bioturbation ermöglicht die Erhaltung von Laminae und von Einregelungsmustern. Die Schalen sind wegen der langen Verweildauer auf dem Substrat stark korrodiert. Nach SPEYER & BRETT 1991.

Es soll noch erwähnt werden, daß ein ähnlicher Ansatz ausgehend von rezenten Ablagerungsbereichen bereits in den 60er Jahren existierte. Es handelt sich um die von SCHÄFER (1962) unterschiedenen Biofaziesbereiche. SCHÄFER unterschied fünf marine Biofazies, welche er aufgrund der Besiedlung durch Benthos, die Erhaltung primärer Sedimentschichtung und den Grad der Durchwühlung durch Endobenthos charakterisierte. Folgende Faziesbereiche wurden unterschieden: vital-astrate Biofazies (Riff-Fazies; gut belüftetes Wasser, Sediment fast ausschließlich biogen, ohne Schichtung, bestehend aus Riffbildnern und stark zerbrochenen Skelettresten; vital-lipostrate Biofazies (gut belüftetes Wasser, Sediment umgelagert, stark bioturbiert); letal-lipostrate Biofazies (gut belüftetes Wasser, Sediment instabil und stark umgelagert, keine Besiedlung durch Benthos wegen häufiger Erosion); vital-pantostrate Biofazies (Bodenmilieu ausreichend belüftet, primäre Sedimentschichtung erhalten, Bioturbation mäßig, Skelettreste disartikuliert erhalten); letal-pantostrate Biofazies (anoxisches Bodenmilieu, kein Benthos, primäre Sedimentschichtung vollständig erhalten, Organismenreste artikuliert erhalten).

Box 5. Fossillagerstätten

Fossillagerstätten sind Gesteinskörper, die ein nach Qualität und Quantität ungewöhnliches Maß an paläontologischen Informationen enthalten (SEILACHER 1970b). Damit sind die Fossillagerstätten weitgehend mit den berühmten Fossilvorkommen identisch, welche schon seit langem als eine der Hauptquellen paläontologischer Information gelten. Diese Vorkommen stellen gewissermassen die extremen Endpunkte taphonomischer Gradienten dar. Räumlich und faziell gehen sie über in weniger fossilhaltige "Normal-Sedimente". Eine genetische Klassifikation der Fossillagerstätten (SEILACHER 1970b, 1990a, SEILACHER et al. 1985, Fig. 6.30) wird der Tatsache gerecht, daß diese Fossilvorkommen auf besondere taphonomische Umstände zurückzuführen sind.

Taphonomie

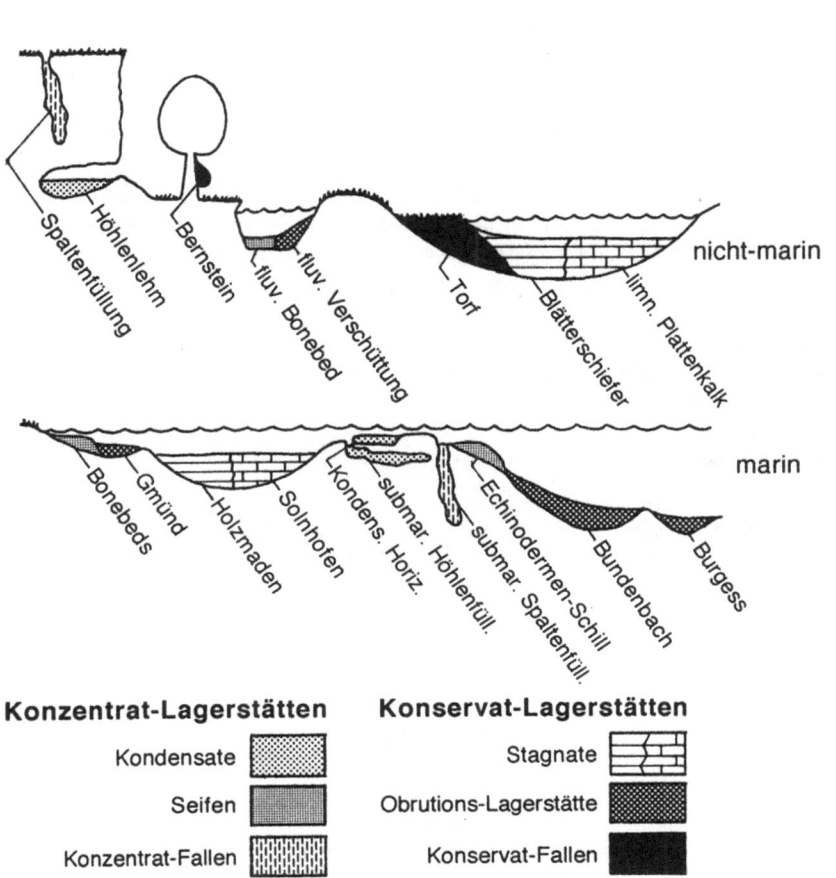

Fig. 6.30. Genetische Klassifikation der Fossillagerstätten. Nach SEILACHER 1970b

Konzentratlagerstätten

Konzentratlagerstätten sind Anreicherungen disartikulierter, oft zerbrochener organismischer Hartteile. Die weitere Unterteilung läßt sich aufgrund von Unterschieden in den Sedimentationsraten, dem Grad der Transportsonderung und dem Ablauf der frühen Diagenese vornehmen.

Kondensate entstehen bei geringer bis fehlender Nettosedimentation. Beispiele waren Höhlenlehme im terrestrischen Bereich, submarine Höhlenablagerungen (schichtparallele S-Spalten) und Kondensationshorizonte.

Als **Seifen** werden Anreicherungen bezeichnet, welche auf sedimentäre Transportsonderung zurückgeführt werden können. Beispiele sind Bonebeds (Anreicherung präfossilisierter Knochen und Zähne), Echinodermenschille und Bernstein-Anreicherungen.

Konzentrat-Fallen entstehen durch Einschwemmung in Hohlraume Dazu gehoren Spaltenfullungen (terrestrische Spalten und submarine Q-Spalten, senkrecht zur Schichtungsrichtung) und Grabgangfullungen

Konservatlagerstatten

Konservatlagerstatten sind gekennzeichnet durch artikuliert erhaltene Multi-Element-Skelette und oftmals auch Weichkörper-Erhaltung Entsprechend den sedimentologischen Besonderheiten, welche zu dieser außerordentlichen Fossilerhaltung fuhrten, werden folgende Arten von Konservat-Lagerstatten unterschieden

Stagnate sind gekennzeichnet durch abiotische Verhaltnisse in den bodennahen Wasserschichten und im oberflachennahen Sediment Beispiele sind Ol-, Schwarzschiefer und Plattenkalke

Obrutions-Lagerstatten (Verschuttungs-Lagerstatten) entstehen bei plotzlicher Einbettung in ein feinkorniges Sediment Dabei wird das Benthos zugedeckt und von der Sauerstoff- und Nahrstoffzufuhr abgeschnitten), bevor der Zerfall in die Einzelteile erfolgen kann Beispiele fur Obrutionslagerstätten sind verschiedene Echinodermen-Lagerstatten (z B Gmund) und so beruhmte Fossilvorkommen wie die "Burgess shales" und die Bundenbacher-Schiefer

Konservat-Fallen bestehen aus einem konservierenden Medium, in welches Faunenelemente rasch eingebettet wurden Beispiele sind Bernstein, Asphalt, Torf und Eis

Fossil-Knollen entstehen durch fruhdiagenetische Konkretionsbildung um eingebettete Fossilien herum Hierher gehoren in erster Linie Kalk- und Kieselkonkretionen

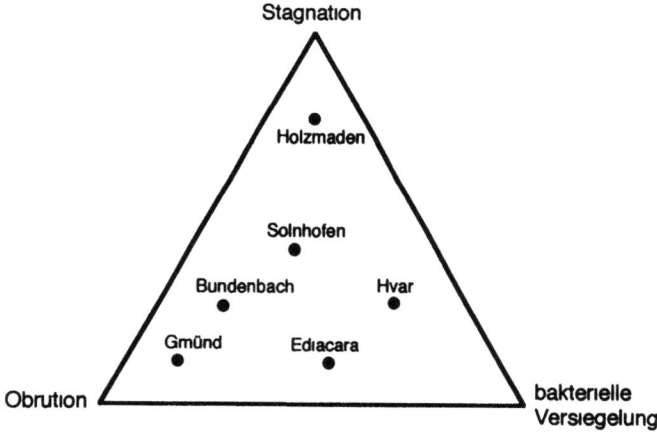

Fig. 6.31 Relative Bedeutung der Faktoren Stagnation Obrution und bakterielle Versiegelung bei der Genese einiger wichtiger Konservatlagerstatten Nach SEILACHER et al 1985

Diese ursprungliche Klassifikation der Fossillagerstatten hat sich im großen und ganzen bewahrt, doch zeigte sich insbesondere bei genauerer Untersuchung der Konservatlagerstatten, daß neben Stagnation und Obrution weitere Faktoren wie bakterielle Versiegelung (SEILACHER et al 1985) und fruhdiagenetische Mineralisation (ALLISON 1988) eine wichtige Rolle spielen konnen So schlugen SEILACHER et al (1985) vor alle Konservatlagerstatten in einem Kontinuum einzuordnen, dessen Endpunkte durch reine Stagnation Obrution oder bakterielle Versiegelung charakterisiert sind Die relative Bedeutung dieser Faktoren schlagt sich bei einer Einordnung der Konservatlagerstatten in einem entsprechenden Dreiecksdiagramm nieder (Fig 6 31) So wird fur die gute Fossilerhaltung in den Posidonienschiefern von Holzmaden in erster Linie Stagnation verantwortlich gemacht, während die Genese der Bundenbacher Schiefer eher mit Obrution in Verbindung gebracht wird Für die Solnhofener Plattenkalke wie auch für die spät-präkambrischen Ediacara-Fundstellen wird die Wichtigkeit mikrobieller Versiegelung und episodischer Verschüttung betont

Sauerstoffreie, anaerobe Bedingungen am Boden (Stagnate) verlangsamen zwar die mikrobielle Zersetzung und die Disartikulation, führen aber dennoch zu einem vollständigen Zerfall mehrteiliger Skelette Da für viele sogenannte Stagnate deutliche Bodenströmungen nachgewiesen wurden, scheint es unwahrscheinlich, daß anoxische Bodenverhältnisse allein zur Erhaltung artikulierter Skelette führen kann Nötig scheint immer auch schnelle Zusedimentation resp Einbettung Stagnate sind also immer auch Obrutions-Lagerstätten (BRETT & BAIRD 1986)

Die Rolle der frühdiagenetischen Mineralisation bei der Weichkörper-Erhaltung wird dagegen von ALLISON (1988, vgl ALLISON & BRIGGS 1991) betont Auch diese frühdiagenetischen Mineralisationen lassen sich mit bestimmten Sedimentationsbedingungen in Verbindung bringen Frühdiagenetische Pyritisierung von Weichgewebe und nur schwach sklerotisierte Skelettelemente erfordern schnelle, möglicherweise katastrophale Zuschüttung, einen geringen Gehalt an organischem Material und die Anwesenheit von Sulfaten, Phosphatisierung erfolgt dagegen bei plötzlicher, aber geringmächtiger Zusedimentation und hohem Gehalt an organischem Material Die Entstehung von Kalkkonkretionen erfordert schnelle Zusedimentation bei hohem Gehalt an organischem Material

Zum gegenwärtigen Zeitpunkt scheint es am sinnvollsten, auf eine eng umrissene genetische Klassifikation der Konservat-Lagerstätten zu verzichten, und stattdessen eine Fossillagerstätte einer der wiederkehrenden Assoziationen zuzuordnen (ALLISON & BRIGGS 1991) Die wichtigsten dieser Lagerstätten-Typen sind im folgenden kurz vorgestellt

Ediacara-Typ Fossillagerstätten dieses Typs sind hauptsächlich auf das späteste Präkambrium beschränkt, aber von einer Vielzahl von Lokalitäten bekannt Typischerweise handelt es sich um Flachwassersedimente, welche an der Basis von Sandsteinlagen Weichkörperorganismen als Abdrücke enthalten Das Vorkommen von Spuren deutet darauf hin, daß die Bodenverhältnisse nicht anoxisch waren Die Erhaltung dieser Weichkörperorganismen wird mit schneller Zusedimentation sowie mit dem Besitz eines widerstandsfähigen Integuments der entsprechenden Organismen erklärt

Burgess-Schiefer-Typ Dieser Lagerstätten-Typ ist auf früh- und mittelkambrische Ablagerungen beschränkt Das Sedimentationsmilieu wird im tieferen Schelf oder am Schelfabhang angesiedelt, wo die Tierwelt von Wolken suspendierten Sediments zugeschüttet wurde Im Burgess-Schiefer selbst (British Columbia) blieb organisches Material erhalten und wurde frühdiagenetisch durch Silikate mineralisiert Es ist unbekannt wieso dieser Ablagerungstyp weitgehend auf kambrische Vorkommen beschränkt ist

Beecher's Trilobiten-Bett-Typ Ablagerungen dieses Typs sind gekennzeichnet durch Pyriterhaltung von Weichgewebe Die bekanntesten Lagerstätten sind Beecher's Trilobiten-Bett (Ober-Ordovizium, New York) und der Bundenbacher-Schiefer (Hunsrückschiefer unteres Devon, Deutschland) Beide Beispiele sind marine Tiefwasserablagerungen Episodische Schüttungen feinkörniger Sedimente führten zu einer Einbettung im anoxischen Sediment unter sonst aeroben Bodenverhältnissen

Orsten-Typ Die oberkambrische Fundstelle Orsten (Schweden) enthält dreidimensional erhaltene kleine Arthropoden, bei denen auch die feinsten Körperanhänge erhalten geblieben sind Diese Fossilien liegen phosphatisiert in Kalkknollen vor Die schnelle Bildung von authigenem Phosphat ist an plötzliche Zusedimentation gebunden und dürfte mikrobiell erfolgen Weitere Fossilvorkommen dieses Typs sind von der mittleren Trias von Spitzbergen und der unteren Kreide von Brasilien (Santana-Formation) bekannt

Mazon Creek-Typ Dieser Typus ist im Karbon am weitesten verbreitet In ausgedehnten Küstenbereichen (Delta-Ebenen) unter tropischem Klima entwickelten sich teilweise abgeschlossene Becken und Lagunen Episodische Sedimentation Akkumulation von viel organischer Substanz sowie schwankende Salinität waren charakteristisch für diesen Ablagerungstyp, in welchem sich frühdiagenetisch Sideritknollen bildeten Beispiele dieses Lagerstätten-Typs sind Mazon Creek (Oberkarbon Illinois) und Voltziensandstein (Trias Ostfrankreich)

Solnhofen-Typ. Dies sind lithographische Plattenkalke, welche Weichkörper-Fossilerhaltung zeigen. Die feinkörnigen Kalke wurden in flachen, abgegrenzten Becken abgelagert. Semi-arides tropisches Klima resultierte in stark salzhaltigem Bodenwasser und einer permanenten Wasserschichtung. Bei der Erhaltung der Fossilien spielten Mikrobenmatten auf der Sedimentoberfläche eine wichtige Rolle. Beispiele für solche Plattenkalke sind die Solnhofener Plattenkalke von Süddeutschland (Oberjura), Alcover-Montral (mittlere Trias von Nordostspanien), Cerin (Oberjura, französischer Jura), Hakel und Sahel-Alma (Kreide, Libanon) und Hvar (Kreide, Kroatien).

Posidonienschiefer-Typ. Es handelt sich um bituminöse Sedimente, welche in teilweise abgeschlossenen Meeresbecken abgelagert wurden. Das Bodenmilieu war permanent (Grenzbitumenzone des Monte San Giorgio) oder jeweils während langerer Zeit anoxisch, unterbrochen von kürzeren Phasen mit Bodenbelüftung (Posidonienschiefer). Die hervorragende Erhaltung der nektonischen Wirbeltiere geht auf Einbettung im reduzierenden, weichen Sediment und teilweise mikrobielle Versiegelung zurück.

Green River-Typ. Die eozäne Green River-Formation ist in Wyoming, Utah und Colorado weit verbreitet. Die laminierten Kalke (mit an organischem Material angereicherten Lagen) wurden in ausgedehnten, permanent stratifizierten Seen abgelagert. Eine vergleichbare Entstehung, wenn auch in viel kleinerem Rahmen, hatten die eozänen Ölschiefer von Messel bei Darmstadt.

Baltischer Bernstein-Typ. Bernstein ist diagenetisch verhärtetes Baumharz, welches sehr widerstandsfähig ist. Eingebettete Organismenreste (v.a. Insekten) zeigen perfekt erhaltene anatomische Details, teilweise sogar erhaltene Zellorganellen. Der früheste Bernstein stammt aus dem oberen Karbon, häufig wird Bernstein aber erst ab der unteren Kreide. Die bekanntesten Vorkommen sind die Bernsteinvorkommen des Baltikums (Eozän, frühes Oligozän) und der Dominikanischen Republik (Eozän bis Miozän).

Marine Konservat-Lagerstätten sind im Phanerozoikum nicht gleichmäßig verteilt. Ein überproportionaler Anteil scheint im Kambrium und im Jura aufzutreten (ALLISON & BRIGGS 1993). Die Gründe für dieses Muster sind allerdings noch nicht geklärt.

7. Populationsdynamik

Organismen funktionieren nicht als isolierte Individuen, sondern sind Teile von Populationen. Populationen lassen sich definieren als Gruppe von Individuen einer Art, welche im gleichen Gebiet leben. Diese Individuen interagieren einerseits in einem ökonomischen Sinne, das heißt sie nutzen die gleiche Nahrung und denselben Raum. Dieser Teilaspekt von Populationen wurde mit dem Namen Avatar bezeichnet. Populationen sind andererseits auch Fortpflanzungsgemeinschaften, welche als Deme bezeichnet werden. Avatare und Deme können, müssen aber nicht identisch sein (ELDREDGE 1989).

Das Gebiet der Populationsdynamik untersucht die Veränderungen in der Größe und der Zusammensetzung einer Population in einem zeitlichen und räumlichen Rahmen. Mittels zahlreicher mathematischer Modelle wird versucht, die Dynamik von Populationen auf wenige Grundparameter zurückzuführen. Diese mathematischen Modelle sind notwendigerweise eine starke Vereinfachung der realen Situation (MAY 1980), erlauben aber die Herausarbeitung von charakteristischen Eigenschaften von Populationen wie Generationendauer, Zuwachsrate, Überlebenskurven etc. Gute Einführungen in die Populationsdynamik finden sich in PIANKA (1988), MAY (1980) und LEVINTON (1982).

Populationsdynamik kann in der Paläontologie nur beschränkt betrieben werden, da Populationen selten als ganzes erhalten sind. Selbst wo selektive Erhaltung und Transport ausgeschlossen werden kann, besteht die Assoziation fossiler Organismen derselben Art in der Regel aus Vertretern vieler aufeinanderfolgender Generationen. Trotz dieser Einschränkungen lassen sich gewisse Populationsmodelle auch auf fossile Assoziationen anwenden.

7.1. Populationswachstum

Unter günstigen Bedingungen hat jede Population die Fähigkeit zu wachsen. Das bedeutet, daß die Geburtsrate die Sterberate übersteigt. Wenn dem nicht so wäre, würde eine Population früher oder später aussterben, weil ungünstige Einflüsse die Sterberate ansteigen lassen, was zu einer Abnahme der Populationsgröße oder zu einem Aussterben der Population führen würde.

Exponentielles Wachstum

Das einfachste Modell für das Wachstum einer Population geht davon aus, daß in einem Beobachtungszeitraum die Reproduktionsrate pro Individuum konstant bleibt. Gleichzeitig soll auch die Sterberate konstant bleiben. In diesem Fall ist die zeitliche Änderung der Populationsgröße eine einfache Funktion, welche von der Reproduktions- und der Sterberate abhängt:

$$\frac{dN}{dt} = (b - d) N \quad (7.1)$$

wobei N die Anzahl der Individuen in der Population zu einem gegebenen Zeitpunkt, b die individuelle Geburtsrate pro Zeiteinheit und d die individuelle Sterberate pro Zeiteinheit ist. Die Größe (b - d) wird auch als spezifische Zuwachsrate r bezeichnet, so daß man nach Integration folgende Formel erhält:

$$N_t = N_0 e^{rt} \qquad (7.2)$$

Dies ist die fundamentalste aller Wachstumsgleichungen, welche ein exponentielles Wachstum einer Population beschreibt (Fig. 7.1 A).

Dichteabhängiges Wachstum

Unbeschränktes exponentielles Wachstum ist offensichtlich nur unter optimalen Bedingungen während kurzer Zeitspannen möglich. Falls sich Populationen langfristig ungebremst vermehren könnten, würden wir in kürzester Zeit knietief in Bakterien und Insekten waten. Offenbar existieren Regulationsmechanismen, welche das Wachstum einer Population umso stärker verlangsamen, je größer die Population wird, je stärker die limitierten Ressourcen (Raum, Nährstoffe etc.) genutzt werden. Um eine solche dichteabhängige Regulation zu beschreiben, wurden verschiedene Modelle entwickelt (MAY 1980). Die bekannteste der entsprechenden Gleichungen ist die logistische Wachstumsgleichung:

$$\frac{dN}{dt} = rN \frac{K-N}{K} \qquad (7.3)$$

Aus dieser Gleichung resultiert eine sigmoide Kurve (Fig. 7.1 B), welche mit zunehmender Annäherung an den Wert K abflacht. Beim Erreichen von K wird das Populationswachstum Null. Die Konstante K wird als Umweltkapazität ("carrying capacity") bezeichnet und deutet an, daß in einem Habitat nur eine beschränkte Anzahl Individuen einer Art existieren können.

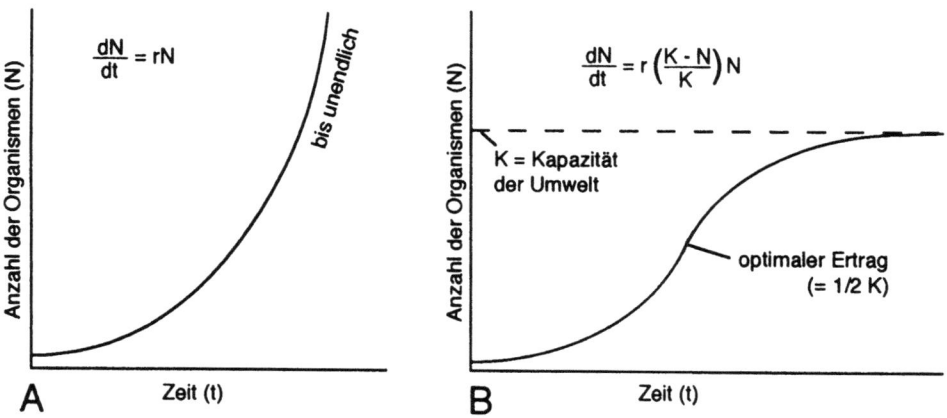

Fig. 7.1. Exponentielle (A) und logistische (sigmoide) Wachstumskurve (B). Nach WILSON & BOSSERT 1973.

Selbstverständlich sind sowohl exponentielle als auch logistische Wachstumsgleichungen eine grobe Vereinfachung der komplexen Realität. Es ist dennoch sinnvoll, diese Modelle als Einführung zu besprechen, denn gewisse Eigenschaften von Populationen lassen sich durchaus mit einigen der oben eingefuhrten Begriffen erklaren (r- und K-Strategen, siehe unten)

Populationsregulation und Populationszyklen

Die Große der meisten Populationen wird in der oben dargestellten Weise durch dichteabhangige Faktoren reguliert Die Population wird also wachsen, wenn sie aus wenigen Individuen besteht, und schrumpfen, wenn die Individuendichte ein bestimmtes Maß uberschritten hat Die dichteabhangigen Kontrollmechanismen sind vielfaltig weit verbreitet ist intraspezifische Konkurrenz um Nahrung und Raum, daneben spielen auch Abwanderung und streßbedingte Erniedrigung der Fruchtbarkeit eine Rolle Alle diese Mechanismen fuhren dazu, daß eine Population innerhalb gewisser Grenzen stabil bleibt Eine Population, deren Große nur von dichteunabhangigen Faktoren reguliert wird (z B lokale Katastrophen, Witterungseinflusse), wird irgendwann aussterben, da sie uber keinerlei Kontrollmechanismen verfugt, die ihr Wachstum bei niedrigem Populationsstand stark beschleunigt (PIANKA 1988)

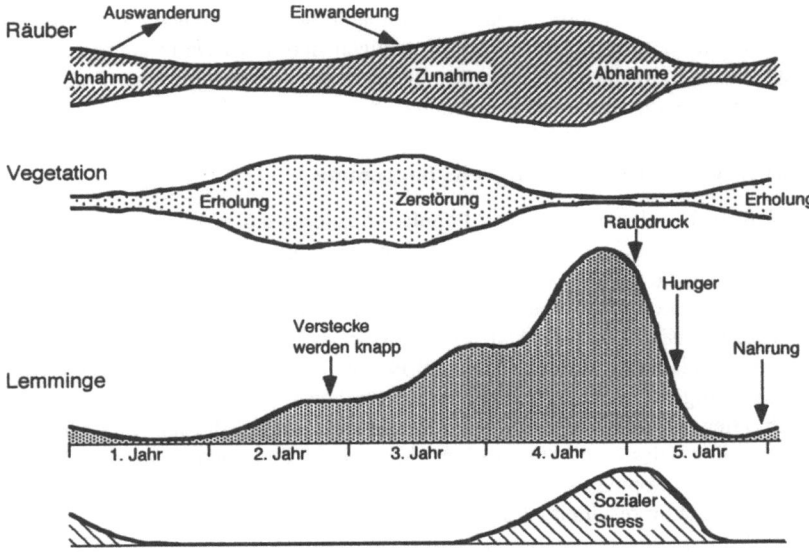

Fig 7.2 Schematische Darstellung der verschiedenen Faktoren welche die Populationszyklen der Lemminge beeinflussen Nach PIANKA 1988

Es existieren aber auch viele Arten, deren Populationen starken zyklischen Schwankungen unterworfen sind Beispiele sind vor allem aus dem terrestrischen Bereich bekannt Die arktischen Lemminge und ihre Rauber zeigen eine vierjahrige Periodizitat der Populationsschwankungen (Fig 7 2, PIANKA 1988) Fur diese Fluktuationen werden verschiedene Ursachen geltend gemacht, die offenbar zusammenwirken Der Anstieg der Populationsdichte fuhrt einerseits zu einer Uberweidung der Vegetation, Qualitat und Quantitat der Nahrung nehmen also ab Andererseits macht der Populationsanstieg die Lemminge selbst zu einer attraktiven Nahrungsquelle Verschie dene Räuber (Füchse, Raubvögel) wandern in das von den Nagern bevölkerte Gebiet ein und beginnen die Lemminge zu dezimieren. Wegen der hohen Populationsdichte fehlen den Lemmingen ausreichende Verstecke, so daß sie eine leichte Beute werden. Bei maximaler Populationsdichte steigt zudem der soziale Streß, worauf ein Teil der Lemmingpopulation mit Auswanderung reagiert (meist erfolglos; "kollektiver Selbstmord durch Ertränken"). Das Zusammenwirken all dieser Faktoren führt am Ende des vierten Jahres zu einem vollständigen Zusammenbruch der Population, worauf ein neuer Zyklus beginnt.

Solche kurzfristigen Schwankungen in der Populationsdichte lassen sich im Fossilbeleg nicht erkennen. Was aber durchaus beobachtet werden kann, sind durchschnittliche Populationsgrößen für bestimmte Arten. Meist läßt sich ohne weiteres beurteilen, ob eine Art selten oder häufig ist, und bei einer entsprechenden Vollständigkeit des Fossilbelegs läßt sich auch die Populationsdichte abschätzen.

7.2. Altersstruktur

Bei der Besprechung des Populationswachstums wurde stillschweigend vorausgesetzt, daß eine Population ein homogenes Gebilde ist, daß eine kontinuierliche Fortpflanzung stattfindet und daß sich alle Altersstufen vermehren. Diese Voraussetzungen sind in der Natur kaum gegeben. Populationen bestehen aus Individuen verschiedener Altersklassen und verschiedener Fruchtbarkeit. Die Untersuchung der Altersstruktur einer Population ist das Gebiet der Demographie.

Altersstruktur und Größen-Häufigkeitsdiagramme

Um Auskunft über die Alterstruktur einer Population zu erhalten, wird in der Ökologie idealerweise eine Kohorte untersucht. Eine Kohorte ist als eine Gruppe gleichzeitig geborener Individuen definiert. Für eine solche Kohorte wird nun untersucht, wie viele Individuen l_x in aufeinanderfolgenden Zeitabschnitten x überleben und wieviele Nachkommen m_x die Weibchen der entsprechenden Altersklasse x gebären. Aus den Daten für l_x lassen sich einerseits direkt Überlebenskurven ableiten, andererseits läßt sich aus den altersspezifischen Geburts- und Sterberaten die Altersstruktur in aufeinanderfolgenden Zeitabschnitten errechnen. Dieses Vorgehen ist in der Paläontologie nicht möglich. Hier muß ausgehend von einer fossilen Assoziation die statische Altersverteilung rekonstruiert werden. Dies ist nicht unbedingt ein Nachteil, denn unter normalen Verhältnissen bleiben innerhalb einer Population altersspezifische Geburts- und Sterberaten konstant, was in einer stabilen Altersstruktur resultiert (WILSON & BOSSERT 1973).

Gewöhnlich wird bei Untersuchungen fossiler Populationen zuerst ein Größen-Häufigkeitsdiagramm ("size-frequency diagram") erstellt. Größenklassen lassen sich idealerweise auf Altersklassen zurückführen, wenn beispielsweise eine Altersbestimmung anhand von Wachstumsringen möglich ist. Eine ideale Gruppe für die Untersuchung der Altersstruktur sind die Ostracoden. Muschelkrebse häuten sich während des Wachstums periodisch. Zwischen den Häutungsphasen ist wegen der starren Cutikula aber kein Wachstum möglich. Daher treten in einer fossilen Ostracodenpopulation abgegrenzte Größenklassen auf, welche den einzelnen Häutungsstadien und damit Altersklassen entsprechen (Fig. 7.3).

Populationsdynamik

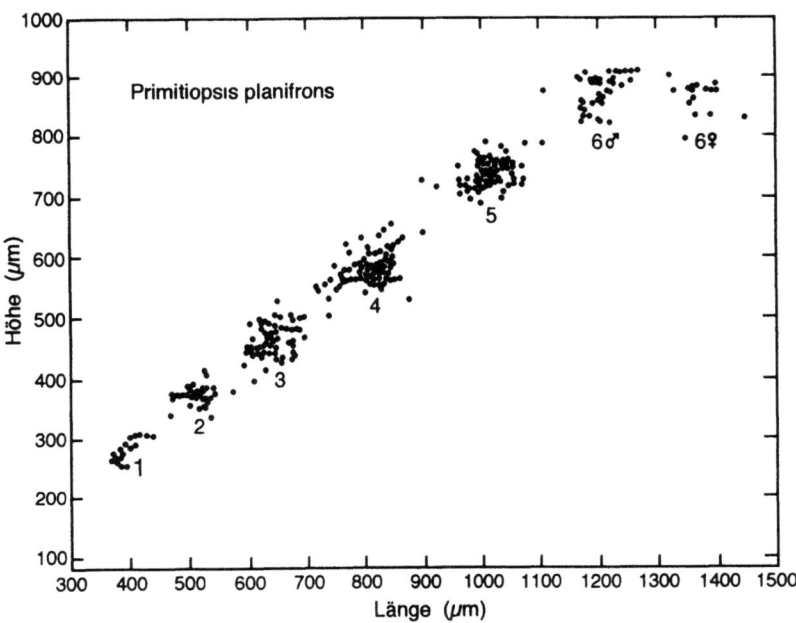

Fig. 7.3. Maße von Länge und Höhe bei dem silurischen Ostracoden *Primitiopsis planifrons*. Die Nummern unterhalb der Punktwolken geben das Häutungsstadium an. Nach KURTÉN 1964.

Ein informatives Beispiel zur Untersuchung der Altersstruktur einer fossilen Population ist die Analyse der Ostracodenart *Beyrichia jonesi* aus den Mulde-Mergeln von Gotland (KURTÉN 1964, RAUP & STANLEY 1978). Bei diesem Ostracoden wurden 11 Häutungsstadien festgestellt. Von diesen wurden allerdings nur die letzten acht in die Untersuchung aufgenommen, da die ersten drei Stadien sehr schlecht erhalten waren. Insgesamt wurden 972 Klappen ausgezählt und in einem Größen-Häufigkeitsdiagramm dargestellt (Fig. 7.4). Da jeder Ostracode aber zwei Klappen besitzt, wurden für die Berechnung der Sterberaten die entsprechenden Häufigkeitswerte halbiert.

In einer ersten zeitspezifischen Auswertung wurde angenommen, daß alle ausgezählten Ostracoden zur gleichen Zeit gestorben waren (Tab. 7.1). Die Häufigkeitswerte wurden daher als bis zur entsprechenden Altersklasse überlebende Individuen l_x eingetragen. Aus der Differenz zwischen l_x und l_{x+1} läßt sich die Anzahl der im gleichen Zeitabschnitt gestorbenen Individuen d_x errechnen und das Verhältnis l_x/d_x ergibt schließlich die altersspezifische Mortalitätsrate q_x.

In einem zweiten, dynamischen Ansatz wurde angenommen, daß die Ostracodenschalen als Folge natürlichen Absterbens über längere Zeit akkumulierten (Tab. 7.1). In diesem Fall entsprechen die Häufigkeitswerte der d_x-Kolonne, und die l_x- und q_x-Werte müssen aus d_x errechnet werden. In diesem speziellen Fall unterscheidet sich das resultierende Muster der beiden Methoden nicht dramatisch voneinander (Fig. 7.5). Da die Erhaltungsmuster der Mulde-Mergel nicht auf episodisches Massensterben deuten, wird angenommen, daß eher die dynamische Methode das natürliche Muster widergibt (RAUP & STANLEY 1978).

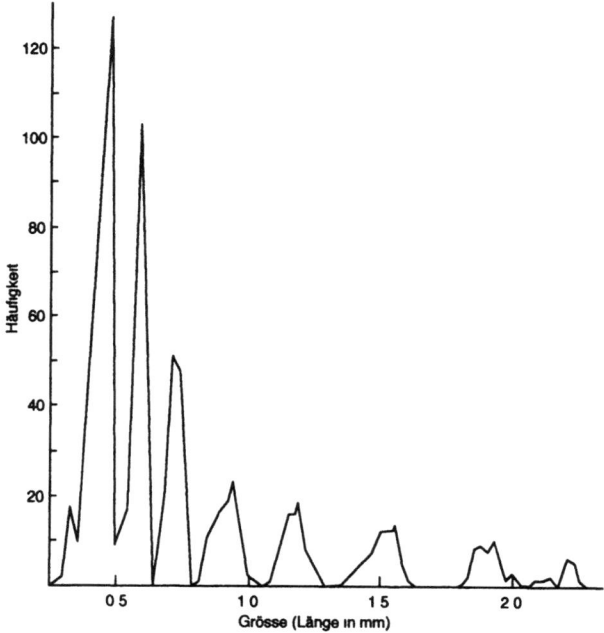

Fig. 7.4. Großen-Haufigkeitsdiagramm fur eine Population des silurischen Ostracoden *Beyrichia jonesi*. Die numerierten Peaks geben die Hautungsstadien an. Nach RAUP & STANLEY 1978.

Tab. 7.1. Sterbetafeln fur den silurischen Ostracoden *Beyrichia jonesi*. Nach KURTÉN 1964.

Zeit-spezifische Methode				Dynamische Methode			
Alter bei Beginn von Intervall (x)	Anzahl Gestorbene in Intervall (d_x)	Überlebende zu Beginn von Intervall (l_x)	Sterberate (q_x)	Alter bei Beginn von Intervall (x)	Anzahl Gestorbene in Intervall (d_x)	Überlebende zu Beginn von Intervall (l_x)	Sterberate (q_x)
4	50	155	0 32	4	155	483	0 32
5	32	105	0 30	5	105	328	0 32
6	27	73	0 37	6	73	223	0 33
7	8	46	0 17	7	46	150	0 31
8	3	38	0 08	8	38	104	0 37
9	14	35	0 40	9	35	66	0 53
10	11	21	0 52	10	21	31	0 68
11	10	10	--	11	10	10	--
Rohdaten als d_x eingegeben				Rohdaten als l_x eingegeben			

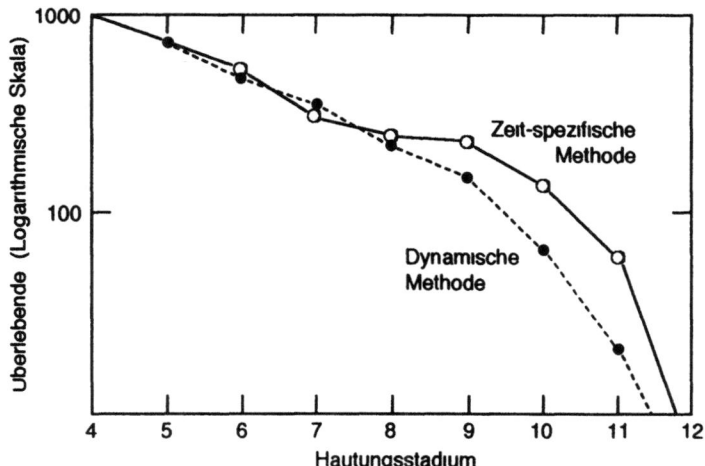

Fig. 7.5 Überlebenskurven für den silurischen Ostracoden *Beyrichia jonesi* Ausgezogene Kurve für den zeitspezifischen, gestrichelte Linie für den dynamischen Ansatz Nach KURTÉN 1964

Sowohl der zeitspezifische als auch der dynamische Ansatz gehen davon aus, daß die Hautungsreste selbst nicht erhalten geblieben sind Wenn man andererseits annimmt, daß alle Schalen Exuvien sind, dann entsprechen die Haufigkeitswerte der einzelnen Großenklassen der Proportion lebender Tiere Die Werte mussen daher als l_x eingetragen werden, selbst wenn die Hautungsreste uber langere Zeit akkumulierten Es resultiert also das gleiche Muster wie beim zeitspezifischen Ansatz (RAUP & STANLEY 1978)

Nicht immer kann aus Großen-Haufigkeitsdiagrammen direkt auf die Altersverteilung geschlossen werden Gewohnlich existiert aber eine einfache Beziehung zwischen Große und Alter Dies gilt mindestens für die meisten wirbellosen Tiere, welche zeitlebens wachsen, aber mit einer im Alter abnehmenden Rate Mit folgender Gleichung kann von der Große auf das Alter geschlossen werden

$$D = S \ln(T + 1) \qquad (7\ 3)$$

wobei D die Große, T das Alter und S eine für die Population charakteristische Konstante ist S muß mit Untersuchungen an Wachstumsringen oder ähnlichem kalibriert werden Brauchbare Resultate erhalt man aber auch, wenn man die Große logarithmisch aufträgt (DODD & STANTON 1990) Dies berucksichtigt, daß die Wachstumsrate negativ exponentiell abnimmt, was ja auch in der obigen Gleichung zum Ausdruck kommt

Eine wichtige Anwendung der Großen-Haufigkeitsdiagramme wurde noch nicht besprochen Wenn die Reproduktion kontinuierlich verlauft, dann wird die Großen-Haufigkeitsverteilung eine glatte Kurve mit einem Peak ergeben, welcher je nach altersspezifischer Sterberate unterschiedlich liegen kann Wenn die Fortpflanzung aber saisonal erfolgt (Fig 7 6), wird ein bi- oder polymodales Muster resultieren Die Anwesenheit von mehreren deutlichen Peaks in einem Großen-Haufigkeitsdiagramm einer fossilen Population ist daher ein gutes Indiz für stark saisonales Klima (Fig. 7.7; DODD & STANTON 1990).

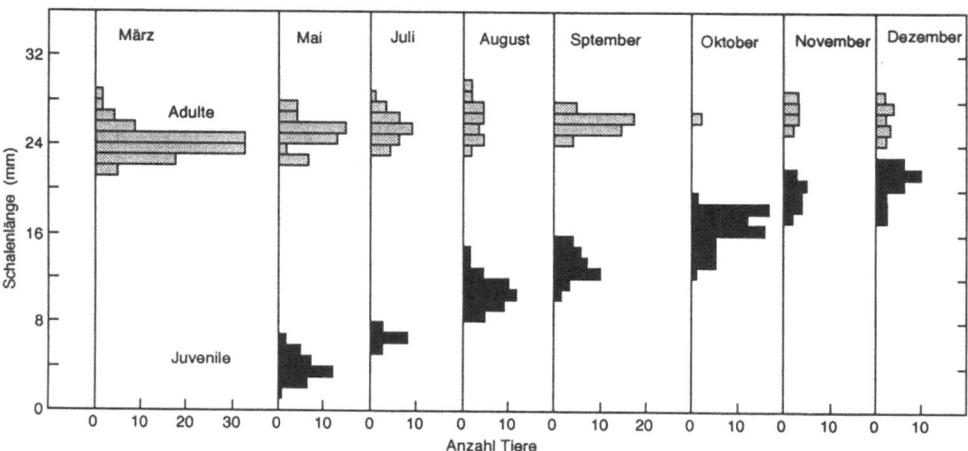

Fig. 7.6. Größen-Häufigkeitsdiagramm der Muschel *Donax incarnatus*. Nach LEVINTON 1982

Ein Problem, welches bei der Untersuchung fossiler Assoziationen immer wieder auftaucht, ist die Interpretation kleinwüchsiger Formen. Für solche Assoziationen sind, wenn Transportphänomene ausgeschlossen werden können, drei Möglichkeiten denkbar: 1. Es handelt sich um durchwegs juvenile Exemplare. 2. Die Individuen zeigen einen Kümmerwuchs. 3. Es handelt sich um normale Individuen einer primär kleinwüchsigen Art. Falls es sich um eine Population juveniler Individuen handelt, dann deutet dies meist auf hohe Jugendsterblichkeit aufgrund von lokalen Katastrophen hin. Eine andere Möglichkeit ist räumliche Separierung von juvenilen und adulten Stadien derselben Art (KIDWELL & BOSENCE 1991). Eine solche Population zeigt in einem Größen-Häufigkeitsdiagramm eine unimodale Verteilung und eine rapide abfallende Überlebenskurve (DODD & STANTON 1990). Anzeichen für sexuelle Reife fehlen.

Kümmerwuchs ("stunting") ist unter rezenten Wirbellosen des marinen Bereichs weit verbreitet und tritt auf, wenn die Organismen unter ungünstigen Bedingungen wachsen (HALLAM 1965). Als Verursacher von Kümmerwuchs kommen knappes Nährstoffangebot, verringerter Sauerstoffgehalt und abnormale Salinität in Frage. Kümmerwüchsige Populationen weisen eine normale Altersstruktur auf und zeigen in einem Größen-Häufigkeitsdiagramm eine bi- oder polymodale Verteilung.

Kleinwüchsigkeit kann aber auch ein genetisch fixiertes Merkmal einer Art sein. Man nimmt an, daß in diesem Zusammenhang heterochrone evolutive Prozesse eine große Rolle spielen (GOULD 1977). Durch das Vorverlegen der sexuellen Reife in die Jugendstadien (Progenese) entsteht eine kleinwüchsige Art, welche gegenüber der Vorfahrenart juvenile Merkmale beibehalten hat. Solche progenetischen Arten dürften meist mit r-Strategie kombiniert sein (GOULD 1977, MCKINNEY & MCNAMARA 1991).

Populationsdynamik

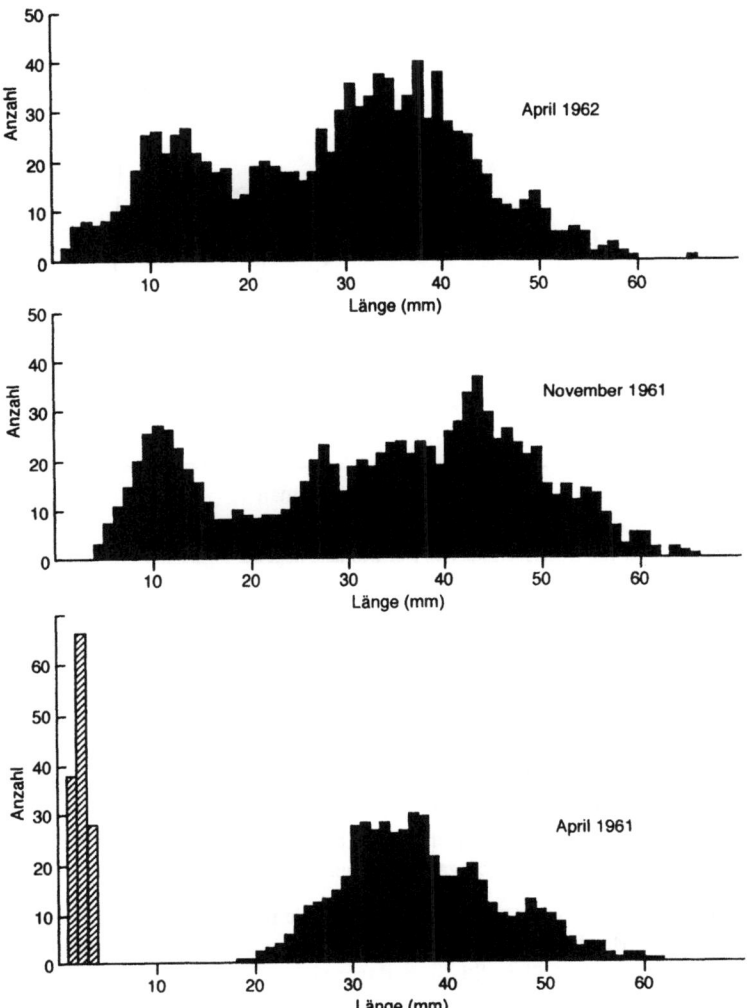

Fig. 7.7. Polymodale Größen-Häufigkeitsdiagramme von *Mytilus edulis* von Schottland. Nach DODD & STANTON 1990.

Überlebenskurven

Die Überlebenskurve einer Population gibt den Anteil der Individuen l_x an, welche bis zu einem bestimmten Alter x überlebt haben. Eine solche Kurve läßt sich durch die Auswertung von Alters-Häufigkeits-Werten konstruieren. Auf der Abszisse wird das Alter der Organsimen aufgetragen, auf der Ordinate die Häufigkeit der Überlebenden in logarithmischem Maßstab. Es zeigte sich, daß die Überlebenskurven der meisten Populationen einer von drei Grundformen entsprechen (Fig. 7.8; WILSON & BOSSERT 1973).

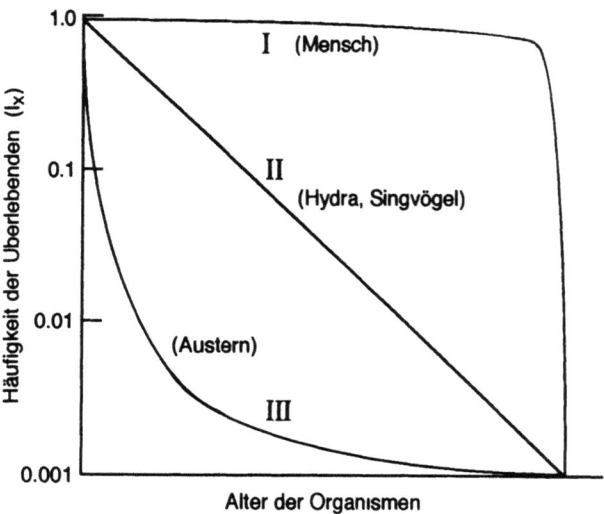

Fig. 7.8 Drei Grundformen von Überlebenskurven. Der Ordinate liegt der logarithmische Maßstab zugrunde. Nach WILSON & BOSSERT 1973.

Kurve I gilt beispielsweise für menschliche Populationen in industrialisierten Regionen, wo die Sterblichkeit durch intensive medizinische Vorsorge und Betreuung auf ein Minimum reduziert ist. Die meisten Angehörigen dieser Populationen sterben durch Altersschwäche, wenn sie ein relativ hohes Alter erreicht haben.

In der Kurve II ist die Wahrscheinlichkeit des Todes in jedem Alter ungefähr gleich groß. Das bedeutet, daß in jedem Zeitabschnitt ein bestimmter Teil jeder Altersgruppe eliminiert wird. Dies kann durch Räuber oder durch natürliche Sterblichkeit erfolgen. Kurve II verläuft daher negativ exponentiell, beziehungsweise bei halblogarithmischer Auftragung gerade.

Die Kurve III kommt in der Natur am häufigsten vor. Sie tritt auf bei Populationen, welche sehr viele Nachkommen (z.B. planktonische Larven) produzieren. Die große Mehrheit dieser Nachkommen stirbt in einem sehr frühen Stadium, daher sinkt die Überlebenskurve in einem frühen Alter sehr stark ab. Die bis dann Überlebenden (z.B. nach der Metamorphose) haben aber eine gute Chance, das Fortpflanzungsalter zu erreichen. Kurve III ist typisch für r-Strategen, während K-Strategen Überlebenskurven vom Typ I oder II aufweisen (PIANKA 1988).

Box 6 r- und K-Strategie

Gewisse Populationen treten typischerweise in Habitaten auf, welche starken abiotischen Schwankungen unterworfen sind. Häufig wird daher ein großer Teil der Population eliminiert. Arten, welche an solche Milieus angepaßt sind, besitzen aber die Fähigkeit zur schnellen, teilweise fast explosiven Vermehrung sowie zur schnellen Besiedelung neuer, freigewordener Habitate. Diese Arten haben sich gewissermaßen darauf spezialisiert, das r (Wachstumsrate) der logistischen Gleichung zu optimieren (r-Selektion). Sie werden daher als r-Strategen oder als opportunistische Arten bezeichnet. Als K-Strategen oder Gleichgewichtsarten bezeichnet man dagegen Arten, welche an stabile Umgebungen angepaßt sind und nur geringe Populationsfluktuationen zeigen. Diese Arten haben sich darauf spezialisiert, eine stabile Populationsdichte aufrechtzuerhalten, welche nahezu die Umweltkapazität K erreicht (K-Selektion). Opportunistische und Gleichgewichtsarten lassen sich auch im Fossilbeleg erkennen (Fig 7 9) und sind wichtige Indikatoren für den Grad der abiotischen Umweltschwankungen

r-Strategen zeigen starke Populationsschwankungen, welche auf katastrophale Mortalität und anschließendes schnelles Populationswachstum zurückzuführen ist Typischerweise sind r-Strategen kleinwuchsige Individuen, welche sich früh fortpflanzen und viele Nachkommen produzieren Die Überlebenskurve entspricht meist dem oben besprochenen Typ III Die Lebenserwartung ist insgesamt gering r-Strategen sind typisch für frühe Sukzessionsstadien und physikalisch kontrollierte Umgebungen In stabilen Umgebungen sind diese opportunistischen Arten dagegen nicht konkurrenzfähig In einer fossilen Assoziation sind sie häufig dominant und kommen auf bestimmten Schichtflächen nahezu monospezifisch vor Zudem treten sie in einer Vielzahl verschiedener Faziestypen auf (LEVINTON 1970) Ein typisches Beispiel einer fossilen opportunistischen Art ist die kleine Muschel *Bositra buchii*, welche in dysaeroben Beckenablagerungen (Posidonienschiefer, Opalinuston) häufig ganze Schichtflächen bedeckt, in den dazwischen liegenden Schichten aber selten ist

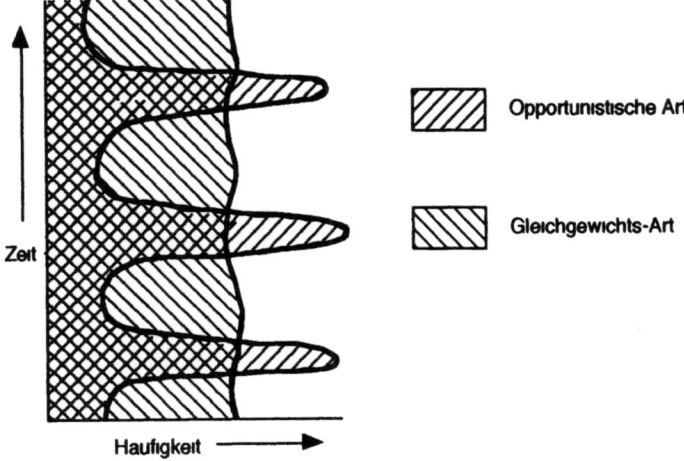

Fig. 7.9 Schematische Darstellung der Haufigkeitsschwankungen einer Gleichgewichtsart und einer opportunistischen Art in einem hypothetischen Profil Nach HALLAM 1972

K-Strategen weisen dagegen über langere Zeit stabile Populationsgrößen auf Es werden nur wenige Nachkommen produziert, bei diesen ist aber die juvenile Sterblichkeit eher gering (Brutpflege, dotterhaltige Eier) Daher resultieren Überlebenskurven von Typ II oder III Die Körpergröße und die maximale Lebenserwartung sind gegenüber opportunistischen Arten deutlich größer Gleichgewichtsarten sind typisch für späte Sukzessionsstadien und stabile Habitate mit konstantem Nahrstoffangebot In solchen biologisch integrierten Lebensgemeinschaften sind die Gleichgewichtsarten den Opportunisten kompetitiv überlegen In fossilen Ablagerungen sind K-Strategen auf eine bestimmte Fazies beschränkt Sie treten in immer etwa konstanter Häufigkeit auf, sind aber nie dominant (LEVINTON 1970)

Selbstverständlich ist die Vorstellung einer r-K-Dichotomie eine grobe Vereinfachung der realen Situation Es handelt sich eher um ein r K Kontinuum, und einzelne Arten können nur im Vergleich mit anderen Arten als opportunistisch beziehungsweise als Gleichgewichtsarten bezeichnet werden (PIANKA 1988) Die Tatsache, daß für viele Arten keine klare Korrelation zwischen Fortpflanzungsstrategie und Umweltbedingungen existiert, wurde verschiedentlich beobachtet Dies kann als Anlaß genommen werden, das gesamte Konzept der r- und K-Strategie zu verwerfen (STEARNS 1992) Andererseits bleibt zu betonen, daß dieses einfache Konzept einen großen Teil der beobachteten Lebenszyklen recht genau beschreibt (BEGON et al 1991) Eine Beibehaltung zumindest fur deskriptive Zwecke scheint also sinnvoll

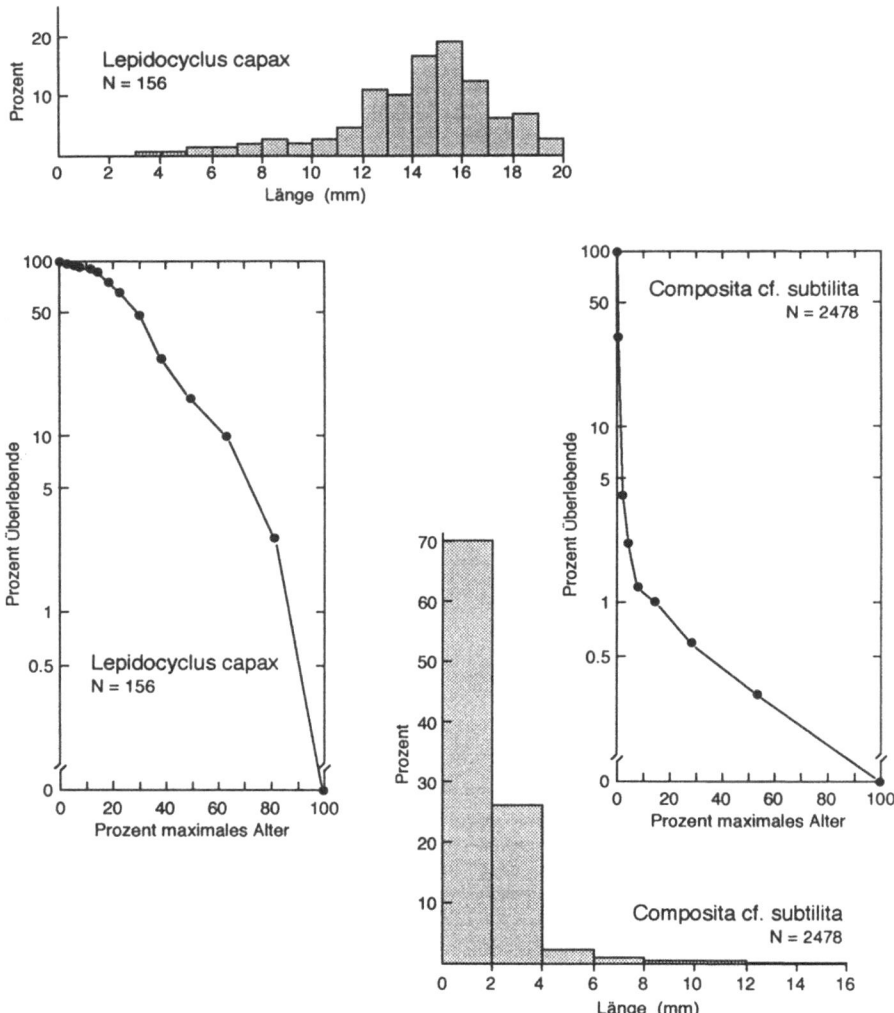

Fig. 7.10 Großen-Haufigkeitsdiagramme und Uberlebenskurven von Populationen der Brachiopoden *Lepidocyclus capax* und *Composita* cf *subtilita* Nach RICHARDS & BAMBACH 1975

Ein anschauliches Beispiel zur Populationsdynamik ist die Untersuchung paläozoischer Brachiopoden von RICHARDS & BAMBACH (1975). An verschiedenen oberordovizischen Lokalitäten Nordamerikas (Indiana und Ohio) wurden von verschiedenen Arten zahlreiche Individuen aufgesammelt und jeweils Größen-Häufigkeitsdiagramme erstellt. Nach der Formel (7.3) wurden die gemessenen Größenverteilungen in Alters-Häufigkeitsdiagramme umgewandelt und daraus Überlebenskurven abgeleitet. Dabei zeigte es sich, daß es Brachiopodenarten mit einer hohen Juvenilsterblichkeit (Beispiel *Composita* cf. *subtilita*; Fig. 7.10) und solche mit einer niederen postlarvalen Juvenilsterblichkeit gab (Beispiel *Lepidocyclus capax*; Fig. 7.10). Dabei konnte eine gute Korrelation zwischen Überlebenskurven und Habitat festgestellt werden. Auf stabilen, festen Substraten siedelnde Arten zeigten geringe Jugendsterblichkeit (und können eher als K-Strategen bezeichnet werden), während sich Arten, welche auf unstabilen Weichböden lebten, durch eine hohe Juvenilsterblichkeit auszeichneten (typisch für r-Strategen). Offensichtlich war das unstabile Substrat und die dort herrschende hohe Konzentration an suspendierten Partikeln für diese Brachiopoden eine Streßumgebung, deren Besiedlung nur beschränkt möglich war.

7.3. Räumliche Struktur

Individuen einer Population können entweder zufällig oder regelmäßig oder aggregiert verteilt vorkommen (Fig. 7.11). Welche räumliche Verteilung die einzelnen Individuen aufweisen, hängt nicht zuletzt vom Beobachtungsmaßstab ab. So sind die Individuen aller Populationen bei einer globalen Betrachtungsweise aggregiert, während sie bei bei einem kleinen Beobachtungsmaßstab zufällig verteilt sind.

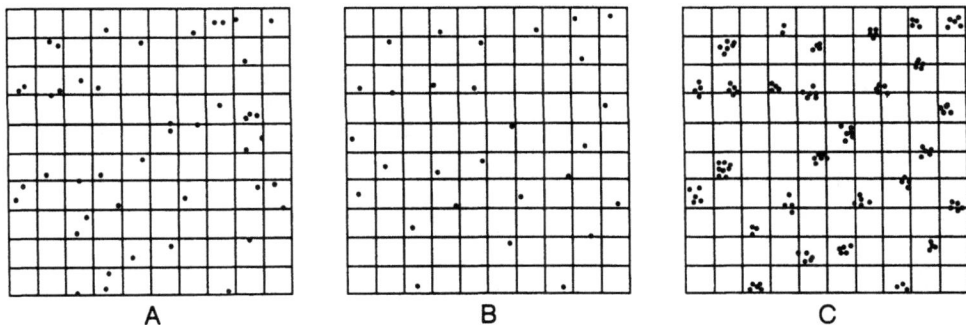

Fig. 7.11. Räumliche Verteilung von Organismen. A: zufällige Verteilung; B: regelmäßige Verteilung; C: aggregierte Verteilung. Nach DODD & STANTON 1990.

In fossilen Assoziationen ist die räumliche Struktur von Populationen häufig nicht erhalten, da es sich um längerfristig akkumulierte Organismenreste handelt. Jedes Verteilungsmuster tendiert bei einem "time-averaging" dazu, eine zufällige Verteilung anzunehmen. Es konnte jedoch mit Hilfe von Computer-Simulationen gezeigt werden, daß aggregierte Verteilung meist erhalten bleibt (DODD & STANTON 1990).

Zufällige Verteilung

Bei der zufälligen Verteilung ist die Position jedes Individuums unabhängig von der anderer Individuen. Man sollte annehmen, daß eine zufällige Verteilung eigentlich häufig auftritt, mindestens bei Organismen, welche planktonische Larven besitzen. Genauere Untersuchungen haben aber gezeigt, daß die Besiedlung durch die planktonischen Larven meist ein selektiver Prozeß ist, welcher aktives Suchen des geeigneten Lebensortes einschließt (LEVINTON 1982). Zufällige Verteilung findet sich daher nur bei wenigen Populationen, beispielsweise bei Sedimentfressern, welche das Substrat auf der Suche nach Nahrung durchpflügen.

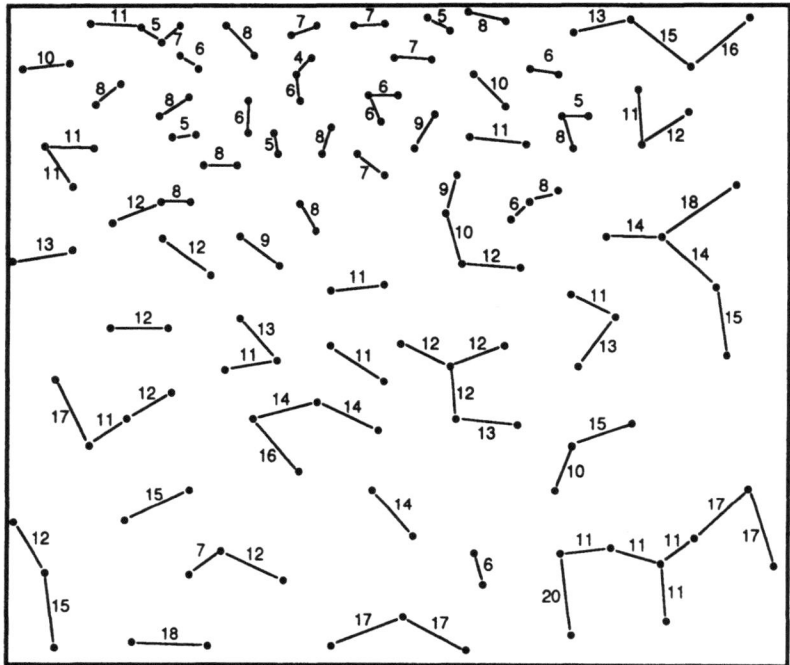

Fig. 7.12. Lageplan von vertikalen Wohnröhren der Spurengattung *Skolithos*. Die Distanz zum nächsten Nachbar ist in Millimetern angegeben. Nach PEMBERTON & FREY 1984.

Regelmäßige Verteilung

Regelmäßige Verteilung ist ein Resultat intraspezifischer Konkurrenz und kann einerseits aus territorialem Verhalten resultieren, andererseits aber auch bei direkter Konkurrenz um Raum und Nahrung. Ein Beispiel wäre die regelmäßige Verteilung bei suspensionsfressenden Anneliden. Hier erhalten Jungtiere, welche sich zu nahe bei einem adulten Individuum aufhalten, selbst nicht genügend Nahrung und sterben ab. Ein anderes Beispiel sind die Seepocken des Gezeitenbereichs, welche in dichter, aber regelmäßiger Verteilung leben. Eine neusiedelnde Larve hat nur dann eine

Entwicklungschance, wenn sie sich in ausreichender Entfernung zu den schon vorhandenen Individuen ansiedelt. Setzt sie sich zu nahe an einem adulten Tier fest, so wird sie überwachsen.

Die räumliche Struktur wurde auch bei Spurenfossilien untersucht. Spurenfossilien haben ja den Vorteil, daß sie sicherlich nicht transportiert wurden. Die Vertreter der Ichnogattung *Skolithos* treten in Flecken aggregiert auf, sind innerhalb dieser Flecken aber zufällig oder bei dichter Besiedlung regelmäßig verteilt (Fig. 7.12). Diese regelmäßige Verteilung wurde als Resultat einer Konkurrenz um Raum und Nahrung von Suspensionsfressern interpretiert (PEMBERTON & FREY 1984). In diesem Fall führte die Analyse der räumlichen Verteilung also zu einer direkten Folgerung über die Biologie des verursachenden Organismus.

Aggregierte Verteilung

Aggregierte Verteilung kann einerseits durch Habitatinhomogenität (z.B. ungleichmäßige Verteilung besiedelbaren Substrates) entstehen, andererseits auch bei sozialem Verhalten. Aggregierte Verteilung kann für die einzelnen Individuen verschiedene Vorteile bringen: sexuelle Reproduktion wird einfacher, soziale Interaktionen werden möglich, Nahrung kann leichter beschafft werden. Ein Beispiel für den letzten Punkt wäre das aggregierte Vorkommen von Crinoiden und suspensionsfressenden Schlangensternen. Durch die dichte Besiedlung wird die Strömungsgeschwindigkeit des Wassers lokal erniedrigt, was ein leichteres Einfangen der suspendierten Nahrung ermöglicht. Kleinräumige aggregierte Verteilung bei fossilen Assoziationen ist in den meisten Fällen aber mit Unregelmäßigkeiten im Habitat korreliert. An harte Substrate gebundene Riffe, Bioherme und Muschelbänke sind die häufigsten Beispiele.

8. Community-Palökologie

Lebensgemeinschaften ("communities") sind außerordentlich komplexe Gebilde, welche in der ökologischen Forschung eine zentrale Rolle spielen. Dabei wurde und wird insbesondere versucht abzuklären, inwiefern abiotische Faktoren und biologische Interaktionen die taxonomische Zusammensetzung und die Struktur einer Lebensgemeinschaft bestimmen (GRAY 1984, BEGON et al. 1991). In der Paläontologie sind es vor allem zwei Gründe, welche die Beschreibung fossiler Communities als sinnvoll erscheinen lassen. Zum einen kann die Struktur von Palaeocommunities mit bestimmten Umweltfaktoren in Verbindung gebracht werden, was eine Aussage über die abiotischen Faktoren erlaubt und so eine Rekonstruktion der Ablagerungsbedingungen ermöglicht. Andererseits besteht ein fundamentales Interesse an der möglichst vollständigen Rekonstruktion der Palaeocommunities selbst. Nur bei einem Vergleich solcher Assoziationen im Laufe der Erdgeschichte wird die Entwicklung des Lebens auf der Erde überhaupt faßbar.

8.1. Community-Konzept

Definition

Lebensgemeinschaften ("communities") werden zumeist nur in Ökologie-Lehrbüchern definiert. Heute herrscht weitgehend Einigkeit, daß eine Definition einer Lebensgemeinschaft keine Aussage darüber machen sollte, wie stark die biologischen Interaktionen die Struktur der Community prägen (SOUTHWOOD 1987). Unter den meist eher vagen Definitionen ist diejenige von MILLS (1969) eine der brauchbarsten. Danach ist eine Lebensgemeinschaft eine Gruppe von Organismen, welche in einem bestimmten Habitat vorkommen und vermutlich miteinander und mit der Umwelt interagieren. Solche Lebensgemeinschaften lassen sich durch ökologische Untersuchungen von anderen Gemeinschaften abgrenzen (MILLS 1969). Lebensgemeinschaften besitzen Eigenschaften, welche die Summe der Eigenschaften der einzelnen Mitglieder plus deren Interaktionen sind (BEGON et al. 1991).

Die Beschäftigung mit Communities in der Paläontologie muß natürlich auf fossile Assoziationen beschränkt bleiben, welche auf ehemalige Lebensgemeinschaften zurückgeführt werden können. Damit fallen allochthone, kondensierte und aufgearbeitete Assoziationen weg. Die Anwendung von Prinzipien der Community-Palökologie sollte also auf autochthone Assoziationen beschränkt bleiben, welche eine möglichst hohe mikrostratigraphische Auflösung zeigen, also nur eine geringfügige Kurzzeit-Kondensation aufweisen ("time-averaging"). Selbstverständlich lassen sich auch Schichten von Obrutionslagerstätten untersuchen, denn solche Assoziationen entsprechen ja einer Momentaufnahme. Hier muß allerdings genau abgeklärt werden, ob nicht einzelne Faunenelemente allochthon sind, also bei der sedimentären Zuschüttung eingeschwemmt wurden. Termini für die Charakterisierung fossiler Assoziationen wurden in Kapitel 6 eingeführt.

Verschiedene Konzepte

Eine alte Streitfrage in der Ökologie betrifft die Natur von Lebensgemeinschaften. Die strittige Frage lautet: Sind Lebensgemeinschaften abgegrenzte Einheiten oder handelt es sich um willkürlich definierte Gruppierungen, welche entlang von Umweltgradienten kontinuierlich ineinander übergehen (GRAY 1984)? Nach der ersteren Auffassung sind Lebensgemeinschaften Artenansammlungen, welche von benachbarten Assoziationen durch scharfe Grenzen separiert sind, wobei die Verbreitung der einzelnen Arten eng mit Habitatsgrenzen korreliert ist. Nach der zweiten Auffassung sind die verschiedenen Arten entlang von ökologischen Gradienten verteilt, wobei jede Art ihr Optimum an einem anderen Ort des Gradienten hätte. Die Verteilung der Arten würde überlappen und es gäbe keine scharfen Grenzen. Eine Gemeinschaft würde allmählich in eine andere übergehen.

Das erste Konzept geht in der Benthos-Ökologie auf den Dänen PETERSEN zurück (GRAY 1984). Er sammelte zu Beginn des 20. Jahrhunderts mit Hilfe von Bodengreifern die marine Weichbodenfauna zwischen Dänemark und Schweden. Die Fauna wurde quantitativ erfaßt, festgestellt wurden Artenzahl, Individuenzahlen und Biomasse. PETERSEN entwarf eine Reihe von Gemeinschaften, welche jeweils durch sogenannte Charakterarten gekennzeichnet wurden. Diese Charakterarten sollten entweder zahlenmäßig oder von der Biomasse her dominant sein und sollten nicht nur zu bestimmten Jahreszeiten auftreten. PETERSEN erkannte sieben Hauptgemeinschaften, welche in der Folge von THORSON (1957) weltweit untersucht und präziser definiert wurden.

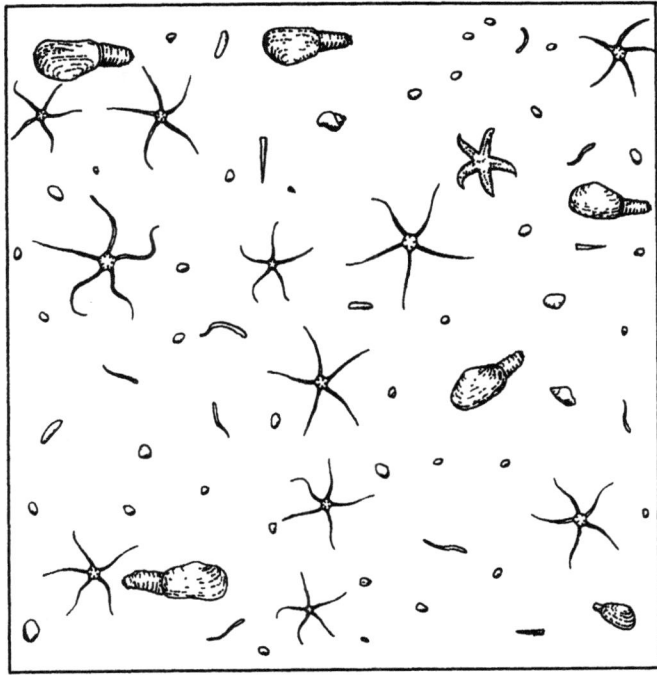

Fig. 8.1. *Abra*-Gemeinschaft im Limfjord, Dänemark. Der dargestellte Ausschnitt entspricht 1/4 m^2. Nach THORSON 1957.

Die *Macoma*-Gemeinschaften sind typisch für flache Gewässer und Ästuare in Tiefen zwischen 10 und 60 m. Die charakteristischen Faunenelemente sind die Muschelgattungen *Macoma*, *Mya* und *Cerastoderma* sowie der Polychaete *Arenicola*. Auf siltigen Böden dominieren die Sedimentfresser

Macoma und *Arenicola*, während auf sandigeren Böden der Suspensionsfresser *Cerastoderma* dominiert.

Die *Tellina*-Gemeinschaften besiedeln hauptsächlich exponierte Sandküsten bis in eine Tiefe von 10 m. Charakteristisch sind die Muscheln *Tellina*, *Donax* und *Dosinia* sowie der Seestern *Astropecten*.

Die *Venus*-Gemeinschaften sind auf Sandböden im offenen Meer in Tiefen von 7 bis 40 m zu finden. Diese Gemeinschaften sind durch die Muscheln *Venus*, *Spisula*, *Tellina* und *Thracia*, die Schnecke *Natica*, den Polychaeten *Ophelia*, den Seestern *Astropecten* und die Seeigel *Echinocardium* und *Spatangus* charakterisiert.

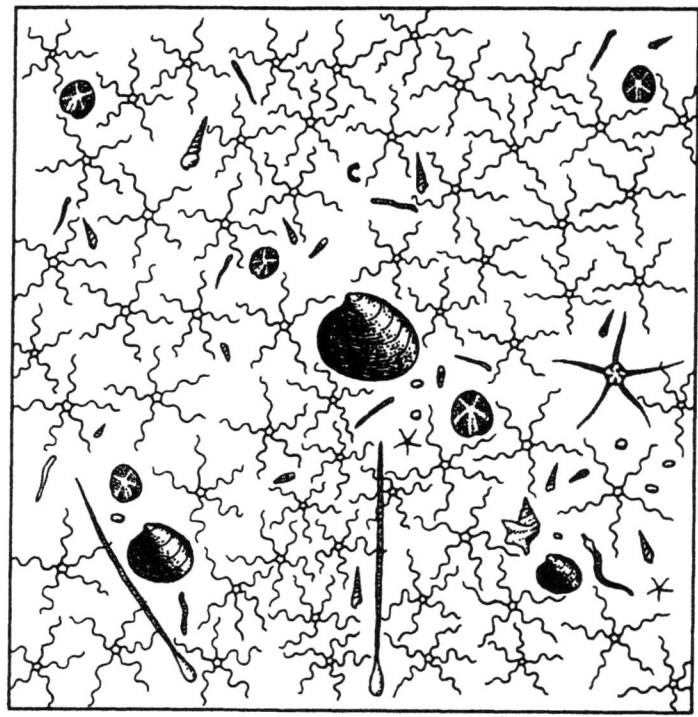

Fig. 8.2. *Amphiura*-Gemeinschaft aus dem Kattegatt. Der dargestellte Ausschnitt entsprich 1/4 m². Nach THORSON 1957.

In geschützten Flußmündungsgebieten mit erniedrigter Salinität, siltigen bis schlickigen Böden und reich an organischer Substanz treten in Tiefen zwischen 5 und 30 m die *Abra*-Gemeinschaften auf (Fig. 8.1). Charakteristisch sind die Muscheln *Abra*, *Cultellus (Phaxas)*, *Corbula (Aloidis)* und *Nucula*, die Polychaeten *Pectinaria* und *Nephtys* und der Seeigel *Echinocardium*. Bei steigendem Sandgehalt gehen diese Gemeinschaften in die *Venus*-Gemeinschaften, bei steigendem Schlickanteil in eine *Amphiura*-Gemeinschaft über.

Die *Amphiura*-Gemeinschaften (Fig. 8.2) besiedeln Weichböden in Tiefen von 15 bis 100 m. Charakteristisch sind Schlangensterne der Gattung *Amphiura*, die Schnecke *Turritella*, die Muscheln *Thyasira* und *Nucula*, der Scaphopode *Dentalium*, die Polychaeten *Nephtys*, *Terebellides* und *Lumbriconereis* sowie die Seeigel *Echinocardium*, *Brissopsis* und *Schizaster*. Auf sandigen Substraten dominieren *Echinocardium* und *Turritella*, während erhöhter Schlickanteil zu einem Anstieg von *Thyasira*, *Brissopsis* und sedentären Polychaeten (*Maldane*) führt.

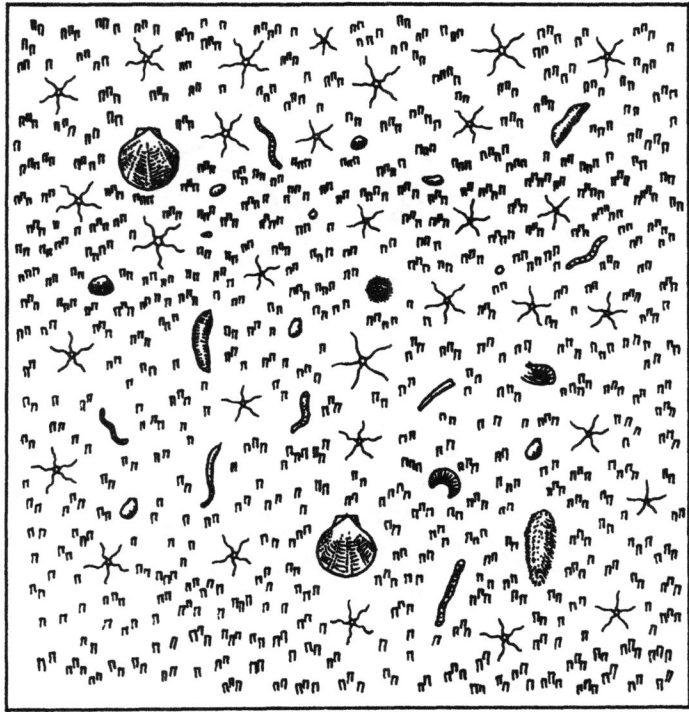

Fig. 8.3. *Haploops*-Gemeinschaft aus dem Kattegatt. Von dem Amphipoden *Haploops tubicola* sind nur die Röhrenmündungen gezeichnet. Der dargestellte Ausschnitt entsprich 1/4 m². Nach THORSON 1957.

Die *Maldane-Ophiura sarsi*-Gemeinschaft findet sich auf feinem Schlick in flachen Ästuaren bis ins offene Meer in Tiefen von 100 bis 300 m. Charakteristisch sind die Polychaeten *Maldane*, *Terebellides*, *Aricia*, *Melinna*, *Praxilella*, *Clymenella*, *Glycera* und *Pectinaria*, der Schlangenstern *Ophiura sarsi*, die Muscheln *Nucula*, *Abra* und *Thyasira*, die Schnecke *Philine*, der Amphipode *Ampelisca* und die Seeigel *Brissopsis* und *Echinocardium*.

Weichböden im Ästuar- und Brackwassermilieu sind von Amphipoden-Gemeinschaften besiedelt. Charakteristisch sind verschiedene Amphipoden, von denen jeder typisch ist für eine spezielle Gemeinschaft: *Pontoporeia* in der Ostsee, *Haploops tubicola* in einigen Gebieten von Dänemark (Fig. 8.3), *Ampelisca* in Japan und an der Ostküste der USA.

THORSON (1957) untersuchte Benthos-Gemeinschaften in vielen Teilen der Welt und fand, daß auf gleichen Bodentypen in unterschiedlichen Gebieten oftmals die gleichen Gattungen auftraten, wahrend die Arten verschieden waren. Er nannte diese Assoziationen parallele Gemeinschaften ("parallel communities") So konnte beispielsweise die *Macoma*-Gemeinschaft in folgende parallele Gemeinschaften aufgeteilt werden. *Macoma calcarea*-Gemeinschaft (Nordatlantik), *M. balthica*-Gemeinschaft (Ostsee, Nordatlantik), *M. nasuta-M. secta*-Gemeinschaft (Westkuste der USA), *M. incongrua*-Gemeinschaft (Japan)

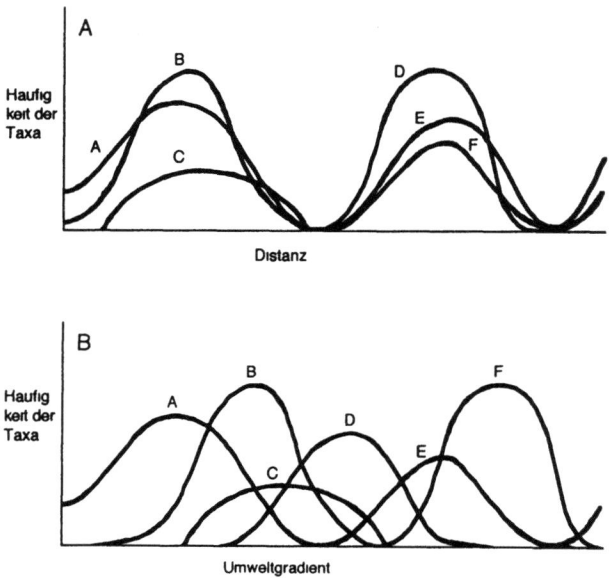

Fig. 8.4 Verschiedene Konzepte von Lebensgemeinschaften A Artengemeinschaften sind durch scharfe Grenzen voneinander getrennt B In einem Umweltgradienten andert sich die Artenzusammensetzung graduell Abgeschlossene Gemeinschaften existieren nicht Nach GRAY 1984

PETERSEN und THORSON definierten ihre Gemeinschaften aufgrund von subjektiven Kriterien Beide Autoren glaubten aber, daß die ausgeschiedenen Gemeinschaften real sind In den sechziger und siebziger Jahren erschienen aber immer mehr Arbeiten, welche die Realitat von Lebensgemeinschaften in Frage stellten (GRAY 1984) Insbesondere bei genauerer Untersuchung der Artenzusammensetzung entlang von Umweltgradienten zeigte es sich, daß die verschiedenen Arten kontinuierlich verteilt sind (Fig 8 4) Somit muß gefolgert werden, daß keine abgeschlossenen Gemeinschaften existieren Scharfe Grenzen zwischen benachbarten Assoziationen sind nur dort zu erwarten, wo auch die Umweltfaktoren abrupt wechseln (Fig 8 4, GRAY 1984) Selbstverständlich ist das gefundene Muster auch eine Frage des Beobachtungsmaßstabs Großraumige Studien mit weit verteilten Probenentnahmen werden zumeist klar abgegrenzte Gemeinschaften ergeben, welche mit unterschiedlichen Habitaten korreliert werden konnen Wird derselbe Raum aber sehr feinraumig untersucht, findet man eine kontinuierliche Verteilung der Arten, und Gemeinschaften lassen sich nicht deutlich abgrenzen (KIDWELL & BOSENCE 1991)

Community-Palokologie

Ein weiterer strittiger Punkt bei der Beurteilung von Lebensgemeinschaften ist die Frage, ob Lebensgemeinschaften nur statistische Einheiten sind, oder ob die zusammen auftretenden Arten klare biologische Wechselwirkungen haben (GRAY 1984) Diese Frage kann offensichtlich nicht global beantwortet werden Zumindest für das marine Benthos scheint aber die biologische Integration von Gemeinschaften eher gering zu sein Bei einer bestimmten Dichte können sich Arten gegenseitig ausschließen, und gewisse Raubei-Arten piofitieren diiekt von der Anwesenheit einer Beute-Art Die meisten Arten scheinen aber einfach zusammen vorzukommen, weil sie ähnliche Umweltansprüche haben (KIDWELL & BOSENCE 1991)

Erkennen von Palaeocommunities

Die einleitend gegebene Definition von Lebensgemeinschaften ist auch für Palaeocommunities brauchbar In den meisten Fällen ist aber das Erkennen von Palaeocommunities ein methodisches Problem Nur selten kann eine fossile Assoziation direkt auf eine fossilisierte Lebensgemeinschaft zurückgeführt werden Eine Ausnahme sind Obrutionslagerstätten, wo eine plötzliche Zuschüttung zu einer autochthonen Einbettung von Organismenresten geführt hat Die meisten Ablageiungen repräsentieren jedoch die Akkumulation von Sedimenten und Organismenresten über einen längeren Zeitraum Bei der Berücksichtigung aktueller Sedimentationsraten (SCHINDEL 1982, SADLER 1981) wird klar, daß die meisten Weichbodensedimente mit Raten von höchstens einigen Zentimetern pro Jahrtausend akkumulieren Dies bedeutet, daß die in einer Schicht von 10 bis 20 cm eingeschlossenen Fossilien nicht einer fossilisierten Community entsprechen, sondern daß es sich um eine Langzeit-Durchschnitts-Assoziation ("time-averaged assemblage") handelt (FURSICH & ABERHAN 1990, KIDWELL & BOSENCE 1991)

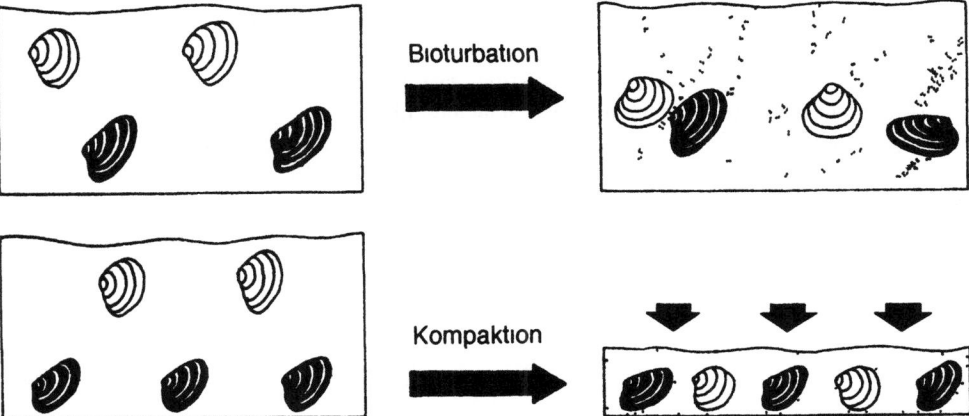

Fig. 8.5 Faunendurchmischung als Folge von Bioturbation und Kompaktion Nach FURSICH 1978

Das Konzept des time-aveiaging ist schon ielativ alt (WALKER & BAMBACH 1971), hat aber erst in neuerer Zeit gebührende Beachtung erhalten Auf den ersten Blick könnte man meinen, daß eine feinere Profilaufnahme eine genauere zeitliche Auflösung erlauben würde Da Oiganismen aber unterschiedliche Sedimentstockwerke besiedeln können und zudem durch die Kompaktion in die gleiche Ebene gedruckt werden können (Fig 8 5), ist auch eine Profilaufnahme im mm-Bereich, sofern technisch überhaupt machbar, keine Lösung dieses Problems. Auch kleinräumige biogene Umlagerung durch die grabende Fauna führt zu einer Durchmischung der Faunenelemente (FÜRSICH 1978, FÜRSICH & ABERHAN 1990).

Die methodische Lösung des Problems besteht darin, in einem Profil nach Assoziationen zu suchen, welche immer wieder auftreten. Solche wiederkehrenden Assoziationen ("recurrent associations"; WALKER & BAMBACH 1971) bestehen aus Artenansammlungen, welche in charakteristischer Zusammensetzung immer wieder zusammen gefunden werden. Es kann angenommen werden, daß die beobachteten Arten auch in der ursprünglichen Lebensgemeinschaft zusammen vorkamen. Solche wiederkehrenden Assoziationen können daher als Palaeocommunities bezeichnet werden. Es bestehen allerdings Unterschiede zwischen Lebensgemeinschaften und Palaeocommunities. Die artliche Zusammensetzung und die Individuendichte von Lebensgemeinschaften fluktuiert in einem saisonalen Rahmen und bleibt auch über längere Zeiträume nicht konstant. Solche kurzfristigen Schwankungen sind in einer Palaeocommunity nicht erhalten geblieben. Diese repräsentieren daher eher die längerfristige durchschnittliche Zusammensetzung einer Gemeinschaft (KIDWELL & BOSENCE 1991).

Das Erkennen der wiederkehrenden Assoziationen ist in vielen Fällen nicht sonderlich schwierig. Vor allem in feinkörnigen, homogenen Ablagerungen ist man bei der Analyse großer Datenmengen aber auf statistische Verfahren angewiesen. Es existiert eine Vielzahl von Verfahren, um eine Serie von Beobachtungen zu klassifizieren (DIGBY & KEMPTON 1987, KREBS 1989). Eines der am häufigsten angewandten Klassifikationsverfahren ist die Clusteranalyse. Die Gruppierung ähnlicher Beobachtungen kann entweder nach Schichten ("Q-mode clustering") oder nach den darin enthaltenen Fossilien erfolgen ("R-mode clustering"). Gebräuchlicher ist die Q-Modus-Klassifikation, nach welcher Schichten mit ähnlichem Fauneninhalt zusammengefaßt werden (DODD & STANTON 1990). Die analysierte Daten-Matrix kann dabei die in den entsprechenden Schichten vorkommenden Arten in ihrer absoluten Häufigkeit enthalten oder nur Vorkommen beziehungsweise Fehlen auflisten (0/1-Matrix). Das Ergebnis einer Clusteranalyse wird als Dendrogramm dargestellt, wobei ähnliche Schichten hierarchisch gruppiert werden. Zur Einführung in statistische Verfahren in der Ökologie existiert eine Reihe ausgezeichneter Bücher und Publikationen (DIGBY & KEMPTON 1987, JONGMAN et al. 1987, LUDWIG & REYNOLDS 1988, KREBS 1989, BURD et al. 1990).

Wenn sich die im Profil enthaltenen Arten stark in den relativen Häufigkeiten unterscheiden, sollte vor der Clusteranalyse zuerst eine Transformation der Werte vorgenommen werden. Am gebräuchlichsten ist die logarithmische Transformation, mit welcher Abundanzunterschiede gedämpft werden:

$$V_x = \log (V_x + 1) \qquad (8.1)$$

In einer Analyse bereits beschriebener benthischer Gemeinschaften aus dem oberen Silur von Wales und England (WATKINS 1979, CHERNS 1988) wurde die Effizienz verschiedener Clustermethoden getestet (LESPÉRANCE 1990). Die "Ludlow-Series" des "Welsh Borderland" sind eine bis 400 m mächtige Schelfablagerung von Tonen, Siltsteinen und Kalken. Die sedimentologische Untersuchung der Abfolge deutet auf ein sukzessives Flacherwerden des Ablagerungsmilieus. In dieser Serie (Fig. 8.6) konnten acht benthische Gemeinschaften erkannt werden (WATKINS 1979), welche alle durch articulate Brachiopoden dominiert wurden (Fig. 8.7). Die taxonomische Zusammensetzung und die Struktur der verschiedenen Assoziationen zeigt eine deutliche

Community-Palökologie

Abhängigkeit von der Lithologie und damit von der Substratkonsistenz, der Sedimentationsrate und der Häufigkeit von Sturmereignissen (WATKINS 1979). Die Rohdaten von WATKINS wurden von LESPÉRANCE (1990) neu analysiert. Verschiedene Clusterverfahren wurden angewandt und auf ihre Effizienz geprüft, die bereits beschriebenen Assoziationen sinnvoll zu gruppieren. Die besten Resultate konnten erzielt werden, wenn die Daten zuerst mit der Berechnung von Ähnlichkeitskoeffizienten modifiziert wurden (Jaccard-Koeffizient, Cosinus-Θ-Koeffizient) und anschließend einer Clusteranalyse unterzogen wurden (Fig. 8.8; LESPÉRANCE 1990).

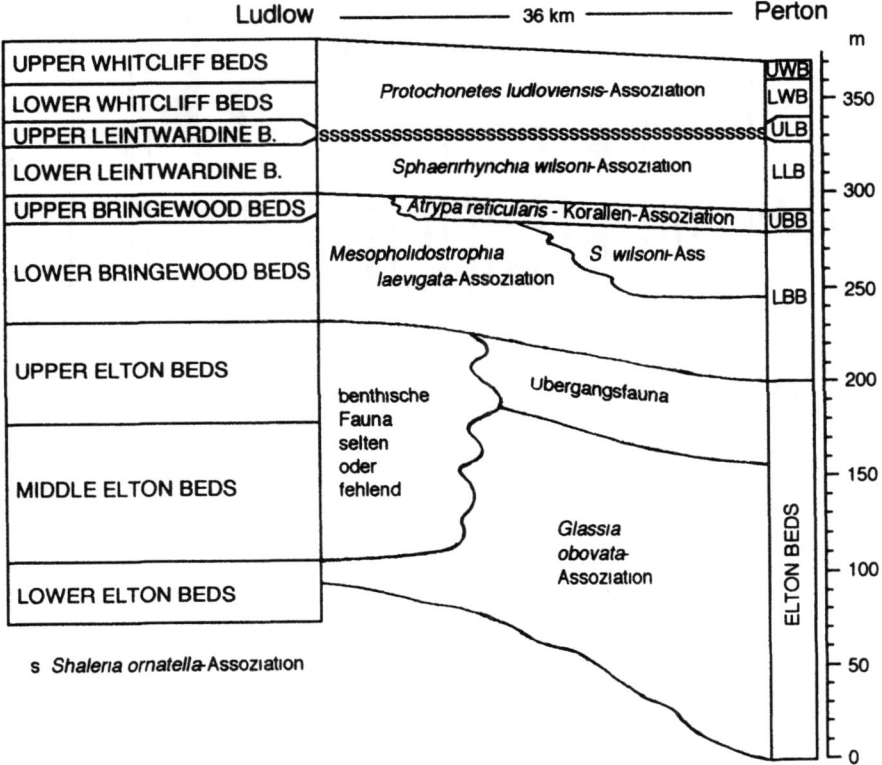

Fig. 8.6. Stratigraphische und fazielle Abhängigkeiten der benthischen Gemeinschaften im oberen Silur des "Welsh Borderland". Nach WATKINS 1979.

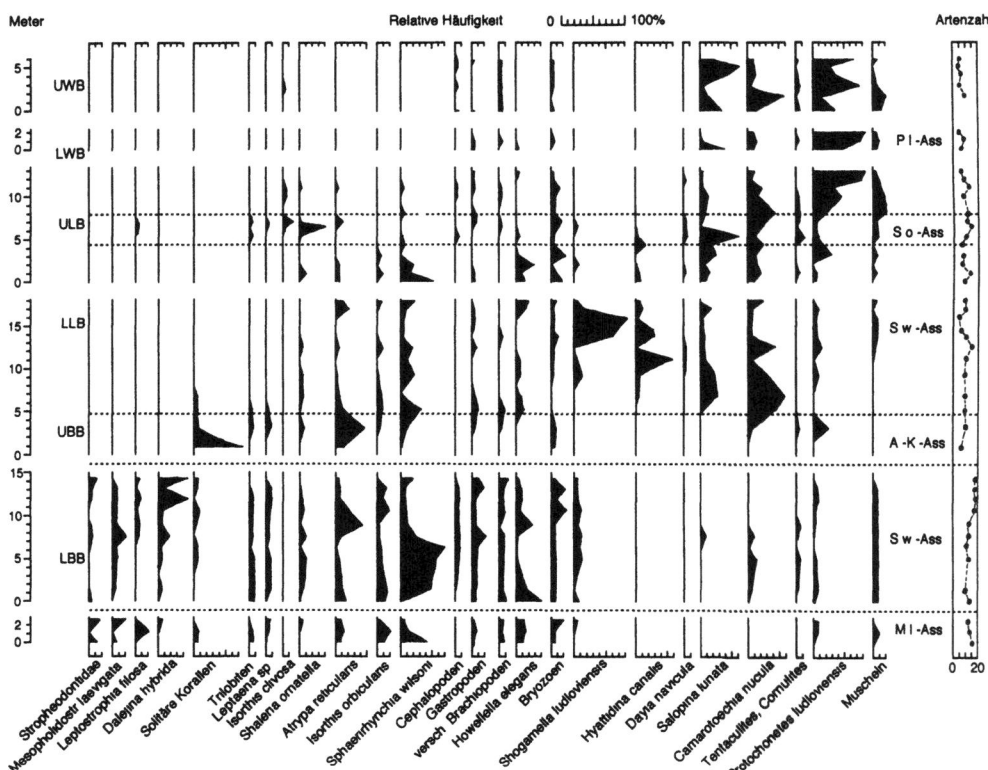

Fig. 8.7. Taxonomische Haufigkeitsspektren in einem Profil aus dem oberen Silur des "Welsh Borderland". Fur die Erläuterung der Abkürzungen vgl. Fig. 8.6. Nach WATKINS 1979.

Die Clusteranalyse ist eine nicht-parametrische multivariate statistische Methode, das heißt sie erlaubt keine direkte Aussage über die Signifikanz der errechneten Gruppierungen. Signifikanztests können aber nachträglich durch Randomisierung der Daten (HARPER 1978) oder mittels der "Bootstrap"-Methode durchgeführt werden (BURD et al. 1990).

In neuerer Zeit wurde die Clusteranalyse als adäquate Methode der Community-Palökologie kritisiert (SPRINGER & BAMBACH 1985). Die hinter dieser Kritik stehende Überlegung war, daß Gemeinschaften eben nicht abgegrenzte Einheiten sind, sondern ineinander übergehen. Eine Clusteranalyse liefert aber unabhängig von der Art der Ausgangsdaten immer abgegrenzte Gruppen. Dieser an sich richtigen Kritik kann aber entgegengehalten werden, daß eine Klassifikation insbesondere bei großen Datenmengen ein sinnvoller erster Schritt ist. Es werden übersichtliche Gruppierungen gebildet, welche einer genaueren Charakterisierung unterzogen werden können. Die Klassifikation der Daten sollte aber stets durch eine Ordination ergänzt werden (DIGBY & KEMPTON 1987).

Community-Paläkologie

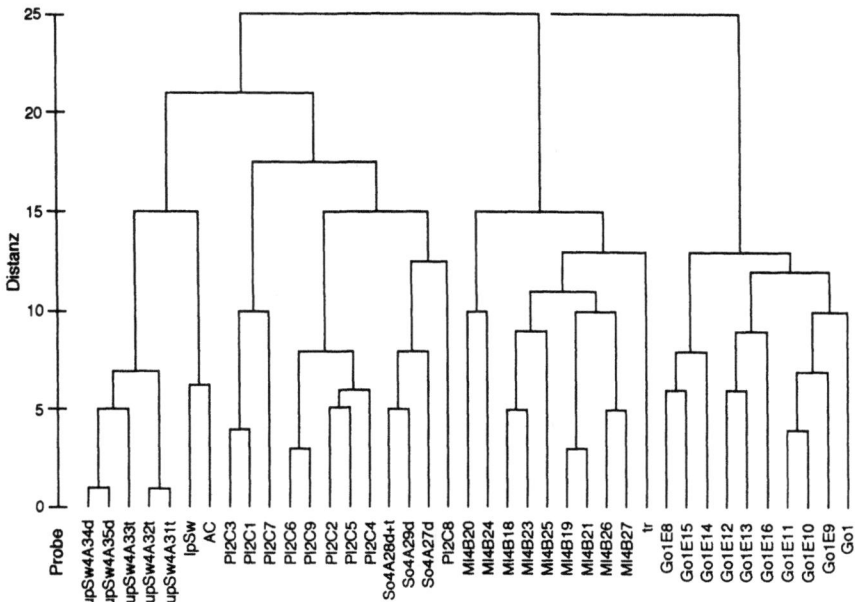

Fig. 8.8. Dendrogramm einer Clusteranalyse der Daten von WATKINS (1979). Die Cosinus-Θ-Distanz und Complete Linkage-Clustering wurde angewandt. Nach LÉSPERANCE 1990.

Bei einer Ordination (Hauptkomponentenanalyse, Faktorenanalyse, polare Ordination, multidimensionales Skalieren etc.) wird die unübersichtliche Datenmenge auf ein paar wenige Faktoren reduziert, welche einen großen Teil der Variabilität repräsentieren. In einem Diagramm lassen sich Arten beziehungsweise Schichten in ein bis drei Dimensionen darstellen, so daß ähnliche Arten oder Proben nahe beieinander und unähnliche Arten beziehungsweise Proben weit auseinander gruppiert werden (KREBS 1989). In der Community-Ökologie ist eine Ordination der verschiedenen Proben in den ersten zwei Dimensionen am gebräuchlichsten (Q-Modus-Ordination), aber auch eine Ordination der Arten (R-Modus-Ordination) ist möglich. Es herrscht allerdings kein Konsens, welche Ordinationsmethode die beste ist (DIGBY & KEMPTON 1987, JONGMAN et al. 1987, LUDWIG & REYNOLDS 1988).

Die Ordination ökologischer Daten wurde hauptsächlich von Pflanzenbiologen entwickelt. Mit dieser Methodik lassen sich die Beziehungen verschiedener Proben direkt darstellen, und die Ordinationsachsen können meist mit Umweltgradienten korreliert werden. Als einführendes Beispiel eignet sich die Untersuchung der Vegetation der Küstenkliffs der Insel Anglesey, Wales (GOLDSMITH 1973). In dieser Analyse wurde eine Ordination der Arten durchgeführt (R-Modus Hauptkomponentenanalyse). Die Arten wurden entsprechend der errechneten ersten und zweiten Hauptkomponente im zweidimensionalen ökologischen Kontinuum angeordnet (Fig. 8.9). Die erste Hauptkomponente entsprach weitgehend dem Salinitätsgradienten und die zweite Hauptkomponente dem Nährstoffgehalt des Bodens, während andere Umweltgradienten von geringerem Einfluß auf die Ordination (und auf die Artenverteilung) waren. Arten mit weiten Toleranzgrenzen wurden im Zentrum des Ordinationsdiagramms gruppiert.

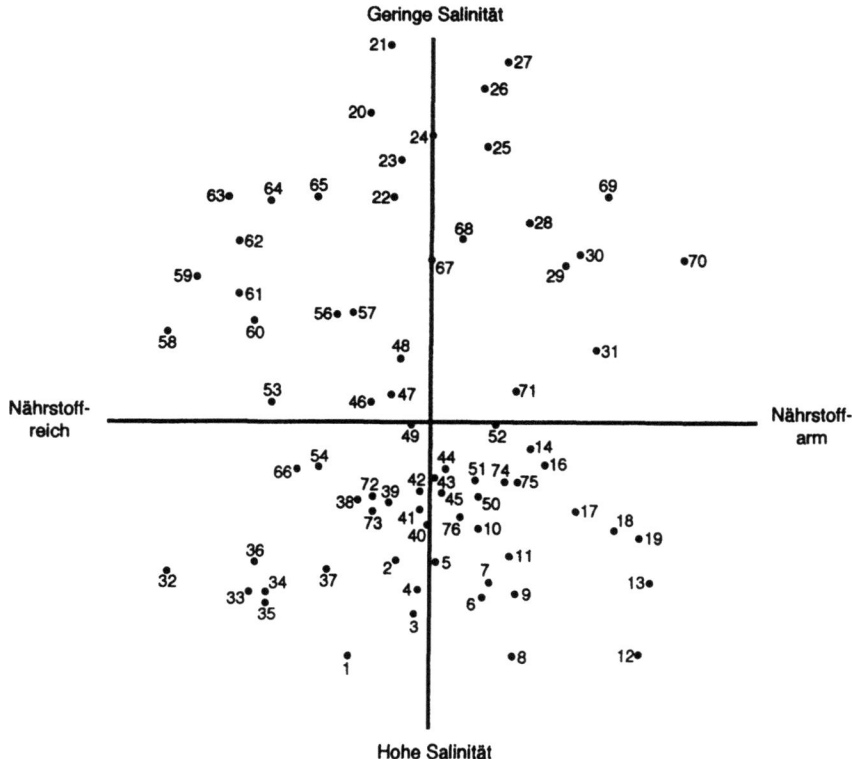

Fig. 8.9. Ordination (Hauptkomponentenanalyse) von 76 Pflanzenarten des Küstenkliffs der Insel Anglesey, Wales. Die Arten sind im zweidimensionalen ökologischen Kontinuum angeordnet. Nach GOLDSMITH 1973.

Der mit rezentem Material arbeitende Ökologe kann natürlich die gefundene Verteilung direkt durch die Messung relevanter Umweltparameter kalibrieren. Dieses Vorgehen steht dem Paläontologen nicht zur Verfügung. In der Paläokologie ist die Ordination gerade deshalb von Bedeutung, weil durch die Anordnung der Proben im ökologischen Kontinuum häufig auf die das Verteilungsmuster bestimmenden Umweltfaktoren geschlossen werden kann. Es muß aber betont werden, daß die Ordinationsachsen nicht à priori Umweltgradienten repräsentieren (SPRINGER & BAMBACH 1985).

In einer Untersuchung ordovizischer Serien von Virginia, USA, wurden zuerst mittels einer Q-Modus-Clusteranalyse die benthischen Communities klassifiziert. In dem "Narrows"-Profil konnten insgesamt acht Gemeinschaften erkannt werden (Fig. 8.10), welche meist von articulaten Brachiopoden dominiert wurden. Nur in drei benthischen Gemeinschaften waren Schnecken, Muscheln oder lingulide Brachiopoden vorherrschend (SPRINGER & BAMBACH 1985). In einem Ordinationsdiagramm (polare Ordination) zeigte sich die teilweise breite Überlappung dieser Communities im ökologischen Raum (Fig. 8.11). Die Ordinationsachse 1 entspricht weitgehend dem sedimentologischen Gradienten von karbonatisch (links) zu terrigen-klastisch (rechts). Die Achse 2 kann mit einem Gradienten von küstenfernem (articulate Brachiopoden; unten) zu küstennahem

Milieu (Muscheln, Linguliden; oben) korreliert werden. Die Kalibrierung der Ordinationsachsen erfolgte anhand sedimentologischer Kriterien.

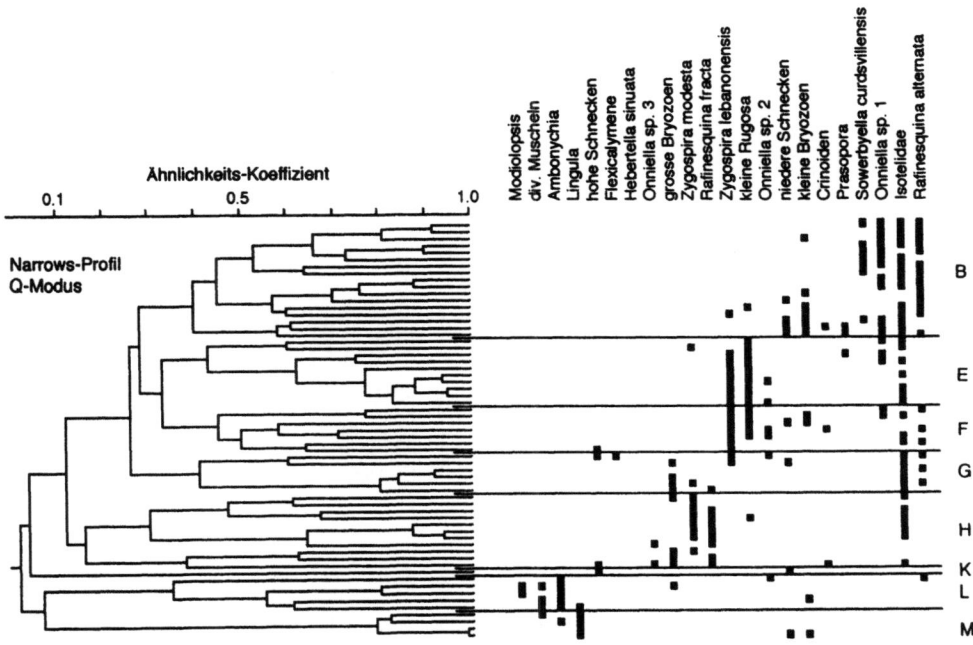

Fig. 8.10. Q-Modus-Clusterdiagramm der benthischen Fauna des "Narrows"-Profil. Die Buchstaben B bis M geben Communities an. Nach SPRINGER & BAMBACH 1985.

8.2. Struktur von Palaeocommunities

Wenn mit dem oben geschilderten Vorgehen Palaeocommunities erkannt worden sind, lassen sich diese genauer charakterisieren. Eine erste Möglichkeit besteht in der Anwendung des taxonomischen Aktualismus (vgl. Kapitel 2). Bei diesem Vorgehen wird die taxonomische Zusammensetzung der Palaeocommunity untersucht, indem direkt mit den nächsten lebenden Verwandten verglichen wird (DODD & STANTON 1990). Das prinzipielle Vorgehen wurde bereits in Kapitel 2 skizziert und soll hier nochmals kurz erläutert werden. Zuerst wird eine Liste der fossilen Taxa aufgestellt. Dieser Liste wird eine Aufstellung von rezenten Arten gegenübergestellt, welche die jeweils nächsten Verwandten der fossilen Taxa sind. Für die rezenten Arten wird nun für jeden interessierenden Umweltfaktor die Toleranzgrenzen aufgetragen (vgl. Fig. 2.4). Der Bereich, in welchem die Toleranzen der lebenden Arten überlappen, wird nun als wahrscheinlichster Wert des betreffenden Umweltfaktors für die fossile Assoziation angenommen (DODD & STANTON 1990).

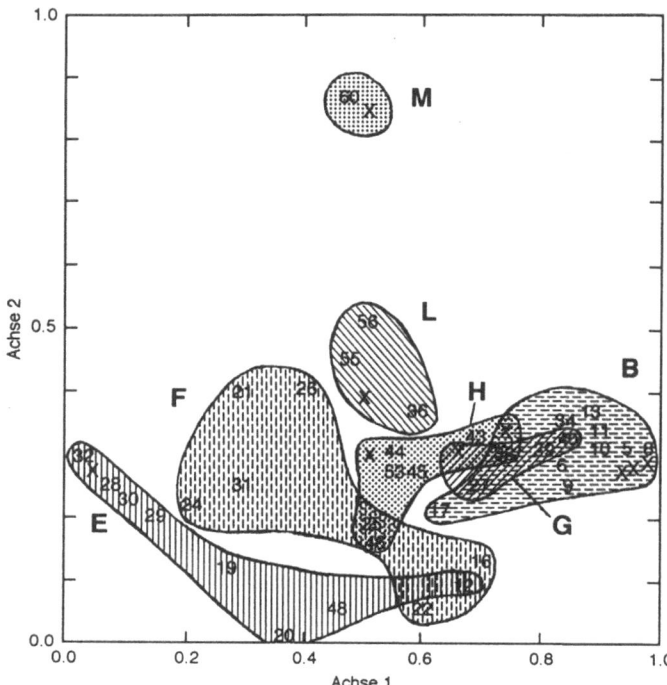

Fig. 8.11. Q-Modus-Ordination des "Narrows"-Profil. Die Zahlen geben Schichtnummern an, die Buchstaben bezeichnen die mit der Clusteranalyse klassifizierten Gemeinschaften: B: *Rafinesquina alternata/Onniella*-Community; E: *Sowerbyella rugosa*-Community; F: *Zygospira*-Community; G: Bryozoen-Community; H: *Rafinesquina fracta/Onniella*-Community; L: Muschel-Community; M: *Lingula*-Community. Zwei oder mehr Schichten, welche graphisch nicht aufgetrennt werden konnten, sind mit einem X markiert. Nach SPRINGER & BAMBACH 1985.

Der taxonomische Aktualismus ist aber mit grundsätzlichen methodischen Schwierigkeiten behaftet. Zuerst müssen die Umweltansprüche, muß also die ökologische Nische des rezenten Vergleichsorganismus bekannt sein. Dies ist aber meist nur approximativ der Fall. Sodann kann häufig nicht zwischen realisierter und fundamentaler Nische unterschieden werden. Desweiteren besteht die Möglichkeit, daß sich die Umweltansprüche evolutiv gewandelt haben. Aus diesen Gründen sollte der taxonomische Aktualismus auf Fälle beschränkt bleiben, wo rezente Vertreter derselben Art oder Gattung existieren (DODD & STANTON 1990).

Um die mit dem taxonomischen Aktualismus verbundenen Probleme zu umgehen, ist es deshalb sinnvoll, strukturelle Eigenschaften der Palaeocommunities wie Diversität und trophische Zusammensetzung zu bestimmen und zu interpretieren. Solche Community-Strukturen sind weitgehend unabhängig von der taxonomischen Zusammensetzung und scheinen auch über erdgeschichtlich lange Zeiträume den gleichen Regeln gehorcht zu haben.

Rang-Häufigkeits-Modelle

Ein in der Ökologie häufig angewandtes Verfahren, um die aus einer Aufsammlung gewonnenen Daten einer ersten Inspektion zu unterziehen, ist die Darstellung der Individuenzahlen der verschiedenen Arten in sogenannten Art-Individuenkurven (DIGBY & KEMPTON 1987, KREBS 1985, 1989). In der Paläökologie sind Art-Individuenkurven bislang allerdings selten publiziert worden, was seine Ursache darin haben dürfte, daß über die Vollständigkeit des aufgesammelten Materials stets eine beträchtliche Unsicherheit bestehen bleibt. Eine Vielzahl von Modellen wurden entwickelt, um die beobachteten Art-Individuenkurven zu beschreiben und theoretisch zu begründen (MAY 1975, GRAY 1987). Von diesen Rang-Häufigkeits-Modellen sollen hier die zwei wichtigsten, nämlich die logarithmische Reihe und die log-Normalverteilung, vorgestellt werden.

Viele Gemeinschaften sind dadurch gekennzeichnet, daß bei quantitativen Aufsammlungen die meisten Arten nur durch ein Individuum repräsentiert sind. Am zweithäufigsten ist die Artenklasse, welche durch zwei Individuen vertreten ist etc. Artenklassen mit vielen Individuen werden dagegen nur selten gesammelt (KREBS 1985). Trägt man in einem Diagramm die Artenzahl gegen die Anzahl der Individuen pro Art auf, ergibt sich eine charakteristische Hohlkurve (Fig. 8.12). Es konnte gezeigt werden, daß diese Art von Datensätzen am besten durch eine logarithmische Reihe beschrieben werden kann. Diese hat die folgende Form (KREBS 1985, 1989):

$$\alpha x, \alpha x^2/2, \alpha x^3/3, \alpha x^4/4, \ldots , \qquad (8.2)$$

wobei αx die Zahl der Arten mit einem Individuum ist, $\alpha x^2/2$ die Zahl der Arten mit zwei Individuen etc. Wenn die Gesamtartenzahl und die Gesamtindividuenzahl bekannt ist, läßt sich α nach folgender Formel berechnen:

$$S = \alpha \ln (1 + N/\alpha) \qquad (8.3)$$

wobei S die Anzahl der Arten und N die totale Anzahl der Individuen in der Aufsammlung sind. α wird als Diversitätsindex nach FISHER bezeichnet (KREBS 1985). Die Güte der Anpassung ("goodness of fit") der empirischen Daten an das Modell der logarithmischen Serie kann mit statistischen Tests geprüft werden (KREBS 1989). Ein einfacheres Prüfverfahren ist die Auftragung der Individuenzahlen in logarithmischem Maßstab gegen die Artenreihenfolge ("Whittaker plot"; KREBS 1989). Die logarithmische Serie ist in einem solchen Diagramm durch eine absteigende Gerade repräsentiert (Fig. 8.13). Diese Art der Individuenverteilung kommt in der Natur bei relativ artenarmen Gemeinschaften vor und ist typisch für physikalisch kontrollierte Gemeinschaften (Streßumgebungen, frühe Sukzessionsstadien; MAY 1975, GRAY 1987). Sie stellt ein Beispiel für extreme Nischen-Erstbesetzung dar. Nach diesem Modell wird in einer Umgebung mit nur einer dominierenden Ressource (Nahrung, Raum) von der erfolgreichsten Art eine bestimmte Fraktion k dieser Ressource genutzt, von der zweiterfolgreichsten Art die Fraktion k der verbliebenen Ressource etc.

Eine andere Verteilung der Individuen auf die verschiedenen Arten ist ebenfalls recht häufig zu finden. Insbesondere in artenreichen Vergesellschaftungen treten viele Arten mittlerer Häufigkeit auf, während sowohl sehr seltene als auch extrem häufige Artenklassen seltener sind. Wenn für eine solche Assoziation die Individuenzahl pro Art gegen die Artenzahl aufgetragen wird, dann resultiert gewöhnlich eine asymmetrische Glockenkurve. Wenn nun auf der X-Achse die Individuenzahlen der Arten in einer geometrischen (logarithmischen) anstelle einer arithmetischen Skala aufgetragen werden, so erhält man eine normale Glockenkurve (Fig. 8.14; KREBS 1985). Dies ist die log-Normalverteilung. Es können verschiedene geometrische Skalen benutzt werden, denn diese unterscheiden sich nur durch einen konstanten Faktor. Am gebräuchlichsten sind $\log_2$- und $\log_3$-Skalen, wie sie in der Tabelle 8.1 angegeben sind.

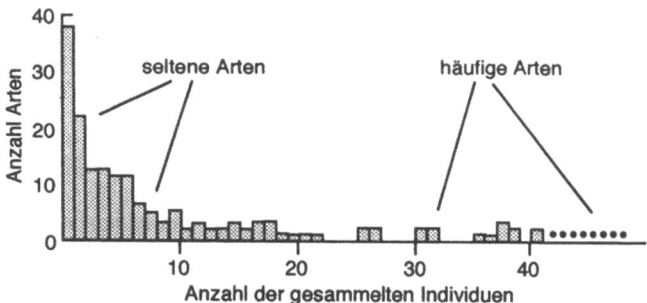

Fig. 8.12. Verteilung der Individuen auf die Arten bei einer Gemeinschaft, welche nach der logarithmischen Serie beschrieben werden kann. In diesem Beispiel handelt es sich um die in einer Lichtfalle gefangenen Lepidoptera. Nach KREBS 1989.

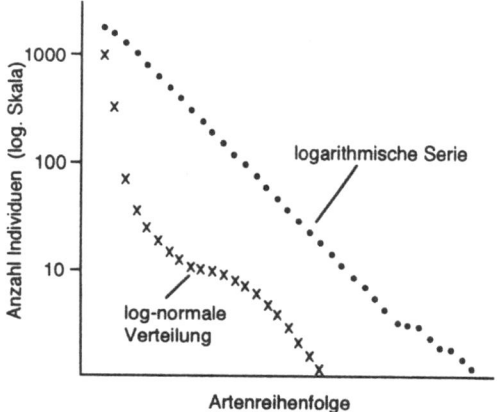

Fig. 8.13. "Whittaker-Plots" von logarithmischer Serie und log-Normalverteilung. Nach KREBS 1989.

Community-Palökologie

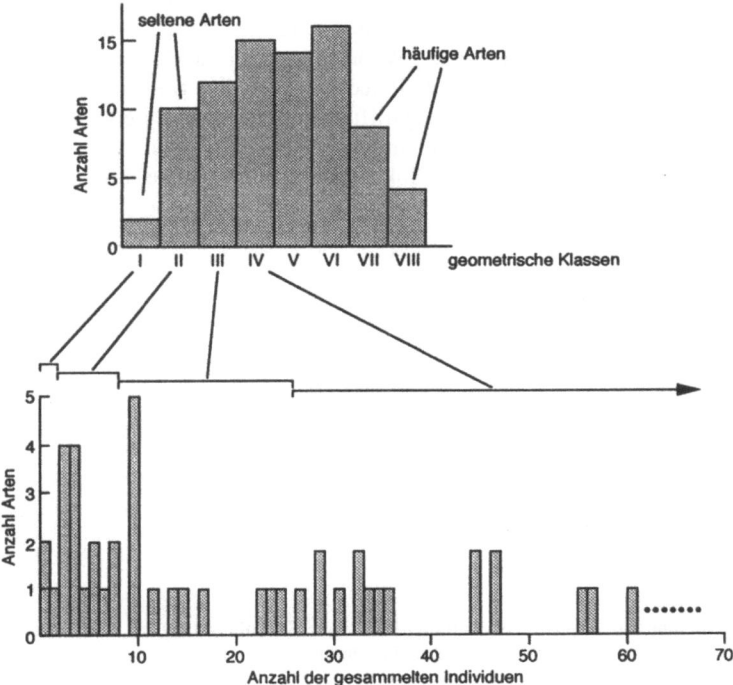

Fig. 8.14. Relative Häufigkeit verschiedener Brutvögel im "Quaker Run Valley", New York. Im unteren Diagramm ist die Ordinate in einem arithmetischen Maßstab unterteilt, im oberen Diagramm sind die gleichen Daten in einer geometrischen Skala angeordnet (x 3-Skala). Nach KREBS 1989.

Tab. 8.1. Die gebräuchlichsten geometrischen Skalen. Nach KREBS 1989.

Geometrische Skalennummer	Arithmetische Zahlen gruppiert in:		
	x2 Skala (= Oktaven-Skala, $\log_2$-Skala)	x3 Skala (= $\log_3$-Skala)	x10 Skala (= $\log_{10}$-Skala)
1	1	1-2	1-9
2	2-3	3-8	10-99
3	4-7	9-26	100-999
4	8-15	27-80	1'000-9'999
5	16-31	81-242	10'000-99'999
6	32-63	243-728	100'000-999'999
7	64-127	729-2'186	--
8	128-255	2'187-6'560	--
9	256-511	6'561-19'682	--

Abbildungen von log-Normalkurven zeigen gewöhnlich nicht die ganze Kurve, sondern sind links meist abgeschnitten, da nicht alle Arten gefunden wurden (Fig. 8.15). Hätte man eine größere Probe genommen, wäre mehr vom abgeschnittenen Teil der Kurve sichtbar geworden. Dies ist eine Methode zur Abschätzung der nicht gesammelten Arten. Eine quantitative Beschreibung der log-Normalverteilung sowie Methoden zur Berechnung der nicht gefundenen Arten sind in KREBS (1989) gegeben. Die log-Normalverteilung trifft überraschend gut für eine Vielzahl von Gemeinschaften zu. Sie ist insgesamt typisch für artenreiche Gesellschaften, welche von einer Vielzahl von Faktoren beeinflußt werden (späte Sukzessionsstadien, stabile, biologisch integrierte Gemeinschaften).

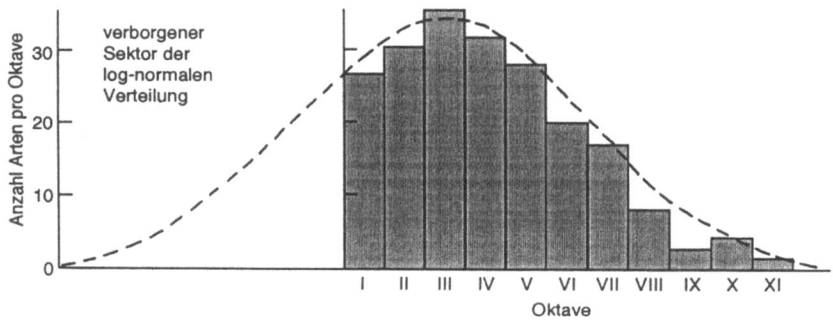

Fig. 8.15. Abgeschnittene log-Normalverteilung. Intensivere Sammlungstätigkeit würde bewirken, daß die gesamte Verteilung nach rechts rücken würde, da auch die selteneren Arten gefunden wurden. Nach KREBS 1989.

Ein Problem, welches sich bei der Anwendung solcher Rang-Häufigkeits-Modelle insbesondere in der Paläontologie stellt, ist die Frage nach der ausreichenden Probengröße. Es konnte gezeigt werden, daß eine log-Normalverteilung bei sehr kleinen Probengrößen das Muster einer logarithmischen Serie annimmt (Fig. 8.16; KOCH 1987).

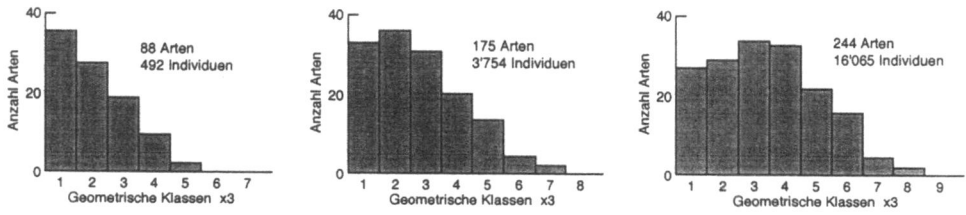

Fig. 8.16. Log-Normalverteilung bei Insekten, welche mit Lichtfallen gefangen wurden. Bei geringer Probengröße nähert sich die Verteilung einer logarithmischen Serie an. Nach KREBS 1989.

Diversität

Die Untersuchung der Diversität ist in der Ökologie und Paläkologie eine zentrale Angelegenheit. Der Begriff Diversität bezieht sich auf die Vielfältigkeit einer Lebensgemeinschaft. In diesem Sinne ist die Artenvielfalt ("richness") ein einfaches Maß für die Diversität einer Gemeinschaft. Die Angabe nur der Artenzahl einer Community hat aber zwei Nachteile. Zum einen ist die gefundene Artenzahl abhängig von der gesammelten Probengröße ("sample size effect"; KOCH 1987). Dieser Nachteil kann durch die Anwendung der Rarefaktions-Methode (siehe unten) zwar etwas korrigiert werden, aber bei geringen Probengrößen wird immer das Problem bestehen bleiben, daß man die Arten mit geringer Individuendichte nicht oder nur unvollständig finden wird. Ein weiterer Nachteil bei der alleinigen Angabe der Artenzahl ist die Tatsache, daß man intuitiv von zwei Gemeinschaften mit der gleichen Artenzahl diejenige als diverser empfindet, bei welcher die Individuenzahlen gleichmäßiger auf die Arten verteilt sind. So gilt eine Gemeinschaft mit fünf Arten, auf welche sich die Individuen im Verhältnis 20:20:20:20:20 auf die Arten verteilen als diversere Gemeinschaft als diejenige, bei der das Individuenverhältnis 80:5:5:5:5 beträgt. Aus diesen Gründen wurden verschiedene Indices entwickelt, welche nicht nur ein Maß für die Reichhaltigkeit einer Gemeinschaft sind, sondern auch die Heterogenität oder Ausgeglichenheit ("equitability" oder "evenness") und somit die Dominanzverhältnisse unter den Arten berücksichtigen. Ein solcher Diversitätsindex sollte unabhängig von der Probengröße brauchbare Werte liefern.

Diversität hat also zwei Komponenten: die Artenvielfalt und die Ausgeglichenheit (LEVINTON 1982, KREBS 1985). Einer der einfachsten und gebräuchlichsten Indices, welcher die beiden Komponenten kombiniert, ist der Diversitätsindex nach Shannon-Wiener H':

$$H' = \sum p_i \ln p_i \qquad (8.4)$$

wobei p_i die Proportion der Art i und s die Artenanzahl ist. Für eine gegebene Artenzahl S erreicht H' einen Maximalwert (H'_{max}) wenn $p_1 = p_2 = p_3 = ... = p_s$, H' also gleich $\ln S$ wird. Daher läßt sich ein Maß für die Ausgeglichenheit J der Gemeinschaft angeben:

$$J' = H'/H'_{max} = H'/\ln S \qquad (8.5)$$

Der Diversitätsindex nach Shannon-Wiener reagiert weder besonders empfindlich auf sehr seltene Arten noch auf sehr häufige Arten. Ein anderer häufig gebrauchter Index ist der Diversitätsindex nach Simpson 1-D, welcher eher die Dominanz einiger weniger Arten berücksichtigt:

$$1 - D = 1 - \sum (p_i)^2 \qquad (8.6)$$

wobei p_i die Proportion der Art i ist. Es existiert eine Vielzahl weiterer Diversitätsindices (MAGURRAN 1988, KREBS 1989). Da diese Indices in unterschiedlichem Maße auf seltene beziehungsweise häufige Arten reagieren, ist es bei vergleichenden Untersuchungen sinnvoll, mehrere Indices zu berechnen.

Häufig ist es trotz der oben erwähnten Nachteile wünschenswert, die Reichhaltigkeit verschiedener Proben zu vergleichen. Dabei muß der bedeutende Einfluß der Probengröße berücksichtigt werden (siehe oben). Es existiert eine Methode, mit deren Hilfe man die Artenvielfalt von Proben mit unterschiedlichen Gesamtindividuenzahlen vergleichen kann. Dies ist die von SANDERS (1968) eingeführte Rarefaktions-Methode. In der ursprünglichen Form war sie mathematisch nicht gänzlich korrekt, was in der Folge korrigiert wurde (KREBS 1989). Die Rarefaktion funktioniert nach folgendem Prinzip: Ausgehend von einer bestimmten Probengröße (Individuenzahl) mit bekannter

Artenzahl kann für jede beliebige kleinere Probengröße errechnet werden, wieviele Arten darin enthalten wären (Fig. 8.17). Die Rarefaktion wurde in der Paläkologie oft falsch angewandt (TIPPER 1979). Für die Anwendung dieser Methode existieren gewichtige Einschränkungen. So müssen die Proben mit der gleichen Methodik gesammelt worden sein (SANDERS 1968). Desweiteren sollten die untersuchten Proben taxonomisch vergleichbar sein und aus demselben Habitat stammen (TIPPER 1979).

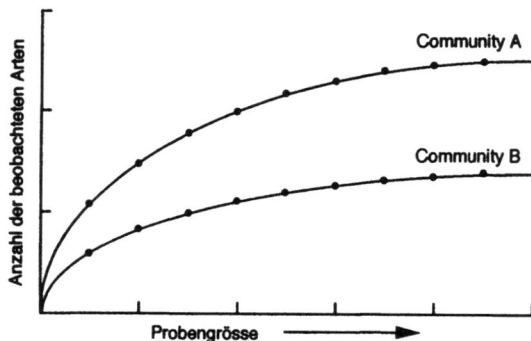

Fig. 8.17. Schema zur Illustration der Rarefaktions-Methode. Weitere Erläuterungen im Text. Nach KREBS 1989.

In einer mittlerweile klassischen Untersuchung der Fauna des Corallian (Oxfordian, ob. Jura) von Westfrankreich und England wurden 18 benthische Gemeinschaften erkannt und ihre Diversität und trophische Zusammensetzung analysiert (FÜRSICH 1977). Die höchste Diversität (Rarefaktions-Methode; Fig. 8.18) zeigten Assoziationen des küstenfernen Gebiets (Fig. 8.19; z.B. *Myophorella clavellata*-Assoziation; Fig. 8.20) und geschützter Lagunen, während im hochenergetischen Milieu abgelagerte Sandsteine nur wenig diverse Assoziationen enthielten (z.B. *Pinna*-Assoziation; Fig. 8.21). Einige Arten traten in nahezu allen Faziesbereichen auf. Dazu gehörte insbesondere die kleinwüchsige Auster *Nanogyra nana*, welche als opportunistische Art bezeichnet werden kann und gelegentlich nahezu monotypische Assoziationen bildete.

Es existieren verschiedene Diversitätstrends, sowohl in einem globalen Maßstab als auch innerhalb von Habitaten. Einer der bekanntesten globalen Trends ist sicherlich die Diversitätszunahme von den polaren zu den tropischen Bereichen. Dieser Trend ist sowohl für den terrestrischen als auch für den marinen Bereich dokumentiert (Fig. 8.22; LEVINTON 1982, PIANKA 1988). Spektakulärste Beispiele für die hohe tropische Diversität sind die Regenwälder und die Korallenriffe. Ein weiterer wichtiger Trend existiert in einem Gradienten von den Meeresküsten in die Tiefsee. Es konnte gezeigt werden, daß die Diversität mit zunehmender Wassertiefe von der Küste bis zum Kontinentalabhang zunimmt, um beim Übergang zu den Tiefsee-Ebenen wieder abzunehmen (SANDERS 1968). Wichtige Diversitätstrends existieren innerhalb von marinen Habitaten insbesondere in Abhängigkeit von der Salinität (niedrigste Diversität bei 4-5% Salinität; Fig. 8.23) und dem Nährstoffangebot (LEVINTON 1982, PEARSON & ROSENBERG 1987, BARNES 1989).

Community-Palökologie

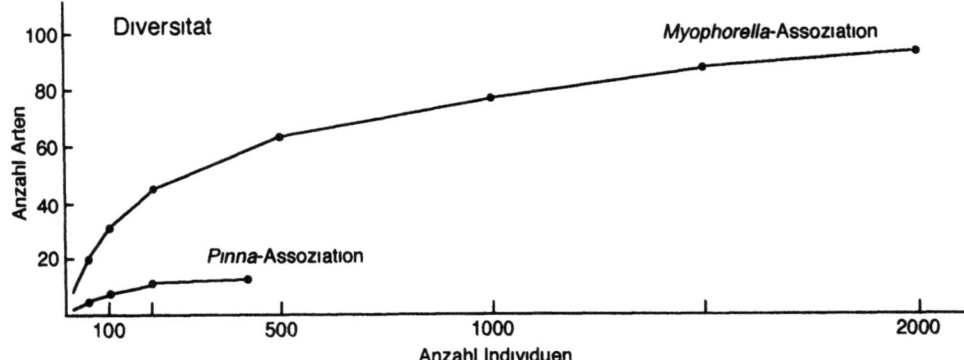

Fig. 8.18 Mit der Rarefaktions-Methode errechnete Diversität benthischer Communities aus dem Corallian von England und Westfrankreich. Nach FÜRSICH 1977

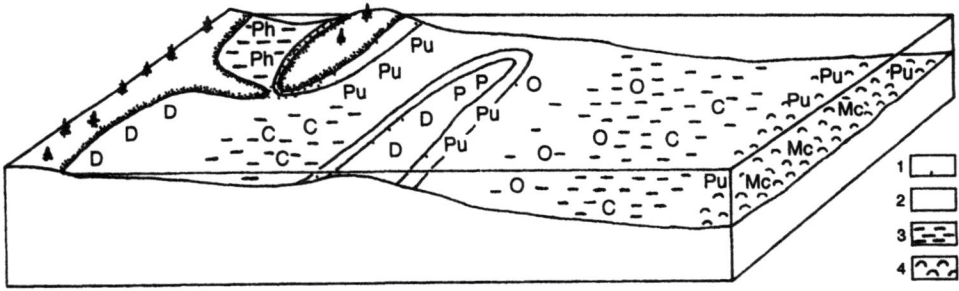

Fig. 8.19 Fazies Verteilung einiger Assoziationen aus dem Corallian von England und Westfrankreich 1 Sand 2 Silt 3 Tone Mergel mikritische Kalke 4 kondensierte Sandsteine und Kalke P *Pinna*-Assoziation, Mc *Myophorella clavellata*-Assoziation Pu *Pleuromya uniformis*-Assoziation, Ph *Pseudomelania heddingtonensis*-Assoziation C *Corbulomima* Assoziation O Austern/*Isognomon promytiloides*-Assoziation D *Diplocraterion*-Assoziation. Nach FÜRSICH 1977

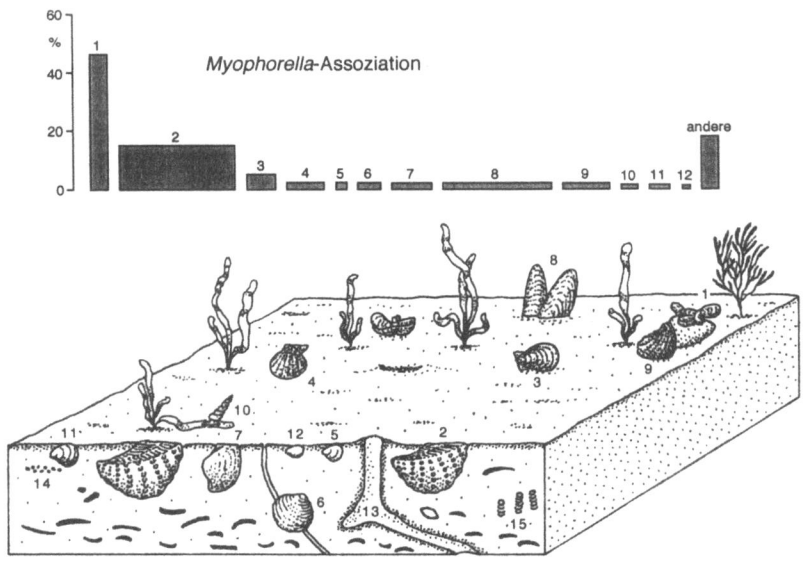

Fig. 8.20 *Myophorella clavellata*-Assoziation (D) 1 *Nanogyra nana*, 2 *Myophorella clavellata*, 3 *Chlamys superfibrosa*, 4 *Chlamys qualicosta*, 5 *Trautscholdia morini*, 6 *Discomiltha rotundata*, 7 *Cucullaea contracta*, 8 *Gervillella aviculoides*, 9 *Plicatula weymouthiana*, 10 *Procerithium* sp , 11 *Trautscholdia curvirostra*, 12 *Trautscholdia contejeani*, 13 *Spongeliomorpha suevica*, 14 *Chondrites* sp , 15 *Teichichnus rectus* Die Breite der Balken ist ein relatives Maß für das Biovolumen Nach FÜRSICH 1977

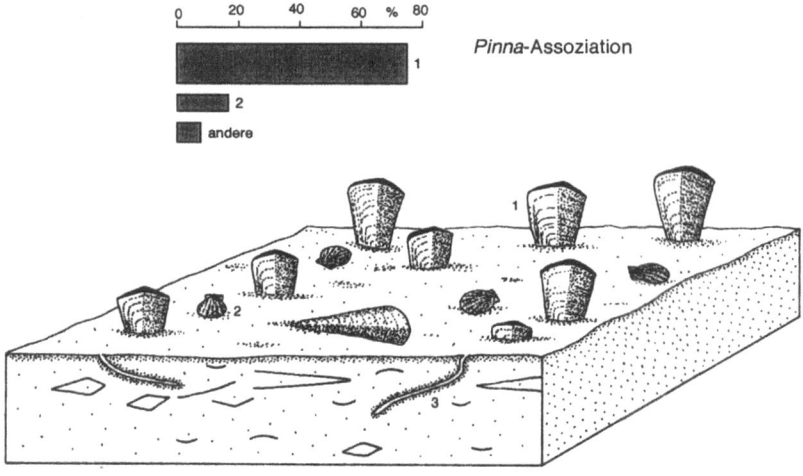

Fig. 8.21 *Pinna*-Assoziation (B) 1 *Pinna sandsfootensis*, 2 *Chlamys midas*, 3 *Planolites* sp Die Breite der Balken ist ein relatives Maß für das Biovolumen Nach FÜRSICH 1977

Community-Paläokologie

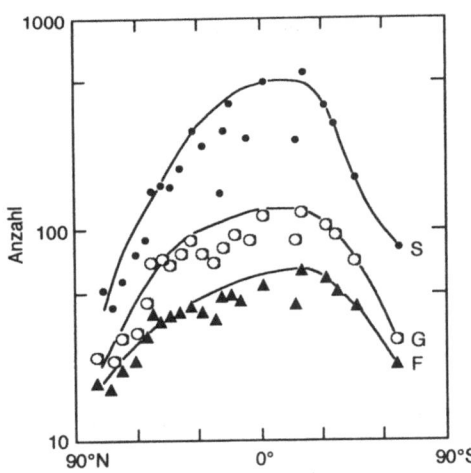

Fig. 8.22 Diversität mariner Muscheln in Abhängigkeit von der geographischen Breite. S Arten, G Gattungen, F Familien. Nach LEVINTON 1982

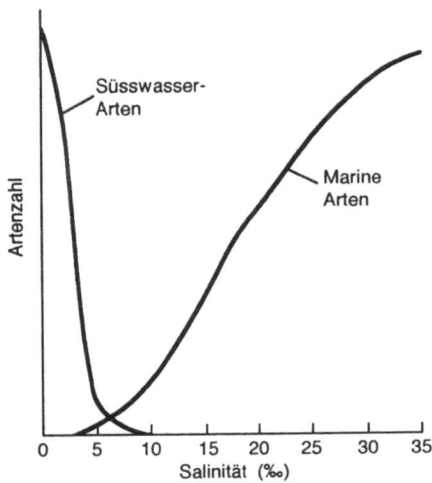

Fig. 8.23 Diversitätsmuster in einem Ästuar. Nach BARNES 1989

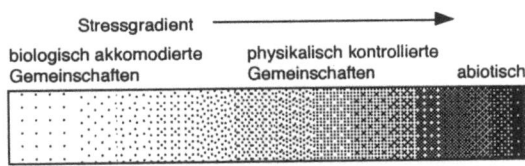

Fig. 8.24 Schema zur Illustration der Zeit-Stabilitäts-Hypothese (Gleichgewichtsmodell). Nach SANDERS 1968

Die klassische Erklärung für solche Diversitätsgradienten sind sogenannte Gleichgewichtsmodelle. Danach ist die Diversität dort am höchsten, wo die stabilsten Verhältnisse herrschen. Die Diversität soll auch zunehmen mit dem geologischen Alter des betreffenden Habitats. Dies ist der Kernpunkt der Zeit-Stabilitäts-Hypothese von SANDERS (Fig. 8.24, SANDERS 1968). Damit wird erklärt, daß beispielsweise die Tiefseearten genügend Zeit gehabt hatten, um in einem über lange Zeit stabilen Milieu eine starke Nischendifferenzierung zu evoluieren. Sinngemäß gilt dasselbe für die tropischen Regenwälder, während sich in den borealen Gebieten nach der letzten Eiszeit noch keine entsprechende Nischendifferenzierung entwickeln konnte. In neuerer Zeit werden aber zunehmend Ungleichgewichtsmodelle favorisiert. Nach diesen Modellen ist in einem Störungsgradienten die Diversität nicht dort am höchsten, wo die stabilsten Verhältnisse herrschen, sondern bei einer intermediären Störungsrate (Fig. 8.25, KREBS 1985, BEGON et al. 1991). Vollständig biologisch akkomodierte Gemeinschaften enthalten wegen kompetitiver Verdrängung weniger Arten als solche, bei welchen gelegentliche Störungen ein vollständiges Gleichgewicht verhindern. Dies scheint insbesondere für den marinen Bereich zuzutreffen, wo Störungen dazu führen, daß am Meeresboden quasi ein Fleckenmuster entsteht, welches nebeneinander existierenden verschiedenen Sukzessionsstadien entspricht.

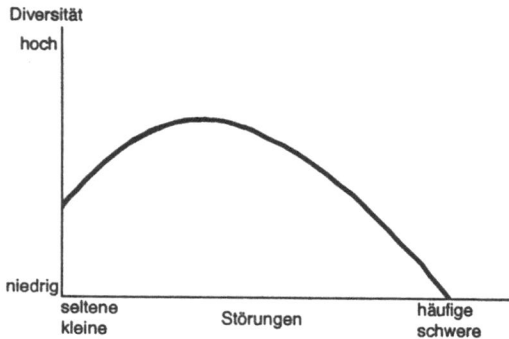

Fig. 8.25. Schema zur Illustration der Diversität unter der Hypothese der intermediären Störungsrate (Ungleichgewichtsmodell). Nach KREBS 1985.

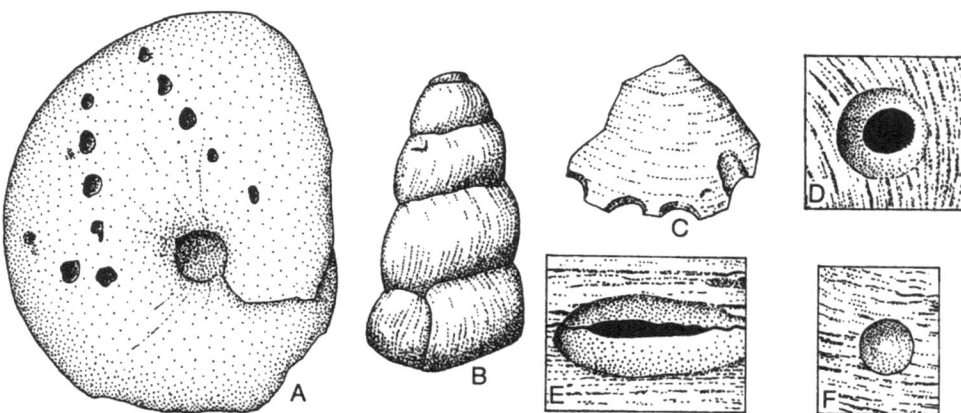

Fig. 8.26. Fossile Biß- und Bohrspuren. A: Kreide-Ammonit *Placenticeras* mit Biß-Spuren von *Mosasaurus*. B: Devonischer Gastropode *Palaeozygopleura* mit verheilter Bißverletzung. C: Permische Muschel mit Biß-Spuren, vermutlich von einem Fisch verursacht. D: Bohrloch von *Natica*. E: Bohrloch von *Murex* in der Kommissur einer Muschelschale. F: Unvollendetes Bohrloch von *Polinices*. Nach BRETT 1990b.

Trophische Struktur

Die trophische Struktur einer Gemeinschaft kann als Summe der Ernährungsgewohnheiten der einzelnen Arten definiert werden (CRAME 1990). Am Anfang einer Untersuchung der trophischen Struktur steht daher die Klassifikation der Ernährungsgewohnheiten. Direkte Evidenz über die genaue Ernährungsweise ist für fossile Arten selten erhältlich. Zu den Ausnahmen zählen eindeutige Bohr- und Biß-Spuren, welche einem bestimmten Verursacher zugeordnet werden können (Fig. 8.26; BRETT 1990b). Zudem liefern selten erhaltene Mageninhalte weitere Anhaltspunkte zur Ernährung bestimmter Tiere.

Tab. 8.2. Die wichtigsten trophischen Gruppen mariner Wirbelloser. Nach CRAME 1990.

Gruppe	Nahrung und Ernährungsweise	Beispiele
1 Suspensionsfresser	Nahrung - kleine Partikel wie Phytoplankton und Zooplankton, gelöste und kolloidale organische Moleküle, resuspendierter organischer Detritus. Ernährung - Flagellen, ciliate Lophophoren, Ctenidien und Tentakel	Schwämme, Anthozoen, Hydrozoen, Stromatoporen, Bryozoen, Brachiopoden, viele Muscheln, einige Schnecken, einige Anneliden und Krebse, Seelilien, einige Schlangensterne, Graptolithen
2 Detritusfresser	Verschlingen und verdauen partikulares organisches Material, lebende und tote benthische Organismen sowie organisch-reiches Sediment.	Einige Krebse, Seeigel, einige Schlangensterne, einige Muscheln, viele Schnecken und Anneliden, Scaphopoden, Holothurien
3 Räuber	Suchen aktiv nach oder warten passiv auf tierische Beute, Beute kann ganz verschlungen, zerbissen, zerkaut oder extern verdaut werden	Grosse Anthozoen, Cephalopoden, viele Schnecken, einige Anneliden und Krebse, Seesterne, einige Schlangensterne und Seeigel

Bei der Untersuchung der trophischen Struktur mariner Benthosgemeinschaften zeigte es sich, daß die überwiegende Mehrzahl der Arten einer von drei Ernährungstypen zugeordnet werden kann (Tab. 8.2): Suspensionsfresser, Detritusfresser und Räuber (vgl. aber WALKER & BAMBACH 1974, PEARSON & ROSENBERG 1987). Diese drei Typen wurden als Basis genommen, um eine trophische Klassifikation einer Palaeocommunity vorzunehmen (SCOTT 1976, 1978). Für eine bestimmte Palaeocommunity wird der prozentuale Anteil der Arten für die einzelnen Ernährungstypen errechnet und anschließend in einem Dreiecksdiagramm aufgetragen (Fig. 8.27, 8.28). In einem zweiten Dreiecksdiagramm werden zusätzlich noch die Substratnischen (vagile Detritusfresser, epibenthische Suspensionsfresser, endobenthische Suspensionsfresser) dargestellt. Möglich ist auch eine Auftragung, welche die Individuenzahlen berücksichtigt, aber die Auswertung der Arten hat einige Vorteile (SCOTT 1976, 1978): 1. Die Artenzahl in einer Probe ist statistisch verläßlicher als die relativen Individuenhäufigkeiten. 2. Auch seltenere Arten werden berücksichtigt, was ein vollständigeres Bild der trophischen Zusammensetzung ergibt. 3. Die Darstellungen im Dreiecksdiagramm neigen weniger zu Aggregation. Es bestehen allerdings auch Nachteile: 1. Unübliche Ernährungsgewohnheiten, repräsentiert durch seltene Arten, erhalten möglicherweise zuviel Gewicht. 2. Von einigen fossilen Arten ist die Ernährung unbekannt. So kann nur in den seltensten Fällen entschieden werden, ob ein fossiler Schlangenstern ein Detritus- oder ein Suspensionsfresser war.

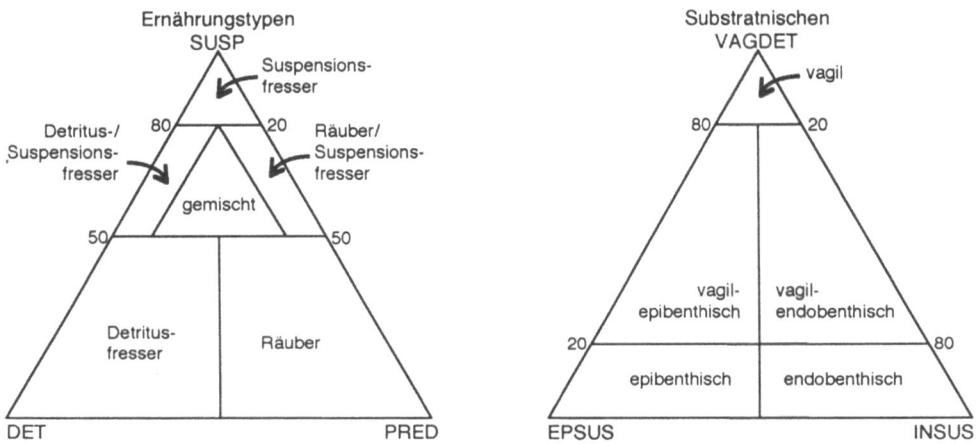

Fig. 8.27 Trophische Klassifikation nach SCOTT (1976, 1978) SUSP Suspensionsfresser, DET Detritusfresser, PRED Räuber VAGDET vagile Detritusfresser EPSUS epibenthische Suspensionsfresser, INSUS endobenthische Suspensionsfresser Nach SCOTT 1976

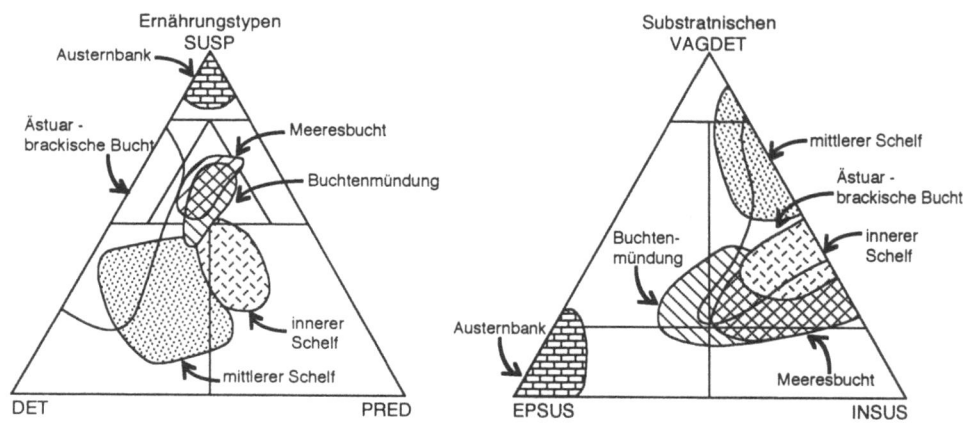

Fig. 8.28 Trophische Struktur einiger flachmariner Assoziationen des Känozoikums Nach SCOTT 1978

Die Auswertung von tertiären Sedimenten zeigte, daß ein klarer Gradient in der trophischen Struktur in Abhängigkeit von der Entfernung zur Küste existiert (Fig 8 28) Auch die Auswertung gleicher Habitate über längere geologische Zeiträume lieferte interessante Ergebnisse So fand zwischen frühem Paläozoikum und der Kreide in flachen Schelfgemeinschaften ein markanter Wechsel von epibenthischen zu endobenthischen Detritus- und Suspensionsfressern statt (SCOTT 1976).

Die trophische Analyse wurde verschiedentlich kritisiert. Eines der Hauptprobleme besteht darin, daß viele marine Organismen sich auf mehr als nur eine bestimmte Art ernähren können (CADÉE 1984). Verschiedene Polychaeten, aber auch Vertreter der Muscheln (Tellinacea), Schnecken, Schlangensterne und einige irreguläre Seeigel können sich sowohl als Suspensions- als auch als Depositfresser ernähren. Solche Arten mit opportunistischer Ernährungsweise können im Fossilbeleg meist nicht erkannt werden. Weitere Komplikationen ergeben sich aus der Tatsache, daß gewisse Arten zu keiner der drei Ernährungstypen gestellt werden können. Dazu gehören vesicomyide Bartwürmer und verschiedene Muscheln, welche zuerst in der Nachbarschaft hydrothermaler Quellen der Tiefsee entdeckt wurden (FISHER 1990, TUNNICLIFF 1991). Diese Organismen besitzen keinen Verdauungstrakt und ernähren sich von symbiontischen Sulfid-oxidierenden Bakterien, können also nicht einer der drei Ernährungskategorien nach SCOTT (1976, 1978) zugeordnet werden.

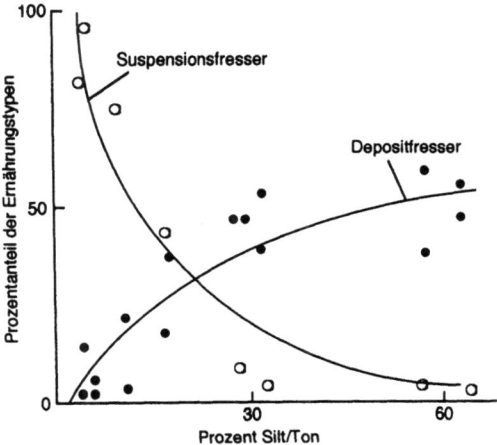

Fig. 8.29. Beziehung zwischen Suspensionsfressern und Depositfressern in Abhängigkeit von der Korngröße des Sediments. Nach GRAY 1984.

Eine der auffälligsten Beziehungen zwischen Ernährungstypen und Umweltfaktoren besteht in der Abhängigkeit des Verhältnisses Suspensions-/Depositfresser von der Korngröße des Substrates. Auf sandigen Böden dominieren Suspensionsfresser, während Depositfresser in feinkörnigen Sedimenten vorherrschen (Fig. 8.29). Die Grenze zwischen Suspensionsfresser- und Depositfresser-Gemeinschaften ist oftmals scharf. Diese Tatsache gab Anlaß zur Formulierung der Theorie des Ammensalismus der trophischen Gruppen ("trophic group ammensalism"; RHOADS & YOUNG 1970). Nach dieser Theorie beruht das Überwiegen der Suspensionsfresser in sandigen Böden auf der geringen Nährstoffkonzentration in diesen Substraten, während das Vorherrschen von Depositfressern in siltig-tonigen Sedimenten eine Folge aktiven Ausschlusses der Suspensionsfresser ist. Die hier lebenden Depositfresser (v.a. nuculide Muscheln) arbeiten das Sediment kontinuierlich auf und erhöhen so den Wassergehalt beträchtlich (Fig. 8.30). Es resultiert ein äußerst weiches, unstabiles Substrat, welches von den Larven suspensionsfressender Organismen nicht besiedelt werden kann, und welches deren Filterapparat schnell verstopft. Inwieweit die Depositfresser auch die siedelnden Larven fressen, ist unklar. Gemischte Gemeinschaften treten in siltig-tonigen Böden nur auf, wenn das Substrat durch Wohnröhren von Polychaeten oder ähnlichem stabilisiert ist (GRAY 1984).

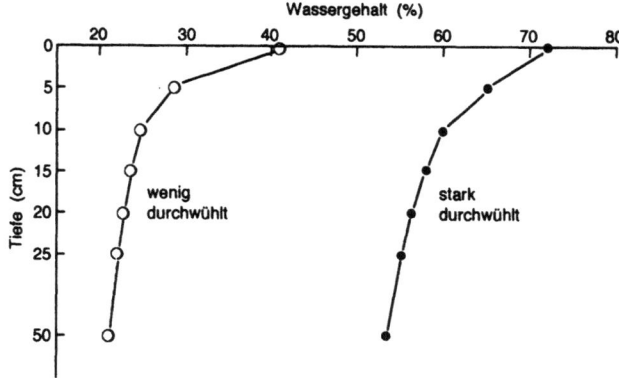

Fig. 8.30. Einfluß der Wühlaktivität depositfressender Muscheln auf den Wassergehalt des Sediments. Nach GRAY 1984.

In einer weiteren Untersuchung wurden Gemeinschaften von depositfressenden Muscheln in rezenten Substraten und in silurischen Sedimenten miteinander verglichen (LEVINTON & BAMBACH 1975). Sowohl die rezenten als auch die fossilen Gemeinschaften zeigten eine starke Abhängigkeit von der Substratqualität. In stark wasserhaltigen Sedimenten dominierten die depositfressenden Muscheln ohne Siphonen (Nuculidae; Fig. 8.31), während in stärker konsolidierten Substraten siphonate Depositfresser (Nuculanidae; Fig. 8.32) vorherrschten. Jede Gemeinschaft wies eine deutliche Stratifizierung auf, das heißt koexistierende Arten besiedelten und nutzten unterschiedliche Sedimentstockwerke. Diese Stratifizierung wird als das evolutive Ergebnis von Konkurrenz interpretiert (Nischen-Separierung).

Eine trophische Analyse einer Palaeocommunity muß sich nicht darauf beschränken, die relative Bedeutung der einzelnen Ernährungstypen zu bestimmen und die Abhängigkeit der trophischen Struktur von Umweltfaktoren zu untersuchen. Idealerweise sollte es auch möglich sein, ein Nahrungsnetz der Community zu rekonstruieren und den Energiefluß durch die Gemeinschaft zu bestimmen. Selbstverständlich muß diese Art der Untersuchungen auf fossile Assoziationen beschränkt bleiben, welche sich durch eine möglichst vollständige Erhaltung auszeichnen (CRAME 1990).

Community-Palökologie

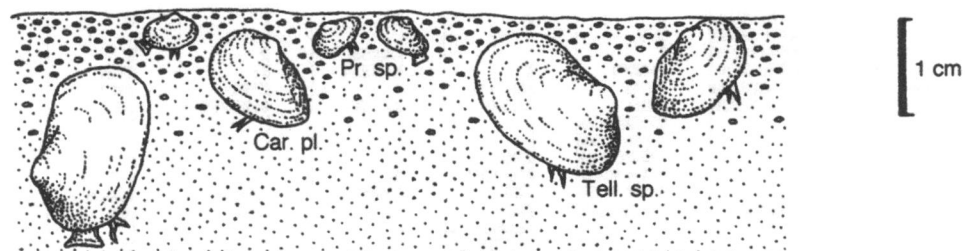

Fig. 8.31. Rekonstruktion einer von nicht-siphonaten depositfressenden Muscheln dominierten Community. Pr. sp.: *Praenucula* sp.; Car. pl.: *Cardiolaria planimarginata*; Tell. sp.: *Tellinopsis* sp. Nach LEVINTON & BAMBACH 1975.

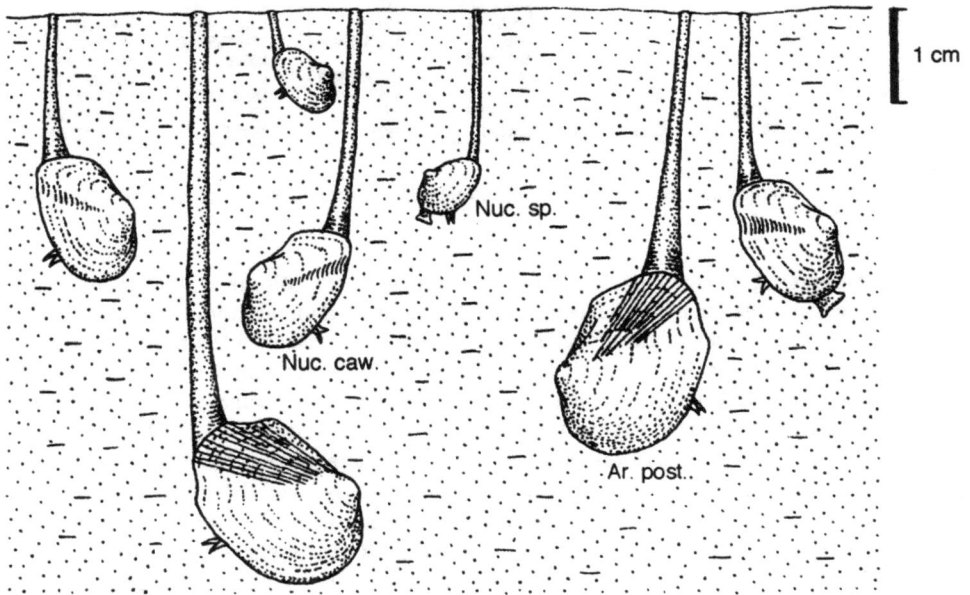

Fig. 8.32. Rekonstruktion einer von siphonaten depositfressenden Muscheln dominierten Community. Nuc. sp.: *Nuculites* sp.; Nuc. caw.: *Nuculites cawdori*; Ar. post.: *Arisaigia postornata*. Nach LEVINTON & BAMBACH 1975.

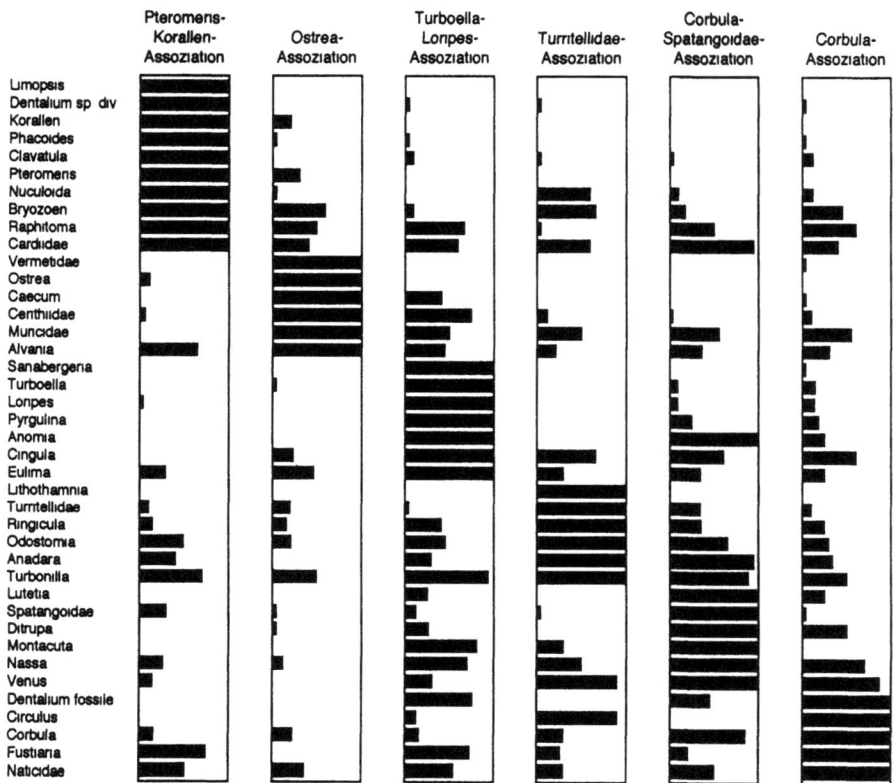

Fig. 8.33. Relative Häufigkeiten dominanter Taxa in den benthischen Gemeinschaften der Korytnica-Tone. Nach HOFFMAN 1977.

In einer detaillierten Untersuchung der Fauna der Korytnica-Tone (Miozän, Polen) konnten sechs benthische Gemeinschaften unterschieden werden (Q-Modus-Faktorenanalyse; HOFFMAN 1977). Die einzelnen Communities zeigten vor allem Differenzen in den relativen Häufigkeiten der Arten (Fig. 8.33), obgleich viele Arten durchgehend vorkamen. Die Verteilung des Benthos (v.a. Muscheln und Schnecken, daneben Korallen, Bryozoen, Scaphopoden, Seeigel und coralline Rotalgen) wurde durch verschiedene Faktoren bestimmt: Substratqualität (teilweise abhängig von der Besiedlung), Salinität, Wasserzirkulation und biotische Interaktionen. Für die verschiedenen Communities wurde die Bedeutung der einzelnen Ernährungstypen und Substratnischen tabuliert, wobei für die einzelnen Arten das Biovolumen als Annäherung an die Biomasse bestimmt wurde. In einem weiteren Schritt wurden die Nahrungsnetze der Gemeinschaften rekonstruiert (Fig. 8.34), wobei auch nicht erhaltene Faunen- und Florenbestandteile einbezogen wurden (auf die Existenz von Seegräsern und/oder Tangen wurde z.B. aufgrund des Vorkommens von herbivoren Schnecken geschlossen). Die Wichtigkeit der einzelnen Nahrungswege konnte anhand des Biovolumens abgeschätzt werden.

Community-Palökologie

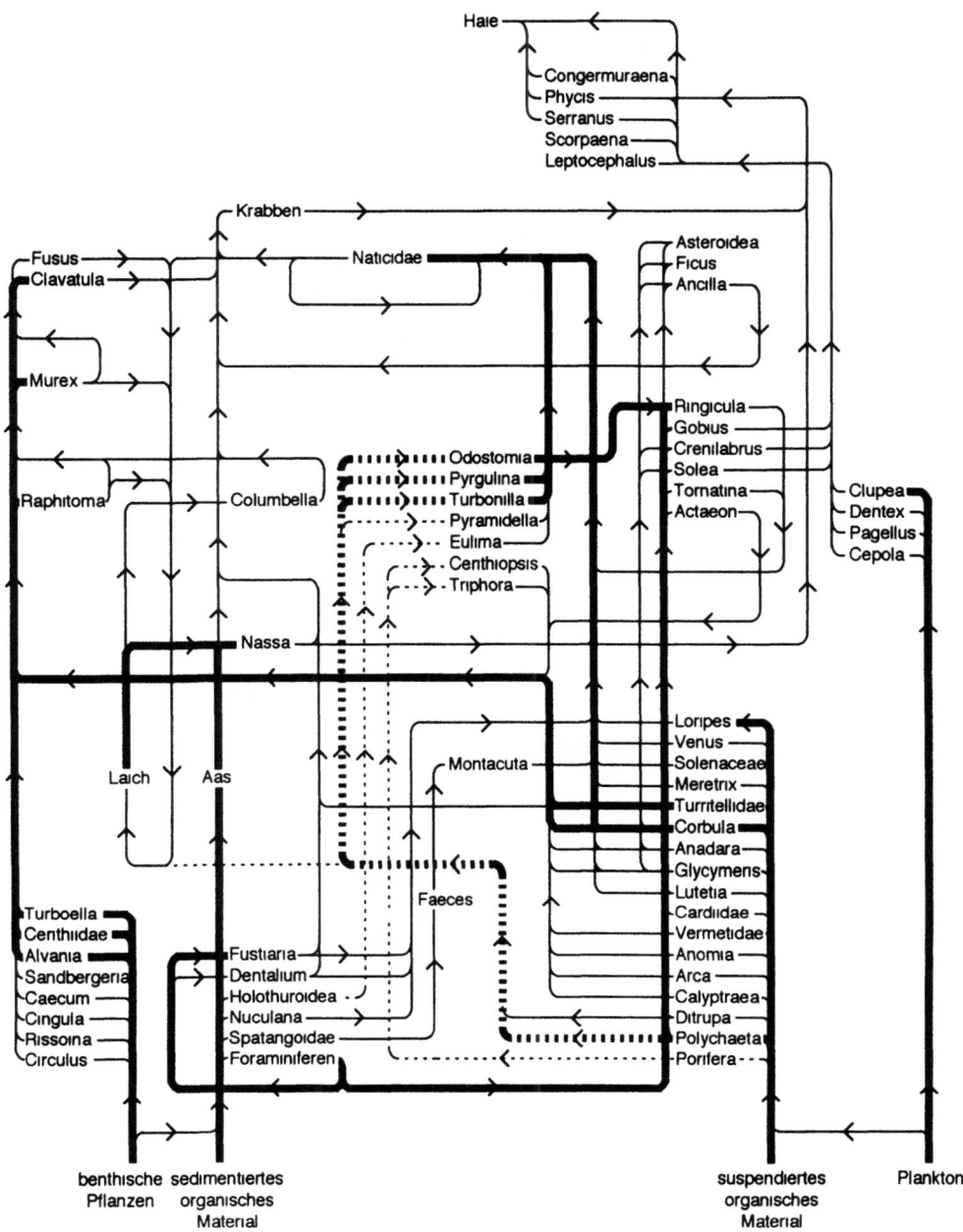

Fig. 8.34. Rekonstruiertes Nahrungsnetz der *Turboella-Loripes*-Gemeinschaft aus den Korytnica-Tonen. Die Dicke der Pfeile gibt die relative Bedeutung des Nahrungsflusses wieder Unterbrochene Linien hypothetisch Nach HOFFMAN 1977

Für die drei im zentralen Beckenbereich auftretenden Assoziationen wurde vorgeschlagen, daß sie verschiedenen Sukzessionsstadien entsprechen (Fig. 8.35; vgl. Kap. 9). Das Pionierstadium war die *Corbula*-Gemeinschaft, welche vollständig von der Muschel *Corbula gibba* dominiert wurde (mehr als 80% der Individuen). Die Diversität war niedrig (H' = 0.73), und es waren nur wenige der möglichen trophischen und Substrat-Nischen besetzt (Fig. 8.36). Benthische Pflanzen waren offenbar nicht vorhanden. Diese Assoziation ging in die *Corbula*-Scaphopoden-Gemeinschaft über, welche durch ein ausgeglicheneres taxonomisches Spektrum, höhere Diversität (H' = 2.25) und komplexere trophische Beziehungen charakterisiert war (Fig. 8.36). Das Klimax-Stadium war die diverse *Turboella-Loripes*-Gemeinschaft (H' = 2.97; Fig. 8.36). Diese Sukzession veränderte nicht nur das taxonomische Spektrum und die Diversität der Gemeinschaften, zugleich wurde auch das Nahrungsnetz immer komplexer, was nicht zuletzt auf die (vermutete) Besiedlung durch benthische Pflanzen zurückging (Fig. 8.37; HOFFMAN 1979).

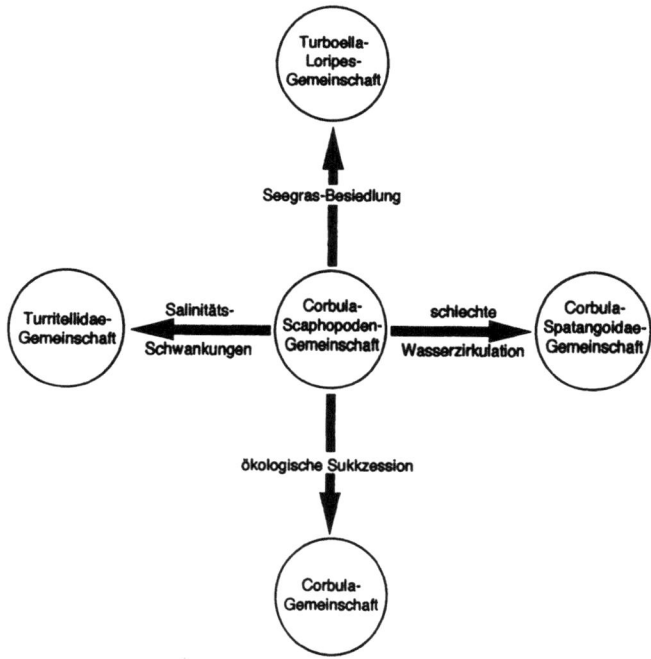

Fig. 8.35. Beziehungen zwischen den benthischen Gemeinschaften der Korytnica-Tone. Nach HOFFMAN 1979.

In diesem Beispiel wurden informative Nahrungsnetze konstruiert, basierend einerseits auf der relativen Bedeutung der einzelnen Arten (als Biovolumen), andererseits auch auf der subjektiven Rekonstruktion nicht erhaltener Faunen- und Florenelemente. Das Biovolumen ist allerdings nicht ein besonders verlässliches Maß für die assimilierte Energie eines Individuums. Genauere Maße für die Rekonstruktion des Energieflusses innerhalb einer Gemeinschaft, welche den kalorischen Wert der Biomasse, die Wachstumsrate, die Respirationsrate, den Aufwand für die Fortpflanzung etc.

berücksichtigen, wurden vorgeschlagen. Ihre Berechnung ist aber mit einem beträchtlichen Aufwand verbunden (POWELL & STANTON 1985).

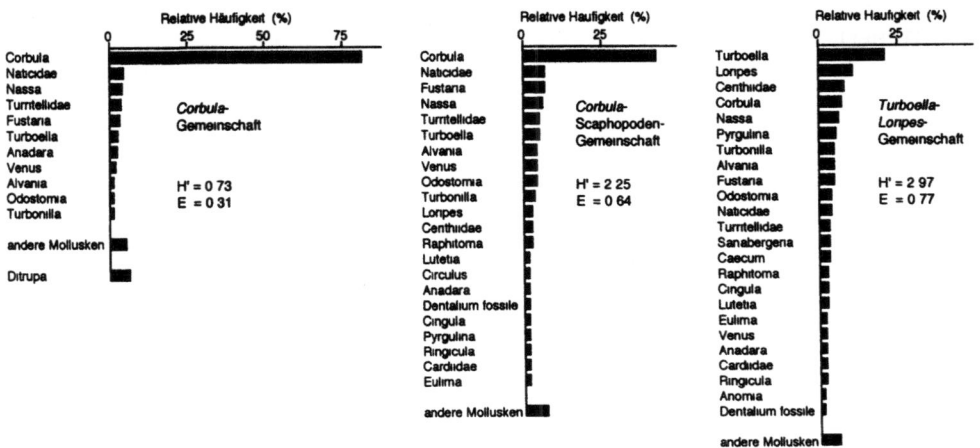

Fig. 8.36. Taxonomische Zusammensetzung benthischer Gemeinschaften der Korytnica-Tone. Nach HOFFMAN 1977.

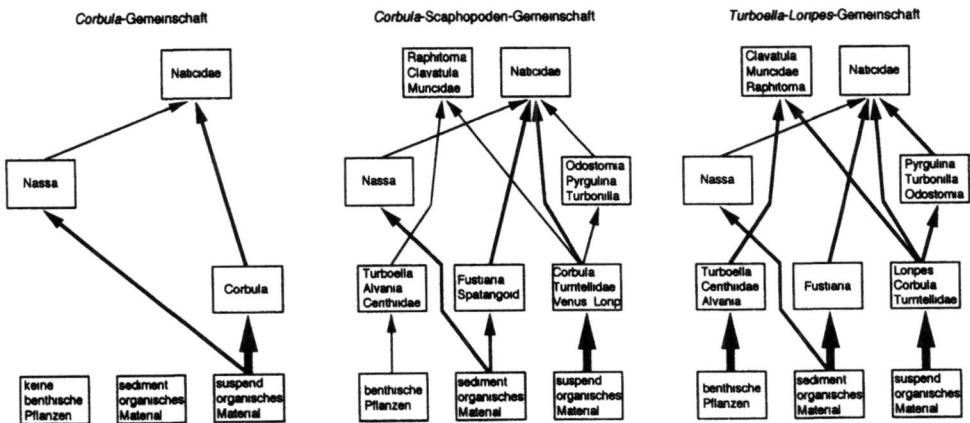

Fig. 8.37. Rekonstruierte Nahrungsnetze der *Corbula*-Gemeinschaft, der *Corbula*-Scaphopoden-Gemeinschaft und der *Turboella-Loripes*-Gemeinschaft. Während der Sukzession (vgl. Fig. 8.35) wird das Nahrungsnetz zunehmend komplexer. Nach HOFFMAN 1977.

Der oben erwähnte zweite Punkt, die subjektive Rekonstruktion fehlender Faunenelemente, läßt sich vermutlich nicht umgehen, doch besteht dabei die Gefahr, daß fossile Gemeinschaften allzu sehr rezenten Communities angeglichen werden, da diese stets als aktualistisches Modell herangezogen werden. Dies ist denn auch der Hauptpunkt der Kritik an der Community-Palökologie. Ausgehend von diesem Ansatz ist es nicht erstaunlich, daß für die meisten beschriebenen fossilen Gemeinschaften eine ähnliche Struktur postuliert wird, wie sie von rezenten Communities bekannt ist (KITCHELL 1985).

9. Räumliche und zeitliche Muster

9.1. Biogeographie

Die Biogeographie untersucht die großräumige geographische Verteilung von Organismen. Das zu beobachtende Muster hat stets eine historische Komponente, da die aktuelle Verbreitung von Organismen immer auch ein Resultat von Vorgängen in der geologischen Vergangenheit ist. In diesem Sinne drängt sich eine Unterteilung in Biogeographie (Verbreitung rezenter Organismen) und Paläobiogeographie (Verbreitung fossiler Organismen) nicht auf.

Provinzen

Im Grunde sind für die Bestimmung biogeographischer Muster die Verbreitungsgrenzen einzelner Arten fundamental, traditionellerweise sind aber größere Einheiten, die biotischen Provinzen, von hauptsächlichem Interesse. Solche Provinzen sind statistische Einheiten, welche dort abgegrenzt werden, wo viele Taxa die Endpunkte ihrer geographischen Verbreitung aufweisen (JABLONSKI et al. 1985). Solche Provinzgrenzen entsprechen Diskontinuitäten in den Umweltbedingungen. Provinzen selbst können entsprechend als Gebiete definiert werden, in welchen Lebensgemeinschaften eine charakteristische Zusammensetzung aufweisen (VALENTINE 1973).

Die Verbreitung einzelner Arten wird im terrestrischen Bereich vor allem von klimatischen Faktoren kontrolliert, im marinen Bereich ist die Temperatur von größter Bedeutung für poikilotherme Arten. Dabei scheint den temperaturabhängigen Enzymaktivitätsraten entscheidende Bedeutung zuzukommen. Unter suboptimalen Temperaturbedingungen geraten die einzelnen Aktivitätsraten zunehmend aus dem Gleichgewicht (JABLONSKI et al. 1985).

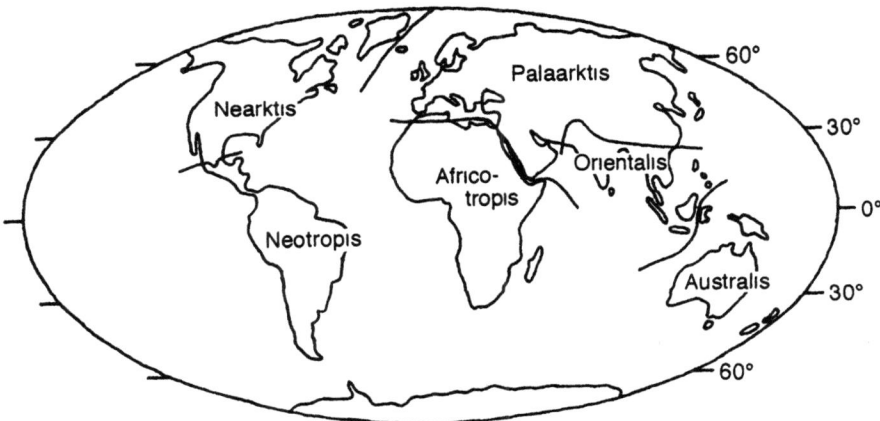

Fig. 9.1. Die sechs zoogeographischen Regionen der Erde, basierend auf der Verbreitung der Säugetiere. Nach COX & MOORE 1987

Die Abgrenzung der biotischen Provinzen ist eng an biogeographische Barrieren und an die geologische Geschichte dieser Barrieren gebunden. Als Barriere im weiteren Sinne wird dabei jede Variation in der abiotischen Umwelt angesehen, welche die Ausbreitung einer Art verhindert (DODD & STANTON 1990). Effiziente Barrieren werden die Verbreitung vieler Arten verhindern und daher mit Provinzgrenzen zusammenfallen. Beispiele solcher Barrieren für terrestrische Tiere sind ausgedehnte Gebirgsketten und Meeresstraßen. Landbrücken, aber auch unpassierbare Meeresströmungen, sind entsprechende Barrieren für marine Tiere. Eine Ausbreitung von Schelforganismen kann auch verhindert werden, wenn potentiell besiedelbare Flachwassergebiete durch weite Tiefseebereiche getrennt werden (DODD & STANTON 1990).

Ein wichtiger Schritt bei paläogeographischen Arbeiten ist die Abgrenzung von biotischen Provinzen und die Definition ihrer Grenzen. Traditionellerweise wurden solche Abgrenzungen subjektiv vorgenommen. Bereits WALLACE unterschied fünf terrestrische zoogeographische Regionen, welche unter den heutigen Zoogeographen immer noch im Gebrauch sind (Fig. 9.1; COX & MOORE 1987). Die nordischen Regionen, Palaearktis und Nearktis, werden gelegentlich als Holarktis zusammengefaßt, da sie viele Ähnlichkeiten zeigen. Die Neotropis und Africotropis (= äthiopische Region) sind nach Süden vorspringende Halbinseln, welche durch Meere und Klimabarrieren teilweise isoliert sind. Die orientalische Region wird im Süden durch Meere und im Norden durch Bergketten abgegrenzt. Die australische Region schließlich ist die am stärksten isolierte biogeographische Region, da sie vollständig von Meeren umgeben ist (vgl. "Wallace-Linie" zwischen Borneo und Celebes).

Tab. 9.1 Die gebräuchlichsten Ähnlichkeitsindices. Nach VALENTINE 1973.

Koeffizient	wenn $N_1 \to N_2$	wenn $C \to 0$	wenn $C \to N_1$	wenn $\frac{N_1}{N_2} = \frac{1}{2}$ und $\frac{C}{N_1} = \frac{1}{2}$
Jaccard $\frac{C}{N_1 + N_2 - C}$	$\to \frac{C}{2E_1 + C}$	$\to 0$	$\to 1$	$\frac{1}{5}$
Sørensen $\frac{C}{N_1 + N_2}$	$\to \frac{C}{2N_1}$	$\to 0$	$\to \frac{1}{2}$	$\frac{1}{6}$
Simpson $\frac{C}{N_1}$	$\to \frac{C}{N_1}$	$\to 0$	$\to 1$	$\frac{1}{2}$

C = Anzahl Arten, welche in beiden Proben vorkommen; E_1 = Arten in weniger diverser Probe, aber nicht in diverserer Probe; N_1 = totale Artenzahl in weniger diverser Probe; N_2 = totale Artenzahl in diverserer Probe.

Heute wird zur Abgrenzung biogeographischer Provinzen und Regionen aber zumeist auf quantitative Verfahren zurückgegriffen. Insbesondere dem Paläontologen stehen zumeist nur eine beschränkte Auswahl an Lokalitäten zur Verfügung, mit deren Hilfe er Provinzen erkennen sollte. In einem solchen Fall können Provinzgrenzen nicht direkt erkannt werden, wohl aber die Faunenähnlichkeiten von jeweils benachbarten Fundorten bestimmt werden. Zu diesem Zweck werden Präsenz-Absenz-Daten der Fauna (gesamte Fauna oder meist nur bestimmte systematische Gruppen) der verschiedenen Fundpunkte mit Hilfe von Ähnlichkeits-Koeffizienten zu einer geordneten Ähnlichkeitsmatrix gruppiert (VALENTINE 1973). Es existieren zahlreiche verschiedene Ähnlichkeitsindices, am gebräuchlichsten sind die Indices nach Simpson, Jaccard und Sørensen (Tab. 9.1; NEWTON 1990). Die resultierende Ähnlichkeitsmatrix kann in der Folge, vor allem bei unübersichtlichen Gruppierungen, durch eine Clusteranalyse zu Regionen ähnlichen Fauneninhalts zusammengefaßt werden. Das Vorgehen ist vollständig analog der Gruppierung fossiler Assoziationen mit Hilfe einer Klassifikationsanalyse (Q-Modus-Clusteranalyse; siehe Kapitel 8).

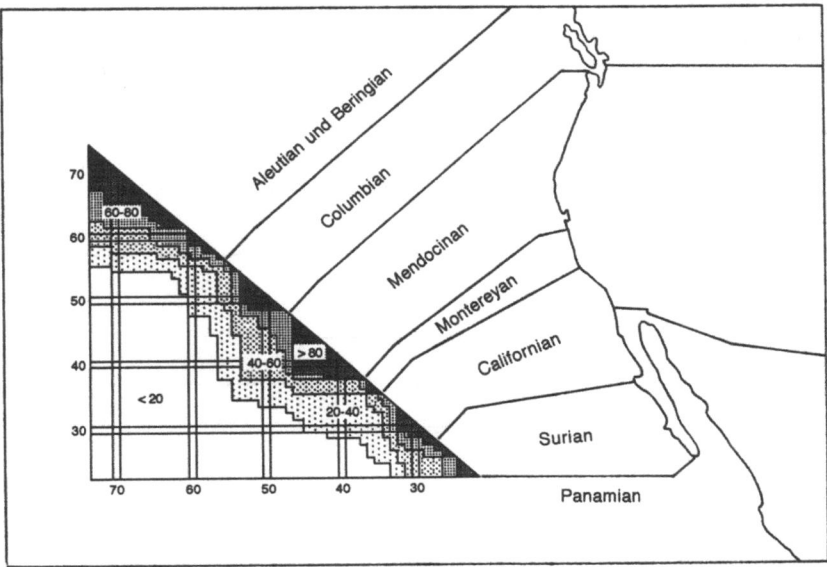

Fig. 9.2. Moderne marine Provinzen des nordöstlichen Pazifik, basierend auf der Verbreitung von Muscheln und Schnecken, und mit dem Jaccard-Koeffizienten errechnete Ähnlichkeitsmatrix. Nach VALENTINE 1973

Ein gutes Beispiel für die Bestimmung von Provinzgrenzen stammt von VALENTINE (1966, 1973), welcher an der nordamerikanischen Westküste die rezente Molluskenfauna von Alaska bis Baja California untersuchte. Für die Untersuchung fossiler Fundpunkte läßt sich aber genau das gleiche Verfahren anwenden. Jedes Segment von einem Breitengrad Ausdehnung wurde als separate Probe tabuliert. Diese Segmente wurden nun mit den benachbarten Segmenten auf der Basis des Vorkommens beziehungsweise des Fehlens von Muscheln und beschalten Schnecken verglichen, wobei eine Ähnlichkeitsmatrix mit dem Jaccard-Koeffizient errechnet wurde. Zwei Segmente mit zahlreichen gemeinsamen Arten wiesen natürlich einen viel höheren Wert des Ähnlichkeits-Koeffizienten auf als Segmente mit deutlich unterschiedlicher Fauna. In der Ähnlichkeitsmatrix resultierten Blöcke mit einer hohen Faunenähnlichkeit, welche von anderen solchen Blöcken durch deutlich niedrigere Ähnlichkeitswerte getrennt sind (Fig 9 2) Die Blocke mit gleichartiger Fauna wurden als Mollusken-Provinzen definiert, welche von benachbarten Provinzen durch Diskontinuitaten getrennt sind Besonders gut sichtbar wurden diese Gruppierungen bei der graphischen Darstellung einer Clusteranalyse, welche mit den Daten der Ähnlichkeitsmatrix durchgeführt wurde (Fig 9 3)

Die Anwendung dieser biogeographischen Prinzipien, auch wenn sie nicht in dieser quantitativen Weise durchgeführt werden, sind in der Palaontologie offenbar vielversprechend Ein eindruckliches Beispiel ist die Theorie der Kontinentalverschiebung, welche Anfang des 20 Jahrhunderts von ALFRED WEGENER erstmals formuliert wurde WEGENER postulierte, daß wahrend des Perms die Sudkontinente Sudamerika, Afrika, Antarktis und Australien einen einheitlichen Landblock (Gondwana) gebildet hatten Zu dieser Folgerung kam er nicht nur aufgrund der komplementaren Kustenlinien dieser Sudkontinente, sondern auch aufgrund biogeographischer Daten (RAUP & STANLEY 1978) In permischen Ablagerungen der Sudkontinente fand man nämlich eine charakteristische Fauna (*Lystrosaurus, Mesosaurus*) und Flora (*Glossopteris* Flora), die von anderen Kontinenten nicht bekannt war (Fig 9 4) Wenn die Kontinente aber wahrend der gesamten Erdgeschichte in ihrer Position fixiert waren, ließ sich diese Faunen und Florenverteilung kaum erklaren Die Idee der Kontinentalverschiebung wurde lange Jahre heftig bekampft, weil angeblich eine Wirkursache fur eine solche Verschiebung undenkbar war Erst mit dem Aufkommen der Plattentektonik wurde diese Idee dann allseits akzeptiert

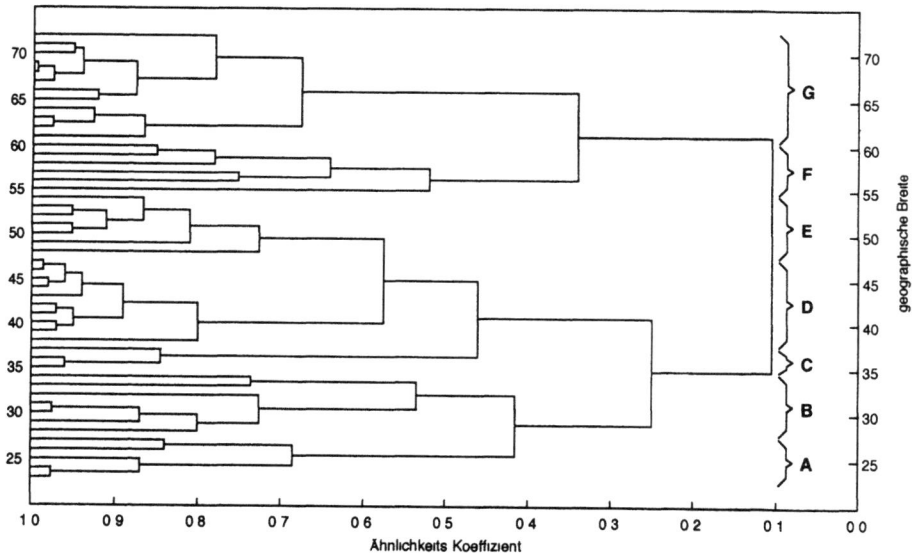

Fig. 9.3 Dendrogramm der Clusteranalyse der Ähnlichkeitsmatrix von Fig 9 2 A Surian B Californian C Montereyan D Mendocinan E Columbian F Aleutian G Beringian Nach VALENTINE 1973

Räumliche und zeitliche Muster

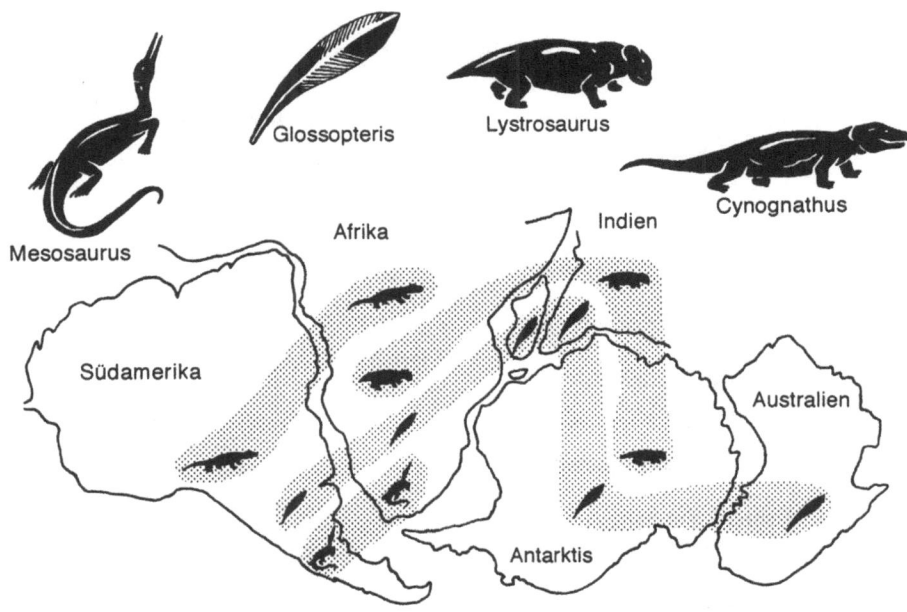

Fig. 9.4. Rekonstruktion von Gondwanaland und Verteilung charakteristischer Faunen- und Florenelementen im Perm und in der unteren Trias. Nach RAUP & STANLEY 1978.

Ein weiteres instruktives Beispiel betrifft die Schließung des Japetus (Proto-Atlantik) im frühen Paläozoikum. Die nordamerikanische Landmasse (inklusive die nördlichen Teile von Irland, Schottland und Norwegen) lag während des Ordoviziums (Arenig) etwa auf der Höhe des Äquators, während das von einem weiteren ozeanischen Gebiet (Tornquist-Meer) geteilte Europa (inklusive Teile von Neu-England, Neu-Schottland und Neufundland) in hohen südlichen Breiten lag (Fig. 9.5). Durch Subduktion wurde der Japetus im Ordovizium und Silur sukzessive geschlossen, was sich in einer graduell zunehmenden Ähnlichkeit der Faunen von Nordamerika und Nordeuropa manifestierte (MCKERROW & COCKS 1976, COCKS & FORTEY 1982). Die Provinzialität verschwand zuerst bei den pelagischen Gruppen wie den Graptolithen und den (hemipelagischen?) Agnostiden, erst im späteren Ordovizium und frühen Silur glichen sich auch die Brachiopoden- und Trilobitenfaunen an. Die Unterschiede persistierten am längsten bei den Süßwasserfischen und den Ostracoden, welche kein planktonisches Larvenstadium besitzen. Eine eigenständige "keltische" Fauna ist von bestimmten Orten in Irland und Schottland bekannt. Diese Fauna weist sowohl nordamerikanische, europäische als auch endemische Faunenelemente auf und wird als Inselfauna des Japetus interpretiert (NEUMAN 1984). Mit biogeographischen Methoden lassen sich also auch "displaced terranes" erkennen. Ein bekanntes Beispiel dazu stammt auch aus dem Jura der Westküste von Nordamerika (Fig 9.6; SMITH & TIPPER 1986)

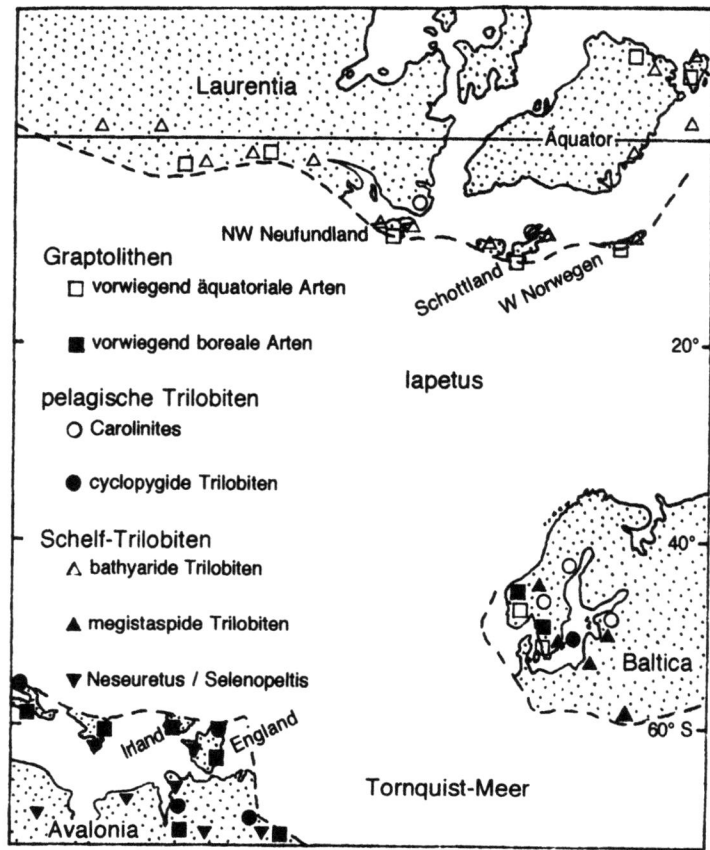

Fig. 9.5. Paläogeographische Rekonstruktion des Japetus und Verteilung ausgewählter Faunenelemente im Arenig (Ordovizium). Nach COCKS & FORTEY 1982.

Die Aufhebung von Verbreitungsbarrieren ist im terrestrischen Bereich häufig mit einem plötzlichen Faunenaustausch verbunden. Im frühen Tertiär erfuhren Nord- und Südamerika eine weitgehend eigenständige Faunenentwicklung. Erste Anzeichen für biogeographische Austauschphänomene sind zwar erstmals im späten Miozän und frühen Pliozän festzustellen. Zu diesem Zeitpunkt dürfte im Bereich von Mittelamerika eine Inselkette entstanden sein. Im späten Pliozän fand dann eine drastische Hebung zur Panama-Landbrücke statt, was in einem nahezu plötzlichen Faunenaustausch zwischen Nord- und Südamerika resultierte (COX & MOORE 1987). Die ursprüngliche Austauschrate dürfte dabei von Norden nach Süden etwa den gleichen Umfang gehabt haben wie von Süden nach Norden (JABLONSKI et al. 1985). Während sich aber zahlreiche nordamerikanische Faunenelemente erfolgreich in Südamerika ausbreiteten und autochthone Elemente vermutlich kompetitiv verdrängten, waren unter den südamerikanischen Formen nur wenige in Nordamerika erfolgreich (Opossum, Gürteltier).

Räumliche und zeitliche Muster

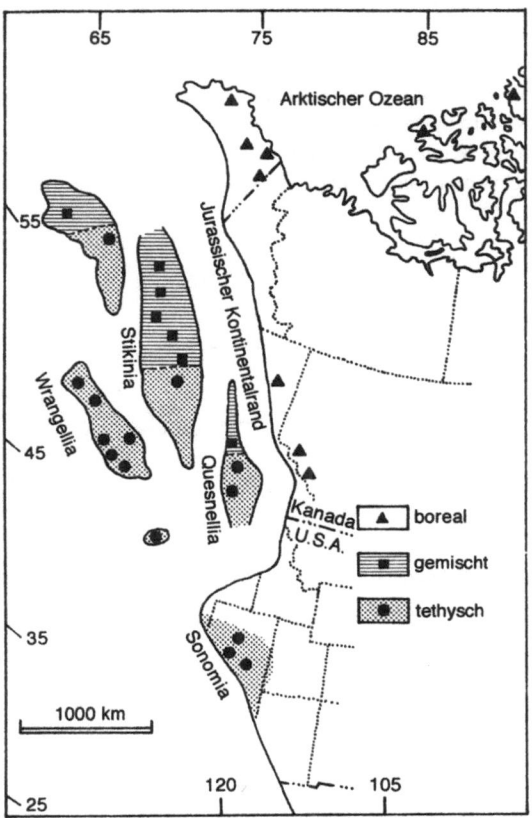

Fig. 9.6. Biogeographische Affinitäten der Fauna des Pliensbachian in allochthonen Terrains von Nordamerika. Nach SMITH & TIPPER 1986.

Vikarianz-Biogeographie

Während die traditionelle Biogeographie das Migrationsverhalten von Tieren und die Dispersion von Pflanzen in den Vordergrund stellt, betont die Vikarianz-Biogeographie Aufspaltungsphänomene ursprünglich kontinuierlich verbreiteter Taxa durch biogeographische Ereignisse. Unter Vikarianz versteht man dabei ein solches biogeographisches Ereignis, welches zu einer Barrierenbildung führt (PLATNICK & NELSON 1978, NELSON & PLATNICK 1981). Die Vikarianz-Biogeographie setzt eine rigorose Verwandtschaftsanalyse der untersuchten Taxa voraus und steht daher in enger Beziehung zum Cladismus.

Das Ziel der Vikarianz-Biogeographie ist die Verknüpfung systematischer Verwandtschaftsbeziehungen mit Verbreitungsmustern. Für diesen Zweck existiert eine logische Methodik (GRANDE 1990; Fig. 9.7). Zuerst müssen die Verwandtschaftsverhältnisse der untersuchten systematischen

Gruppe bekannt sein. So zeigt zum Beispiel die cladistische Analyse, daß Art A näher mit Art B verwandt ist als mit Art C. In einem nächsten Schritt wird dieses Cladogramm in ein Areal-Cladogramm verwandelt. Wenn beim obigen Beispiel die Art A von der Region 1, die Art B von der Region 2 und die Art C von der Region 3 stammt, dann indiziert dies eine nähere Beziehung von Region 1 zu Region 2 als zu Region 3. Als nächstes werden repetitive Muster der Areal-Beziehung gesucht, das heißt für weitere systematische Gruppen werden Cladogramme erstellt und zu Areal-Cladogrammen umgeformt. Wenn nun mehrere verschiedene Organismengruppen dasselbe Muster der Areal-Beziehung ergeben, dann dürfte dies auf gemeinsame historische Ereignisse zurückzuführen sein (Fig. 9.8).

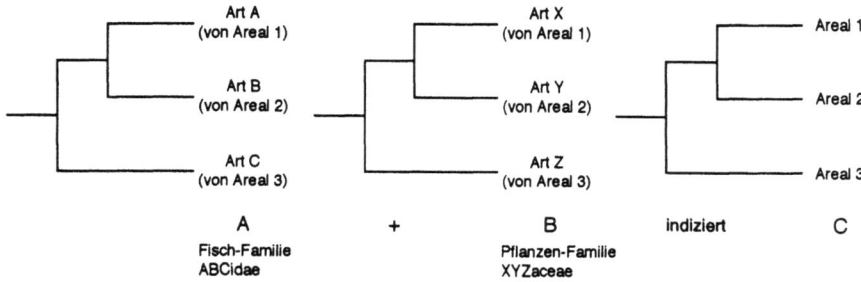

Fig. 9.7. Aus biologischen Verwandtschaftsverhältnissen (A, B) abgeleitetes Areal-Cladogramm. Nach GRANDE 1990.

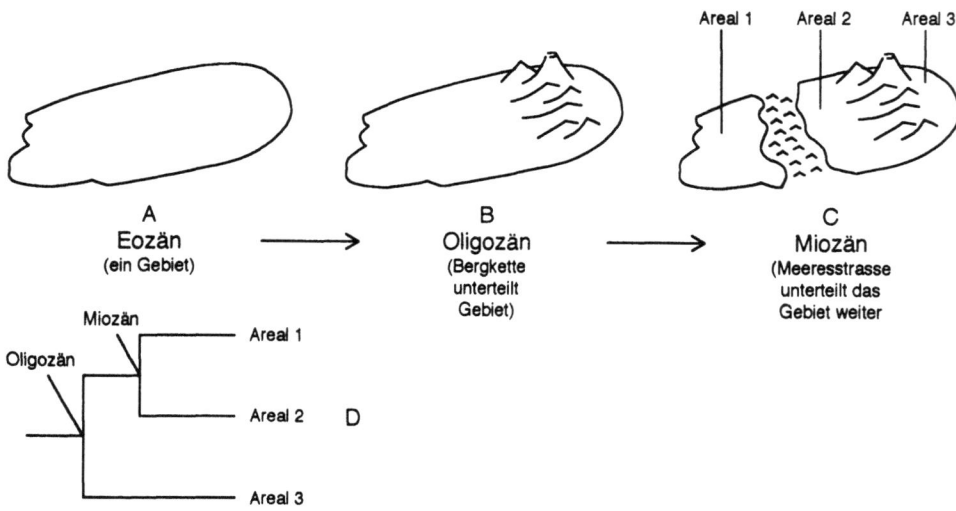

Fig. 9.8. Geologische Geschichte eines hypothetischen Gebiets (A, B, C) und entsprechendes Areal-Cladogramm (D). Nach GRANDE 1990.

Räumliche und zeitliche Muster

Bei komplexen Mustern kann so unter Umständen der zeitliche Ablauf der Untergliederung einer vormals zusammenhängenden Region rekonstruiert werden (GRANDE 1990). Falls in geologisch jüngerer Zeit Migrationsphänomene erfolgten, kann das auf rezenten Taxa beruhende Areal-Cladogramm viele Merkmalswidersprüche aufweisen. In diesem Fall könnte die Analyse fossiler Taxa unter Umständen dennoch den historischen Ablauf der biogeographischen Ereignisse klären. Die Vikarianz-Biogeographie ist eine junge, vielversprechende Disziplin der Biogeographie. Allerdings sind detaillierte Studien bisher eher selten geblieben, da von den meisten systematischen Gruppen die Verwandtschaftsverhältnisse nur ungenügend bekannt sind (GRANDE 1990).

Insel-Biogeographie

Schon seit längerer Zeit ist bekannt, daß die Artenzahl auf Inseln nicht nur von der Habitatsdiversität abhängt, sondern daß die Größe der Insel und die Entfernung von den nächsten besiedelten Landmassen eine entscheidende Rolle spielen. Für benachbarte Inseln konnte in den meisten Fällen eine einfache Arten-Areal-Beziehung festgestellt werden, wobei mit zunehmender Inselgröße die Artenzahl mit der dritten bis vierten Wurzel des Areals zunahm (Fig. 9.9):

$$S = CA^z \qquad (9.1)$$

wobei S die Anzahl der Arten, C eine Konstante und A die Fläche der Insel ist; z ist eine Zahl kleiner als 1, in der Regel 0.20 bis 0.35. Stärker isolierte Inseln scheinen generell weniger Arten zu beherbergen als Inseln, welche in der Nachbarschaft anderer Inseln oder größerer Landmassen liegen. Um dieses Muster zu erklären, wurde ein Gleichgewichtsmodell entwickelt, welches die Besiedelung einer Insel als dynamisches Gleichgewicht zwischen Einwanderungsrate neuer Arten und Aussterberate bereits vorhandener Arten formuliert. (MACARTHUR & WILSON 1967).

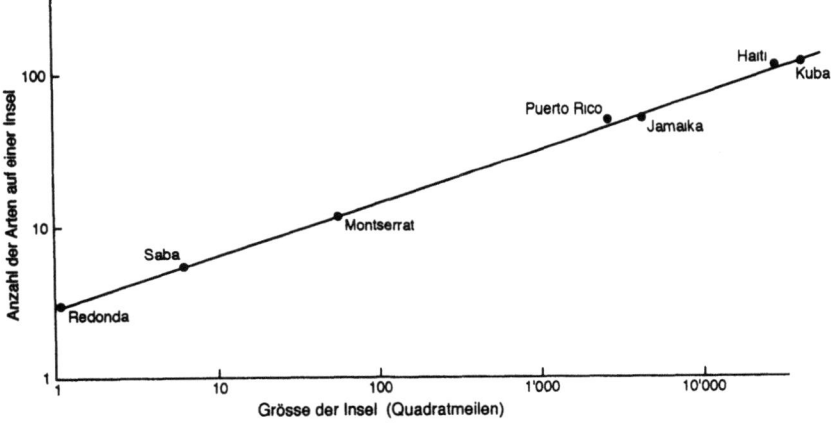

Fig. 9.9. Artenzahlen von Amphibien und Reptilien auf Inseln verschiedener Größe in der Karibik. Nach WILSON & BOSSERT 1973.

Auf eine ausführliche mathematische Behandlung der Insel-Theorie soll hier verzichtet werden, umso mehr, als sie sich anschaulich graphisch darstellen läßt. In dem Maße, wie sich eine Insel mit

Arten füllt, sollte die Einwanderungsrate λ_s, definiert als die Anzahl neu ankommender Arten pro Zeiteinheit, sinken. Als Annäherung kann eine lineare Beziehung angenommen werden (Fig. 9.10 A):

$$\lambda_s = \lambda_a (P - S) \quad (9.2)$$

wobei λ_s die Gesamteinwanderungsrate, λ_a die durchschnittliche Einwanderungsrate pro Art, P die Anzahl der Arten im "Pool", das heißt in den umgebenden Gebieten und S die Anzahl der bereits auf der Insel lebenden Arten ist. Wenn P die Anzahl der Arten ist, welche die Insel potentiell kolonisieren können, wird die Einwanderungsrate gleich Null, wenn bereits P Arten auf der Insel vorhanden sind (P = S). Andererseits ist auch zu erwarten, daß mit zunehmender Anzahl der Arten S auf der Insel die Aussterberate μ_s, definiert als aussterbende Arten pro Zeiteinheit, ansteigt. Als Annäherung gilt wiederum eine lineare Beziehung (Fig. 9.10B):

$$\mu_s = \mu_a S \quad (9.3)$$

wobei μ_a die durchschnittliche Aussterberate pro Art ist. Bei einem bestimmten Gleichgewichtswert der Artenzahl (S) werden die Einwanderungsrate und die Aussterberate gleich sein (Fig. 9.11). Wenn man nun also die Einwanderungs- und Aussterberate sowie die Anzahl der potentiell kolonisationsfähigen Arten kennt, kann die Anzahl der Arten auf der Insel im Gleichgewichtszustand ermittelt werden:

$$dS/dt = \lambda_a (P - S) - \mu_a S = 0 \quad (9.4)$$

oder:

$$S = \lambda_a P / (\lambda_a + \mu_a) \quad (9.5)$$

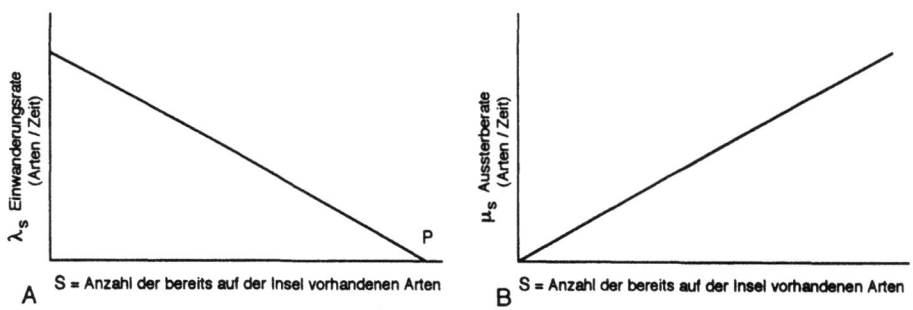

Fig. 9.10. Einwanderungskurve (A) und Aussterbekurve (B). Mit zunehmender Besiedlung der Insel sinkt die Ankunftsrate neuer Arten und die Aussterberate steigt. Nach MACARTHUR & WILSON 1967.

Mit diesem vereinfachten Modell lassen sich nun die oben erwähnten Abhängigkeiten der Arten-Areal-Beziehung von der Größe der Insel und ihrer Entfernung von den nächsten besiedelten Landmassen veranschaulichen. Je kleiner die Insel ist, desto kleiner ist die Anzahl der verfügbaren

Habitate, desto kleiner sind also auch die möglichen Populationsgrößen der besiedelnden Arten. Eine kleine Insel wird deshalb eine höhere Aussterberate aufweisen als eine große Insel (Fig. 9.12). Von zwei gleich großen Inseln wird andererseits die weit entfernte eine geringere Einwanderungsrate zeigen als die näher an der nächsten besiedelten Landmasse gelegene (Fig. 9.12).

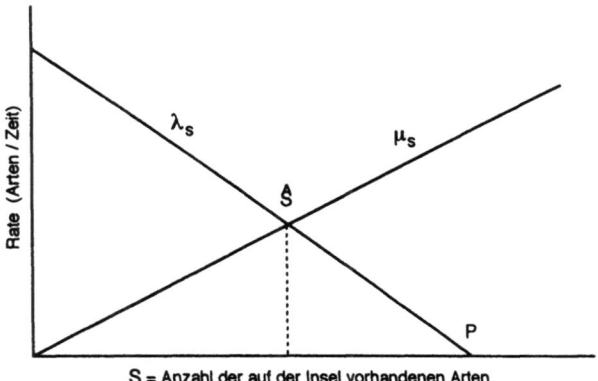

Fig. 9.11. Modell des Artengleichgewichts. Im Punkt S ist ein dynamisches Gleichgewicht erreicht, so daß Aussterberate gleich Einwanderungsrate ist. Nach MACARTHUR & WILSON 1967.

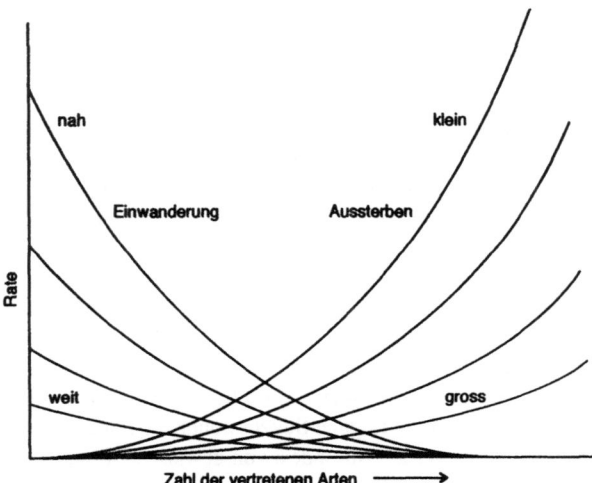

Fig. 9.12. Abhängigkeit der Artenzahl auf einer Insel von deren Größe und der Entfernung von der nächsten besiedelten Landmasse. Nach MACARTHUR & WILSON 1967.

Der Nutzen dieses Modells liegt nun darin, daß es nicht nur auf richtige Inseln, sondern auch auf Habitatsinseln angewandt werden kann. So können auch Berggipfel oder voneinander getrennte Seen als Inseln behandelt werden, desgleichen isolierte Schelfgebiete. Die im Vergleich zur indopazifischen Region reduzierte Diversität der karibischen Korallen- und Molluskenfauna dürfte mindestens teilweise auf die kleinere Arealgröße und damit geringere Habitatsvielfalt der Karibik zurückzuführen sein. Die oben dargelegte Art-Areal-Beziehung ist schließlich auch im Naturschutz von großer Bedeutung.

9.2. Zeitliche Muster

Eine paläontologische Datenaufnahme beinhaltet immer einen zeitlichen Aspekt. Hier sollen aber speziell einige Muster vorgestellt werden, bei welchen zeitabhängige Fragestellungen im Vordergrund stehen. Dies sind einerseits kurzfristige, ökologische Prozesse (Sukzession und "community replacement"), andererseits langfristige phylogenetische und makroevolutive Phänomene. Insbesondere diese längerfristigen Muster gehören wohl zum interessantesten, was in der Palökologie behandelt werden kann.

Kurzfristige Prozesse

Als kurzfristige Phänomene gelten in der Paläontologie Sukzession und "community replacement". Dies sind Ereignisse, welche die Lebensdauer eines Ökologen übersteigen können. Unter Sukzession versteht der Ökologe das gerichtete, nicht saisonale Muster von Besiedlung und Aussterben von Populationen an einer bestimmten Lokalität (BEGON et al. 1991). Im Verlaufe einer Sukzession treten serielle Artenabfolgen (Sere) auf. Auf ein Pionierstadium folgen mehrere Übergangsstadien. Schließlich kommt die Sukzession zu einem Ende, wenn ein stabiles Klimaxstadium erreicht ist. Es ist jedoch umstritten, ob unter bestimmten Umständen nur eine bestimmte Klimaxgesellschaft entstehen kann, oder ob eine von vielen intergradierenden Gemeinschaften entsteht (BEGON et al. 1991). Die meisten Sukzessionsprozesse scheinen zudem wegen häufiger Störungen kaum je zu einem Abschluß zu gelangen.

Im einzelnen wird in der Ökologie zwischen autogener und allogener Sukzession unterschieden. Um eine autogene Sukzession handelt es sich dann, wenn sich während der Abfolge die abiotischen Umweltbedingungen nicht ändern, die einzelnen Sukzessionsstadien also ausschließlich auf biologische Modifikationen zurückzuführen sind. Erfolgt die Besiedlung durch die Pionierarten auf einem neuexponierten, vollkommen organismenfreien Substrat, spricht man von primärer autogener Sukzession, hat eine schwerwiegende Störung auf das Habitat eingewirkt, aber nicht alles Leben ausgelöscht, dann beginnt eine sekundäre autogene Sukzession (BEGON et al. 1991). Primäre autogene Sukzessionen beginnen beispielsweise auf dem nackten Fels, den ein Gletscher bei seinem Rückzug hinterlassen hat. Im marinen Bereich kann eine primäre autogene Sukzession an einer Geröllküste beginnen, wenn ein außerordentlich schwerer Sturm die Steine vollkommen von Algenbewuchs befreit hat. Sekundäre autogene Sukzessionen sind aber bedeutend häufiger, denn die meisten lokalen Katastrophen werden zumindest von gewissen Organismen überlebt. Von allogener Sukzession oder "community replacement" spricht man, wenn sich die Zusammensetzung der Flora und Fauna als Antwort auf sich ändernde Umweltbedingungen verändert.

Räumliche und zeitliche Muster

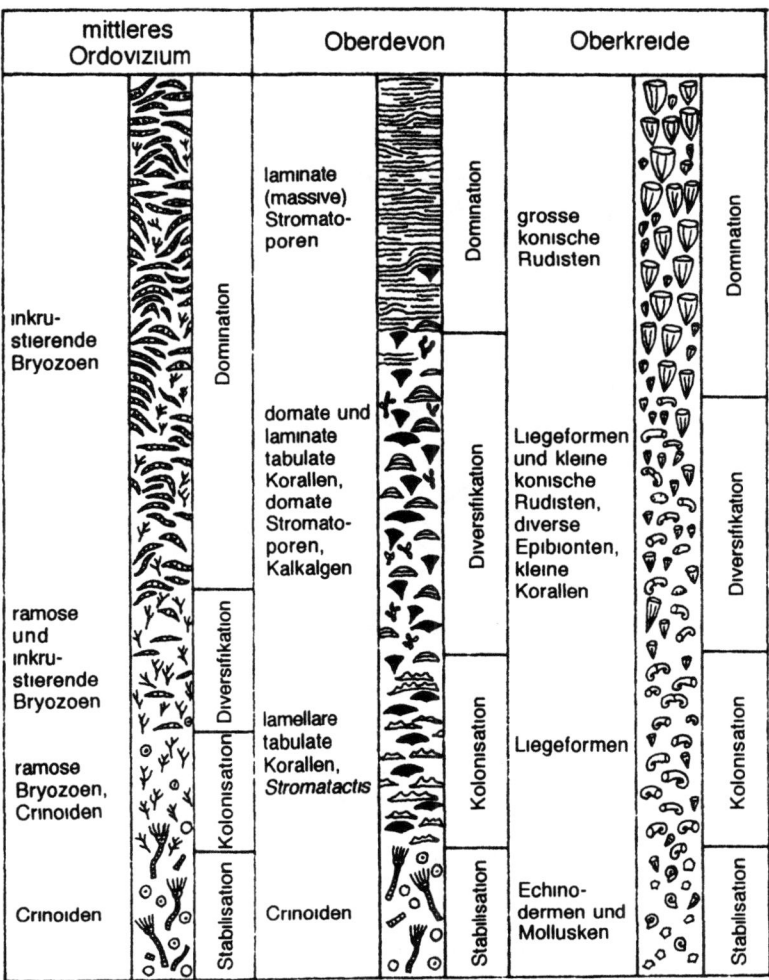

Fig. 9.13. Sukzession bei ausgewählten Riffen. Nach WALKER & ALBERSTEDT 1975

Autogene Sukzession ist in der Paläontologie natürlich äußerst selten zu beobachten. Das für Weichbodensedimente charakteristische "time-averaging" (Kapitel 6) macht den Erhalt solch kurzfristiger Prozesse nahezu unmöglich (vgl. aber das Beispiel in Kap. 8). Autogene Sukzessionen wurden dagegen von fossilen Hartböden beschrieben. Für verschiedene Riffe (Ordovizium bis Kreide) konnte jeweils eine charakteristische Abfolge festgestellt werden (Fig. 9.13; WALKER & ALBERSTEDT 1975). Nachdem sich das Sediment durch Besiedlung oder durch Hartgrundbildung stabilisiert hatte, erfolgte die Kolonialisierung durch eine Pionierfauna, welche das erste Gerüst für ein Riffwachstum legte. Mit zunehmendem Riffwachstum wurde die Fauna immer diverser. Die Riffe wuchsen in der Folge in die turbulenten Wasserzonen hinauf, wobei die Diversität wieder etwas abnahm. Im reifen Riffstadium wurde die Fauna schließlich von robusten, turbulenzresistenten Formen dominiert. Mit dieser Sukzession ging jeweils ein Wechsel von r- zu K-Strategen einher, die Diversität nahm anfänglich stark zu, um am Schluß wieder etwas abzunehmen, und die Komplexität der Riffarchitektur nahm ebenfalls zu (Fig. 9.14).

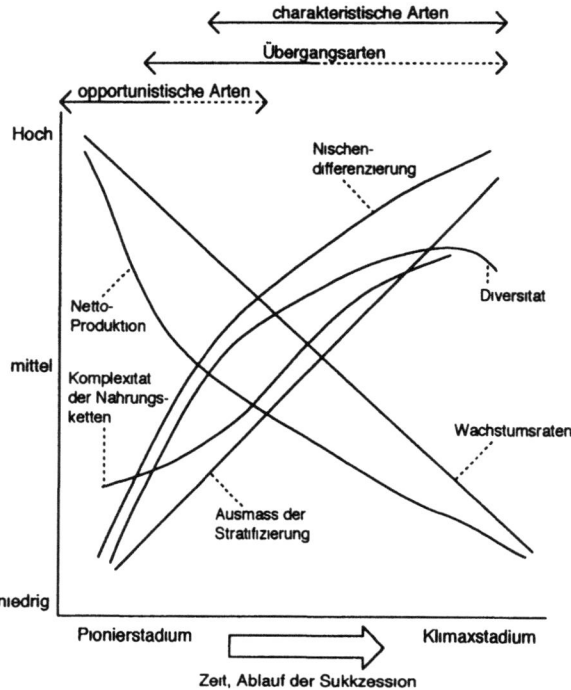

Fig. 9.14. Änderungen in der Community-Struktur während einer Sukzession. Nach WALKER & ALBERSTEDT 1975.

Die meisten der in der paläontologischen Literatur als Sukzession auf marinen Weichböden beschriebenen Beispiele müssen korrekterweise als "community replacement" bezeichnet werden (der Begriff der allogenen Sukzession ist in der Paläontologie nicht gebräuchlich; MILLER 1986). Solche Veränderungen der benthischen Gemeinschaften als Antwort auf sich ändernde Umweltbedingungen sind äußerst zahlreich dokumentiert.

Geschichte der Diversität im Präkambrium

Die Geschichte des Lebens auf der Erde ist sehr lang und eng mit den sich verändernden Umweltbedingungen verknüpft. Insbesondere die präkambrische Entwicklung zeigt, daß das Leben nicht nur abhängig von den abiotischen Bedingungen ist, sondern daß die Entwicklung des Lebens genau diese Bedingungen auch dramatisch verändert hat. Das Sonnensystem ist vor ca. 4.5 Mrd. Jahren entstanden (Datierung von Meteoriten), die ältesten Sedimente auf der Erde sind nur wenig jünger (ca. 3.8 Mrd. Jahre, Ishua, Westgrönland). Aus diesen Gesteinen wurden Spuren von Leben beschrieben, was sich aber später als Irrtum herausstellte. Die nachgewiesenen komplexen organischen Verbindungen rührten von Flechtenbewuchs her, und die als *Ishuasphaera* beschriebenen Strukturen waren anorganischen Ursprungs (STROTHER 1989). In etwas jüngeren Gesteinen (3.4 - 3.55 Mrd. Jahre, Warrawoona-Serie, Fig Tree, Südafrika) sind aber bereits unzweifelhafte Zeugen von Leben nachgewiesen: organische Mirkosphären und Filamente in Kieselsteinen sowie Stromatolithen (Cyanobakterien). Auch die stark negativen $\delta^{13}C$-Werte des Kohlenstoffs deuten auf organischen Ursprung hin (STROTHER 1989). Damit ist nachgewiesen, daß das Leben bereits im frühen Archaikum entstanden ist (Archaikum 4.55 - 2.5 Mrd. Jahre, Proterozoikum 2.5 - 0.54 Mrd. Jahre; Hadaikum 4.55 - 3.9.Mrd. Jahre, frühes Archaikum 3.9 - 3.3 Mrd. Jahre, mittleres Archaikum 3.3 - 2.9 Mrd. Jahre, spätes Archaikum 2.9 - 2.5 Mrd. Jahre; vgl. Fig. 9.15).

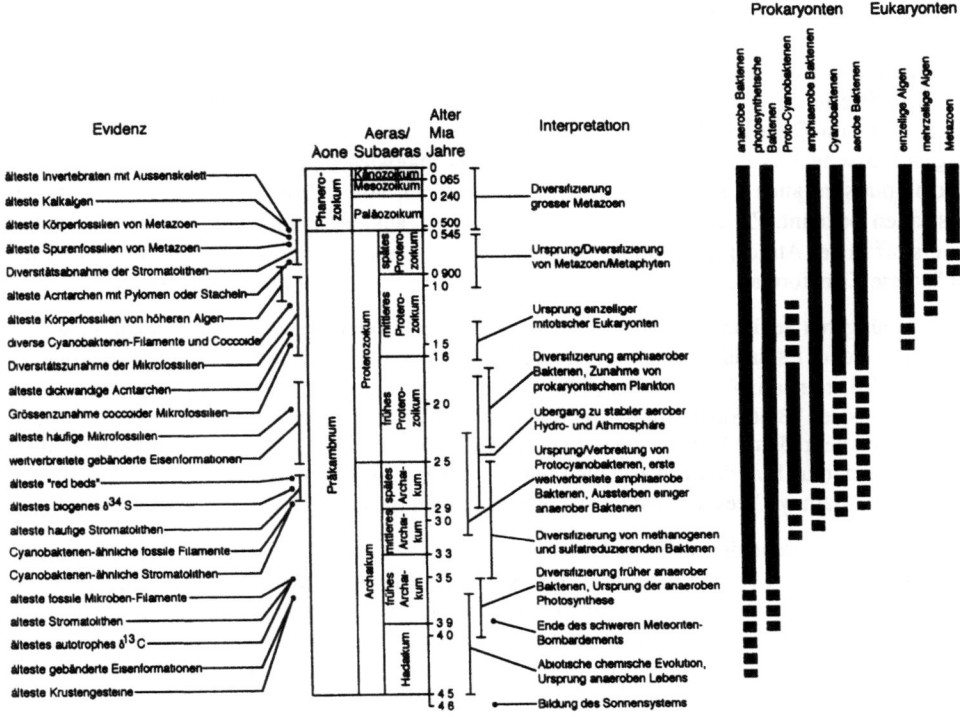

Fig. 9.15. Wichtige Ereignisse während des Präkambriums. Nach SCHOPF et al. 1983.

Heute herrscht weitgehend Übereinstimmung darin, daß vor der Entstehung des Lebens eine Periode chemischer Evolution lag. Die Atmosphäre der Erde war damals reduzierend und ohne freien Sauerstoff, bestehend hauptsächlich aus H_2, H_2O, CH_4, NH_3. Die Oberflächentemperaturen lagen aber bereits deutlich unter 100°C, so daß chemische Reaktionen in wässriger Lösung stattfinden konnten. UV-Strahlung, elektrische Entladungen, kosmische Strahlung, Radioaktivität und vermutlich auch Schockwellen von Meteoriten lieferten die nötige Energie, damit organische Verbindungen entstehen konnten (ORÓ et al. 1990). Die Synthese von Aminosäuren, Zuckern, Basen, Nukleotiden und Coenzymen unter diesen Bedingungen wurde im Labor nachvollzogen (ORÓ et al. 1990). Nach dem Abkühlen der Erdoberfläche, der Bildung der Urmeere und dem Abklingen des anfänglich intensiven Meteoritenbombardements entstanden vermutlich in Gezeitentümpeln die ersten Zellen. Das heute bekannte Leben ist wahrscheinlich monophyletisch, da alle Organismen derart viele Gemeinsamkeiten aufweisen (z.b. genetischer Code, Membranaufbau). Die Entstehung der ersten Zelle aus organischen Molekülen ist noch umstritten, vermutlich dürften aber katalytische Tonmineralien eine entscheidende Rolle gespielt haben (COWEN 1990).

Die ersten Lebewesen waren sicherlich anaerobe heterotrophe Mikroorganismen (Prokaryonten). Unter den frühesten zweifelsfrei nachgewiesenen Fossilien sind aber bereits photosynthetische Prokaryonten (Cyanobakterien) zu finden (STROTHER 1989). Diese Organismen produzierten Sauerstoff, welcher für anaerobe Organismen toxisch (oxidierend) ist. Die Sauerstoffnutzung zur Respiration wurde vermutlich früh entwickelt, was einen effizienteren Abbau aufgenommener organischer Substanzen ermöglichte. Anfänglich war die Sauerstoffkonzentration nur gering, und freier Sauerstoff war nur in der Nachbarschaft von Stromatolithen vorhanden. Die berühmteste Fossilfundstelle des frühen Proterozoikums ist die ca. 2 Mrd. Jahre alte "Gunflint"-Eisen-Formation von Ontario, Kanada. Hier wurden diverse in Stromatolithen und Kieselsteinen eingeschlossene Bakterien und Cyanobakterien nachgewiesen (STROTHER 1989). Ähnliche Mikrobiota sind auch aus etwa gleichaltrigen Gesteinen von Labrador, Minnesota und West-Australien bekannt. Zu dieser Zeit muß bereits freier (aus der Photosynthese hervorgehnder) Sauerstoff in der Atmosphäre vorhanden gewesen sein. Darauf deuten zahlreiche "red beds" und gebänderte Eisenformationen, welche sich nur unter Sauerstoffzufuhr bilden können.

In etwas jüngeren Sedimenten finden sich die ersten Organismenreste, welche als Eukaryonten angesehen werden. Es handelt sich um Acritarchen (planktonische Zysten von Algen), welche aus Ton- und Siltsteinen isoliert wurden (STROTHER 1989). Die am frühesten datierten Acritarchen stammen aus der "Belt-Supergroup" von Montana, USA (ca. 1.4 Mrd. J). Geochemische Evidenz (zu Steranen degradierte Sterole, die nur von den Membranen von Eukaryonten her bekannt sind) deutet aber darauf hin, daß Eukaryonten bereits früher existierten. Solche Sterane wurden aus Bitumen der Barney Creek-Formation aus Nordaustralien isoliert (1.7 Mrd. J; KNOLL 1992).

Eukaryonten unterscheiden sich von Prokaryonten (Bakterien, Archaebakterien, Cyanobakterien) in mehreren Merkmalen: die Erbsubstanz (DNA) ist in Chromosomen organisiert und wird von einer Membran umschlossen (Zellkern); die Zellen der Eukaryonten enthalten Organellen (Mitochondrien und Plastiden); Eukaryonten zeigen eine strenge Gesetzmäßigkeit bei der Zellteilung (Mitose) und können sich sexuell fortpflanzen (Meiose). Eukaryontische Zellen sind viel größer als prokaryontische Zellen. Eine flexible Zellmembran, wie sie für Eukaryonten typisch ist, kommt bei den Prokaryonten nicht vor. Die Entstehung der Eukaryonten wird heute meist mit der Endosymbiontentheorie von MARGULIS erklärt (COWEN 1990). Danach entwickelten primitive Prä-Eukaryonten mit Zellkern und flexibler Zellmembran die Fähigkeit, bestimmte Bakterien zu inkorporieren (Phagozytose), ohne sie zu verdauen. Diese intrazellulären Bakterien lieferten der Wirtszelle Stoffwechselprodukte und profitierten gleichzeitig vom Schutz durch die eukaryontische Zelle. Amöboide Prä-Eukaryonten entwickelten sich durch die Aufnahme von Purpurbakterien zu tierischen Protozoen mit Mitochondrien, in einem weiteren evolutiven Schritt wurden Cyanobakterienzellen als Chloroplasten in die Zelle aufgenommen (pflanzlicher Einzeller). Die Endosymbiontentheorie ist nicht unumstritten, die zahlreichen biochemischen Gemeinsamkeiten zwischen

Mitochondrien und Purpurbakterien beziehungsweise Chloroplasten und Cyanobakterien lassen diese Theorie aber zumindest sehr plausibel erscheinen (COWEN 1990).

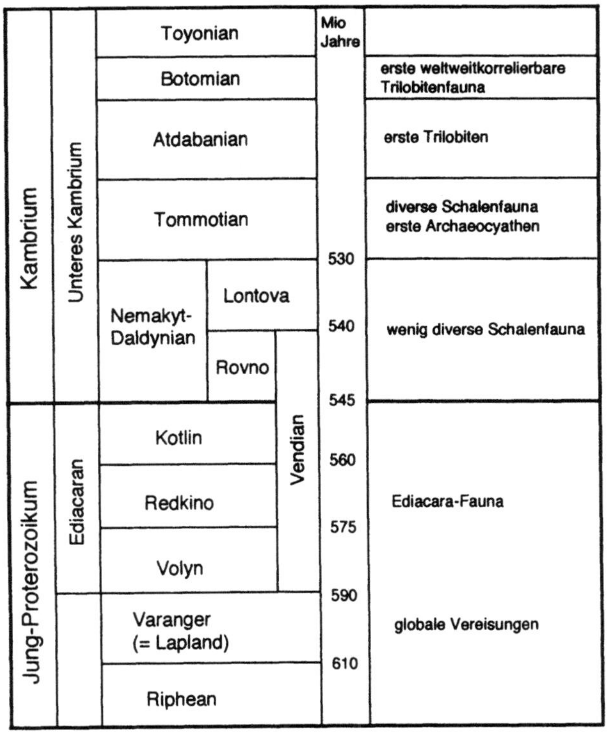

			Mio Jahre	
Kambrium	Unteres Kambrium	Toyonian		
		Botomian		erste weltweitkorrelierbare Trilobitenfauna
		Atdabanian		erste Trilobiten
		Tommotian		diverse Schalenfauna erste Archaeocyathen
			530	
		Nemakyt-Daldynian / Lontova / Rovno	540	wenig diverse Schalenfauna
			545	
Jung-Proterozoikum	Ediacaran	Kotlin	Vendian 560	
		Redkino	575	Ediacara-Fauna
		Volyn	590	
		Varanger (= Lapland)	610	globale Vereisungen
		Riphean		

Fig. 9.16. Chronostratigraphische Gliederung des jüngsten Proterozoikums und unteren Kambriums.

Die Eukaryonten erlebten im späten Proterozoikum eine beträchtliche Diversifizierung, was vor allem durch Acritarchen belegt ist (STROTHER 1989). Der Fund von größeren organischen Abdrükken auf Schichtflächen der "Belt-Supergroup" (Montana, USA) kann mit einiger Sicherheit auf mehrzellige Algen zurückgeführt werden. Damit sind mehrzellige Pflanzen bereits in 1.3 Mrd. Jahre alten Gesteinen nachgewiesen. Mehrzellige Tiere (Metazoen) fehlen in diesen Sedimenten aber vollständig, ebenso irgendwelche Spuren ihrer Aktivität. Die ältesten Spurenfossilien sind aus etwa 900 Mio. Jahre alten Sedimenten bekannt. Nach heutiger Ansicht kann der Ursprung der Metazoen zwar weiter zurückliegen, die Entwicklung größerer Tiere wurde aber erst möglich, als die atmosphärische Sauerstoffkonzentration etwa 1/10 des heutigen Wertes erreicht hatte (KNOLL 1991, RUNNEGAR 1991). Die spektakulärsten Fossilien des späten Proterozoikums sind etwas jünger als 600 Mio. Jahre und stammen aus einem stratigraphischen Bereich, welcher jünger ist als die letzte präkambrische Eiszeit (Varangerian), aber deutlich unterhalb der Präkambrium/Kambrium-Grenze liegt (Fig. 9.16). Es handelt sich um die "Ediacara"-Fauna, die zuerst vom gleichnamigen Fundort in Südaustralien beschrieben wurde, welche mittlerweile aber auch aus Sibirien, Namibia und anderen Gebieten bekannt ist (GLAESSNER 1984). Die "Ediacara"-

Fauna besteht aus verschiedenen, meist sehr flach gebauten, aber teilweise auffallend großen Tieren ohne harte Skelettsubstanzen (Fig. 9.17). Einige dieser Organismen können zu bekannten Gruppen wie den Scyphomedusen, den Seefedern und den Anneliden gestellt werden (GLAESSNER 1984, MCMENAMIN 1987, 1989), andere sind in ihrer systematischen Stellung umstritten und dürften keine näheren lebenden Verwandten besitzen. Nach anderer Ansicht handelt es sich fast durchwegs um ausgestorbene, immobile Metazoen, welche wegen ihrer morphologischen Besonderheiten zu einem eigenen Stamm Vendozoa oder gar Reich Vendobionta gestellt werden (SEILACHER 1988, 1992). Dieser Autor begründet dies nicht nur mit der Luftmatratzen-ähnlichen Konstruktion dieser Tiere, sondern auch mit taphonomischen Besonderheiten. Die Ediacara-Fauna erlebte im spätesten Proterozoikum (Kotlin) eine drastische Reduktion der Diversität. Einige dieser rätselhaften Formen überlebten jedoch sicher bis ins mittlere Kambrium (CONWAY MORRIS 1992, 1993).

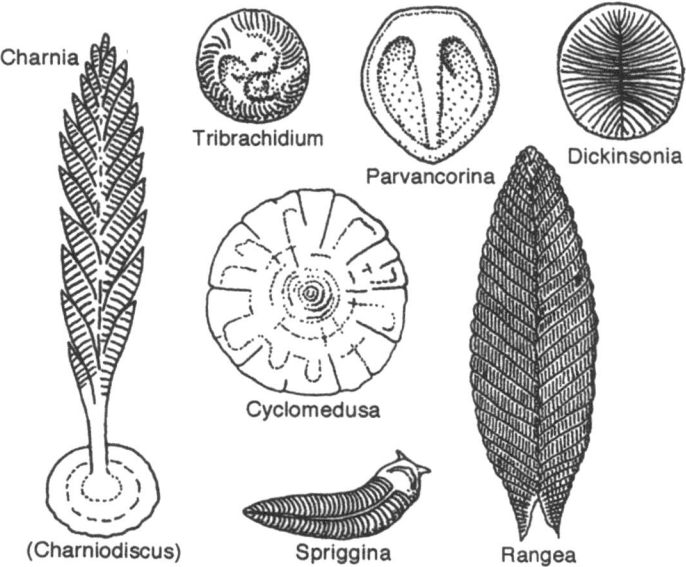

Fig. 9.17. Metazoen der Ediacara-Fauna. Nach CLARKSON 1993.

Die exakte Beurteilung der Vorgänge an der Präkambrium/Kambrium-Grenze ist schwierig, weil über einen weltweit gültigen chronostratigraphischen Rahmen noch keine Einigkeit erzielt worden ist, und weil die Datierung dieser Grenze mit beträchtlichen Unsicherheiten behaftet ist (BRASIER 1992, KNOLL & WALTER 1992). In Fig. 9.16 sind die gebräuchlichsten Stufennamen sowie aktuelle Datierungen angegeben. Trotz dieser Schwierigkeiten ist klar, daß die Tierwelt am Ende des Präkambriums und zu Beginn des Kambriums eine beispiellose Diversifizierung (adaptive Radiation) durchlief (VALENTINE et al. 1991). In einem geologisch kurzen Zeitraum traten im Kambrium Vertreter fast aller Tierstämme auf, und weltweit können in Gesteinen des unteren Kambriums Makrofossilien gefunden werden. Über die Gründe für diese "kambrische Explosion" besteht nach wie vor keine Einigkeit, verschiedene damit zusammenhängende Phänomene wurden aber in den letzten Jahren genauer dokumentiert:

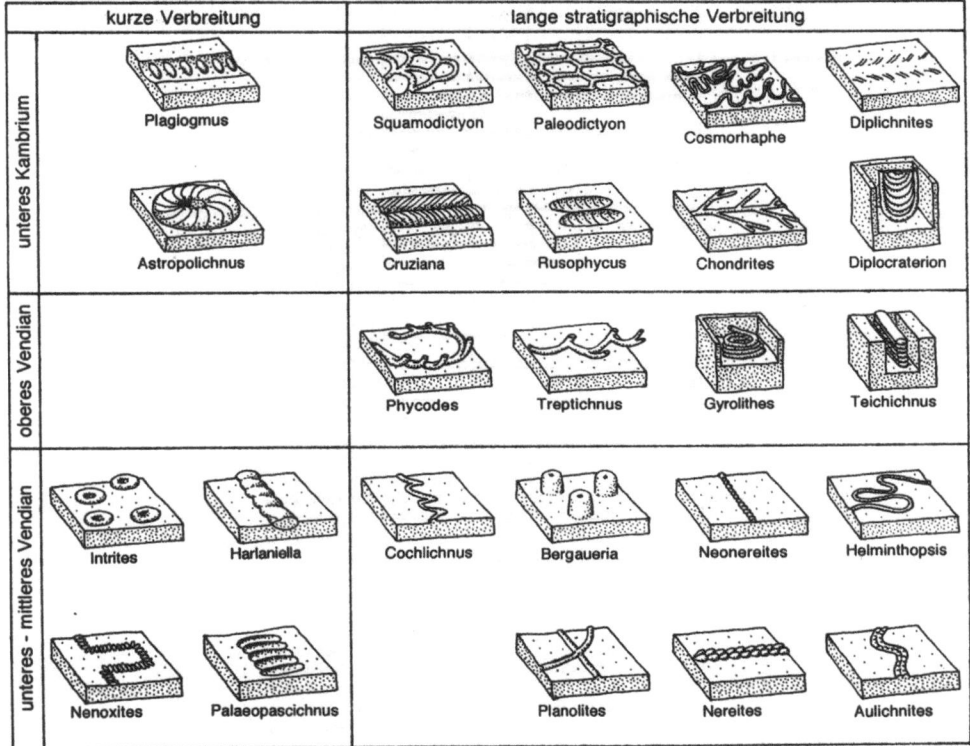

Fig. 9.18. Charakteristische Spurenfossilien des jüngsten Proterozoikums und unteren Kambriums. Nach CRIMES 1992.

- Die Diversifikation der Spurenfossilien begann im obersten Proterozoikum (Vendian). Komplexere Formen wurden aber erst im unteren Kambrium entwickelt (Fig. 9.18; CRIMES 1992). Diese Spurenfossilien traten alle zuerst in flachmarinen Milieus auf. Die Diversität der Spuren im tieferen marinen Bereich war im Kambrium noch sehr niedrig und nahm erst im Ordovizium und Silur graduell zu (vgl. unten: "onshore-offshore trend").

- Während aus dem spätesten Proterozoikum nur selten vereinzelte tierische Hartteile bekannt geworden sind, treten im untersten Kambrium und insbesondere im Tommotian relativ plötzlich verschiedenste Skleriten und Schalen auf (SIMKISS 1989, ROZANOV 1992). Viele dieser Hartteile sind unbekannter systematischer Herkunft. Offenbar entwickelten aber in relativ kurzer Zeit viele Tiergruppen die Fähigkeit zur kontrollierten Biomineralisation (Fig 9 19). Dies dürfte aber nicht wie früher angenommen mit dem angestiegenen Sauerstoffgehalt zusammenhängen, sondern eine adaptive Antwort auf das Auftreten von Räubern (welche in der Ediacara-Fauna vermutlich noch fehlten) sein. Dabei spielte auch die biomechanische Funktion von Exoskeletten bei der schnellen Fortbewegung eine Rolle (SIMKISS 1989).

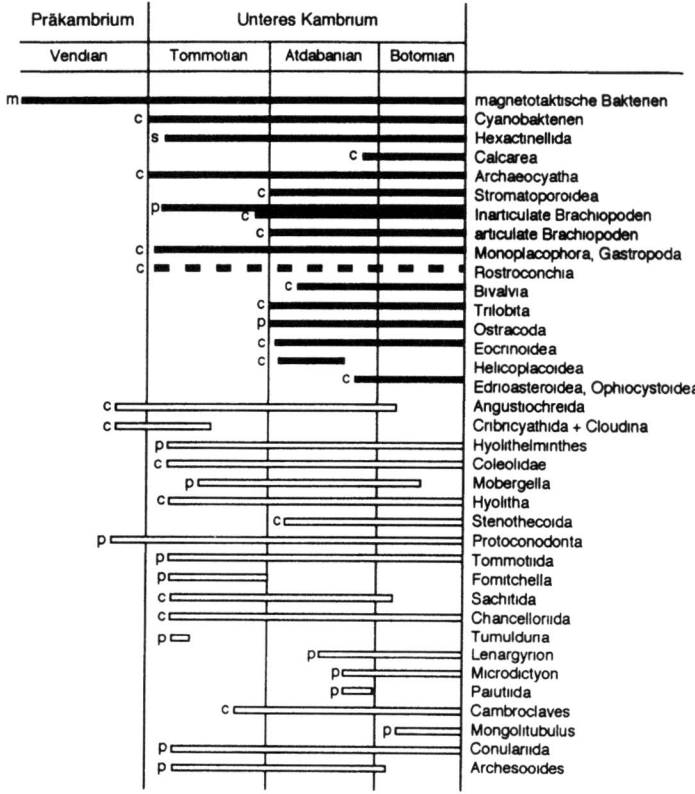

Fig. 9.19. Erstes Auftreten von Biomineralisation bei verschiedenen taxonomischen Gruppen an der Präkambrium/Kambrium-Grenze. Fossilien unsicherer Stellung weiß. m: Magnetit; c: Kalzit; p: Phosphat; s: Kieselsäure. Nach LOWENSTAM & WEINER 1989.

- Der Ediacara-Typus der Fossillagerstätten, in welchem Weichkörperorganismen an der Basis von Sturmsandlagen erhalten geblieben sind, verschwand im obersten Proterozoikum. Dies dürfte auf die gesteigerte Aktivität der grabenden Fauna zurückzuführen sein. Gleichzeitig mit dem Auftreten schalentragender Biota im untersten Kambrium kam es zu weitverbreiteter Phosphatgenese, die Skelettreste des untersten Kambriums sind vorwiegend phosphatisiert erhalten. Im obersten Unterkambrium schließlich werden Phosphatlagerstätten unbedeutend. Gleichzeitig tritt erstmals der "Burgess shale"-Typus der Fossillagerstätten auf (BRASIER 1992; vgl. Kap. 6). Diese sich verändernden taphonomischen Bedingungen werden unter anderem auf geänderte ozeanographische Verhältnisse zurückgeführt, insbesondere auf zunehmende thermohaline Stratifizierung der Ozeane mit anoxischem Bodenwasser (BRASIER 1991, 1992).

Während die "kambrische Explosion" lange als Artefakt des unvollständigen Fossilbelegs angesehen wurde, herrscht heute weitgehend Einigkeit darüber, daß die beobachtete Diversifizierung der Metazoen an der Präkambrium/Kambrium-Grenze real ist, in evolutiv kurzer Zeit erfolgte und von beispiellosem Ausmaß war (VALENTINE et al. 1991). Es wurde sogar die Ansicht vertreten, daß diese Radiation zu einer morphologischen Vielfalt verschiedener Baupläne im unteren und mittleren Kambrium führte, wie sie nachher nie mehr erreicht wurde (GOULD 1989, 1991). Dieses Argument beruht vor allem auf der Untersuchung der mittelkambrischen "Burgess shales" von British Columbia, Kanada. Von dieser Lokalität wurden in der Tat abenteuerliche Formen beschrieben (Fig. 9.20, 9.21; WHITTINGTON 1985, CONWAY MORRIS 1989, 1990, 1991). Die morphologische Vielfalt scheint aber nicht größer zu sein als bei rezenten Arthropoden (BRIGGS et al. 1992).

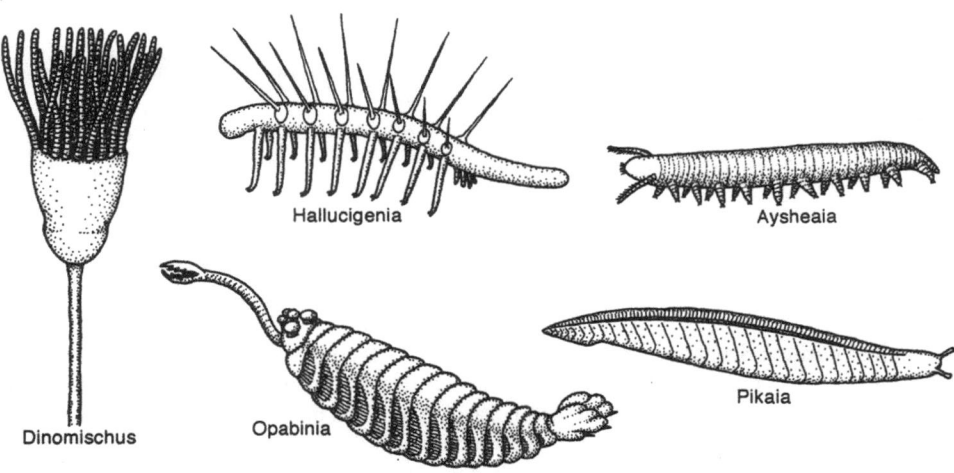

Fig. 9.20. Fossilien mit exotischer Morphologie aus den "Burgess shales" von British Columbia, Kanada. Nach MCMENAMIN 1987.

Für die Erklärung der "kambrischen Explosion" existieren im wesentlichen drei Hypothesen (MCMENAMIN 1989, MCMENAMIN & MCMENAMIN 1990). Nach dem konventionellen ökologischen Szenario konnten am Präkambrium/Kambrium-Übergang zahlreiche evolutive Neuerungen entstehen, weil die Diversität und das Ausmaß der Konkurrenz in den präkambrischen Meeren sehr niedrig waren. In diesem ökologischen Vakuum konnten sich neue Baupläne etablieren und sehr schnell diversifizieren. Ein Hauptproblem der konventionellen ökologischen Hypothese ist aber, wieso nicht eine ähnliche "Explosion" bei der Besiedlung des Landes erfolgte. Die Kolonialisation des terrestrischen Bereichs erfolgte im Silur (beginnend eventuell schon im Ordovizium) ebenfalls in einem ökologischen Vakuum (SELDON & EDWARDS 1989) Dennoch entstanden damals keine neuen Stämme oder grundlegend neue Baupläne (MCMENAMIN 1989, MCMENAMIN & MCMENAMIN 1990).

Die "green genes"-Hypothese betont gegenüber dem konventionellen Szenario, daß der zur Verfügung stehende Zeitraum an der Präkambrium/Kambrium-Grenze nicht ausreichend war, um die beobachtete "Explosion" als normale evolutive Radiation zu erklären. Nach dieser Hypothese war das Genom der präkambrischen Metazoen noch flexibel und einfach organisiert, also noch nicht ontogenetisch kanalisiert. Größere Mutationen konnten deshalb eher auftreten als im Phanerozoikum, als das Genom der Metazoen zunehmend fixiert wurde (VALENTINE & ERWIN 1987). Die "green genes"-Hypothese hat aber den Nachteil, daß sie nicht erklären kann, wieso die Ediacara-Fauna (mit noch flexibleren Genomen) keine entsprechende Radiation erfahren hatte (MCMENAMIN 1989).

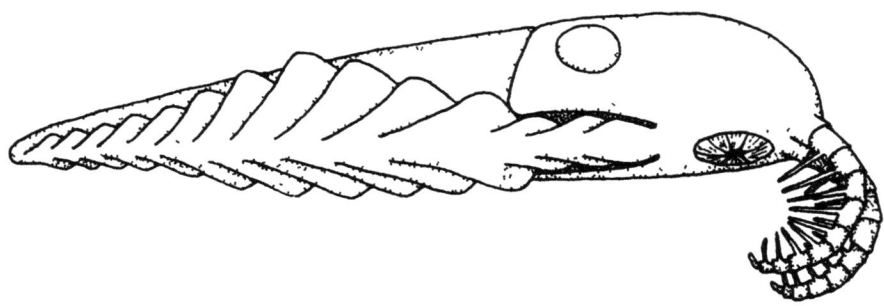

Fig. 9.21. Ein Rauber aus dem Unter- und Mittelkambrium, *Anomalocaris*, welcher sich vermutlich von Trilobiten ernahrt haben durfte. Nach MCMENAMIN 1987.

Nach einem dritten Szenario, der "garden of Ediacara"-Hypothese, spielte die Entstehung von Räubern (Fig. 9.21) die entscheidende Rolle bei der "kambrischen Explosion" (MCMENAMIN 1989, MCMENAMIN & MCMENAMIN 1990). Das Aufkommen dieser neuen trophischen Gruppe zwang zahlreiche Formen, sprunghaft ihre angestammten ökologischen Nischen zu verändern. Durch diese heterotrophe Revolution wird nicht nur die Entwicklung von verschiedenen Skelettformen erklärt. Diese Hartteile ermöglichten ihrerseits die Nutzung alternativer Nahrungsquellen durch neue Ernährungsstrategien (Suspensionsfressen, Depositfressen etc.). Die Ediacara-Fauna mit ihrer einfachen trophischen Struktur wurde also wegen des Aufkommens von Räubern durch die kambrische Fauna mit zahlreichen trophischen Ebenen verdrängt (MCMENAMIN 1989, MCMENAMIN & MCMENAMIN 1990).

Evolutionäre Faunen des Phanerozoikums

Der Fossilbeleg des Phanerozoikums ist im Gegensatz zu demjenigen des Präkambriums ausreichend vollständig. Diversifizierungsmuster lassen sich daher besser dokumentieren. Evolutionäre Faunen sind Gruppen höherer Taxa, welche eine ähnliche Geschichte der Diversifizierung haben und zusammen die Fauna einer längeren geologischen Zeitspanne dominieren (SEPKOSKI 1990a). Solche Faunen wurden für den marinen Bereich genauer dokumentiert und statistisch definiert (SEPKOSKI 1981). Es zeigte sich, daß die marine Fauna des Phanerozoikums am besten als Abfolge von drei großen evolutionären Faunen beschrieben werden kann (Fig 9 22) Diese Faunen wurden durch eine Faktorenanalyse der Familien-Diversität innerhalb von Klassen definiert Ähnliche Gruppierungen wurden auch für terrestrische Wirbeltiere beschrieben (BENTON 1985)

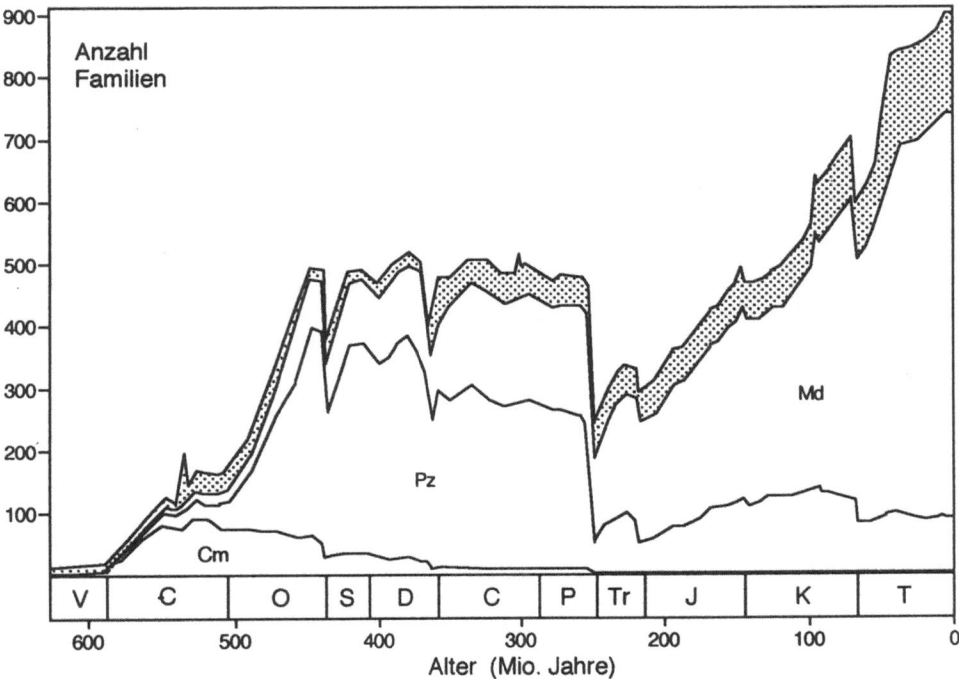

Fig. 9.22 Diversitätskurven für marine wirbellose Tiere Angegeben ist die Anzahl der Familien Cm Kambrische Fauna Pz Palaozoische Fauna Md moderne Fauna gerasterte Fläche schlecht erhaltungsfähige Familien Nach SEPKOSKI 1990a

Die kambrische Fauna (Fig 9 23) wurde von Trilobiten dominiert, daneben gehören inartikulate Brachiopoden, Monoplacophora, Hyolithida und Eocrinoiden hierher Die meisten der problematischen kleinen Skelettreste aus dem basalsten Kambrium (Tommotian) werden auch zur kambrischen Fauna gestellt Diese Fauna diversifizierte sich sehr rasch im spätesten Präkambrium (Vendian) und untersten Kambrium ("kambrische Explosion") Maximale Diversität wurde im mittleren und späten Kambrium erreicht, danach begann die Diversität abzusinken und wurde insbesondere durch die Aussterbeereignisse im obersten Ordovizium (Ashgill) und oberen Devon (Frasnian) stark betroffen

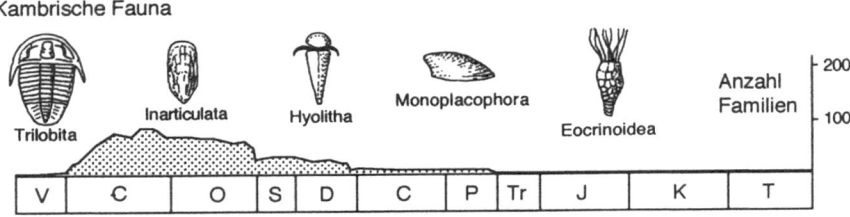
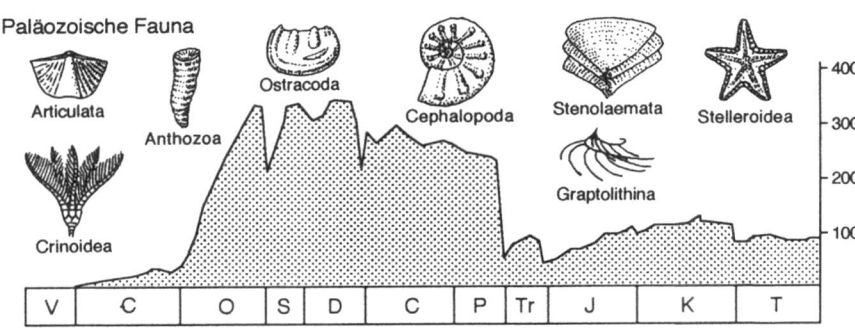
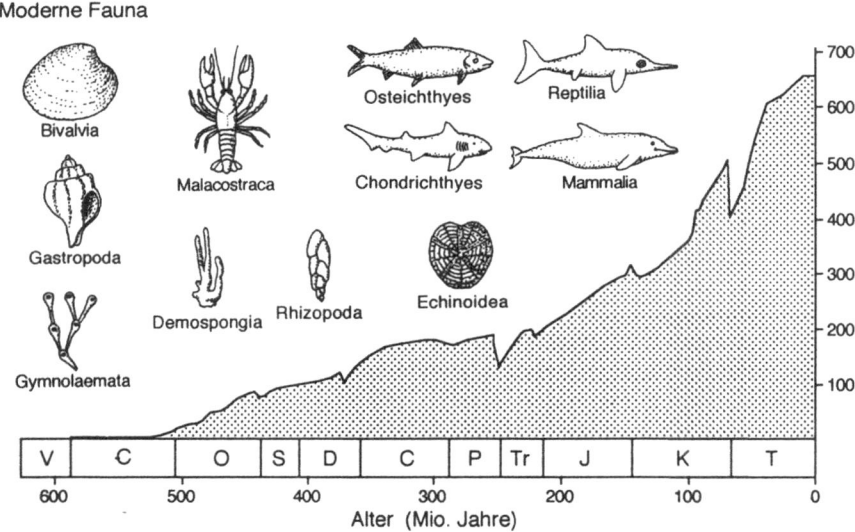

Fig. 9.23 Geschichte der Diversität der drei evolutionären Faunen des marinen Bereichs. Neben den Kurven sind charakteristische Vertreter dargestellt. Nach SEPKOSKI 1990a

Die paläozoische Fauna (Fig. 9.23) begann sich auszubreiten, als die kambrische Fauna in ihrer Diversität abnahm. Die paläozoische Fauna wurde von artikulaten Brachiopoden dominiert, weitere wichtige Faunenelemente waren Crinoiden, rugose und tabulate Korallen, Ostracoden, Cephalopoden und stenolaemate Bryozoen. Diese Gruppen diversifizierten sich im Ordovizium drastisch, was zu einer Verdreifachung der taxonomischen globalen Vielfalt innerhalb von 50 Millionen Jahren führte. Die maximale Diversität wurde zwischen spätem Ordovizium und Devon erreicht, danach begann eine langandauernde, schrittweise Reduktion der Vielfalt. Während des Karbons und Perms war die Abnahme von der gleichzeitigen Expansion der modernen Fauna begleitet, so daß die globale Diversität etwa konstant blieb. Die paläozoische Fauna wurde besonders drastisch vom Aussterbeereignis am Ende des Perms betroffen, zeigte aber nachher nochmals zwei Radiationen: eine in der Trias, beendet durch das obertriassische Aussterbeereignis (Norian), und eine zweite, langsamere Radiation im Jura. In der Kreide folgte dann erneut eine Diversitätsabnahme.

Die moderne Fauna (Fig. 9.23) wird von Schnecken, Muscheln, gymnolaematen Bryozoen, höheren Krebsen, Seeigeln, Knorpel- und Knochenfischen dominiert. Die meisten dieser Klassen erschienen erstmals im Kambrium oder Ordovizium, erreichten aber im gesamten Paläozoikum nur eine bescheidene Vielfalt. Vom End-permischen Aussterbeereignis wurde die moderne Fauna aber nur wenig betroffen, und ab der Trias dominierte diese Fauna. Während des Meso- und Känozoikums erhöhte sich die Diversität weiter langsam und stetig.

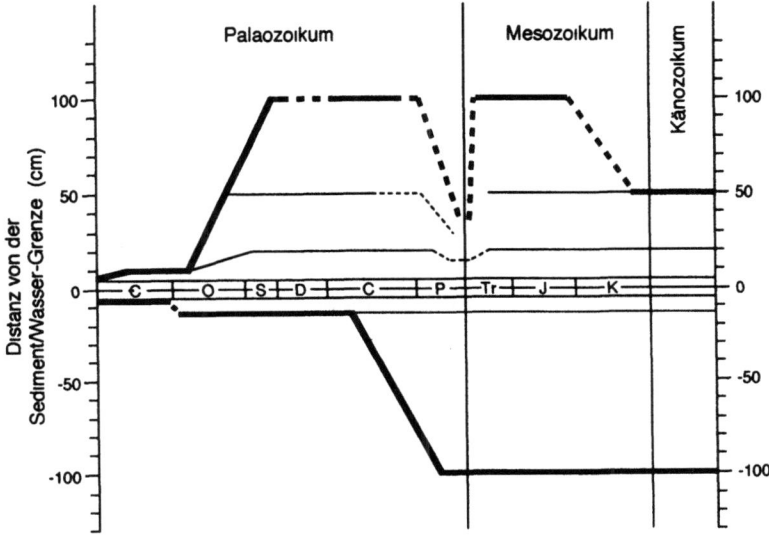

Fig. 9.24. Veränderungen im Stockwerkaufbau von marinen Weichbodengemeinschaften des Phanerozoikums. Dicke Linien repräsentieren höchstes und tiefstes Stockwerk, unterbrochene Linien geben vermutete Werte an. Nach BOTTJER & AUSICH 1986.

Die drei evolutionären Faunen zeigen unterschiedliche ökologische Charakteristika (SEPKOSKI 1990a). Die kambrische Fauna war offenbar in weitgehend intergradierenden Gemeinschaften organisiert, welche von generalisierten Detritusfressern dominiert waren und wies nur einen geringen Stockwerkbau auf (Fig. 9.24; BOTTJER & AUSICH 1986). Die Gemeinschaften der paläozoischen Fauna wurde von epibenthischen Suspensionsfressern dominiert und wies einen komplexen Stockwerkaufbau auf. Zahlreiche andere Gilden (ökologisch ähnliche Organismen) waren ebenfalls vorhanden, so daß die paläozoische Fauna insgesamt diversere Nischen besetzte als die kambrische Fauna (BAMBACH 1983). Die moderne Fauna ist durch das Vorhandensein von noch mehr Gilden, insbesondere zahlreiche durophage Räuber und vagile, tiefgrabende Endobenthonten charakterisiert. Der epibenthische Stockwerkaufbau ist dagegen reduziert.

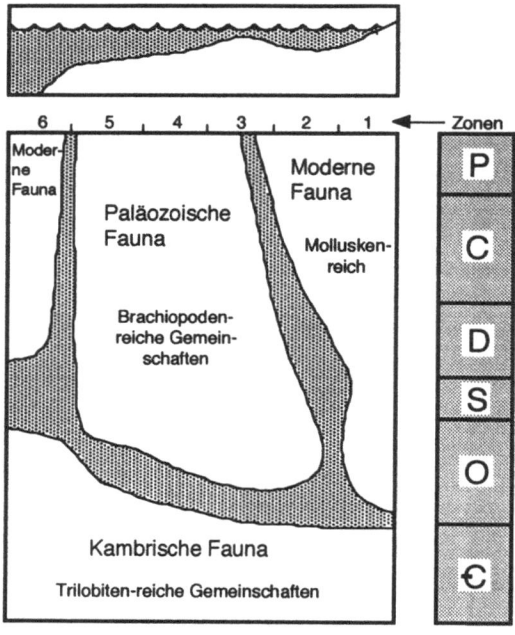

Fig. 9.25. Zeit-Milieu-Diagramm, welches die Verbreitung der evolutionären Faunen im Palaozoikum illustriert. Ein deutlicher "onshore-offshore"-Trend ist zu erkennen. Nach SEPKOSKI 1991.

Ein interessantes Phänomen ist in diesem Zusammenhang die zunehmende Verdrängung der älteren Faunen in küstenferne Gebiete (Fig. 9.25). Die Gründe für diesen "onshore-offshore" Trend werden immer noch diskutiert, wobei sowohl zufällige Ursachen als auch biologische Gründe angeführt werden. Einerseits scheinen höhere systematische Taxa (Klassen und Ordnungen) bevorzugt im küstennahen Gebiet entstanden zu sein, während für Familien kein solches Muster erkennbar ist (JABLONSKI & BOTTJER 1990, 1991). Solche neuen systematischen Gruppen können bei ihrer weiteren Radiation natürlich nur in küstenfernere Gebiete expandieren, wobei das entstehende Muster des "onshore-offshore" Trends weitgehend eine Funktion der normalen Speziations- und Aussterberaten wäre (SEPKOSKI 1991). Eine andere Erklärung wurde für die Verdrängung der von epibenthischen Suspensionsfressern dominierten paläozoischen Fauna in küstenferne Gebiete von

VERMEIJ (1977, 1987) vorgeschlagen. Nach dieser Ansicht erfolgte die Verdrängung aktiv infolge der Radiation durophager Räuber ("mesozoic marine revolution"). Nach einer nochmals anderen Ansicht bewirkte die zunehmende Instabilisierung des Sediments durch grabende Infauna ("bulldozing"; THAYER 1983) die Abnahme und Zurückdrängung der altertümlichen Faunen in küstenferne Gebiete.

Aussterbeereignisse

Der stufenweise Anstieg der Diversität während des Phanerozoikums wurde mehrere Male von Aussterbeereignissen unterschiedlicher Größenordnung unterbrochen (SEPKOSKI 1992). In Fig. 9.26 ist die zeitliche Verbreitung dieser Ereignisse und ihre mutmaßliche Stärke dargestellt. Die meisten Aussterbeereignisse betrafen regionale Ökosysteme und vernichteten vielleicht im globalen Maßstab 15-40% der marinen Arten. Ihr phylogenetischer Effekt war jedoch gering, und nur wenige Familien oder Ordnungen starben aus (SEPKOSKI 1992). Nur fünf Ereignisse waren von globalem Ausmaß und hatten beträchtliche phylogenetische Auswirkungen: die Massenaussterben am Ende des Ordoviziums (Ashgillian), im späten Devon (Frasnian), an der Perm/Trias-Grenze, am Ende der Trias (Norian-Rhaetian) und an der Kreide/Tertiär-Grenze. Von diesen fünf Ereignissen eliminierten vier zwischen 65% und 75% aller marinen Arten. Die gravierendsten Auswirkungen auf die Diversität hatte das Massenaussterben an der Perm/Trias-Grenze, bei welchem vermutlich mehr als 95% aller marinen Arten ausstarben (SEPKOSKI 1992, ERWIN 1993).

Die globalen Aussterbeereignisse haben jeweils viele taxonomische und ökologische Gruppen betroffen. Eine gewisse Selektivität läßt sich aber doch beobachten; während einige Gruppen vollständig ausstarben, wurden andere nicht oder kaum dezimiert. Mit Vorsicht lassen sich einige Generalisierungen formulieren (SKELTON 1993):

- Tropische Biota scheinen besonders anfällig gewesen zu sein. Dies dürfte damit zusammenhängen, daß verschiedene Aussterbeereignisse mit Zeiten globaler Abkühlung korreliert waren. Dieser Temperaturrückgang reduzierte den tropischen Klimagürtel und eliminierte damit Habitate der tropischen Faunen und Floren.

- Kleinere Arten überlebten globale Aussterbeereignisse besser als großwüchsige Arten. Letztere dürften aus verschiedenen Gründen stärker anfällig für Aussterben sein: großwüchsige Arten sind im allgemeinen stärker spezialisiert (K-Strategen), besitzen engere ökologische Nischen und haben kleinere Populationsgrößen. Dies macht sie anfällig für massive Umweltveränderungen.

- Weitverbreitete Gattungen überlebten globale Aussterbeereignisse besser als geographisch lokalisiert vorkommende Gattungen. Mit anderen Worten, die weite geographische Verbreitung der verschiedenen Arten einer Gattung erhöhte die Wahrscheinlichkeit des Überlebens dieser Gattung ungeachtet der geographischen Verbreitung der einzelnen Arten. Während Zeiten normaler Aussterberaten ("background extinction") konnte dieselbe Korrelation auf Artniveau dokumentiert werden, und zwar bei so entfernt verwandten Tiergruppen wie Antilopen und marinen Muscheln und Schnecken. Bei afrikanischen neogenen Antilopen konnte gezeigt werden, daß weitverbreitete Arten (Impalas) eine niedere Speziationsrate aufwiesen, aber längerlebig waren und eine geringe Nischendifferenzierung zeigten (r-Strategen). Geographisch eng begrenzt vorkommende Arten (Alcelaphini) evolvierten in einem deutlich höheren Tempo und können als K-Strategen interpretiert werden. Die höhere Speziationsrate in dieser Gruppe war aber korreliert mit einer höheren Aussterberate, so daß die einzelnen Arten kurzlebiger waren (VRBA 1980). Das gleiche Muster konnte auch bei kretazischen und tertiären Muscheln und Schnecken demonstriert werden. Taxa mit einem kleinen Prodissoconch (= larvale Schale) waren solche, welche ein planktotrophes Larvenstadium durchlaufen haben (JABLONSKI & LUTZ 1983). Diese Arten zeigten generell eine weite geographische Verbreitung, waren wenig spezialisiert und langlebig. Taxa mit einem großen Prodissoconch besaßen dagegen lecitotrophe (= dotterreiche) Larven, waren weniger weit verbreitet, kurzlebig und stärker spezialisiert (K-Strategen). Auch im Fall dieser Mollusken waren hohe Speziationsrate mit hoher Aussterberate korreliert, aber während des Kreide/Tertiär-Aussterbeereignisses wurden langlebige und kurzlebige Arten gleichermaßen dezimiert (JABLONSKI 1986).

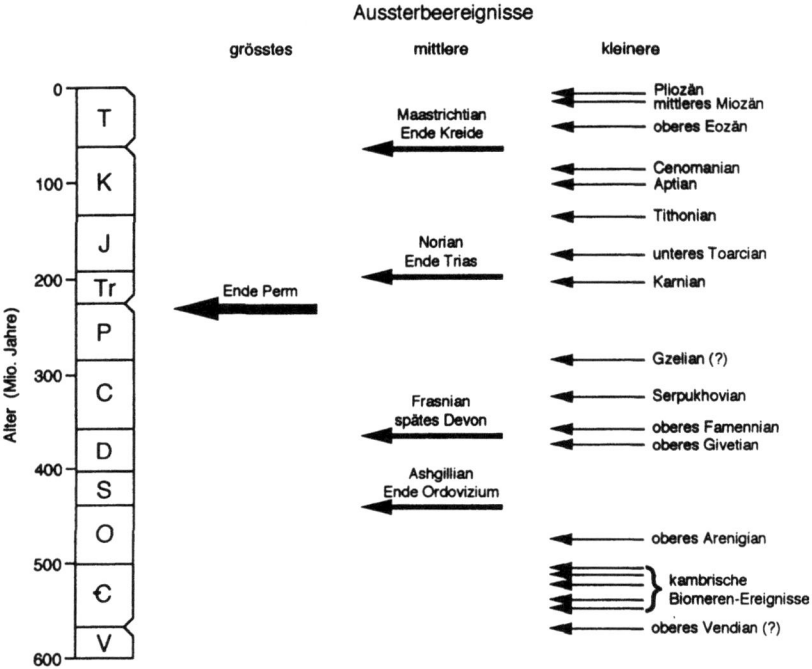

Fig. 9.26. Zeitliche Verbreitung und mutmaßliche Stärke der bekannten phanerozoischen Aussterbeereignisse. Nach SEPKOSKI 1992.

Über die Ursachen für diese Massenaussterben wird immer noch diskutiert. Es scheinen aber bei verschiedenen Ereignissen verschiedene Ursachen eine Rolle gespielt zu haben. Das Aussterben am Ende des Ordoviziums wird v.a. auf starke globale Abkühlung mit ausgedehnter Eisbildung und damit zusammenhängender weltweiter Regression zurückgeführt (BRENCHLEY 1990). Die oberdevonische Krise betraf vor allem Korallen und andere Bewohner warmer Flachmeere. Auch für dieses Aussterbeereignis wird als Ursache ein globaler Temperaturrückgang angenommen (MCGHEE 1990). Die Klärung der Ursachen des dramatischen Artensterbens am Ende des Perms wird hauptsächlich durch den Umstand erschwert, daß lückenlose Profile an der Perm/Trias-

Grenze weltweit selten sind Dies ist Ausdruck eines starken Absinkens des Meeresspiegels, was schon lange als Ursache für dieses Aussterben vermutet wurde Eine starke Regression vermindert die Fläche der besiedelbaren Schelfbereiche und führt so über den Art-Areal-Effekt zu einer Reduktion der Artenzahl (ERWIN 1990, 1993) Dieser Mechanismus scheint aber nicht ausreichend, um dieses gravierende Artensterben zu erklären Nach einer neueren Ansicht folgte auf die Regression im obersten Perm in der untersten Trias ein schneller Meeresspiegelanstieg, was zu ausgedehnten anoxischen Verhältnissen auf den Kontinentalschelfen und zu einer Massenvernichtung der Meeresorganismen führte (WIGNALL & HALLAM 1992) Ähnliche Vorgänge werden für das Aussterbeereignis in der obersten Trias verantwortlich gemacht (HALLAM 1981), obwohl für diesen Zeitabschnitt auch Hinweise auf einen Meteoriteneinschlag existieren (BICE et al 1992)

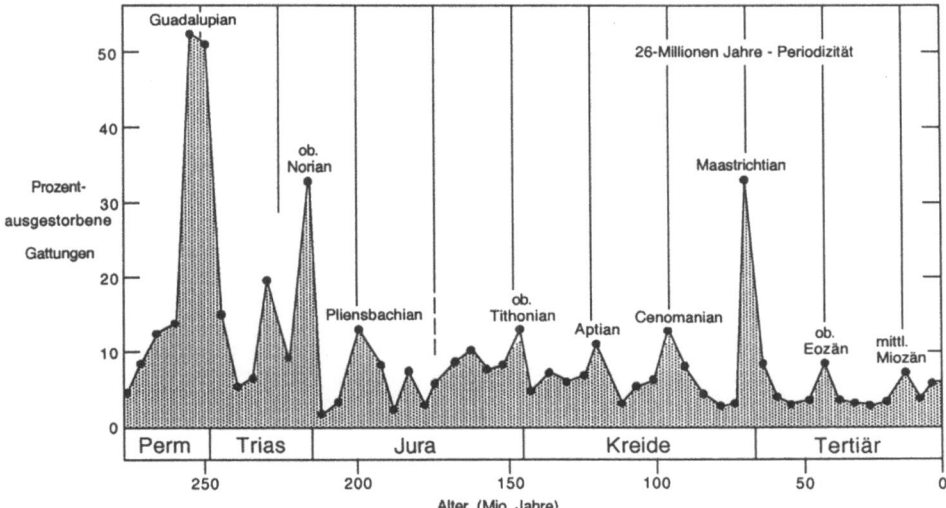

Fig. 9.27 Diagramm zur Illustration der vermuteten Periodizität der Aussterbeereignisse Angegeben sind die prozentualen Anteile der in einem bestimmten Zeitraum ausgestorbenen Gattungen Nach SEPKOSKI 1990b

Am besten untersucht ist das Aussterbeereignis an der Kreide/Tertiär-Grenze, was sicherlich nicht zuletzt mit dem Aussterben der populären Dinosaurier zusammenhängt Mittlerweile ist weitgehend akzeptiert, daß dieses verschiedenste taxonomische Gruppen betreffende Ereignis die Folge eines Meteoriteneinschlags ist Die Konsequenzen einer Kollision zwischen der Erde und einem größeren Meteoriten (ca 10 km Durchmesser) sind vermutlich verheerend Dunkelheit infolge von Staubpartikeln in der Atmosphäre, Kälteeinbruch, welcher von globaler Erwärmung gefolgt sein kann (Treibhauseffekt), saurer Regen und Übersäuerung der Meere (MCLAREN 1990) Die These des Meteoriteneinschlags wurde nach ihrer erstmaligen Publikation (ALVAREZ et al 1980) heftig bekämpft, mittlerweile existieren aber zahlreiche Indizien, welche dieses Szenario plausibel erscheinen lassen weltweite Iridium Anomalie an der K T-Grenze, Schock-Quarz, vermuteter Einschlagkrater in Yucatan, Mexico Möglicherweise wurde die Erde damals nicht nur von einem

Körper, sondern von zwei oder mehreren Objekten getroffen (auseinandergebrochener Komet? KERR 1992).

Iridium-Anomalien und Schock-Quarz wurden auch aus anderen Zeitabschnitten bekannt, welche von biotischen Krisen betroffen waren. Dies führte zur Hypothese, daß möglicherweise alle Aussterbeereignisse eine Folge von Meteoriteneinschlägen waren. Eng mit dieser Vorstellung hängt die Hypothese zusammen, daß die Aussterbeereignisse periodisch seien (26 Mio. Jahre-Periodizität; Fig. 9.27; RAUP & SEPKOSKI 1984, SEPKOSKI 1990). Als Ursache für diese vermutete Periodizität werden Kometenschauer angegeben, welche durch die exzentrische Umlaufbahn eines unbekannten Begleitsterns des Sonnensystems oder eines fernen Planeten X ausgelöst werden. Damit würde sich in periodischen Zeitabständen die Wahrscheinlichkeit dramatisch erhöhen, daß die Erde von einem größeren Himmelskörper getroffen wird. Die Periodizität der Aussterbeereignisse ist aber höchst umstritten, und die oben postulierten astronomischen Mechanismen scheinen nicht funktionsfähig zu sein.

Literaturverzeichnis

ABEL, O. (1927): Lebensbilder aus der Tierwelt der Vorzeit. 2. Aufl. - G. Fischer, Jena

ABEL, O. (1935): Vorzeitliche Lebensspuren. - G. Fischer, Jena.

ADDADI, L. & WEINER, S. (1989): Stereochemical and structural relations between macromolecules and crystals in biomineralization. *In* MANN, S., WEBB, J. & WILLIAMS, R. J. P. (Eds): Biomineralization: Chemical and Biochemical Perspectives. p. 133-156. - VCH-Verlagsgesellschaft, Weinheim.

ALLEN, J. A. (1958): On the basic form and adaptations to habitat in the Lucinacea (Eulamellibranchia). - Phil. Trans. R. Soc. London, Ser. B., 241, 421- 484.

ALLEN, J. R. L. (1990): Transport - Hydrodynamics. Shells. *In* BRIGGS, D. E. G. & CROWTHER, P. R. (Eds): Palaeobiology. A Synthesis. p. 227-230. - Blackwell Sci. Publ., Oxford.

ALLISON, P. A. (1988): Konservat-Lagerstatten: cause and classification. - Paleobiology 14, 331-344.

ALLISON, P. A. (1990): Decay processes. *In* BRIGGS, D. E. G. & CROWTHER, P. R (Eds). Palaeobiology. A Synthesis. p. 213-216. - Blackwell Sci. Publ., Oxford

ALLISON, P. A. & BRIGGS, D. E. G. (1991): The taphonomy of soft-bodied animals. *In* DONOVAN, S. K. (Ed.): The Processes of Fossilization. p. 120-140. - Belhaven Press, London.

ALLISON, P. A. & BRIGGS, D. E. G. (1993): Exceptional fossil record: distribution of soft-tissue preservation through the Phanerozoic. - Geology 21, 527-530.

ALLMON, W. D. (1989): Paleontological completeness of the record of lower Tertiary mollusks, U.S. Gulf and Atlantic Coastal Plains: implications for phylogenetic studies. - Historical Biology 3, 141-158.

ALTENBACH, A. V. & SARNTHEIN, M. (1989): Productivity record in benthic Foraminifera *In* BERGER, W. H., SMETACEK, V. S. & WEFER, G. (Eds): Productivity of the Ocean· Present and Past p. 255-269. - Dahlem Workshop 1988. John Wiley & Sons, Chichester.

ALVAREZ, L. W., ALVAREZ, W., ASARO, F. & MICHEL, H. V (1980): Extraterrestrial cause for the Cretaceous-Tertiary extinction. - Science 208, 1095-1108.

ANDERS, M. H., KRUEGER, S. & SADLER, P. (1987): A new look at sedimentation rates and the completeness of the stratigraphic record. - J. Geol. 95, 1-14.

ANDERSEN, O. (1983): Radiolaria. - Springer Verlag, New York. 328 p.

ANDERSEN, T. F. (1990): Temperature from oxygen isotope ratios. *In* BRIGGS, D. E. G. & CROWTHER, P. R (Eds): Palaeobiology - A Synthesis. p. 403- 406. - Blackwell Sci Publ , London.

ARTHUR, W. (1987)· The Niche in Competition and Evolution. - John Wiley & Sons, Chichester. 175 p.

BAMBACH, R K. (1983)· Ecospace utilization and guilds in marine communities through the Phanerozoic. *In* TEVESZ, M. J S. & MCCALL, P L. (Eds). Biotic Interactions in Recent and Fossil Benthic Communities. p. 719-746. - Topics in Geobiology 3, Plenum Press, New York.

BARNES, R. S. K. (1989). What, if anything, is a brackish-water fauna? - Trans R Soc Edinburgh· Earth Sci 80, 235-240.

BARRON, J. A. (1987): Diatoms. *In* LIPPS, J H. (Ed.)· Fossil Prokaryotes and Protists p 128-145. - Univ Tennessee Dept. Geol. Sci. Studies in Geology 18.

BATE, R. H., ROBINSON, E & SHEPPARD, L M (1982 Eds.): Fossil and Recent Ostracods - Ellis Horwood, Chichester

BÉ, A. W. H., HEMLEBEN, CH , ANDERSON, O. R & SPINDLER, M. (1979) Chamber formation in planktonic foraminifera. - Micropaleontology 25, 294-307.

BEGON, M., HARPER, J. L. & TOWNSEND, C. R (1991): Ökologie: Individuen, Populationen und Lebensgemeinschaften. Aus d. Engl. ubers. von D. Schroeder u. B Hulsen. - Birkhauser Verlag, Basel 1024 S

BEHRENSMEYER, A K (1991): Terrestrial vertebrate accumulations. *In* ALLISON, P A & BRIGGS, D E. G (Eds). Taphonomy: Releasing the Data Locked in the Fossil Record. p 291-335 - Topics in Geobiology, Vol 9, Plenum Press, New York

BEHRENSMEYER, A K & KIDWELL, S. M. (1985): Taphonomy's contributions to paleobiology. - Paleobiology 11, 105-119.

BENSON, R. H. (1981): Form, function, and architecture of ostracode shells. - Ann. Rev. Earth Planet. Sci. 9, 59-80.

BENTON, M. J. (1985): Patterns in the diversification of Mesozoic non-marine tetrapods and problems in historical diversity analysis. - Spec. Papers in Palaeontology 33, 185-202.

BENTON, M. J. (1990): Mass Extinctions: End-Triassic. In BRIGGS, D. E. G. & CROWTHER, P. R. (Eds): Palaeobiology. A Synthesis. p. 194-198. - Blackwell Sci. Publ., Oxford.

BERGER, W. H., SMETACEK, V. S. & WEFER, G. (1989): Ocean productivity and paleoproductivity - an overview. In BERGER, W. H., SMETACEK, V. S. & WEFER, G. (Eds): Productivity of the Oceans: Present and Past. p. 1-34. Report of the Dahlem Workshop 1988. - John Wiley & Sons, Chichester.

BERGQUIST, P. R. (1978): Sponges. - Univ. California Press, Berkeley. 268 p.

BERMAN, A., ADDADI, L. & WEINER, S. (1988): Interaction of sea urchin skeleton macromolecules with growing Kalzite crystals - a study of intracristalline proteins. - Nature 331, 546-548.

BERNASCONI, S. M. (1991): Geochemical and microbial controls on dolomite formation and organic matter production/preservation in anoxic environments: a case study from the middle Triassic Grenzbitumenzone, Southern Alps (Ticino, Switzerland). - Unpubl. Diss. ETH Zurich. 196 p.

BERNER, R. A. (1975): The role of magnesium in the crystal growth of Kalzite and aragonite from sea water. - Geochim. Cosmochim. Acta 39, 489-504.

BERNER, R. A. (1984): Sedimentary pyrite, an update. - Geochim. Cosmochim. Acta 48, 605-615.

BERNHARD, J. M. (1986): Characteristic assemblages and morphologies of benthic foraminifera from anoxic organic-rich deposits: Jurassic through Holocene. - J. Foram. Res. 16, 207-215.

BERTHOLD, W. U. (1976): Biomineralisation bei miliohden Foraminiferen und die Matrizen-Hypothese. - Naturwissenschaften 63, 196.

BICE, D. M., NEWTON, C. R., MCCANLEY, S., REINERS, P. W. & MCROBERTS, C. A. (1992): Shocked quartz at the Triassic-Jurassic boundary in Italy. - Science 255, 443-446.

BOARDMAN, R. S. & CHEETHAM, A. H. (1987): Phylum Bryozoa. In BOARDMAN, R. S., CHEETHAM, A. H. & ROWELL, A. J. (Eds). Fossil Invertebrates. p. 497-549 - Blackwell Sci. Publ., Oxford.

BOCK, W. J (1965): The role of adaptive mechanisms in the origin of higher levels of organization. - Syst. Zool. 14, 272-287

BOROWITZKA, M. A. (1982): Morphological and cytological aspects of algal calcification - Int. Rev. Cytol. 74, 127-160

BOTTJER, D. J (1985): Bivalve paleoecology. In BOTTJER, D. J., HICKMAN, C. S. & WARD, P. D. (Eds): Mollusks. Notes for a short course. p. 122-137. - Univ Tennessee Dept. Geol. Sci., Studies in Geology 13.

BOTTJER, D. J. & AUSICH, W. I. (1986). Phanerozoic development of tiering in soft-substrata suspension-feeding communities. - Paleobiology 12, 400-420

BOTTJER, D. J. & DROSER, M. L. (1991): Ichnofabric and basin analysis. - Palaios 6, 199-205.

BOUCOT, A. J. (1981): Principles of Benthic Marine Paleoecology. 463p. - Academic Press, New York.

BOURGET, E. (1980): Barnacle shell growth and its relationship to environmental factors. In RHOADS, D. C. & LUTZ, R. A. (Eds)· Skeletal Growth of Aquatic Organisms p 469-491 - Topics in Geobiology 1. Plenum Press, New York.

BOWEN, R (1966) Paleotemperature analysis - Elsevier, New York. 265 p

BRAMWELL, C. D. & WHITFIELD, G. R. (1974). Biomechanics of Pteranodon. - Phil, Trans R Soc London, Ser. B 267, 503-592

BRASIER, M. D. (1980)· Microfossils - Allen & Unwin, London.

BRASIER, M D (1982): Architecture and evolution of the foraminiferid test - a theoretical approach. In BANNER, F. T. & LORD, A. R (Eds) Aspects of Micropaleontology. p. 1-37. - Allen & Unwin, London

BRASIER, M. D (1991)· Nutrient flux and the evolutionary explosion across the Precambrian-Cambrian boundary interval - Historical Biology 5, 85-93

BRASIER, M D. (1992) Background to the Cambrian Explosion. - J. Geol. Soc. London 149, 585-587

BRENCHLEY, P. J. (1990): Mass Extinctions: End-Ordovician. *In* BRIGGS, D. E. G. & CROWTHER, P. R. (Eds): Palaeobiology. A Synthesis. p. 181-184. - Blackwell Sci. Publ., Oxford.

BRETT, C. E. (1990a): Destructive taphonomic processes and skeletal durability *In* BRIGGS, D. E. G. & CROWTHER, P. R. (Eds): Palaeobiology. A Synthesis. p. 223-226. - Blackwell Sci Publ., Oxford.

BRETT, C. E. (1990b): Predation, marine. *In* BRIGGS, D. E. G. & CROWTHER, P R (Eds)· Palaeobiology. A Synthesis. p. 368-372. - Blackwell Sci. Publ., Oxford.

BRETT, C. E. & BAIRD, G. C. (1986): Comparative taphonomy: a key to paleoenvironmental interpretation based on fossil preservation. - Palaios 1, 207-227.

BRIGGS, D. E. G. (1990): Flattening. *In* BRIGGS, D. E. G. & CROWTHER, P R. (Eds) Palaeobiology. A Synthesis. p. 244-247. - Blackwell Sci. Publ., Oxford.

BRIGGS, D. E. G., FORTEY, R. A. & WILLS, M. A. (1992): Morphological disparity in the Cambrian - Science 256, 1670-1673.

BROMLEY, R. G. (1990). Trace Fossils. Biology and Taphonomy. - Unwin Hyman, London. 280 p

BROMLEY, R. G. & ASGAARD, U. (1991): Ichnofacies: a mixture of taphofacies and biofacies - Lethaia 24, 153-163.

BROMLEY, R. G. & EKDALE, A. A. (1984): Chondrites: a trace fossil indicator of anoxia in sediments. - Science 224, 872-874.

BROMLEY, R. G. & EKDALE, A. A. (1986): Composite ichnofabrics and tiering of burrows - Geol. Mag 123, 59-65.

BROMLEY, R. G. & FREY, R. W (1974): Redescription of the trace fossil *Gyrolithes* and taxonomic evaluation of *Thalassinoides, Ophiomorpha* and *Spongeliomorpha*. - Bull. Geol. Soc. Denmark 23, 311-335

BURCKLE, L. H. (1978): Marine Diatoms. *In* HAQ, B. U. & BOERSMA, A (Eds) Introduction to Marine Micropaleontology. p. 245-266. - Elsevier, New York.

BURD, B. J., NEMEC, A. & BRINKHURST, R O (1990)· The development and application of analytical methods in benthic marine infaunal studies. - Adv. Mar. Biol. 26, 169-247.

BUZAS, M. A. & SEN GUPTA, B. K. (1982 Eds.)· Foraminifera. Notes for a short course - Univ Tennessee Dept Geol. Sci. Studies in Geology 6. 219p

BUZAS, M. A., DOUGLAS, R. C. & SMITH, C. C. (1987): Kingdom Protista. *In* BOARDMAN, R. S., CHEETHAM, A. H. & ROWELL, A. J. (Eds): Fossil Invertebrates. p 67-106. - Blackwell, Boston

BYERS, C. W. (1977): Biofacies patterns in euxinic basins: a general model. *In* Cook, H. E. & Enos, P. (Eds): Deep-water Carbonate Environments. p 5-17 S.E.P.M Spec Publ. 25

CADÉE, G. C (1984). "Opportunistic feeding", a serious pitfall in trophic structure analysis of (paleo)faunas - Lethaia 17, 289-292.

CAMPANA, S. E. (1984): Lunar cycles of otolith growth in the juvenile starry flounder *Platichthys stellatus* - Mar. Biol. 80, 239-246.

CANFIELD, D. E. & RAISWELL, R. (1991a)· Pyrite formation and fossil preservation *In* ALLISON, P. A & BRIGGS, D. E. G. (Eds): Taphonomy: Releasing the Data Locked in the Fossil Record p 337-387 - Topics in Geobiology, Vol. 9, Plenum Press, New York.

CANFIELD, D. E. & RAISWELL, R. (1991b): Carbonate precipitation and dissolution: its relevance to fossil preservation. *In* ALLISON, P. A. & BRIGGS, D E. G. (Eds): Taphonomy· Releasing the Data Locked in the Fossil Record. p. 411-453 - Topics in Geobiology, Vol. 9, Plenum Press, New York

CARLSON, S. J. (1990)· Vertebrate dental structures. *In* CARTER, J. G. (Ed.): Skeletal Biomineralization: Patterns, Processes and Evolutionary Trends. Vol. I, p. 531-556. - Van Nostrand Reinhold, New York

CARROLL, R. L. (1988): Vertebrate Paleontology and Evolution, W H. Freeman and Company, New York 698 p.

CARTER, J G (1980): Guide to bivalve shell microstructures. *In* RHOADS, D C & LUTZ, R. A. (Eds): Skeletal Growth in Aquatic Organisms. p. 645-673. - Plenum Press, New York.

CARTER, J. G. (1990a): Shell microstructural data for the Bivalvia. *In* CARTER, J. G. (Ed.)· Skeletal Biomineralization: Patterns, Processes and Evolutionary Trends Vol. I, p. 297-411 - Van Nostrand Reinhold, New York.

CARTER, J. G. (1990b): Skeletal Biomineralization: Patterns, Processes and Evolutionary Trends - Vol I, II 832 p., 101 p. + 200 pl - Van Nostrand Reinhold, New York

CARTER, J. G. & CLARK, G. R. (1985): Classification and phylogenetic significance of molluskan shell microstructure. In BROADHEAD, T. W. (Ed.): Mollusks: Notes for a short course. - Univ. Tennessee Dept. Geol. Sci. Studies in Geology 13. p. 50-71.

CASEY, R. E. (1987): Radiolaria. In LIPPS, J. H. (Ed.): Fossil Prokaryotes and Protists. p. 213-241. - Univ. Tennessee Dept. Geol. Sci. Studies in Geology 18.

CHALKER, B. E. & TAYLOR, D. L. (1978): Rhythmic variations in calcification and photosynthesis associated with the coral *Acropora cervicornis* (LAMARCK). - Proc. R. Soc. London, Ser. B 201, 179-189

CHERNS, L. (1988): Faunal and facies dynamics in the Upper Silurian of the Anglo-Welsh Basin. - Palaeontology 31, 451-502.

CLARK, G. R. (1976): Shell growth in the marine environment: approaches to the problem of marginal calcification. - Am. Zool. 16, 617-626.

CLARKSON, E. N. K. (1993): Invertebrate Palaeontology and Evolution. 3rd Edition - Chapman & Hall, London 434 p.

COCKS, L. R. M. & FORTEY, R. A. (1982): Faunal evidence for oceanic separations in the Palaeozoic of Britain. - J. Geol. Soc. London, 139, 465-478.

CONSTANTZ, B. R. (1986): Coral skeleton construction: A physiochemically dominated process. - Palaios 1, 152-157.

CONSTANTZ, B. R. & MEIKE, A. (1988): Kalzite centers of calcification in *Mussa angulosa* (Scleractinia). In CRICK, R. E. (ed.): Origin, Evolution and Modern Aspects of Biomineralization in Plants and Animals. - Elsevier, Amsterdam.

CONWAY MORRIS, S. (1989): The persistence of Burgess Shale-type faunas: implications for the evolution of deeper-water faunas. - Trans R. Soc. Edinburgh: Earth Sci. 80, 271-283.

CONWAY MORRIS, S. (1990): Late Precambrian and Cambrian soft-bodied faunas. - Ann Rev Earth Planet Sci 18, 101-122.

CONWAY MORRIS, S. (1991): In search of the lost fossil record. - Endeavour, N. S. 15, 158-164.

CONWAY MORRIS, S. (1992): Burgess Shale-type faunas in the context of the "Cambrian explosion": a review - J Geol. Soc. London 149, 631-636.

CONWAY MORRIS, S. (1993): Ediacaran-like fossils in Cambrian Burgess Shale-type faunas of North America. - Palaeontology 36, 593-635.

COOMBS, W. P. (1990): Behavior patterns of Dinosauria. In WEISHAMPEL, D. B., DODSON, P & OSMOLSKA, H. (Eds): The Dinosauria. p. 32-62. - Univ. California Press, Berkeley

COOPER, B. S. (1990): Practical Petroleum Geochemistry. - Robertson Sci. Publ., London. 174 p

CORLISS, B. H. (1985): Microhabitats of benthic foraminifera within deep-sea sediments - Nature 314, 435-438

COWEN, R. (1975): "Flapping valves" in brachiopods. - Lethaia 8, 23-29.

COWEN, R. (1979): Morphology, functional. In FAIRBRIDGE, R. W. & JABLONSKI, D. (Eds): The Encyclopedia of Paleontology. p. 487-492. - Dowden, Hutchinson & Ross, Stroudsbury, Penn.

COWEN, R. (1990): History of Life. - Blackwell Sci. Publ., Boston. 470 p.

COX, C. B. & MOORE, P. D. (1987): Einfuhrung in die Biogeographie. 311 S. - UTB, Gustav Fischer Verlag, Stuttgart.

CRAIG, H. (1957): Isotopic standards for carbon and oxygen correction factors for mass spectrometric analysis of CO_2. - Geochim. Cosmochim. Acta 12, 133-149.

CRAME, J. A. (1990): Trophic structure. In BRIGGS, D. E. G. & CROWTHER, P. R. (Eds): Palaeobiology. A Synthesis. p. 385-391. - Blackwell Sci. Publ., Oxford.

CRIMES, T. P. (1992): Changes in the trace fossil biota across the Proterozoic-Phanerozoic boundary. - J. Geol. Soc. London 149, 637-646.

CURREY, J. D. (1990): Biomechanics of mineralized skeletons. In CARTER, J. G. (Ed.): Skeletal Biomineralization: Patterns, Processes and Evolutionary Trends. Vol. I,p. 11-25.

DACQUÉ, E. (1921): Vergleichende biologische Formenkunde der fossilen niederen Tiere. 777 S. - Gebruder Borntrager, Berlin.

DALINGWATER, J E & MUTVEI, H (1990) Arthropod exoskeletons In CARTER, J G (Ed) Skeletal Biomineralization Patterns, Processes and Evolutionary Trends Vol I, p 83-96

DAVIES, D J, POWELL, E N & STANTON, R J (1989) Relative rates of shell dissolution and net sediment accumulation - a commentary can shell beds form by the gradual accumulation of biogenic debris on the sea floor? - Lethaia 22, 207-212

DEDECKER, P, COLIN, J -P & PEYPOUQUET, J -P (1988) Ostracoda in the Earth Sciences - Elsevier, Amsterdam

DEGENS, E T & ITTEKKOT, V (1987) The carbon cycle - tracking the path of organic particles from sea to sediment In BROOKS, J & FLEET, A J (Eds) Marine Petroleum Source Rocks p 121-135 - Geol Soc Spec Publ No 26

DE LEEUW, J W & LARGEAU, C (1993) A review of macromolecular organic compounds that comprise living organisms and their role in kerogen, coal, and petroleum formation In ENGEL, M H & MACKO, S A (Eds) Organic Geochemistry Principles and Applications p 23-72 - Topics in Geobiology 11, Plenum Press, New York

DEMAISON, G J & MOORE, G T (1980) Anoxic environments and oil source bed genesis - Am Ass Petrol Geol Bull 64, 1179-1209

DENFFER, D V, EHRENDORFER, F MAGDEFRAU, K & ZIEGLER, H (1978) Strasburgers Lehrbuch der Botanik 31 Aufl - G Fischer Verlag, Suttgart 1078 S

DENTON, E J & GILPIN-BROWN, J B (1973) Floatation mechanisms in modern and fossil cephalopods - Adv Mar Biol 11, 197-268

DEUSER, W G (1971) Organic-carbon budget of the Black Sea - Deep Sea Res 18, 995-1004

DIDYK, B M, SIMONEIT B R T, BRASSELL S C & EGLINTON, G (1978) Organic geochemical indicators of palaeoenvironmental conditions of sedimentation - Nature 272, 216-222

DIGBY, P G N & KEMPTON R A (1987) Multivariate Analysis of Ecological Communities - Chapman & Hall, New York 206 p

DODD, J R (1963) Paleoecological implications of shell mineralogy in two pelecypod species - J Geol 71, 1-11

DODD J R & STANTON R J (1990) Paleoecology, Concepts and Applications 2nd Ed John Wiley & Sons, New York 502 p

DODGE, R E & VAISMYA J R (1980) Skeletal growth chronologies of recent and fossil corals In RHOADS, D C & LUTZ, R A (Eds) Skeletal Growth of Aquatic Organisms p 493-517 - Topics in Geobiology 1 Plenum Press New York

DOUGLAS, R G (1981) Paleoecology of continental margins a modern case history from the borderland of southern California In DOUGLAS R G COLBURN I P & GORSLINE, D S (Eds) Depositional Systems of Active Continental Margin Basins p 121 156 S E P M Pacific Section Short Course Notes

DROSER M L & BOTTJER D J (1986) A semiquantitative field classification of ichnofabric - J Sed Petrol 56, 558-559

EKDALE, A A (1985) Paleoecology of the marine endobenthos - Palaeogeogr Palaeoclimatol Palaeoecol 50, 63-81

EKDALE, A A & BROMLEY R G (1991) Analysis of composite ichnofabrics An example in uppermost Cretaceous chalk of Denmark Palaios 6, 232-249

EKDALE, A A, BROMLEY R G & PEMBERTON, S G (1984) Ichnology The Use of Trace Fossils in Sedimentology and Stratigraphy - S E P M Tulsa, Oklahoma 317 p

EKDALE A A & MASON, T R (1988) Characteristic trace-fossil associations in oxygen-poor sedimentary environments Geology 16, 720-723

ELDREDGE N (1989) Macroevolutionary Dynamics Species, Niches, and Adaptive Peaks - McGraw-Hill New York 226p

ERWIN D H (1990) Mass Extinctions End-Permian In BRIGGS D E G & CROWTHER, P R (Eds) Palaeobiology A Synthesis p 187-194 Blackwell Sci Publ Oxford

ERWIN D H (1993) The Great Paleozoic Crisis Life and Death in the Permian Columbia Univ Press, New York 327 p

EVANS, J. W. (1972): Tidal growth increments in the cockle *Clinocardium nuttalli*. - Science 176, 416-417.
FAGERSTROM, J. A. (1987): The Evolution of Reef Communities. - Wiley-Interscience, New York. 600 p
FARRIMOND, P. & EGLINTON, G. (1990): The record of organic components and the nature of source rocks. *In* Briggs & Crowther p. 217-222.
FISHER, C. R. (1990): Chemoautotrophic and methanotrophic symbioses in marine invertebrates. - Rev. Aquatic Sci. 2, 399-436.
FRANCILLON-VIEILLOT, H., BUFFRÉNIL, V. DE, CASTANET, J., GÉRAUDIE, J., MEUNIER, F. J., SIRE, J. Y, ZYLBERBERG, L. & RICQLÈS, A. DE (1990): Microstructure and mineralization of vertebrate skeletal tissues. *In* CARTER, J. G. (Ed.): Skeletal Biomineralization: Patterns, Processes and Evolutionary Trends. Vol I, p. 471-530. - Van Nostrand Reinhold, New York.
FREY, R. W., HOWARD, J. D. & PRYOR, W. A. (1978): Ophiomorpha: its morphologic, taxonomic, and environmental significance. - Palaeogeogr., Palaeoclimatol., Palaeoecol. 23, 199-229.
FREY, R. W., PEMBERTON, S. G. & SAUNDERS, T. D A. (1990): Ichnofacies and bathymetry. a passive relationship. - J. Paleont. 64, 155-158.
FREY, R. W. & SEILACHER, A. (1980): Uniformity in marine invertebrate ichnology. - Lethaia 13, 183-207
FÜRSICH, F. T. (1977): Corallian (Upper Jurassic) marine benthic associations from England and Normandy - Palaeontology 20, 337-385.
FÜRSICH, F. T. (1978): The influence of faunal condensation and mixing on the preservation of fossil benthic communities. - Lethaia 11, 243-250.
FÜRSICH, F. T. & ABERHAN, M. (1990): Significance of time-averaging for palaeocommunity analysis - Lethaia 23, 143-152.
FÜRSICH, F. T. & FLESSA, K. W. (1987): Taphonomy of tidal flat molluscs in the northern Gulf of California. Paleoenvironmental analysis despite the perils of preservation - Palaios 2, 543-559.
FUTTERER, E. (1978): Untersuchungen über die Sink- und Transportgeschwindigkeit biogener Hartteile. - N. Jb Geol. Palaont., Abh. 155, 318-359.
GERDES, G., KRUMBEIN, W. E & REINECK, H.-E. (1991): Biolamination - ecological versus depositional dynamics. *In* EINSELE, G., RICKEN, W & SEILACHER, A. (Eds): Cycles and Events in Stratigraphy p. 592-607 - Springer Verlag, Berlin.
GLAESSNER, M F (1984): The Dawn of Animal Life A Biohistorical Study - Cambridge Univ Press, Cambridge. 244p.
GOLDSMITH, F B. (1973): The vegetation of exposed sea cliffs at South Stack, Anglesey. I The multivariate approach. - J. Ecol. 61, 787-818
GOREAU, T. J. (1977): Coral skeletal chemistry: Physiological and environmental regulation of stable isotopes and trace metals in *Monastrea annularis*. - Proc R. Soc. London, Ser B 196, 291-315
GOREAU, T F, GOREAU, N I & GOREAU, T J (1979): Corals and coral reefs - Sci Am 241, 124-136
GOULD, S J. (1965): Is uniformitarianism necessary? - Am. J Sci. 263, 223-228
GOULD, S. J. (1970): Evolutionary paleontology and the science of form. Earth-Sci Rev 6, 77-119
GOULD, S. J. (1977) Ontogeny and Phylogeny - Harvard Univ Press, Harvard, Mass. 501 p
GOULD, S. J. (1984): Toward the vindication of punctuational change. *In* BERGGREN, W. A. & VAN COUVERING, J. A. (Eds): Catastrophes and Earth History - The New Uniformitarianism p 9-34 - Princeton Univ. Press, Princeton.
GOULD, S. J (1989). Wonderful Life. - W W Norton and Company, New York.
GOULD, S J (1991): The disparity of the Burgess Shale arthropod fauna and the limits of cladistic analysis why we must strive to quantify morphospace - Paleobiology 17, 411-423
GOULD, S. J. & LEWONTIN, R C (1979): The spandrels of San Marco and the Panglossian paradigm A critique of the adaptationist programme - Proc R Soc London, Ser B 205, 147-164
GRANDE, L. (1990): Vicariance Biogeography *In* BRIGGS, D. E G & CROWTHER, P R (Eds): Palaeobiology A Synthesis p 448-451 - Blackwell Sci Publ, Oxford
GRANT, R E (1975) Methods and conclusions in functional analysis a reply - Lethaia 8, 31-33

GRAY, J. S. (1984): Okologie manner Sedimente. Eine Einfuhrung. Aus d. Engl. ubers. von H. Rumohr. - Springer Verlag, Heidelberg. 193 S.

GRAY, J. S. (1987): Species-abundance patterns. In GEE, J. H. R. & GILLER, P. S. (Eds): Organization of Communities: Past and Present. p 53-67. - Blackwell Sci. Publ., Oxford.

GREEN, H. W., LIPPS, J. H. & SHOWERS, W. J. (1980): Test ultrastructure of fusulinid Foraminifera. - Nature 283, 853-855.

GREENAWAY, P. (1985): Calzium balance and moulting in the Crustacea. - Biol. Rev. 60, 425-454.

GREENWOOD, D. R. (1991): The taphonomy of plant macrofossils. In DONOVAN, S. K. (Ed.): The Processes of Fossilization. p. 141-169. - Belhaven Press, London.

GROSSMAN, E. L. (1984): Stable isotope fractionation in live benthic foraminifera from the southern California borderland. - Palaeogeogr. Palaeoclimatol. Palaeoecol. 47, 301-327.

GROSSMAN, E. L., MACLEOD, K G. & HOPPE, K. A. (1993): Evidence that inoceramid bivalves were benthic and harbored chemosynthetic symbionts: Comment and reply. - Geology 21, 94-96.

HALLAM, A. (1965): Environmental causes of stunting in living and fossil marine benthonic invertebrates. - Palaeontology 8, 132-155

HALLAM, A. (1972): Models involving population dynamics. In SCHOPF, T. J. M (Ed.): Models in Paleobiology. p. 62-80. - Freeman, Cooper & Company, San Francisco.

HALLAM, A (1975): Preservation of trace fossils In FREY, R. (Ed.): The Study of Trace Fossils. p 55-63. - Springer Verlag, Berlin

HALLAM, A (1981): The end-Triassic bivalve extinction event. - Palaeogeogr., Palaeoclimatol., Palaeoecol. 35, 1-44.

HALLAM, A (1987) Mesozoic marine organic-rich shales. In BROOKS, J. & FLEET, A. J. (Eds): Marine Petroleum Source Rocks p 251-261. - Geol. Soc. Spec. Publ. 26.

HANTZSCHEL, W. (1975): Trace Fossils and Problematica 2nd Ed. In TEICHERT, C (Ed.): Treatise on Invertebrate Paleontology, Part W, Miscellanea, Suppl. 1 - Geol. Soc. Am. and Univ. Kansas, Lawrence, Kansas. 269 p.

HAQ, B U (1978): Calcareous Nannopankton. In HAQ, B. U. & BOERSMA, A. (Eds): Introduction to Marine Micropaleontology. p 79-107 - Elsevier, New York.

HARE, P E (1963) Amino acids in the proteins from aragonite and Kalzite in the shell of *Mytilus californianus*. - Science 139, 216-217

HARMAN, R. (1965) Distribution of Foraminifera in the Santa Barbara Basin, California. - Micropaleont. 10, 81-96.

HARPER, C W. (1978): Groupings by locality in community ecology and paleoecology: tests of significance. - Lethaia 11, 251-257

HEDGPETH, J W (Ed 1957) Treatise on Marine Ecology and Paleoecology, Vol. 1, Ecology 1296 p. - Geol. Soc. Am Mem 67 (1)

HEMLEBEN, C, ANDERSON, O R, BERTHOLD, W. & SPINDLER, M. (1986): Calcification and chamber formation in foraminifera - a brief overview In LEADBEATER, B. S. C. & RIDING, R. (Eds): Biomineralization in Lower Plants and Animals p 237-249 - Clarendon Press, Oxford.

HERBERT, T. D, CURRY, W B., BARRON, J A, CODISPOTI, L. A., GERSONDE, R., KEIR, R. S., MIX, A. C., MYCKE, B, SCHRADER, H., STEIN, R. & THIERSTEIN, H. (1989): Group report. Geological reconstructions of marine productivity In BERGER, W. H., SMETACEK, V. S. & WEFER, G. (Eds): Productivity of the Ocean: Present and Past p 409-428 - Dahlem Workshop 1988. John Wiley & Sons, Chichester.

HILDEBRAND, M. (1988): Analysis of Vertebrate Structure. 3rd Ed. 701 p. - John Wiley & Sons, New York.

HOEFS, J. (1987) Stable Isotope Geochemistry. 3rd Ed. - Springer Verlag, Berlin. 241 p.

HOFFMAN A (1977) Synecology of macrobenthic assemblages of the Korytnica Clays (Middle Miocene; Holy Cross Mountains, Poland). - Acta Geol. Polon. 27, 227-280.

HOFFMAN, A (1979): A consideration upon macrobenthic assemblages of the Korytnica Clays (Middle Miocene; Holy Cross Mountains, central Poland). - Acta Geol. Polon. 29, 345-352.

HOLLERBACH, A (1985) Grundlagen der organischen Geochemie. - Springer Verlag, Berlin. 190 S.

HOTTINGER, L. (1986): Construction, structure and function of foraminiferal shells. *In* LEADBEATER, B. S. C. & RIDING, R. (Eds): Biomineralization in Lower Plants and Animals. p. 219-235. - Clarendon Press, Oxford

HOWARD, J. D. & FREY, R. W. (1975): Regional animal-sediment characteristics of Georgia estuaries. - Senckenbergiana Maritima 7, 33-103.

HUGHES, R. N. (1986): A Functional Biology of Marine Gastropods. - John Hopkins Univ Press, Baltimore. 245 p.

HUGHES, A. J. & LAMBERT, D. M. (1984): Functionalism, structuralism, and "ways of seeing". - J. Theor. Biol. 111, 787-800.

JABLONSKI, D. (1986): Causes and consequences of mass extinctions: a comparative approach. *In* ELLIOTT, D. K. (Ed.): Dynamics of Extinctions, p. 183-227. - John Wiley & Sons, Chichester.

JABLONSKI, D. (1990): Mass Extinctions: Extra-terrestrial causes. *In* BRIGGS, D. E. G & CROWTHER, P. R. (Eds): Palaeobiology. A Synthesis. p. 164-171. - Blackwell Sci. Publ., Oxford.

JABLONSKI, D. & BOTTJER, D J (1990): The ecology of evolutionary innovations: the fossil record *In* NITECKI, M. H. (Ed.): Evolutionary Innovations. p. 253-288. - Univ. Chicago Press, Chicago.

JABLONSKI, D. & BOTTJER, D. J. (1991): Onshore-offshore trends in marine invertebrate evolution. *In* ROSS, R M. & ALLMON, W. D. (Eds): Causes of Evolution: A Paleontologic Perspective. p. 21-75. - Univ. Chicago Press, Chicago.

JABLONSKI, D., FLESSA, K. W. & VALENTINE, J. W. (1985): Biogeography and paleobiology. - Paleobiology 11, 75-90.

JABLONSKI, D. & LUTZ, R. (1983): Larval ecology of marine benthic invertebrates: paleobiological implications. - Biol. Rev. 58, 21-89.

JAMES, M. A., ANSELL, A. D., COLLINS, M. J., CURRY, G. B., PECK, L. S. & RHODES, M. C. (1992): Biology of living brachiopods. - Adv Mar. Biol. 28, 175-387.

JOHNSTON, I. S. (1980): The ultrastructure of skelatogenesis in hermatypic corals. - Int Rev Cytol 67, 171-214

JONES, D. S. (1985): Growth increments and geochemical variations in the molluscan shell. *In* BOTTJER, D J., HICKMAN, C. S. & WARD, P. D. (Eds)· Mollusks. Notes for a short course. p. 72-87. - Univ. Tennessee Dept. Geol. Sci., Studies in Geology 13.

JONGMAN, R. H., TER BRAAK, C. J. F. & VAN TONGEREN, O. F. R. (1987): Data Analysis in Community and Landscape Ecology. - Pudoc, Wageningen. 299 p.

JORDAN, R. & STAHL, W. Z. (1970): Isotopische Palaotemperatur-Bestimmungen an jurassischen Ammoniten und grundsatzliche Voraussetzungen fur diese Methode. - Geol. Jb. 89, 33-62.

KENNEDY, W. J., MORRIS, N. J. & TAYLOR, J. D. (1970): The shell structure, mineralogy and relationships of the Chamacea. - Palaeontology 13, 379-413.

KERR, R. A. (1992): Extinction by a one-two comet punch? - Science 255, 160-161

KIDWELL, S. M. (1991): The stratigraphy of shell concentrations *In* ALLISON, P. A & BRIGGS, D. E. G (Eds) Taphonomy: Releasing the Data Locked in the Fossil Record p 211-290 - Topics in Geobiology, Vol. 9, Plenum Press, New York.

KIDWELL, S. M. & BEHRENSMEYER, A. K. (1988): Overview. Ecological and evolutionary implications of taphonomic processes. - Palaeogeogr., Palaeoclimatol., Palaeoecol. 63, 1-13.

KIDWELL, S. M. & BOSENCE, D. W. J. (1991): Taphonomy and time-averaging of marine shelly faunas. *In* ALLISON, P. A. & BRIGGS, D. E. G. (Eds): Taphonomy: Releasing the Data Locked in the Fossil Record. p. 115-209. - Topics in Geobiology, Vol. 9, Plenum Press, New York.

KIDWELL, S. M. & JABLONSKI, D. (1983): Taphonomic feedback: ecological consequences of shell accumulation. *In* TEVESZ, M. J. S. & MCCALL, P. L. (Eds): Biotic Interactions in Recent and Fossil Communities. p. 195-248. - Plenum Press, New York.

KIDWELL, S. M., FURSICH, F. T. & AIGNER, T. (1986): Conceptual framework for the analysis and classification of fossil concentrations - Palaios 1, 228-238

KILLOPS, S D. & KILLOPS, V. J (1993) An Introduction to Organic Geochemistry - Longman Scientific & Technical, Essex, U.K 265 p

KIMURA, M. (1983): The Neutral Theory of Molecular Evolution. - Cambridge Univ. Press, Cambridge.

KITCHELL, J. A. (1985): Evolutionary paleoecology: recent contributions to evolutionary theory - Paleobiology 11, 91-104.

KLING,. S. A. (1978): Radiolaria. In HAQ, B. U. & BOERSMA, A. (Eds): Introduction to Marine Micropaleontology. p. 203-244. - Elsevier, New York.

KNOLL, A. H. (1991): Das Ende des Proterozoikums: Schwelle zu hoherem Leben. - Spektrum der Wissenschaft, Dezember 1991, 100-108.

KNOLL, A. H. (1992): The early evolution of eukaryotes: a geological perspective. - Science 256, 622-627

KNOLL, A. H. & WALTER, M. R. (1992): Latest Proterozoic stratigraphy and earth history - Nature 356, 673-678

KOCH, C. F. (1987): Prediction of sample size effects on the measured temporal and geographic distribution patterns of species. - Paleobiology 13, 100-107.

KRANTZ, D. E., WILLIAMS, D. F. & JONES, D. S. (1987): Ecological and paleoenvironmental information using stable isotope profiles from living and fossil molluscs. - Palaeogeogr., Palaeoclimatol., Palaeoecol. 58, 249-266.

KREBS, C. J. (1985): Ecology The Experimental Analysis of Distribution and Abundance 3rd Ed - Harper & Row, New York. 800 p.

KREBS, C. J. (1989): Ecological Methodology. - Harper & Row, New York. 654 p

KUMP, L. R. (1990): Neogene geochemical cycles: implications concerning phosphogenesis. In BURNETT, W. C & RIGGS, S. R (Eds): Neogene to Modern Phosphorites. Phosphate Deposits of the World, Vol 3 p 273-282. - Cambridge Univ. Press, Cambridge.

KURTÉN, B. (1964): Population structure in paleoecology. In IMBRIE, J & NEWELL, N D (Eds): Approaches to Paleoecology. p. 91-106. - Wiley, New York.

LADD, H. S. (Ed. 1957): Treatise on Marine Ecology and Paleoecology, Vol. 2, Paleoecology. 1077 p. - Geol. Soc Am. Mem. 67 (2).

LAMBERT, D. M. & HUGHES, A. J. (1984): Misery of functionalism. Biological function a misleading concept - Rivista di Biologia 77, 477-501

LAWRENCE, D. L. (1968): Taphonomy and information losses in fossil communities - Geol Soc Am. Bull 79, 1315-1350.

LAWRENCE, J. (1987): A Functional Biology of Echinoderms - Croom Helm, London. 340 p

LEADBEATER, B. S. C. & RIDING, R (Eds 1986): Biomineralization in Lower Plants and Animals - Syst Ass Spec. Vol. 30. Clarendon Press, Oxford.

LEE, J. J. & ANDERSON, O. R (1991 Eds.): Biology of Foraminifera - Academic Press, London 368 p

LESPÉRANCE, P. J. (1990): Cluster analysis of previously described communities from the Ludlow of the Welsh Borderland - Palaeontology 33, 209-224

LEVINTON, J. S. (1970): The paleoecological significance of opportunistic species - Lethaia 3, 69-78

LEVINTON, J. S. (1982). Marine Ecology. - Prentice-Hall, Englewood Cliffs. 526 p

LEVINTON, J. S. & BAMBACH, R. K. (1975): A comparative study of Silurian and recent deposit-feeding bivalve communities. - Paleobiology 1, 97-124.

LINSLEY, R. M. (1978): Shell form and the evolution of gastropods. - Am. Sci. 66, 432-441.

LOEBLICH, A. R. & TAPPAN, H (1964): Sarcodina, chiefly Thecamoebans and Foraminifera In MOORE, R C (Ed.): Treatise on Invertebrate Paleontology, Part C, 2, p. C1-C900. - Geol. Soc Am., Lawrence, Kansas

LOWENSTAM, H. A. (1954): Factors affecting the aragonite:Kalzite ratios in carbonate secreting marine organisms - J. Geol. 62, 284-322.

LOWENSTAM, H. A (1981). Minerals formed by organisms. - Science 211, 1126-1131

LOWENSTAM, H A & WEINER, S (1989) On Biomineralization - Oxford Univ Press, Oxford 324 p

LUDWIG, J. A. & REYNOLDS, J F. (1988): Statistical Ecology. A Primer on Methods and Computing - John Wiley & Sons, New York 337p

LUTZ, R. A. & RHOADS, D. C. (1977): Anaerobiosis and a theory of growth line formation - Science 198, 1222-1227

LUTZ, R. A. & RHOADS, D. C. (1980): Growth patterns within the molluscan shell: An overview. *In* RHOADS, D. C. & LUTZ, R. A. (Eds): Skeletal Growth of Aquatic Organisms. p. 203-254. - Topics in Geobiology 1 Plenum Press, New York.

MACARTHUR, R. H. & WILSON, E. O. (1967): The Theory of Island Biogeography. - Princeton Univ. Press, Princeton.

MACLEOD, K. G. & HOPPE, K. A. (1992): Evidence that inoceramid bivalves were benthic and harbored chemosynthetic symbionts. - Geology 20, 117-120.

MACURDA, D. B. & MEYER, D. L. (1983): Sealilies and feather stars. - Am. Sci. 71, 354-365.

MAGURRAN, A. E. (1988): Ecological Diversity and its Measurement. - Princeton Univ. Press, Princeton. 179 p.

MANGOLD, K. (Ed. 1990): Cephalopodes. Traité de Zoologie, Tome V, Fasc. 4. - Masson, Paris.

MANN, S. (1983): Mineralization in biological systems. - Structure and Bonding 54, 125-174.

MANN, S. (1986): Biomineralization in lower plants and animals - chemical perspectives. *In* LEADBEATER, B. S C. & RIDING, R. (Eds): Biomineralization in Lower Plants and Animals. p. 39-54. - Clarendon Press, Oxford.

MARKEL, K. & GORNY, P. (1973): Zur funktionellen Anatomie der Seeigelzahne (Echinodermata, Echinoidea). - Z. Morphol Tiere 75, 223-242.

MARKEL, K., ROSER, U., MACKENSTEDT, U. & KLOSTERMANN, M. (1986): Ultrastructural investigation of matrix-mediated biomineralization in echinoids (Echinodermata, Echinoidea). - Zoomorphology 106, 232-243.

MARTILL, D. M. (1991): Bones as stones: the contribution of vertebrate remains to the lithologic record. *In* DONOVAN, S. K. (Ed.): The Processes of Fossilization. p. 270-292. - Belhaven Press, London.

MARTINSSON, A. (1970): Toponomy of trace fossils. *In* CRIMES, T. P. & HARPER, J. C. (Eds): Trace Fossils. p. 323-330. - Seel House Press, Liverpool

MAY, R. M. (1975) Patterns of species abundance and diversity *In* CODY, M. L. & DIAMOND, J. M. (Eds): Ecology and Evolution of Communities. p. 81-120 - Belknap Press, Harvard

MAY, R. M (1980): Populationsmodelle fur eine Art *In* MAY, R M. (Ed.): Theoretische Okologie S 5-23. - Verlag Chemie, Weinheim.

MCCONNAUGHEY, T. (1989a): 13C and 18O isotopic disequilibrium in biological carbonates. I. Patterns. - Geochim. Cosmochim. Acta 53, 151-162

MCCONNAUGHEY, T (1989b): 13C and 18O isotopic disequilibrium in biological carbonates. II In vitro simulation of kinetic isotope effects - Geochim Cosmochim Acta 53, 163-171

MCGHEE, G. R. (1990): Mass Extinctions. Frasnian - Famennian. *In* BRIGGS, D. E. G. & CROWTHER, P. R. (Eds)· Palaeobiology A Synthesis. p. 184-187 - Blackwell Sci. Publ., Oxford

MCKERROW, W S. & COCKS, L R. M (1976) Progressive faunal migration across the Iapetus Ocean. - Nature 263, 304-306.

MCKINNEY, F K. & JACKSON, J B C (1989) Bryozoan Evolution - Unwin Hyman, Boston 238 p

MCKINNEY, M L (1991) Completeness of the fossil record an overview *In* DONOVAN, S K (Ed): The Processes of Fossilization. p. 66-83. - Belhaven Press, London.

MCKINNEY, M. L & MCNAMARA, K J (1991) Heterochrony the Evolution of Ontogeny - Plenum Press, New York. 437 p.

MCLAREN, D. J (1990): Geological and biological consequences of giant impacts - Ann Rev Earth Planet Sci. 18, 123-171

MCMENAMIN, M. A S (1987)· The emergence of animals - Sci. Am. 255, 94-102

MCMENAMIN, M A S (1989) The Origins and Radiation of the early Metazoa. *In* Allen, K. C. & Briggs, D. E. G. (Eds) Evolution and the Fossil Record p 73-98 - Belhaven Press, London.

MCMENAMIN, M. A S & MCMENAMIN, D S (1990) The Emergence of Animals The Cambrian Breakthrough - Columbia University Press, New York 217 p

MEADOWS, P S & CAMPBELL, J I (1988) An Introduction to Marine Science 2nd Ed - Blackie, Glasgow 285 p.

MEYER, D. L. & AUSICH, W. I. (1983): Biotic interactions among recent and fossil crinoids. *In* TEVESZ, M. J. S. & MCCALL, P. L. (Eds): Biotic Interactions in Recent and Fossil Benthic Communities. p. 377-427. Topics in Geobiology Vol. 3. - Plenum Press, New York.

MEYER, D. L. & MEYER, K. B. (1986): Biostratinomy of recent crinoids (Echinodermata) at Lizards Island, Great Barrier Reef, Australia. - Palaios 1, 294-302.

MILES, J. A. (1989): Illustrated Glossary of Petroleum Geochemistry. 137 p. - Clarendon Press, Oxford.

MILLER III, W. (1986): Paleoecology of benthic community replacement. - Lethaia 19, 225-231.

MILLS, E. L. (1969): The community concept in marine zoology, with comments on continua and instability in some marine communities: a review. - J. Fish. Res. Board Canada 26, 1415-1428.

MULLER, A. H. (1976): Lehrbuch der Palaozoologie. Band I: Allgemeine Grundlagen. 3. Auflage. 423 S. - VEB G. Fischer Verlag, Jena.

MURRAY, J. W. (1991): Ecology and Paleoecology of Benthic Foraminifera. - Longman, Harlow.

NELSON, G. & PLATNICK, N. I. (1981): Systematics and Biogeography: Cladistics and Vicariance. - Columbia Univ. Press, Newe York.

NEUMAN, R. B. (1984): Geology and paleobiology of islands in the Ordovician Iapetus Ocean· Review and implications. - Geol. Soc. Am. Bull. 95, 1188-1201.

NEWTON, C. R. (1990): Palaeobiogeography. *In* BRIGGS, D. E. G. & CROWTHER, P. R. (Eds): Palaeobiology. A Synthesis. p. 452-460. - Blackwell Sci. Publ., Oxford.

NICHOLS, D. (1959): Changes in the chalk heart urchin Micraster interpreted in relation to living forms - Phil Trans. R. Soc. London, Ser. B, 242, 347-437.

NORBERG, R. A. (1985): Function of vane asymmetry and shaft curvature in bird flight feathers. *In* HECHT, M. K., OSTROM, J. H., VIOHL, G. & WELLNHOFER, P. (Eds): The Beginnings of Birds. Proceedings of the International Archaeopteryx Conference Eichstatt 1984. p. 303-318.- Freunde des Jura-Museums Eichstatt.

NORRIS, R. D. (1986): Taphonomic gradients in shelf fossil assemblages: Pliocene Purisima Formation, California. - Palaios 1, 256-270.

NYBAKKEN, J. W. (1988): Marine Biology: An Ecological Approach. 2nd Ed. - Harper & Row, New York. 514 p.

ORÓ, J., MILLER, S. L. & LAZCANO, A. (1990): The origin and early evolution of life on earth. - Ann. Rev. Earth Planet. Sci. 18, 317-356.

OSTROM, J. H. (1979): Bird flight: how did it begin? - Am. Sci. 67, 46-56.

PAASCHE, E. (1968): Biology and physiology of coccolithophorids. - Ann. Rev Microbiol 22, 71-76.

PADIAN, K. (1985): The origins and aerodynamics of flight in extinct vertebrates. - Palaeontology 28, 413-433.

PANNELLA, G. (1980): Growth patterns in fish sagittae. *In* RHOADS, D. C. & LUTZ, R. A (Eds): Skeletal Growth of Aquatic Organisms. p. 519-560. - Topics in Geobiology 1. Plenum Press, New York.

PARSONS, K. M. & BRETT, C. E. (1991): Taphonomic processes and biases in modern marine environments: an actualistic perspective on fossil assemblage preservation. *In* DONOVAN, S. K. (Ed.): The Processes of Fossilization. p. 22-65. - Belhaven Press, London.

PEARSE, J. S. & PEARSE V B. (1975): Growth zones in the echinoid skeleton. - Ann Zool 15, 731-753

PEARSE, V. B. & MUSCATINE, L. (1971): Role of symbiotic algae (Zooxanthellae) in coral calcification. - Biol Bull. Woods Hole 141, 287-301.

PEARSON, T. H. & ROSENBERG, R. (1987): Feast and famine: structuring factors in marine benthic communities. *In* GEE, J. H. R. & GILLER, P S (Eds): Organization of Communities· Past and Present p 373-395 - Blackwell Sci. Publ., Oxford

PEMBERTON, S. G. & FREY, R. W. (1982): Trace fossil nomenclature and the *Planolites - Palaeophycus* dilemma - J. Paleont. 56, 843-881.

PEMBERTON, S. G. & FREY, R. W. (1984): Quantitative methods in ichnology: spatial distribution among populations. - Lethaia 17, 33-49.

PEMBERTON, S. G., FREY, R. W. & SAUNDERS, T. D. A (1990): 4.11 Trace fossils. *In* BRIGGS, D E G & CROWTHER, P. R. (Eds)· Palaeobiology A Synthesis - Blackwell Sci Publ, Oxford

PENNYCUICK, C. J. (1988): On the reconstruction of pterosaurs and their manner of flight, with notes on vortex wakes. - Biol. Rev. 63, 299-331.

PIANKA, E. R. (1988): Evolutionary Ecology. 4th Ed. - Harper & Row, New York. 468 p.

PLATNICK, N. I. & NELSON, G. (1978): A method of analysis for historical biogeography. - Syst. Zool. 27, 1-16.

PLOTNICK, R. E. (1986): Taphonomy of a modern shrimp: implications for the arthropod fossil record. - Palaios 1, 286-293.

POJETA, J. jr. (1987): Class Pelecypoda. In BOARDMAN, R. S., CHEETHAM, A. H. & ROWELL, A. J. (Eds): Fossil Invertebrates. p. 386-435. - Blackwell Sci. Publ., London.

POWELL, E. N. & STANTON, R. J. (1985): Estimating biomass and energy flow of molluscs in palaeocommunities. - Palaeontology 28, 1-35.

RAISWELL, R. (1987): Non-steady state microbiological diagenesis and the origin of concretions and nodular limestone. In MARSHALL, J. D. (Ed.): Diagenesis of Sedimentary Sequences. - Geol. Soc. Spec. Publ. No. 36, p. 41-54.

RAUP, D. M. (1966): Geometric analysis of shell coiling: general problems. - J. Paleont. 40, 1178-1190.

RAUP, D. M. (1967): Geometric analysis of shell coiling: coiling in ammonoids. - J. Paleont. 41, 43-65.

RAUP, D. M. (1968): Theoretical morphology of echinoid growth. - Paleont. Soc. Mem. 2, J. Paleont. Suppl. 42, 50-63.

RAUP, D. M. (1972): Approaches to morphologic analysis. In SCHOPF, T. J. M. (Ed.): Models in Paleobiology. p. 28-44. - Freeman, Cooper & Co., San Francisco.

RAUP, D. M. (1979): Biases in the fossil record of species and genera. - Carnegie Mus. Nat. Hist. Bull. 13, 85-91.

RAUP, D. M. & SEPKOSKI, J. J. (1984): Periodicity of extinctions in the geologic past. - Proc. Natl. Acad. Sci., USA 81, 801-805.

RAUP, D. M. & STANLEY, S. M. (1978): Principles of Paleontology. 2nd Ed. - W. H. Freeman and Company, San Francisco. 481 p.

RAYNER, J. M. V. (1988): The evolution of vertebrate flight. - Biol. J. Linn. Soc. 34, 269-287.

RAYNER, J. M. V. (1989): Mechanics and physiology of flight in fossil vertebrates. - Trans. R. Soc. Edinburgh, Earth Sci. 80, 311-320.

REIF, W.-E. (1983): Functional morphology and evolutionary ecology. - Paläont. Z. 57, 255-266.

REITNER, J. & KEUPP, H. (1991 Eds.): Fossil and Recent Sponges. - Springer Verlag, Berlin. 595 p.

RHOADS, D. C. (1974): Organism-sediment relations on the muddy sea floor. - Oceanogr. Mar. Biol. Ann. Rev. 12, 263-300.

RHOADS, D. C. (1975): The paleoecological and environmental significance of trace fossils. In FREY, R. (Ed.): The Study of Trace Fossils. p. 147-160. - Springer Verlag, Berlin.

RHOADS, D. C. & LUTZ, R. A. (Eds. 1980): Skeletal Growth in Aquatic Organisms. - Plenum Press, New York.

RHOADS, D. C. & MORSE, J. C. (1971): Evolutionary and environmental significance of oxygen-deficient marine basins. - Lethaia 4, 413-428

RHOADS, D. C. & PANNELLA, G. (1970). The use of molluscan shell growth patterns in ecology and paleoecology. - Lethaia 3, 143-161.

RHOADS, D. C. & YOUNG, D. K. (1970). The influence of deposit-feeding organisms on sediment stability and community trophic structure. - J. Mar. Res 28, 150-178.

RICHARDS, R. P. & BAMBACH, R. K. (1975): Population dynamics of some Paleozoic brachiopods and their paleoecological significance. - J. Paleont. 49, 775-798.

RICHARDSON, J. R. (1983): Brachiopods. - Sci. Am. 255 (3), 96-102.

RICHTER, R. (1928): Aktuopaläontologie und Paläobiologie, eine Abgrenzung. - Senckenbergiana 10, 285-292.

RICKLEFS, R. E. (1990): Ecology. 3rd Ed. - W. H. Freeman and Company, New York. 896 p.

RIDING, R. (Ed. 1991): Calcareous Algae and Stromatolites. - Springer-Verlag, Berlin, Heidelberg. 571 p.

RIGBY, J. K. & STEARN, C. W. (1983 Eds.): Sponges and Spongiomorphs. - Univ. Tennessee Dept. Geol. Sci. Studies in Geology 7. 220 p.

ROMANEK, C. S., JONES, D. S., WILLIAMS, D. F., KRANTZ, D. E. & RADTKE, R. (1987): Stable isotopic investigation of physiological and environmental changes recorded in shell carbonate from the giant clam *Tridacna maxima*. - Mar. Biol. 94, 385-393

ROWELL, A. J. & GRANT, R. E. (1987): Phylum Brachiopoda. *In* BOARDMAN, R. S., CHEETHAM, A. H. & ROWELL, A. J. (Eds): Fossil Invertebrates. p. 445-496. - Blackwell Sci. Publ., Oxford

ROZANOV, A. Y. (1992): The Cambrian radiation of shelly fossils. - TREE 7 (3), 84-87

RUDWICK, M. J. S. (1961): The feeding mechanism of the Permian brachiopod *Prorichthofenia* - Palaeontology 3, 450-471.

RUDWICK, M. J. S. (1964). The inference of function from structure in fossils. - Brit. J. for the Phil. Sci. 15, 27-40.

RUDWICK, M. J. S. (1970): Living and Fossil Brachiopods. - Hutchinson Univ. Library, London. 199 p.

RUNNEGAR, B. (1991): Oxygen and the early evolution of the Metazoa. *In* BRYANT, C. (Ed.): Metazoan Life Without Oxygen. p. 65-87. - Chapman & Hall, London

RYLAND, J. S. (1970): Bryozoans. - Hutchinson Univ. Library, London. 175p.

SADLER, P. M. (1981): Sediment accumulation rates and the completeness of stratigraphic sections. - J. Geology 89, 569-584.

SALEUDDIN, A S. M & PETIT, H. P (1983): The mode of formation and the structure of the periostracum *In* Wilbur, K. M. (ed.): The Mollusca, Vol. 4. p 199-234 - Academic Press, New York

SANDERS, H. L. (1968): Marine benthic diversity: A comparative study. - Am. Nat. 102, 143-282

SAVIN, S. M. (1977): The history of the Earth's surface temperature during the last 100 million years. - Ann. Rev. Earth and Planetary Sci. 5, 319-355.

SAVRDA, C. E. & BOTTJER, D J. (1986): Trace-fossil model for reconstruction of paleo-oxygenation in bottom waters. - Geology 14, 3-6

SAVRDA, C E. & BOTTJER, D. J (1987) The exaerobic zone, a new oxygen-deficient marine biofacies - Nature 327, 54-56.

SAVRDA, C. E. & BOTTJER, D. J. (1989) Trace-fossil model for reconstructing oxygenation histories of ancient marine bottom waters: application to Upper Createcous Niobara Formation, Colorado. - Palaeogeogr., Palaeoclimatol., Palaeoecol 74, 49-74.

SAVRDA, C. E. & BOTTJER, D J (1991). Oxygen-related biofacies in marine Strata an overview and update. *In* TYSON, R. V. & PEARSON, T. H. (Eds). Modern and Ancient Continental Shelf Anoxia. p. 201-219. - Geol. Soc. Spec. Publ. 58.

SAVRDA, C. E., BOTTJER, D. J. & GORSLINE, D. S. (1984): Development of a comprehensive oxygen-deficient marine biofacies model: evidence from Santa Monica, San Pedro, and Santa Barbara basins, California continental borderland - Am Ass Petrol Geol Bull 68, 1179-1192

SCHAFER, W. (1956): Wirkungen der Benthos-Organismen auf den jungen Schichtverband - Senckenbergiana Lethea 37, 183-263

SCHAFER, W. (1962): Aktuo-Palaontologie nach Studien in der Nordsee. - Kramer Verlag, Frankfurt a. M

SCHAFER, W. (1972): Ecology and Paleoecology of Marine Environments - Univ. Chicago Press, Chicago. 568 p.

SCHINDEL, D E (1982): Resolution analysis: a new approach to the gaps in the fossil record. - Paleobiology 6, 340-353

SCHMIDT-KITTLER, N & VOGEL, K (1991 Eds). Constructional Morphology and Evolution - Springer Verlag, Berlin. 409p.

SCHOPF, J. W. (1987). Precambrian Prokaryotes and Stromatolites. *In* LIPPS, J. H. (Ed.): Fossil Prokaryotes and Protists. p. 20-33. - Univ. Tennessee Dept. Geol. Sci. Studies in Geology 18.

SCHOPF, J W, HAYES, J M & WALTER, M R (1983) Evolution of earth's earliest ecosystems recent progress and unsolved problems. *In* SCHOPF, J W (Ed): Earth's Earliest Biosphere Its Origin and Evolution. p 361-384. - Princeton Univ. Press, Princeton.

SCHRAM, F. (1986). Crustacea - Oxford Univ Press, Oxford. 606 p.

SCHUMACHER, H. (1982): Korallenriffe. Ihre Verbreitung, Tierwelt und Okologie. 2. Aufl. - BLV-Verlagsgesellschaft, Munchen 274 S

SCOTT, R. W. (1976): Trophic classification of benthic communities. *In* SCOTT, R. W. & WEST, R. R. (Eds). Structure and Classification of Paleocommunities. p. 29-66. - Dowden, Hutchinson & Ross, Stroudsburg, Penn.

SCOTT, R. W. (1978): Approaches to trophic analysis of paleocommunities. - Lethaia 11, 1-14

SEILACHER, A. (1953): Studien zur Palichnologie. I. Uber die Methoden der Palichnologie - N. Jb. Geol. Palaont. Abh. 98, 87-124.

SEILACHER, A. (1957): An-aktualistisches Wattenmeer? - Palaont. Z. 31, 198-206, pl. 22-23.

SEILACHER, A. (1964a): Biogenic sedimentary structures. *In* IMBRIE, J. & NEWELL, N D. (Eds): Approaches to Paleoecology. p. 296-316. - Wiley, New York.

SEILACHER, A. (1964b):Sedimentological classification and nomenclature of trace fossils. - Sedimentology 3, 253-256.

SEILACHER, A. (1967a): Bathymetry of trace fossils. Marine Geol. 5, 413-428.

SEILACHER, A. (1967b): Fossil behaviour. - Sci. Am. 217, 72-80.

SEILACHER, A. (1970a): Arbeitskonzepte zur Konstruktionsmorphologie. - Lethaia 3, 393-396

SEILACHER, A. (1970b): Begriff und Bedeutung der Fossil-Lagerstatten. - N. Jb. Geol. Palaont., Mh. 1970, 34-39.

SEILACHER, A. (1973a): Fabricational noise in adaptive morphology. - Syst. Zool. 22, 451-465.

SEILACHER, A. (1973b): Biostratinomy: The sedimentology of biologically standardized particles. *In* GINSBURG, R. N. (Ed.): Evolving Concepts in Sedimentology. p. 159-177. - John Hopkins Univ. Press, Baltimore.

SEILACHER, A. (1977): Pattern analysis of *Paleodictyon* and related trace fossils. - Geol. J. Spec. Issues 9, 289-334.

SEILACHER, A. (1979): Constructional morphology of sand dollars. - Paleobiology 5, 191-221.

SEILACHER, A. (1984): Constructional morphology of bivalves: evolutionary pathways in primary versus secondary soft-bottom dwellers. - Palaeontology 27, 207-237

SEILACHER, A. (1985): Bivalve morphology and function. *In* BOTTJER, D. J., HICKMAN, C. S. & WARD, P. D (Eds): Molluscs. Notes for a short course p. 88-101. - Univ. Tennessee Dept. Geol. Sci , Studies in Geology 13.

SEILACHER, A. (1988): Vendozoa: organismic construction in the Proterozoic biosphere. - Lethaia 22, 229-239.

SEILACHER, A. (1990a): Aberrations in bivalve evolution related to photo- and chemosymbiosis - Hist Biol. 3, 289-311.

SEILACHER, A. (1990b): Taphonomy of Fossil-Lagerstatten. Overview. *In* BRIGGS, D. E. G & CROWTHER, P R. (Eds): Palaeobiology. A Synthesis. p. 266-270. - Blackwell Sci. Publ., Oxford.

SEILACHER, A. (1992): Vendobionta and Psammocorallia: lost constructions of Precambrian evolution - J. Geol Soc. London 149, 607-613.

SEILACHER, A., ANDALIB, F., DIETL, G. & GOCHT, G. (1976): Preservation history of compressed Jurassic ammonites from southern Germany. - N. Jb. Geol. Palaont , Abh 152, 307-356.

SEILACHER, A., REIF, W.-E. & WESTPHAL, F. (1985)· Sedimentological, ecological and temporal patterns of fossil Lagerstatten. - Phil. Trans. R. Soc. London, Ser. B, 311, 5-23.

SELDON, P. A. & EDWARDS, D. (1989): Colonisation of the land. *In* ALLEN, K C. & BRIGGS, D E. G (Eds)· Evolution and the Fossil Record. p. 122-152. - Belhaven Press, London.

SEPKOSKI, J. J. (1981): A factor analytic description of the Phanerozoic marine fosil record - Paleobiology 7, 36-53.

SEPKOSKI, J. J. (1990a): Evolutionary faunas. In Briggs & Crowther p. 37-41.

SEPKOSKI, J. J. (1990b): Mass Extinctions: Periodicity. *In* BRIGGS, D. E. G. & CROWTHER, P. R. (Eds): Palaeobiology. A Synthesis. p. 171-179. - Blackwell Sci. Publ., Oxford.

SEPKOSKI, J. J. (1991): A model of onshore-offshore change in faunal diversity - Paleobiology 17, 58-77.

SEPKOSKI, J. J. (1992): Phylogenetic and ecologic patterns in the phanerozoic history of marine biodiversity. *In* ELDREDGE, N. (Ed.): Systematics, Ecology, and the Biodiversity Crisis p. 77-100. - Columbia Univ Press, New York.

SERENO, P. C. & CHENGGANG, R. (1992): Early evolution of avian flight and perching· new evidence from the lower Cretaceous of China. - Science 255, 845-848

SIESSER, W. G. & HAQ, B. U. (1987): Calcareous Nannoplankton. *In* LIPPS, J. H. (Ed.): Fossil Prokaryotes and Protists. p. 87-127. - Univ. Tennessee Dept. Geol. Sci. Studies in Geology 18.

SIMKISS, K. (1989): Biomineralisation in the context of geological time. - Trans. R. Soc. Edinburgh: Earth Sci. 80, 193-199.

SIMPSON, S. (1975): Classification of trace fossils. *In* FREY, R. (Ed.): The Study of Trace Fossils. p. 39-54. - Springer Verlag, Berlin.

SKELTON, P. (Ed. 1993): Evolution: A Biological and Palaeontological Approach. - Addison-Wesley Publishing Company, Wokingham, England. 1064 p.

SMITH, A. B. (1984): Echinoid Palaeobiology. - Allen & Unwin, London. 190 p.

SMITH, A. B. (1990): Biomineralization in Echinoderms. *In* CARTER, J. G. (Ed.): Skeletal Biomineralization: Patterns, Processes and Evolutionary Trends. Vol. I, p. 413-443.

SMITH, P. L. & TIPPER, H. W. (1986): Plate tectonics and paleobiogeography: Early Jurassic (Pliensbachian) endemism and diversity. - Palaios 1, 399-412.

SMITH, S. V. (1978): Coral-reef area and the contributions of reefs to processes and ressources of the world's oceans. - Nature 273, 225-226.

SORAUF, J. E. (1972): Skeletal microstructure and microarchitecture in Scleractinia (Coelenterata). - Palaeontology 15, 88-107, pl. 11-23.

SOUTH, G. R. & WHITTICK, A. (1987): Introduction to Phycology. - Blackwell Sci. Publ., Oxford. 341 p.

SOUTHWOOD, T. R. E. (1987): The concept and nature of the community. *In* GEE, J. H. R. & GILLER, P. S. (Eds): Organization of Communities, Past and Present. p. 3-27. - Blackwell Sci. Publ., Oxford.

SPEYER, S. E. & BRETT, C. E. (1986): Trilobite taphonomy and middle Devonian taphofacies. - Palaios 1, 312-327.

SPEYER, S. E. & BRETT, C. E. (1988): Taphofacies models for epeiric sea environments: middle paleozoic examples. - Palaeogeogr., Palaeoclimatol., Palaeoecol. 63, 225-262.

SPEYER, S. E. & BRETT, C. E. (1991): Taphofacies controls: background and episodic processes in fossil assemblage preservation. *In* ALLISON, P. A. & BRIGGS, D. E. G. (Eds): Taphonomy: Releasing the Data Locked in the Fossil Record. p. 501-545. - Topics in Geobiology, Vol. 9, Plenum Press, New York.

SPICER, R. A. (1991): Plant taphonomic processes *In* ALLISON, P. A. & BRIGGS, D. E. G. (Eds): Taphonomy: Releasing the Data Locked in the Fossil Record. p. 71-113. - Topics in Geobiology, Vol. 9, Plenum Press, New York.

SPRINGER, D. A. & BAMBACH, R. K. (1985): Gradient versus cluster analysis of fossil assemblages: a comparison from the Ordovician of southwestern Virginia. - Lethaia 18, 181-198.

STAFF, G. M. & POWELL, E. N. (1988): The paleoecological significance of diversity: the effect of time averaging and differential preservation on macroinvertebrate species richness in death assemblages. - Palaeogeogr., Palaeoclimatol., Palaeoecol. 63, 73-89.

STAFF, G. M., POWELL, E. N., STANTON, J. R. & CUMMINS, H. (1985): Biomass: is it a useful tool in paleocommunity reconstruction? - Lethaia 18, 209-232.

STAHL, W. Z. & JORDAN, R. (1969): General consideration in isotopic paleotemperature determinations and analyses on Jurassic ammonites. - Earth and Planetary Sci. Letters 6, 173-178.

STANLEY, S. M. (1970): Relation of shell form to life habits in the Bivalvia. - Mem. Geol. Soc. Am. 125, 1-296.

STANLEY, S. M. (1972): Functional morphology and evolution of byssally attached bivalve molluscs. - J. Paleont. 46, 165-212.

STANLEY, S. M. (1975a): Adaptive themes in the evolution of the Bivalvia (Mollusca). - Ann. Rev. Earth and Planetary Sci. 3, 361-385.

STANLEY, S. M. (1975b): Why clams have the shape they have: an experimental analysis of burrowing. - Paleobiology 1, 48-58

STANLEY, S. M (1977a): Coadaptation in the Trigoniidae, a remarkable family of burrowing bivalves. - Palaeontology 20, 869-899.

STANLEY, S. M. (1977b): Trends, rates, and patterns of evolution in the Bivalvia. *In* HALLAM, A. (Ed.). Patterns of Evolution as Illustrated by the Fossil Record p 209-250 - Elsevier, Amsterdam.

STANLEY, S. M. (1981): Infaunal survival: alternative functions of shell ornamentation in the Bivalvia (Mollusca). - Paleobiology 7, 384-393.

STANLEY, S. M. (1989): Earth and Life Trough Time. 2nd Ed. - W. H. Freeman and Company, New York. 689 p.

STARCK, D. (1979): Vergleichende Anatomie der Wirbeltiere. Band 2. Das Skeletsystem. - Springer Verlag, Berlin. 776 S.

STEARNS, S. C. (1992): The Evolution of Life Histories. - Oxford Univ. Press, Oxford. 249 p.

STEIN, R. (1991): Accumulation of organic carbon in marine sediments. - Lecture Notes in Earth Sciences 34, 217p.

STROTHER, P. K. (1989): Pre-metazoan life. In ALLEN, K. C. & BRIGGS, D. E. G. (Eds): Evolution and the Fossil Record. p. 51-72. - Belhaven Press, London.

SURLYK, F. (1990): Mass Extinctions: Cretaceous - Tertiary. In BRIGGS, D. E. G. & CROWTHER, P. R. (Eds): Palaeobiology. A Synthesis. p. 198-203. - Blackwell Sci. Publ., Oxford.

TAYLOR, J. D., KENNEDY, W. J. & HALL, A. (1969): The shell structure and mineralogy of the bivalvia. I. Introduction. Nuculacea - Trigoniacea. - Bull. Brit. Mus. (Nat. Hist.), Zoology, Suppl. 3, 1-125, pl. 1-29.

TAYLOR, J. D., KENNEDY, W. J. & HALL, A. (1973): The shell structure and mineralogy of the bivalvia. II. Lucinacea - Clavagellacea. Conclusions. - Bull. Brit. Mus. (Nat. Hist.), Zoology, 22, 256-294.

TAYLOR, J. D. & LAYMAN, M. (1972): The mechanical properties of bivalve (Mollusca) shell structures. - Palaeontology 15, 73-87.

TER KUILE, B. (1991): Mechanisms for calcification and carbon cycling in algal symbiont-bearing foraminifera. In LEE, J. J. & ANDERSON, O. R. (Eds): Biology of Foraminifera. p. 73-89. - Academic Press, London.

THAYER, C. W. (1975): Morphologic adaptations of benthic invertebrates to soft substrata. - J. Mar. Res. 33. 177-189.

THAYER, C. W. (1983): Sediment-mediated biological disturbance and the evolution of marine benthos. In TEVESZ, M. J. S. & MCCALL, P. L. (Eds): Biotic Interactions in Recent and Fossil Benthic Communities. p. 479-625. Topics in Geobiology 3, Plenum Press, New York.

THOMAS, R. D. K. (1978a): Limits to opportunism in the evolution of the Arcoida (Bivalvia). - Phil. Trans. R. Soc. London, Ser. B., 335-344.

THOMAS, R. D. K. (1978b): Shell form and the ecological range of living and extinct Arcoida. - Paleobiology 4, 181-194.

THOMAS, R., D. K. (1979): Morphology, constructional In FAIRBRIDGE, R. W. & JABLONSKI, D. (Eds): The Encyclopedia of Paleontology. p. 482-487. - Dowden, Hutchinson & Ross, Stroudsbury, Penn.

THOMPSON, D'A. W. (1942): On Growth and Form. Cambridge Univ. Press, Cambridge. 1116 p.

THOMPSON, J. B., MULLINS, H. T., NEWTON, C. R. & VERCOUTERE, T. L. (1985): Alternative biofacies model for dysaerobic communities. - Lethaia 18, 167-179.

THORSON, G. (1957): Bottom communities (sublittoral or shallow shelf). In HEDGPETH, J. W (Ed.) Treatise on Marine Ecology and Paleoecology, Vol. I, Ecology. p. 461-534. - Geol. Soc. Am. Mem. 67.

TIPPER, J. C. (1979): Rarefaction and rarefiction - the use and abuse of a method in paleoecology. - Paleobiology 5, 423-434.

TISSOT, B. P. & WELTE, D. H. (1984): Petroleum Formation and Occurence. 2nd Ed. - Springer Verlag, Berlin. 699p.

TOGGWEILER, J. R. (1989): Is the downward dissolved organic matter (DOM) flux important in carbon transport? In BERGER, W. H., SMETACEK, V. S. & WEFER, G. (Eds): Productivity of the Oceans. Present and Past. p. 65-83. Report of the Dahlem Workshop 1988. - John Wiley & Sons, Chichester.

TRUEMAN, E. R. (1966): Bivalve molluscs: fluid dynamics of burrowing. - Science 152, 523-525

TRUEMAN, E. R. (1968): The burrowing activities of bivalves. - Symp. Zool. Soc London 22, 167-186

TUCKER, M. E. (1991). The diagenesis of fossils In DONOVAN, S. K. (Ed.): The Processes of Fossilization p. 84-104. - Belhaven Press, London.

TUNNICLIFFE, V. (1991). The biology of hydrothermal vents. ecology and evolution - Oceanogr. Mar. Biol. Ann. Rev. 29, 319-407.

TYSON, R. V. & PEARSON, T. H. (1991): Modern and ancient continental shelf anoxia: an overview. - *In* TYSON, R. V. & PEARSON, T. H. (Eds): Modern and Ancient Continental Shelf Anoxia. p. 1-24. - Geol. Soc. Spec. Publ. 58.

VALENTINE, J. W. (1966): Numerical analysis of marine molluscan ranges on the extratropical northeastern Pacific shelf. - Limnol. Oceanogr. 11, 198-211.

VALENTINE, J. W. (1973): Evolutionary Ecology of the Marine Biosphere. - Prentice-Hall, Inc., Englewood Cliffs, New Jersey. 511 p.

VALENTINE, J. W. (1989): Phanerozoic marine faunas and the stability of the Earth system. - Palaeogeogr., Palaeoclimatol., Palaeoecol. 75, 137-155.

VALENTINE, J. W., AWRAMIK, S. M., SIGNOR, P. W. & SADLER, P. M. (1991): The biological explosion at the Precambrian - Cambrian boundary. - Evolutionary Biology 25, 279-356.

VALENTINE, J. W. & ERWIN, D. H. (1987): Interpreting great developmental experiments: The fossil record. *In* RAFF, R. A. & RAFF, E. C (Eds): Development as an Evolutionary Process. - Alan R. Liss, New York. p. 71-107.

VERMEIJ, G. J. (1977): The Mesozoic marine revolution: evidence from snails, predators, and grazers. - Paleobiology 3, 245-258.

VERMEIJ, G. J. (1987): Evolution and Escalation. An Ecological History of Life. - Princeton Univ. Press, Princeton.

VINCENT, E. & BERGER, W. H. (1985): Carbon dioxide and polar cooling in the Miocene: The Monterey hypothesis. *In* SUNDQUIST, E. T. & BROECKER, W. S. (Eds): The Carbon Cycle and Athmospheric CO_2: Natural Variations Archean to Present. p. 455-468. - Geophys. Monogr. 32.

VRBA, E. S. (1980): Evolution, species, and fossils: How does life evolve? - S. Afr. J. Sci. 76, 61-84.

WAINWRIGHT, S. A., BIGGS, W. D., CURREY, J. D. & GOSLINE, J. M. (1976): Mechanical design in organisms.- Princeton Univ. Press, Princeton.

WAKEHAM, S. G. & LEE, C. (1993): Production, transport, and alteration of particulate organic matter in the marine water column. *In* ENGEL, M. H. & MACKO, S. A. (Eds): Organic Geochemistry: Principles and Applications. p. 145-169. - Topics in Geobiology 11, Plenum Press, New York.

WALKER, K. R. & ALBERSTEDT, L. P. (1975): Ecological succession as an aspect of structure in fossil communities. - Paleobiology 1, 238-257.

WALKER, K. R. & BAMBACH, R. K. (1971): The significance of fossil assemblages from fine-Grained sediments: Time-averaged communities. - Geol. Soc. Am. Abstr. w. Progr. 3, 783-784.

WALKER, K. R & BAMBACH, R. K. (1974): Feeding by benthic invertebrates: classification and terminology for paleoecological analysis. - Lethaia 7, 67-78.

WALLER, T R (1980) Scanning electron microscopy of shell and mantle in the order Arcoida (Mollusca: Bivalvia) - Smithsonian Contr Biol 313, 1-58

WALTER, M R. (1976, Ed). Stromatolites. - Elsevier, New York. 790p.

WALTHER, J. (1893): Einleitung in die Geologie als historische Wissenschaft. - G. Fischer, Jena.

WARD, P. D. (1980): Comparative shell shape distributions in Jurassic-Cretaceous ammonites and Jurassic-Tertiary nautilids - Paleobiology 6, 32-43.

WARD, P. D (1987): The Natural History of *Nautilus*. - Allen & Unwin, London. 267p.

WATKINS, R. (1979): Benthic community organization in the Ludlow Series of the Welsh Borderland. - Bull. Brit. Mus. (Nat Hist.), Geology 31, 175-280.

WEINER, S. & TRAUB, W (1984): Macromolecules in mollusc shells and their functions in biomineralization. - Phil. Trans. R Soc. London, Ser B, 304, 421-438.

WELLS, J. W. (1963): Coral growth and geochronometry. - Nature 197, 948-950.

WENDT, J (1990): Corals and coralline sponges. *In* CARTER, J. G. (Ed 1990): Skeletal Biomineralization: Patterns, Processes and Evolutionary Trends. Vol. I, 45-66.

WHELAN, J K. & THOMPSON-RIZER, C. L (1993): Chemical methods for assessing kerogen and protokerogen types and maturity. *In* ENGEL, M. H. & MACKO, S. A. (Eds): Organic Geochemistry: Principles and Applications. p 289-353 - Topics in Geobiology 11, Plenum Press, New York.

WHITTINGTON, H. B. (1985): The Burgess Shale. - Yale University Press, New Haven. 151 p.

WIEDMANN, J. & KULLMANN, J. (1988 Eds.): Cephalopods - Present and Past. - Schweizerbart'sche Verlagsbuchhandlung, Stuttgart. 765p.

WIGNALL, P. B. & HALLAM, A. (1992): Anoxia as a cause of the Permian/Triassic mass extinction: Facies evidence from northern Italy and the western United States. - Palaeogeogr., Palaeoclimatol., Palaeoecol. 93, 21-46.

WILBUR, K. M. (1984): Many minerals, several phyla, and a few considerations. - Am. Zool. 24, 839-845.

WILLIAMS, L. A. (1984): Subtidal stromatolites in Monterey Formations and other organic-rich rocks as suggested source contributors to petroleum formation. - Am. Ass. Petrol. Geol. Bull. 68, 1879-1893.

WILSON, E. O. & BOSSERT, W. H. (1973): Einführung in die Populationsbiologie. - Springer Verlag, Berlin. 168 S.

WOLFE, J. A. (1978): A paleobotanical interpretation of Tertiary climates in the northern hemisphere. - Am. Sci. 66, 694-703.

YALDEN, D. W. (1985): Forelimb function in Archaeopteryx. *In:* HECHT, M. K., OSTROM, J. H., VIOHL, G. & WELLNHOFER, P. (Eds): The Beginnings of Birds. p. 91-97. - Freunde des Jura-Museums, Eichstätt.

ZIEGLER, B. (1983): Einführung in die Paläobiologie Teil 2. Spezielle Paläontologie: Protisten, Spongien und Coelenteraten, Mollusken. - Schweizerbartsche Verlagsbuchhandlung, Stuttgart. 409 S.

Index

Aasfresser 138, 139
Abdrucke 175
Abflachung 37
abformendes Sediment 109
abgeschlossene Becken 47
abiotische Faktoren 192
abiotischen Umweltbedingungen 226, 236
Ablagerungsbedingungen 192
Ablagerungsgebiet 128
Ablagerungen 197
Ablagerungsbereiche 132
Ablagerungsmilieu 121, 128, 159, 198
Ablagerungsraum 119, 128, 130
Abra 194, 195
Abra-Gemeinschaften 193, 194
Abrasion 135, 139, 140, 164, 168, 169, 170
Abrasionsrate 167, 171
absolute Datierung 130
Absterben 128, 135, 138, 181
Abundanzunterschiede 198
Abwanderung 179
Acanthanen 53
Acetabularia 52
Acritarchen 240, 241
Acropora 9
Acroporidae 10
adaptiv 15
adaptiv neutral 16
adaptive Radiation 242
Adultgrosse 46
aerob 46, 135, 164
aerobe Bedingungen 152
aerobe Biofazies 117
aerobe Verwesung 137
aerofoil 41
Africotropis 226
Afrika 228
aggregierte Verteilung 189, 191
Agnostiden 229
Agrichnia 111
ahermatypisch 58
Akkumulation 134, 168
Akkumulationsrate 130
aktiver Flug 39, 40, 43
aktiver Ausschluß 217
Aktualismus 5, 97
Aktuopalaontologie 95
Alaska 227
Albatrosse 39, 42
Albian 88
Alcelaphini 251
Alcover-Montral 176
Aleutian 228
Algen 94, 152, 155, 240, 241

Algenzysten 152, 158
Alginit 152, 153
Alkane 153, 155, 159, 160
Alkanole 155
Alkenone 155
allochthon 136, 137, 192
allochthone Assoziation 134
allochthone Terrains 231
allochthonous assemblage 134
allogene Sukzession 236, 238
Allogromina 54, 55
allometrisches Wachstum 46
Alter 183, 185, 186
Alters-Haufigkeits-Werte 185
Alters-Haufigkeits-Diagramme 189
Altersbestimmung 70, 180
Altersgruppe 186
Altersklassen 180, 181
alterspezifische Sterberate 183
Altersstruktur 70, 180, 184
Altersstufen 180
Altersverteilung 183
Alula 42
amalgamation 163
amalgamierte Schalenakkumulation 167
Amazonas 149
Ambulacralfeld 107
Ambulacralfusschen 36, 38, 39, 107
Ambulacralgefassystems 36
Ambulacralplatte 34, 67
Aminosauren 239
Ammensalismus der trophischen Gruppen 217
Ammoniten 18, 20, 92, 144, 214
amorph 48, 68
Ampelisca 195
Amphibien 233
Amphipoden 104, 195
Amphipoden-Gemeinschaften 195
Amphiura 195
Amphiura-Gemeinschaften 194, 195
Ampulle 36
Anadara 32
anaerob 46, 70, 135, 153, 165, 172, 240
anaerobe Bakterien 149
anaerobe Bedingungen 175
anaerobe Biofazies 117
anaerobe Fermentation 147
anaerobe Organismen 240
anaerobe Respiration 64, 70
anaerobe Umgebungen 138
anaerobe Verwesung 138
analog 20
Ancorichnus 123
Angiospermen 24
angle of attack 4
Anneliden 73, 98, 190, 241
Anodonta 61
Anomalocaris 28

Anomalocaris 246
anoxisch 46, 147, 161, 171, 172, 175, 176, 244
anoxische Bedingungen 138, 161
anoxische Bodenverhältnisse 175
anoxisches Milieu 159
anoxisches Sediment 136, 161
anoxische Umgebungen 138
anoxische Verhältnissen 253
Anstellwinkel 42
Antarktis 228
antarktische Eiskappe 88, 89
Anthozoa 11, 58
Anthrazit 155
Antilopen 251
Antrieb 41
Anwachslinien 69, 70, 71, 72
Apex 37
Aphrodite 114
apikales System 35
Apophysen 37
Aragonit 48, 50, 53, 54, 58, 61, 62, 72, 73, 74, 75, 76, 83, 144, 145
Aragonitgehalt 73
aragonitisch 56, 76, 171
Aragonitkristalle 52, 58, 72
Aragonitlosung 145
Aragonitnadeln 60, 63
Aragonitschalen 86, 171
Arca 32
Archaebakterien 155, 160, 240
Archaeopteryx 39, 42, 43, 44
Archaikum 239
Arcoida 31, 32
Areal-Cladogramm 232, 233
Arealgröße 236
Arenicola 102, 103, 107, 112, 193, 194
Arenicolites 111, 124
Areole 36
Aricia 195
Arisaigia 219
arithmetische Skala 205
Armklappe 21, 22, 23
Art-Areal-Beziehung 233, 234, 236
Art-Areal-Effekt 253
Art-Individuenkurven 205
Arten 180, 189, 193, 196, 197, 198, 215
Artenansammlungen 192, 198
Artenanzahl 209
artenarme Gemeinschaften 205
Artengemeinschaften 196
Artengleichgewicht 235
Artenklassen 205
artenreiche Gesellschaften 208
artenreiche Vergesellschaftungen 205
Artenreihenfolge 205
Artenverteilung 201
Artenvielfalt 209
Artenzahl 193, 205, 209, 215, 233, 235
Artenzusammensetzung 196

Arthropoden 52, 64, 175, 245
Artikulation 163
Artikulationsrate 138, 164
artikulierte Erhaltung 138
artikulierte Fossilien 167
artikulierte Skelette 163, 166, 175
Ashgill 247, 251
aspect ratio 42
Asphalt 78, 174
Assoziationen 133, 177, 180, 184, 193, 196, 197, 198, 199, 203, 205, 210, 211, 222
Asteriacites 110, 111, 124
Astropecten 194
Asymmetrie 43
Atmosphäre 86, 89, 240
Atomgewicht 78
Aufarbeitung 6, 134, 139, 141, 142, 147, 163
Auflösung 130
Auftrieb 40, 41
Aulichnites 124
Aurikel 37
Ausbreitung 226
Ausgeglichenheit 209
Ausgrabung 97, 98, 104
Ausmaß der Bioturbation 119
Aussterbe-Ereignisse 1, 3, 247, 249, 251, 252, 253, 254
Aussterbekurve 234
Aussterben 177, 236
Aussterberate 233, 234, 235, 250, 251, 252
Austern 45, 54, 210, 211
Australien 228, 240
australische Region 226
Auswanderung 180
authigene Mineralisation 164
authigener Phosphat 175
autochthon 134, 136, 192
autochthonen Einbettung 197
autogene Sukzession 236, 237
Avatar 177

backfill 97
background extinction 251
background processes 163
bacterial plate 161
Baja California 227
bakterielle Produktion 161
bakterielle Versiegelung 174
Bakterien 51, 135, 147, 149, 150, 152, 155, 160, 161, 178, 240
Balancierschwanz 44
baltischer Bernstein 176
Barium 50, 77
Barney Creek-Formation 240
Barrieren 226, 231
Bartwürmer 217
Basalplatte 58
Basen 239
bathymetrische Gradienten 122, 143

Bau 96, 97, 103, 104, 105
Baumaterial 24
Baumharz 176
Baumpollen 8
Bauplan 23, 24, 245
bautechnisches Programm 24
bautechnischer Aspekt 24
Becken 148, 176
Beckenbereich 169, 171
Beecher's Trilobiten-Bett 175
Beggiatoa 161
Belt-Supergroup 240, 241
benthisch 54, 92
benthische Communities 202, 211
benthische Gemeinschaften 198, 199, 210, 220, 238
Benthos 47, 92, 161, 170, 172, 174, 220
Benthos-Gemeinschaften 196, 215
Benthos-Ökologie 193
Beobachtungsmaßstab 189, 196
Berggipfel 235
Bergketten 226
Beringian 228
Berippung 29
Bernstein 173, 174
Besiedlung 189, 191, 234, 236, 237
Besiedlung des Landes 245
Beute 197
Beyrichia 181, 182, 183
bias 128
bimodale Einsteuerung 136
bimodale (oszillierende) Strömung 137
Biodeformations-Struktur 98, 99
Bioerosion 139, 164
Bioerosionsspuren 94
Biofaziesbereiche 172
Biofaziestypen 46
biogen 82
biogene sedimentäre Strukturen 94
biogene Umlagerung 198
biogener Kalzit 83
biogene Strukturen 94
Biogeographie 225, 231, 233
biogeographische Barrieren 226
biogeographische Provinzen 226
biogeographische Region 226
Bioherme 166, 167, 169, 191
biologisch akkomodierte Gemeinschaften 213
biologisch induzierte Mineralisation 51
biologisch integrierte Gemeinschaften 187, 208
biologisch kontrollierte Mineralisation 51, 52, 53
biologischer Aktivität 94
biologische Integration 197
biologische Interaktionen 192
biologische Modifikationen 236
biologische Wechselwirkungen 197
Biomarker 154, 155, 159, 161
Biomasse 96, 133, 149, 193, 220, 222
biomechanische Eigenschaften 68
biomechanische Funktion 244

Biomineralien 48, 51, 53
Biomineralisation 48, 51, 54, 59, 60, 61, 66, 68, 243, 244
Biomolekule 154
Biopolymere 152
Biosphäre 128
Biostratifikationsstrukturen 94
biostratigraphically condensed assemblage 134
Biostratigraphie 128
biostratigraphische Gliederung 132
Biostratinomie 135
biostratinomisch 2, 128, 162
Biotaxonomie 107
biotische Interaktionen 220
biotische Krisen 254
biotische Provinzen 225, 226
bioturbate Textur 119
Bioturbation 94, 101, 118, 119, 120, 122, 141, 142, 145, 163, 164, 165, 167, 169, 172, 197
Biovolumen 212, 220, 222
Biozone 132
Bisnorhopan 161
Biß-Spuren 214, 215
Bißverletzung 214
Bitumen 154
bituminöse Sedimente 176
Bivalvia 18
Blastoiden 135
Blätter 24, 25
Blattform 24
Blattkiemen 27
Bodenbelüftung 162, 163, 176
Bodengreifer 193
Bodentypen 196
Bohrloch 94, 111, 214, 215
Bohrspuren 94, 135, 214
Bonebeds 142, 173
Bootstrap 200
borings 94
Borneo 226
Bositra 187
Brachiopoden 12, 17, 18, 19, 21, 22, 23, 45, 76, 81, 88, 135, 138, 144, 188, 189, 198, 202, 229, 247, 249
brackisch 11, 76, 85
Brackwasser 85
Brackwassermilieu 195
Braunkohle 155
Brissopsis 195
Bruch 68
Bruchfestigkeit 144
Bruchmuster 144
Brutpflege 187
Brutvogel 207
Bryozoen 12, 45, 73, 135, 139, 204, 220
Bubnoff-Einheiten 132
bulldozing 251
Bundenbacher-Schiefer 174, 175
Burgess shale 20, 174, 175, 244, 245

burrows 94
byssat 32, 45
Byssus 26, 31

C/N-Verhältnis 151, 156, 157
C$_4$-Pflanzen 158
CaCO$_3$ 50, 60
Cadmium 77
Calappa 139
calicoblastische Zellen 58, 60
Californian 228
Callianassa 104, 105
Callianassidae 104
Cardiidae 31
Cardiolaria 219
Cardium 62
carrying capacity 178
Celebes 226
Cellulose 150, 152
Cenomanian 88
Cenosteon 58
census assemblage 134
Cephalopoden 13, 18, 19, 24, 135, 249
Cerastoderma 193, 194
Cerianthus 98, 99
Cerin 176
CH$_4$ 239
chaining 13
Chama 74
chamositisch 147
chemical lag deposit 145
chemische Evolution 239
chemoautotrophe Bakterien 92, 161
Chemosymbiose 47, 93
Chemosynthese 148, 149
chemotaxonomisch 154
Chione 28
Chitin 50, 61, 62, 64
chitinig 133
Chitinophosphat 143
Chlamys 62, 212
Chlorophyll 159
Chloroplasten 240
Cholesterol 150
Chondrites 94, 95, 96, 110, 111, 118, 119, 212
Chondrites-Zoophycos-Ichnogilde 122
Chondrophor 137
Chromosomen 240
Cibicidoides 91
Cirripedier 64, 73, 81
Citrat 48
Cladismus 231
cladistische Analyse 231
Cladogramm 232
Clinocardium 69, 70
clinogonaler Aufbau 58
Clusteranalyse 198, 199, 200, 201, 204, 227, 228
Clusterverfahren 198, 199
Clymenella 106, 195

Cnidaria 73
CO$_2$ 60, 78, 80, 81, 83, 85, 86, 88, 89, 152, 155, 157
CO$_2$-Fixierung 158
Coccolithen 12, 54, 88
Coccolithophorida 50, 149
Coelurosaurier 43
Coenzym 239
Collagen 50
Collinit 152, 153
Colobocentrotus 37
Columbian 228
Columella 58, 59
community 134, 192, 197, 202, 203, 209, 218, 220, 224
community replacement 236, 238
Community-Konzept 192
Community-Ökologie 201
Community-Paläokologie 192, 200, 224
Community-Struktur 204, 238
Composita 23, 188, 189
composite concentrations 141
compounded signatures 163
Compsognathus 43
Conchiolin 61
Conchostraken 64
conflicting signatures 163
conveyor 101, 102, 106, 107
cooperating signatures 163
Copepoden 149
Coracoid 43
coralline Rotalgen 76
Corbula 194, 222, 223
Corbulomima 211
Corona 34
Corophium 103, 104, 112
Cosmorhaphe 110, 111, 124
crawling traces 110
Cribroelphidium 55
Crinoiden 45, 135, 140, 191, 249
Cruziana 94, 95, 110, 111, 116, 123, 124
Cruziana-Ichnofazies 124, 126
Cubichnia 110
Cucullaea 32, 212
Cultellus 194
cursorial model 43
Cuticula 52, 64, 65, 180
Cutin 151
Cyanobakterien 149, 161, 239, 240

δ^{13}C-Exkursionen 88, 89
δ^{13}C-Werte 239
Dactyloidites 96
Dampfphase 84
Dänemark 193, 195
Daten-Matrix 198
death assemblage 134
Deckelklappe 21

Index

Degradation 135
Deinonychus 43
Delphin 20
Delta-Ebene 175
Deme 177
Demographie 180
Dendrogramm 198, 201, 228
Dentalium 195
depositfressende Muscheln 218
Depositfresser 96, 99, 104, 122, 123, 124, 125, 217, 218, 246
desmodonte Muscheln 137
detritische Eisenmineralien 147
Detritus 101, 102, 107
Detritusfresser 102, 104, 111, 112, 113, 215, 216, 249
Detrovitrinit 152
Devon 72, 175, 247, 249
Diagenese 2, 74, 78, 86, 133, 145, 152, 158
diagenetisch 68, 74, 86, 145, 148, 162
diagenetische Prozesse 97, 128
Diatomeen 12, 50, 54, 149
Diatomit 161
Dichte 121, 144
dichteabhangige Faktoren 179
dichteabhangige Kontrollmechanismen 179
dichteabhangige Regulation 178
dichteabhangiges Wachstum 178
dichteunabhangigen Faktoren 179
Diffusionsrate 145
Dinoflagellaten 149, 155
Dinosaurier 127, 253
Dinosaurierspuren 127
Dinosterol 155
Diplichnites 111, 115
Diplocraterion 110, 113, 124, 125, 211
Disartikulation 135, 137, 138, 164, 166, 167, 169, 175
Disartikulationsgeschwindigkeit 138
Disartikulationsrate 164, 166, 168, 170, 171
Discomitha 212
discrete signatures 163
Disintegration 137
Diskontinuitat 225
diskrete taphonomische Signaturen 163, 166, 168, 169
Dispersion 231
displaced terranes 229
Dissepimente 58, 59
dissolved organic carbon 150
divers 122
Diversifikation 243
Diversifizierung 241, 242, 245, 246
Diversifizierungsmuster 246
Diversität 117, 119, 121, 125, 154, 204, 209, 210, 211, 213, 222, 236, 237, 238, 245, 247, 248, 249, 251
Diversitatsabnahme 249
Diversitatsgradienten 213

Diversitatsindex 209
Diversitatsindex nach Fisher 205
Diversitatsindex nach Shannon-Wiener 209
Diversitatsindex nach Simpson 209
Diversitatskurven 247
Diversitatstrends 210
Diversitatszunahme 210
DNA 240
Dolomit 161
Domichnia 110, 118, 119
dominant 187
Dominanz 133, 134, 209
Donax 45, 184, 194
Dosinia 194
dotterhaltige Eier 187
Draco 39
Drainagekanal 107
Dreiecksdiagramm 174, 215
Druck 153, 155
Dunenbereich 123
Durchmischung 198
Durchwuhlung 172
Durchwurzelungsspuren 94
durophage Rauber 250, 251
dwelling structures 110
dynamisches Gleichgewicht 235
dynamische Methode 181, 183
dysaerob 46, 92, 164, 147, 153, 165, 171, 172
dysaeroben Beckenablagerungen 187
dysaerobe Biofazies 117
dysoxisch 46, 147

Ecdysis 65
Echinocardium 38, 107, 108, 119, 194, 195
Echinodermen 52, 54, 60, 66, 68, 69, 81, 137, 138
Echinodermen-Lagerstatten 174
Echinodermenossikel 140
Echinodermenschille 173
Echinodermenstereom 68
Echinotiara 34
Echo-Orientierung 41
Ediacara 175, 241, 242, 243, 244, 246
Eierschalen 53, 60
Eihulle 91
Einbettung 135, 138, 143, 151, 168
Einbettungsgemeinschaft 134
Eindringen 97
Einkippung 136
Einkristall 56, 66, 68
Einregelung 136
Einschlagkrater 253
Einschwemmung 174
Einsteuerung 136
Einstromkanal 30
einteilige Skelette 135
Einwanderungskurve 234
Einwanderungsrate 233, 234, 235
Eisenoxid 55
Eis 82, 84, 174

Eisberg-Strategie 46
Eisbildung 252
Eisen 147
Eisenmineralien 147
Eisenmonosulfide 147
Eisenoxide 147
Eiskappe 88
Eisvolumen 87
Eiszeiten 85, 87, 213, 241
Ektoderm 58
Elastizität 68
elektrische Entladungen 239
Elementanalyse 155
Element-Zusammensetzung 148
Elephanten 20
Elite-Spur 119
Elster 42
End-permisches Aussterbeereignis 249, 252
Ende der Trias 251
Ende des Ordoviziums 251, 252
Endichnion 109
endobenthisch 39, 91, 107, 217
endobenthische Suspensionsfresser 215, 216
Endobenthos 97, 119, 138, 172, 250
endobyssat 32, 33
Endocuticula 64, 65
endogen 109
endolithische Mikroalgen 139
Endosymbionten 58, 60
Endosymbiontentheorie 240
Energiefluß 218, 222
England 198, 210
Ensis 45
Entenmuscheln 45
Entfernung 191, 233, 235
Entobia 125
Enzymaktivitätsraten 225
Eocrinoiden 247
Eozan 87
epibenthisch 32, 45, 91, 107, 217
epibenthisch-byssat 31, 64
epibenthische Suspensionsfresser 215, 216, 250
epibyssat 32, 33
Epichnion 109
Epicuticula 64, 65
Epidermiszellen 64
Epirelief 109
episodische Ereignisse 163, 166
episodische Schüttungen 170, 175
episodische Sedimentation 163, 175
episodische Zuschüttung 169, 175
Epithek 58, 72
Epithelien 60
Equilibrichnia 111
equilibrium traces 111
equitability 209
Erdgeschichte 192
Erdoberfläche 240
Erdöl 155

Erdöl-Muttergesteine 155
Erdölbildung 158
Erdölgeologie 155
Ereignis-Konzentrationen 141
Erhaltung 107, 109, 114, 117, 177, 218
Erhaltungsfähigkeit 133, 150
Erhaltungsmuster 128, 162, 163
Ernährung 215
Ernährungsgewohnheiten 97, 215
Ernährungskategorien 217
Ernährungsstrategien 246
Ernährungstypen 215, 217, 218, 220
Ernährungsweise 45, 104, 122, 215
Erosion 111, 133
Erosionsflächen 142
Erosions-Horizonten 142
erosive Beschädigung 105
escape traces 111
ethologische Spurenklassifikation 95, 107, 109, 110, 122
euhedrale Krusten 146
Eukaryonten 240, 241
eulamellibranchiat 27
euphotische Zone 148, 150, 151
Europa 229
euryhalin 7
euryök 7
Evaporation 85
evenness 209
event concentration 141
evolutionäre Faunen 246, 248, 249, 250
evolutive Neuerungen 245
evolutive Radiation 246
exaerob 47
exaerobe Biofazies 117
excavation 97
Exichnion 109
Exinit 152, 153
Exocuticula 64, 65
Exoskelett 64
exotische Morphologie 3, 245
Expansionsrate 17
exponentielles Wachstum 177, 178
extrapalliale Flüssigkeit 60
extrapallialer Raum 61
Exuvien 183

fabric 117
Facetten 140, 141
Fährten 94, 116, 127
Faktorenanalyse 201, 246
Fallen 111
Faltengecko 39
Familien-Diversität 246
Fasciolen 39
Fauna 193
faunal mixing 6
Faunenähnlichkeit 227
Faunenaustausch 230

Index

Faunendurchmischung 197
Faunenelemente 193, 198
Fauneninhalt 198
Faunenliste 97
Faunenzusammensetzung 86
Fazies 121, 187
Fazies-Abhängigkeit 162
Faziesanalyse 3
Faziesbereich 96, 120, 210
Faziesinterpretation 95
Faziestypen 187
faziesübergreifend 121
Fazies-Verteilung 211
Fe 77, 78, 86
fecal pellets 94
Federkiemen 26
Federn 41, 43
feeding structures 110
Feindattacken 69
Feinde 7, 97
Felsküste 126
Festgrund 45
Fig Tree 239
Filamente 239
filibranchiat 27
Filterapparat 218
firmground 45
Fische 161, 214
flachmarines Milieu 243
Flachwasserformen 70
Flachwassergebiete 226
Flächenbelastung 42
Flächenzahl 42
flapping flight 39
Flatterflug 39, 43, 44
Flechtenbewuchs 238
Fledertiere 40, 41
Fliegen 39
fliegenden Fische 39
Fluchtspuren 99, 111
Flug 39
Flügel 41, 42
Flügelschlag 39, 41
Flugfähigkeit 43
Flugfrösche 39
Flughörnchen 39
Flugzeug 41
Fluktuationen 97, 179
Fluoreszenz 152
flüssige Phase 79
Flußmündungen 149, 194
Flux 150
Fodinichnia 110, 112, 118, 119
foliate (= lamellare) Struktur 62, 64
Foraminiferen 12, 17, 19, 47, 50, 52, 54, 55, 81, 85, 87, 90, 92, 93, 98, 149
Fortbewegung 244
Fortbewegungsgeschwindigkeit 116, 127
Fortpflanzung 97, 180, 183, 187, 222

Fortpflanzungsalter 186
Fortpflanzungsgemeinschaften 177
Fortpflanzungsstrategie 187
fossil assemblage 134
Fossil-Assoziation 128, 134, 136, 162
Fossilbeleg 133, 134, 180, 245, 246
Fossildiagenese 143
fossile Gemeinschaft 134
Fossilerhaltung 128, 133
Fossilisationslehre 128
Fossil-Knollen 174
Fossillagerstätten 161, 172, 173, 244
Fragmentation 135, 139, 163, 164, 167, 168, 169, 170, 171
Fragmentationsrate 166
fraktale Geometrie 16
Fraktionierung 78, 79, 80, 81, 82, 83
Fraktionierungsfaktor 79, 85
Frakturierung 144
framboidaler Pyrit 146, 147, 165
Framboide 146
framework macromolecules 50
Frasnian 247, 251
Fraßspuren 94
Fremdionen 75
Freßbauten 110, 111, 112
Frischwasser 97
Fruchtbarkeit 179, 180
frühdiagenetisch 143, 144, 146, 147, 162
frühdiagenetische Konkretionsbildung 174
frühdiagenetische Mineralisation 118, 136, 145, 164, 171, 174, 175
frühdiagenetischer Karbonatausfällung 170
frühe Diagenese 173
Fucoiden 94, 95
Fugichnia 111
Fulvin 152
fundamentale ökologische Nische 7
Funktion 15, 24
Funktionalismus 16
funktionelle Gruppen 152, 154
funktionelle Interpretation 112
funktionelle Morphologie 11, 15
Furcula 43
Fusinit 152
Fuß 26, 27, 30, 31, 99
Fuß-Spuren 94
Fusulinina 55

Gänge 94
garden of Ediacara-Hypothese 246
gardening traces 111
Gas-Chromatographie 159, 160
Gas-Chromatographie/Massenspektrometrie 159
Gasaustausch 39
Gasbildung 155
Gase 155
gasförmig 79, 80
Gasphase 80

Gastrochaenolites 110, 125
Gastropoden 18, 94, 214
Gattungen 196
gebänderte Eisenformationen 240
Gebirgsketten 226
Geburtsrate 177
gehemmte Einkippung 136
Geier 39
Gemeinschaften 193, 196, 197, 198, 200, 202, 204, 205, 208, 209, 215, 218, 220, 222, 223, 224, 236
Generationendauer 177
Generierungskurve 17
genetische Klassifikation 172, 173, 175
genetischer Code 240
Genitalplatten 35
Genom 246
Geochemie 3
geochemische Fossilien 154
geographische Verbreitung 132, 225, 251, 252
geographische Verteilung 225
geographische Vollständigkeit 132
Geolipid 154
geologischen Vergangenheit 225
geometrische Skalen 205, 207
Gerustmolekule 50, 51
Gervillella 212
Gesamtartenzahl 205
Gesamtindividuenzahl 205, 209
gesättigte Lösung 53
Geweihe 20
Gezeiten 44, 70, 72
Gezeitenbereich 190
Gezeitenmuster 69
Gezeitentumpel 240
Gilden 250
Gitterskulptur 28
Glaukonit 147
glaukonitisch 147
Gleichgewicht 213
Gleichgewichtsart 121, 186, 187
Gleichgewichtskonstante 79, 82
Gleichgewichtsmodelle 213, 233
Gleichgewichtsspuren 99, 111
Gleichgewichtsstruktur 99
Gleichgewichtswert 234
Gleichgewichtszustand 234
Gleitfliegen 39, 43
Gleitflug 43, 44
Gleitflughypothese 43
Gleitspringen 39
Gletscher 85, 236
gliding 39
gliding or arboreal model 43
globale Abkühlung 251, 252
globale Aussterbeereignisse 251
globale Erwärmung 253
globaler Temperaturrückgang 252
Glockenkurve 205

Glossifungites-Ichnofazies 123, 126
Glossopteris 228
Glycera 195
Glycymeris 32
Glykoproteine 57, 61, 68
Gmund 174
Gondwana 228, 229
Goniatiten 172
goodness of fit 205
Gotland 181
grabende Fauna 244, 251
Grabgang 98
Grabgemeinschaft 134
Grabskulptur 28, 29, 100
Grabstile 97
Grabtätigkeit 95
Grabtechnik 98
Grabtiefe 29, 117
Grabvorgang 27, 28
Grad der Vollständigkeit 130
Gradienten 193, 202
Gradierung 106
Graphit 155
Graphoglyptiden 111, 123, 125
Graptolithen 135, 139, 229
grazing trails 110
green genes-Hypothese 245, 246
Green River-Formation 153, 176
Grenzbitumenzone 161, 176
Größe 179, 183, 235
Größen-Häufigkeitsdiagramm 180, 181, 182, 183, 184, 185, 188, 189
Größen-Häufigkeitsverteilung 183
Größenklassen 133, 180, 183
Größenverhältnisse 133, 134
Größenverteilung 189
großwuchsige Arten 251
Gürteltier 230
gymnolaematen Bryozoen 249
Gyrolithes 116

H/C-Verhältnis 153, 157
H_2O 152, 239
H_2S 31, 47, 93, 147
Haare 41
Habitat 7, 26, 91, 121, 178, 189, 192, 196, 210, 216, 235, 251
Habitatinhomogenität 191
Habitatsdiversität 233, 236
Habitatsgrenzen 193
Habitatsinseln 235
Hadaikum 239
Hakel 176
Halbrelief 109
Halimeda 52
Halo 47
Hamatit 147
Hamilton-Gruppe 165
Haploops 195

Haploops-Gemeinschaft 195
Hartbodenbewohner 32, 141, 170
Hartboden 45, 126, 237
Hartgrund 133, 237
Hartgrundorganismen 169
Hartteile 96, 133, 134, 137, 243
häufige Arten 209
Häufigkeit 185, 187, 198, 205
Häufigkeitsschwankungen 187
Häufigkeitswerte 181, 183
Hauptabformungsmedium 109
Hauptkomponente 201
Hauptkomponentenanalyse 201, 202
Häutung 64, 65
Häutungsphasen 180
Häutungsreste 183
Häutungsstadien 180, 181, 182
Helminthoida 111
Helminthoides 94
herbivoren Schnecken 220
Helcosestria 21, 23
hermatypische Korallen 11, 58, 60, 72, 81
Herzigel 38, 39, 98, 107, 119
heterochrone Prozesse 184
Heterogenität 209
Heterostegina 57
heterotroph 240
heterotrophe Revolution 246
hiatal concentrations 142
Hintergrundsedimentation 133, 163, 164, 169, 171
Hintergrundprozesse 163, 166, 168
historisch-phylogenetischer Aspekt 23
historische Komponente 225
historische Schicht 118
hochenergetisches Milieu 120, 166, 210
Hochtemperatur-Verbrennung 155
höhere Pflanzen 149, 150, 152, 153, 155, 156
Höhlenablagerungen 173
Höhlenlehme 173
Hohlknochen 40
Holarktis 226
Holothurien 77, 106, 107
Holothuroidea 66
holozän 8
Holz 126
Holzmaden 174
homogenisierte Schicht 119
Homogenisierung 120
homologe Struktur 20
Homoplasie 20
Hopane 155, 161
horizontale Spreiten 113
horizontales Netzwerk 104
hormonell 65
Humin 152
Huminsauren 152
Hunsrückschiefer 175
Hvar 176
hyalin 55, 56, 57

hydrodynamische Bedingungen 136
hydrodynamische Energie 140
hydrodynamische Prozesse 136
Hydroskelett 48
Hydrosphäre 83
hydrostatischer Druck 51, 77
hydrothermale Quellen 217
Hyolithida 247
hypersalin 11
hyperselektionistisch 22
Hypichnion 109
Hyporelief 109

ichnofabric index 119
Ichnofamilien 116
Ichnofazies 95, 107, 109, 116, 122, 123, 126
Ichnogenus 114, 116
Ichnogilde 122
Ichnogramme 120
Ichnoklassen 116
Ichnologie 3, 94, 95, 97, 116, 121
Ichnospezies 114, 116
Ichnotaxa 97
Ichnotaxonomie 107, 114, 116
Ichnotextur-Indices 119, 120
Ichthyosaurier 20
Impalas 251
imperforat 55
indigenous assemblage 134
Individuen 177, 180, 181, 184, 185, 189, 191, 205
Individuendichte 179, 198, 209
Individuenhäufigkeit 215
Individuenverteilung 205
Individuenzahlen 193, 205, 209, 210, 215
Inertinit 152
Infauna 138
Informationsverlust 128, 136
Inkohlung 155
inkrustierend 135
Innenskelett 66
Inoceramen 92, 93
Insekten 41, 123, 176, 178, 208
Insel-Biogeographie 233
Inselfauna 229
Inselgröße 233
Inselkette 230
Inseln 233, 234, 235
Insel-Theorie 233
Instabilität 139
Integument 64
Interaktionen 192
Interambulacralplatten 34
intermediäre Störungsrate 213, 214
Interradien 34
intertidal 37, 69, 70
intraspezifische Konkurrenz 179, 190
Intrusion 97, 98, 99
ionisiert 80
Iridium-Anomalie 253, 254

Irland 229
irregulare Seeigel 37, 38, 39, 217
Isastraea 10
Ishua 238
Ishuasphaera 238
Isoalkane 155
Isognomon 211
Isolation 41
isolierte Inseln 233
isometrischem Wachstum 46
Isopodichnus 114
Isoprenoide 155
Isotopen 78
Isotopenfraktionierung 81, 158
Isotopenverhältnisse 80, 81, 87
Isotopenzusammensetzung 86

Jaccard-Koeffizient 199, 227
Jagdspuren 111
Jagdverhalten 111
Jahrestemperatur 25
Jahreszeiten 70, 193
jahreszeitlichen Temperaturschwankungen 92
Japan 195, 196
Japetus 229, 230
Jugendstadien 184
Jugendsterblichkeit 184, 189
Jungtiere 190
Jura 92, 176, 210, 229, 249
juvenil 133, 184
juvenile Merkmale 184
juvenile Sterblichkeit 187, 189

K-Selektion 186
K-selektioniert 121
K-selektionierte Ichnotaxa 121
K-Strategie 121, 178, 179, 186, 187, 189, 238, 251, 252
Kalk 174, 198
Kalkalgen 51, 72, 73, 81
Kalkkonkretionen 164, 175
kalorischer Wert 222
Kalteeinbruch 253
Kaltwasserarten 72
Kalzifizierung 49
Kalzit 48, 50, 53, 55, 56, 58, 61, 62, 64, 72, 73, 74, 75, 76, 82, 83, 86, 140, 144, 244
Kalzitschale 54
Kalzium 48, 50, 58, 60, 64, 65
Kalzium-Reservoir 64
Kalziumkarbonat 70, 81
Kalziumphosphat 65, 143
kambrische Explosion 242, 245, 246, 247
kambrische Fauna 246, 247, 249, 250
Kambrium 175, 176, 241, 242, 243, 244, 247, 249
Kammerform 19
Kanada 240, 245
Kanozoikum 114, 216, 249
Karbon 72, 175, 249

Karbonat 79, 81, 82, 145
karbonatisch 164, 202
Karbonatkonkretionen 145, 146
Karibik 233, 236
Kastengreiferproben 97
Katagenese 155
katalytische Tonmineralien 240
katastrophale Zuschüttung 175
Katastrophen 179, 184
Katastrophismus 5
Kattegatt 194, 195
Kegelschnecken 111
keltische Fauna 229
Kerogen 152, 153, 154, 155, 157, 158, 159, 161
Kerogenevolution 155
Kerogen-Mikroskopie 158
key bioturbator 119
Kiefer 37
Kieferapparat 35, 37
Kiemen 30
Kieselknollen 147
Kieselkonkretionen 147, 174
Kieselsäure 244
Kieselschwämme 50
Kieselsteine 240
kinetische Effekt 81
klaffende Schale 100
Klappen 26, 136, 138
Klassen 246
Klassifikation 107, 200
Klassifikationsanalyse 227
Klassifikationsschemata 95
Klassifikationsverfahren 198
kleinwüchsig 184, 187
Klima 24
Klimabarrieren 226
Klimaentwicklung 89
Klimarekonstruktion 8
Klimaschwankungen 8
klimatische Faktoren 225
Klimaxgesellschaft 236
Klimaxstadium 222, 236
Knochen 142, 173
Knochenfische 48, 69, 72, 249
Kohlebildung 155
Kohlenhydrate 149, 151
Kohlenlagerstätten 155
Kohlenstoff 78, 149, 156
Kohlenstoff/Stickstoff-Verhältnisse 156
Kohlenstoffisotopen 79, 81, 83, 85, 86, 88, 90, 92, 158
Kohlenstoffreservoir 86
Kohlenstoffskelett 154
Kohlenwasserstoffe 157
Kohorte 180
Kollaps 144
kolonial 58
Kolonialisation 237, 245

Kometenschauer 254
Kompaktion 107, 117, 130, 144, 145, 197
kompaktionelle Deformation 144
kompetitive Verdrangung 213
Kompression 97, 98, 104
Kompromiß 24
Kompromiß-Modell 43
Kondensate 80, 173
Kondensation 6, 80, 84, 134
Kondensationsgrades 84
Kondensationshorizonte 147, 173
kondensierte Assoziation 134
kondensierte Konzentrationen 142
Konkretionen 146
Konkretionsbildung 144
Konkretionswachstums 145
Konkurrenten 7
Konkurrenz 190, 191, 218, 245
Konservat-Fallen 174
Konservat-Lagerstatten 136, 174, 175, 176
konservierendes Medium 136, 174
Konstruktionsmorphologie 22, 24
Kontinentalabhang 123, 125, 126, 148, 210
kontinentale Rotschichten 123
Kontinentalverschiebung 228
kontinuierliche Verteilung 196
Kontrolle der Kristallisation 53
Kontrollmechanismen 179
Konturfedern 43
Konzentrat-Fallen 174
Konzentration 75
Konzentratlagerstatten 173
Kopftentakel 107
Koprolithen 94
Korallen 9, 10, 11, 12, 45, 58, 69, 72, 76, 81, 135, 139, 220, 236, 252
Korallenkolonien 24, 166
Korallenriffe 58, 210
Korallensepten 59
Korallenskelett 59
Korngroße 140, 217
Korperdurchmesser 98
Korperfossilien 94, 95
Korpergroße 47, 187
Korrasion 140, 164
Korrelation 187
Korrosion 133, 135, 139, 140, 142, 164
kosmische Strahlung 239
Kot 102, 103
Kotpillen 94, 101, 102, 104, 112, 115, 151
Kraken 111
Krebse 13, 45, 64, 65, 97, 98, 112, 114, 135, 149, 249
Kreide 87, 88, 92, 217, 237, 249
Kreide/Tertiar-Aussterbeereignis 252
Kreide/Tertiar-Grenze 251, 253
kreuzlamellare Struktur 62, 63, 64
Kriechspuren 94, 110, 111
kristallin 48

Kryptobioturbation 94
Kummerwuchs 184
kurzfristige Prozesse 163, 236, 237
kurzfristige Schwankungen 198
Kurzzeit-Kondensation 192
kurzzeitige Schwankungen 133
Kuste 216
kustenfern 202, 210
kustennah 122, 202, 250

Labialtentakeln 100
Labrador 240
lag concentrations 142
Lagunen 85, 148, 210
lakustrines Milieu 153
Laminae 172
Lamination 119
laminierte Sedimente 47
Landbrucken 226
Landmassen 233, 234, 235
Landpflanzen 158
langerfristige Trends 133
langfristige Prozesse 163
Langzeit-Durchschnitts-Assoziation 197
Langzeit-Durchschnittsgemeinschaft 134
Langzeit-Trends 3
larvale Schale 54, 252
Larven 149, 190, 217, 218
Laterne des Aristoteles 37
Lauter-Modell 43
Lebenserwartung 70, 187
Lebensgemeinschaften 128, 129, 134, 192, 196, 197, 198, 209, 225
Lebensort 190
Lebensspuren 94, 97, 110
Lebensweise 63
Lebenszyklen 1, 3, 70, 188
lecitotroph 252
Leichtbauweise 68
Leitfossilien 132
Lemminge 179, 180
Lepidocyclus 188, 189
letal-lipostrate Biofazies 172
letal-pantostrate Biofazies 172
Lichtfalle 206
Lichtintensitat 58, 69
Ligament 29, 31, 36, 138
Lignin 149, 150, 151, 152
lineare Stromung 138
lingulide Brachiopoden 202
Linguliden 203
Linthia 34
Lipide 149, 151, 152, 153, 154
Liptinite 152
lithifizierte Substrate 126
lithographische Plattenkalke 176
Lithologie 198
Lithosphare 128
Lockeia 111

log-Normalkurven 208
log-Normalverteilung 205, 206, 208
logarithmische Reihe 205
logarithmische Serie 205, 206, 208
logarithmische Transformation 198
logistische Wachstumsgleichungen 178
logistischen Gleichung 186
Lophophor 21, 22
Lorenzinia 124
Loripes 221, 222, 223
Losungsfront 145
Luciniden 30
Luftmatratzen-ahnlich 242
Luftstromung 41
Luftwiderstand 40
Lumachellen 141
Lumbricaria 94
Lumbriconereis 195
lunare Zyklen 69
Lunula 27, 28, 38
Lystrosaurus 228

maandrierend 111
Macanopsis 123
Macerale 152
Macoma 193, 194, 196
Macoma-Gemeinschaften 193, 196
Madreporen 35
Mageninhalte 215
Magnesium 73, 75, 77
Magnetit 244
Mais 158
Makroalgen 149
Makrobenthos 47 151
makroevolutive Prozesse 1, 3 236
Makrofossilien 242
Maldane 195
Maldane-Ophiura sarsi-Gemeinschaft 195
Maldanidae 102
Manövrierbarkeit 40
Mantel 60, 61
Mantelepithel 60
Mantelhohle 26, 27, 100
Mantellinie 28
Mantelrand 60
marines Benthos 197
marine Fauna 246
mariner Bereich 210, 225
mariner Schelf 134
Massenaussterben 251, 252
Massenspektrometer 80, 159, 160
Massensterben 181
Massenverhaltnisse 80
Masseunterschiede 78
massiv 135
mathematische Modelle 177
Matrix 112
Matrix-Moleküle 53
Maulwurf 98

Maulwurfshugel 98
Maulwurfskrebse 104
Mazon Creek 175
mechanische Eigenschaften 63
mechanische Funktion 20
Meeresboden 90
Meereskusten 210
Meeresspiegelanstieg 253
Meeresstraßen 226
Meeresstromungen 44, 226
Meerwasser 84, 139
Megagrapton 124
mehrteilige Skelette 135, 137, 175
Meiofauna 94, 98, 111
Meiose 240
Melinna 195
Mendocinan 228
Meniskus-Struktur 98, 107
menschliche Populationen 186
Mercenaria 27
Merkmalswidersprüche 233
Mesoderm 66
Mesosaurus 228
mesozoic marine revolution 251
mesozoische Vogel 130
Messel 176
metabolischer Effekt 81
Metagenese 155
Metamorphose 133, 186
Metazoen 241, 242, 245, 246
Meteoriten 238, 239, 253
Meteoritenbombardement 240
Meteoriteneinschlage 253, 254
Methan 155
methanogene Bakterien 155
methodischer Aktualismus 5
Mexico 253
Mg 75, 76, 77, 78, 86
Mg-Gehalt 75, 76
Mg-Kalzit 55, 66
Mg-Karbonat 68
Mg-Konzentration 75 76
Migration 39, 91, 132, 233
Migrationsverhalten 231
Mikrobenmatten 94, 176
mikrobielle Abbauvorgange 151
mikrobielle Aktivität 136
mikrobielle Versiegelung 175, 176
mikrobielle Zersetzung 175
Mikrobiota 240
Mikrofibrillen 64, 65
mikrogranularer Kalzit 55
Mikromilieu 81, 164
Mikroorganismen 240
Mikrospharen 239
Mikrostratigraphie 166
mikrostratigraphische Auflosung 132 192
Mikrostruktur 86, 140
mikrostruktureller Effekt 77

Index

Milieuindikatoren 126
Milieurekonstruktion 116
Miliolina 55, 56, 57
Mineralisationsrate 72
mining 113
Minnesota 240
Miozän 88, 220, 230
Mitochondrien 240
Mitose 240
Mittelamerika 230
mixed assemblage 134
mixed layer 118
Mn 77, 78, 86
moderne Fauna 247, 249, 250
Modiolus 32, 33
molare Konzentration 79
Mollusken 17, 52, 53, 60, 63, 69, 73, 76, 81, 130, 136, 252
Mollusken-Provinzen 228
Molluskenfauna 227, 236
Molluskenschalen 111
Molpadia 106
Monocraterion 124
Monomere 152
monophyletisch 240
Monoplacophora 247
monospezifisch 187
monotypische Assoziationen 210
Montana 240
Monte San Giorgio 161, 176
Monterey hypothesis 89
Monterey-Formation 161
Montereyan 228
Morphologie 107
morphologische Merkmale 114
morphologische Vielfalt 245
morphospace 18
Morphotypen 44
Mortalität 187
Mortalitätsrate 181
Mosasaurus 214
Multi-Element-Skelette 135, 138, 174
multidimensionales Skalieren 201
multivariat 200
Mündung 17
Murein 150
Murex 64, 214
Muschelbänke 191
Muschelgattungen 10
Muschelklappen 136
Muschelkrebse 180
Muscheln 6, 12, 19, 26, 27, 45, 60, 63, 64, 69, 70, 71, 74, 76, 81, 92, 98, 99, 100, 135, 136, 138, 144, 184, 187, 194, 195, 202, 203, 204, 213, 214, 217, 218, 219, 220, 222, 227, 249, 251
Muschelschalen 20, 62, 64, 81
Mutationen 246
Mya 193
Myophorella 210, 211, 212

Myostraca 61, 62
Mytilacea 74
Mytilidae 32, 33
Mytilus 32, 33, 74, 76, 77, 185

n-Alkane 161
Nachkommen 186, 187
Nager 180
Nährstoffangebot 97, 122, 184, 187, 210
Nährstoffe 44, 178
Nährstoffgehalt 201
Nährstoffkonzentration 217
Nahrung 45, 177, 179, 190, 191, 205
Nahrungsfluß 221
Nahrungsnetz 150, 218, 220, 221, 222, 223
Nahrungsquellen 179, 246
Namibia 241
Nanogyra 210, 212
Napfschnecken 45, 140, 141
Nashörner 20
Natica 194, 214
natürliche Sterblichkeit 186
Nautiliden 172
Nautilus 20, 51, 91, 92
Nearktis 226
nektonisch 171
Nematoden 98
Neotrigonia 31
Neotropis 226
Nephtys 194, 195
Nereites 94, 111, 124
Nereites-Ichnofazies 123, 125, 126
Nesselzellenprodukte 98
Nettosedimentation 164, 168, 169
Netzwerk 104
Neu-England 229
Neu-Schottland 229
Neufundland 229
neutrale Evolutionstheorie 16
Neutralismus 16
NH_3 239
nicht-adaptiv 22
Niederschläge 84
Nischen 250
Nischendifferenzierung 213, 251
Nischen-Erstbesetzung 205
Nischen-Separierung 218
Nomenklatur 114
Nordamerika 189, 229, 230, 231
Nordatlantik 196
Nordeuropa 229
Norian 249
Norian-Rhaetian 251
normale Wellenbasis 167
normalmarine Bedingungen 82
Norwegen 229
Nucula 26, 70, 194, 195
Nuculanidae 218
Nuculidae 218

nuculide Muscheln 217
Nuculites 219
Nuculoida 26, 99
Nukleinsauren 149
Nukleotiden 239

O/C-Verhaltnis 152, 153, 157
oberdevonische Krise 252
Oberflache 97
Oberflachenspuren 109
Oberflachenwasser 88, 90
oberste Trias 253
Obrution 174, 175
Obrutions-Lagerstatten 174, 175, 192, 197
Ocellarplatten 35
offene Ozeane 149
Oleanan 155
Onniella 204
onshore-offshore Trend 243, 250
Ontogenese 91
ontogenetisch kanalisiert 246
ontogenetische Vollstandigkeit 129
ontogenetischer Effekt 77
Opal 50, 55
Opalinuston 187
Ophelia 194
Ophiomorpha 104, 110, 111, 112, 116, 124
Ophiura 195
opisthogyr 31
Opossum 230
Opportunisten 3, 187
opportunistische Arten 121, 186, 187, 210
opportunistische Depositfresser 122
opportunistische Ernahrungsweise 217
opportunistische Ichnotaxa 121
Optimum 193
Ordination 200, 201, 202
Ordinationsachsen 201, 202, 203
Ordinationsdiagramm 201, 202
Ordinationsmethoden 201
Ordovizium 175, 229, 230, 237, 243, 245, 247, 249
Organellen 240
organic-matrix-mediated mineralization 51
organische Geochemie 148, 155
organische Kristalle 48
organische Makromolekule 50
organische Matrix 52
organische Molekule 68
organische Substanz 148, 152, 194
organische Verbindungen 239
organischer Kohlenstoff 149, 151, 155, 156, 158, 161
organisches Material 91, 147, 148, 149, 150, 155, 157, 161
Organismenreste 158, 197
orientalische Region 226
Orientierung 41, 136, 163
Orsten 175
Oryktocoenose 134

Ossikel 66, 68, 140
Ostracoden 13, 98, 135, 180, 181, 182, 183, 229, 249
Ostracodenpopulationen 180
Ostracodenschalen 181
Ostsee 195, 196
oszillierende Stromung 136
Otolithen 48, 69
overpyrite 146
Oxalate 48
Oxidation 148
oxidierend 159, 240
oxische 46, 147
oxygen minimum zone 47

Padina 52
Palaearktis 226
Palaeocommunities 134, 192, 197, 198, 203, 204, 215, 218
Palaeodictyon 110
Palaeoniscus 138
Palaeozygoplewa 214
Palaobathymetrie 70
Palaobiogeographie 225
Palaogeographie 3
Palaomilieu 107, 109, 116, 122
palaontologische Vollstandigkeit 130, 132
Palaoproduktivitat 88
Palaosalinitat 78, 85
Palaotemperaturen 10, 25, 78, 79, 81, 82, 85, 86, 87, 88, 92
Palaotemperaturkurven 87, 88
Palaozoikum 88, 114, 165, 217, 229, 249, 250
palaozoische Fauna 247, 249, 250
Paleodictyon 111, 124
Pali 58, 59
Palokologie 1, 2
Panama-Landbrucke 230
parachuting 39
Paradigma 21, 24, 111
Paradigmenmethode 21
parallel communities 196
parallele Gemeinschaften 196
parautochthone Assoziation 134
particulate organic carbon 150
particulate organic matter 150
Partitionskoeffizient 75
Pascichnia 110, 112, 118, 119, 125
Patina 146
Pazifik 227
PDB-Standard 80, 83, 90, 158
Pectinaria 194, 195
Pectinariidae 102
Pedizellarien 36
pelagisch 92, 229
perforat 55
Periodizitat 179, 254
Periodizitat der Aussterbeereignisse 253, 254
Periostracum 52, 60, 136, 171

Index

Periprokt 35
Peristaltik 98
Peristom 35
Perlmutt 53, 62, 63, 64, 74, 77, 139
Perm 228, 229, 249
Perm/Trias-Grenze 251, 252
permanenten Wasserschichtung 176
Permeabilität 144, 145
Petalodien 39
Pflanzen 54, 94, 95, 135, 149, 152, 222, 241
Pflanzenbiologen 201
Pflaster 168
Phagozytose 240
Phanerozoikum 130, 134, 165, 176, 246, 249, 251
Phanotyp 15
Philine 195
Phoroniden 112
Phosphat 83, 147, 244
Phosphatausfüllungen 145
Phosphatgenese 244
phosphatisch 133, 145
phosphatisiert 175, 244
Phosphatisierung 147, 175
Phosphorsäure 80
Photosynthese 58, 81, 88, 148, 240
Phragmokon 144
Phycosiphon 110, 111, 118, 124
phylogenetischer Effekt 77, 251
physikalisch kontrollierte Gemeinschaften 205
physikalisch kontrollierte Umgebungen 187
physiologischer Effekt 77
physiologische Faktoren 81
Phytan 159, 160, 161
Phytol-Seitenkette 159
Phytoplankton 88, 148, 149, 153, 160, 161
Pilze 51, 139
Primärproduktion 161
Pinna 62, 210, 211, 212
Pionierarten 236
Pionierfauna 237
Pionierstadium 222, 236
piped assemblage 134
Placenticeras 214
Plankton 149, 158
Planktonbluten 152
planktonische Larven 186, 190
planktonische Foraminiferen 88
planktonisches Larvenstadium 229
Planktonproduktivität 47
planktotrophe Larven 132, 252
Planolites 111, 112, 118, 124, 212
Planolites-Ichnogilde 122
planspiral 19
Planula-Larve 58
Plastiden 240
plastische Deformation 144
Plattenkalke 174
Plattentektonik 228
Pleistozän 8

Pleuromya 211
Plicatula 212
Pliozän 230
plötzliche Einbettung 174
poikilotherme Arten 225
polare Eiskappen 85
polare Ordination 201, 202
polar 210
Pole 220
Polinices 214
Pollen 8, 152, 158
Pollenanalysen 8
Polychaeten 101, 102, 106, 112, 114, 193, 194, 195, 217, 218
Polychaeten-Bohrspur 125
Polykondensation 152
Polymerisation 152
polymodal 183, 185
polymodale Verteilung 184
Polysaccharide 152
Pontoporeia 195
Populationen 6, 70, 102, 105, 177, 178, 179, 180, 182, 184, 185, 186, 188, 189
Populationsanstieg 179
Populationsdichte 101, 179, 180, 186
Populationsdynamik 3, 177, 189
Populationsfluktuationen 186
Populationsgröße 177, 180, 235, 251
Populationsmodelle 177
Populationsökologie 121
Populationsregulation 179
Populationsschwankungen 179, 187
Populationsstrategien 121
Populationswachstum 177, 180, 187
Populationszyklen 179
Poren 56
Porenwasser 78, 81, 86, 91, 145
Porosität 144
Porphyrine 161
Posidonienschiefer 174, 176, 187
postmortale Prozesse 128
Praedichnia 111
Praenucula 219
Präfossilisation 140
Präkambrium/Kambrium-Grenze 241, 242, 244, 245
Präkambrium 175, 238, 239, 242, 246, 247
Praxilella 195
predation traces 111
primäre Einbettung 140
primäre organische Membran 56
primäre autogene Sukzession 236
Primärproduktion 149
Primärproduzenten 150
Primitiopsis 181
prismatische Struktur 61, 62
Prismenschicht 53, 62, 77
Pristan 159, 160, 161
Pristan/n-C17-Verhältnis 160
Pristan/Phytan-Verhältnis 159, 161

Probenentnahmen 196
Probengröße 133, 208, 209, 210
Procerithium 212
Procuticula 64
Prodissoconch 252
Produktionsindex 157
Produktivität 77, 88, 90, 148, 149
Profilaufnahme 197
Progenese 184
progenetische Arten 184
Prokaryonten 148, 240
Proloculus 56
prosogyr 27, 31
Proteine 149, 151, 152, 156
Proteingehalte 149
Proterozoikum 239, 240, 241, 242, 243, 244
Proto-Atlantik 229
Proto-Vogel 43
Protodolomit 66, 68
Protokerogen 152
Protoplasma 57
protrusiv 113, 114
protrusive Spreite 104
Provinzen 225, 226, 227
Provinzgrenzen 225, 226, 227
Provinzialität 229
proximal-distaler Trend 163
Prüfverfahren 205
Prymnesiophyten 155
Pseudomelania 211
pseudoplanktonische Drifter 92
Pseudopodien 55, 56, 57, 68
Psilonichnus 115, 123, 125
Psilonichnus-Ichnofazies 123, 126
Pteropoden 50, 149
Pterosaurier 20, 39, 40, 41
pull of the recent 133
Purpurbakterien 240
Pygostyl 44
Pyrit 145, 146, 147, 165
Pyritbildung 147, 169
Pyriterhaltung 175
Pyritframboide 147
Pyritisierung 169, 171, 175
Pyritsteinkerne 146, 147, 164

Q-Modus-Clusteranalyse 198, 202, 227
Q-Modus-Clusterdiagramm 203
Q-Modus-Faktorenanalyse 220
Q-Modus-Klassifikation 198
Q-Modus-Ordination 201, 204
quantitative Aufsammlung 205
Quartär 8
quasi-anaerobe Biofazies 117
Quinqueloculina 55

r-K-Dichotomie 187
r-K-Kontinuum 187
R-mode clustering 198

R-Modus Hauptkomponentenanalyse 201
R-Modus-Ordination 201
r-Selektion 121, 186
r-selektionierte Ichnotaxa 121
r-Strategie 3, 121, 179, 184, 186, 187, 189, 251
Radiationen 245, 246, 249
Radien 34
Radioaktivität 239
Radiolarien 12, 50, 54, 149
Radula 60
Rafinesquina 204
Randomisierung 200
Rang-Häufigkeits-Modelle 204, 205
Rarefaktion 209, 210, 211
Räubereinwirkung 165
Räuber 39, 104, 111, 112, 135, 139 179 180, 186, 197, 215, 216, 243, 246
Raubvogel 180
Raum 177, 178, 179, 190, 191, 205
räumliche Separierung 184
räumliche Struktur 189, 191
räumliche Verbreitung 132
räumliche Verteilung 189, 191
räumliche Vollständigkeit 128, 132
realisierte ökologische Nische 7 8
recurrent associations 198
red beds 240
Redoxpotential 146
reduzierende Bedingungen 146, 159
Referenzgruppe 129
Reflektivität 158
regelmäßige Verteilung 189, 190 191
Regen 80, 84
Regenwälder 210
Regionen 226
Regression 252
reguläre Seeigel 34, 37
Regulationsmechanismen 178
Reichhaltigkeit 209
Reifegrad 153, 158
Rekonstruktion 222, 224
relative Häufigkeit 207 220
remanie assemblage 134
Remineralisation 150, 151
Reorientationsrate 169
Reorientierung 135, 136, 164, 168 171
repetitive Information 133
Repichnia 110
Reproduktion 183
Reproduktionsrate 177
Reptilien 161, 233
Respiration 39, 81, 240
Respirationsrate 222
Respirationsströmung 104
Ressourcen 178, 205
resting traces 110
retrusiv 113, 114
retrusive Spreite 106
Rhizocorallium 96, 111, 113 124

Index

Rhizopoden 57
richness 209
Richthofenien 21
richthofenude Brachiopoden 3
Richtungsrose 136
Riesenmuschel 51
Riff-Fazies 172
Riffarchitektur 238
Riffbildung 58, 72
Riffe 50, 126, 133, 191, 237
Riffmilieu 9, 11
Riffstadium 237
Riffwachstum 237
Rippen 28, 139
Robertinacea 56
robuste Multi-Element-Skelette 135
Rock-Eval-Pyrolyse 152, 157
Rogerella 125
Rohöl 155
Röhrenmundungen 195
Rosselia 124
Rotalgen 72, 220
Rotaliina 56, 57
Rotation 27, 72
Rotationsbewegung 26, 27, 28
Ruckstands-Konzentrationen 142
Rucktransport 97, 98, 104, 107
Rudisten 3
Rugosa 10, 11, 45, 72, 249
Ruhespuren 110, 111
Rusophycus 95, 110, 111, 114, 116

Sahel-Alma 176
saisonale Schwankungen 86
saisonales Klima 70, 184
Salinität 57, 58, 74, 76, 77, 81, 83, 85, 119, 175, 184, 194, 210, 220
Salinitätsgradienten 201
salzhaltiges Bodenwasser 176
sample size effect 133, 209
Sand 104, 122
sand dollars 37
Sandboden 194, 217
Sandgehalt 194
Sandkusten 194
Sandsteine 78, 95, 210
Santana-Formation 175
Sauerstoff 44, 47, 78, 83, 90, 146, 149, 239, 240
sauerstoffarm 151
Sauerstoffgehalt 46, 47, 117, 118, 119, 157, 162, 164, 169, 170, 171, 184, 243
Sauerstoffgradienten 117, 118, 119
Sauerstoffindex 152, 153, 157, 161
Sauerstoffisotopen 78, 79, 80, 81, 82, 83, 85, 87, 88, 89, 92
sauerstoffreich 149
Sauerstoffversorgung 147
Sauerstoffzufuhr 240
Saugetiere 48, 98, 225

saure Glykoproteine 50, 54
sauropode Dinosauriern 20
Scalarituba 118
Scaphopoden 195, 220, 222
Schalen 26, 99, 133, 139, 243
Schalenbildung 60
Schalenbruch 139
Schalenform 26, 32
Schalenkonzentrationen 142, 143
Schalenlagen 170
Schalenpflaster 136, 166, 168
Schalenstruktur 63
Schelf 125, 149
Schelfablagerung 198
Schelfbereiche 124, 253
Schelfgebiete 235
Schelfgemeinschaften 217
Schelfmeere 163
Schelforganismen 226
Schere 139
Schichtflachen 187
Schichtlucken 129
Schille 137, 141, 166
Schizaster 195
schizodonte Bezahnung 31
Schlangensterne 66, 135, 191, 195, 215, 217
Schleifmarken 94
Schlick 195
Schlickanteil 194, 195
Schließmuskel 26, 30
Schloß-Strukturen 137, 138
Schloßrand 31
Schloßzahne 29
Schlussel-Bioturbanten 119
Schnecken 12, 18, 19, 48, 51, 64, 94, 114, 135, 194, 195, 202, 217, 220, 227, 249, 251, 252
Schneckenschale 17, 139
Schnee 84
Schneeschuh-Strategie 46
Schock-Quarz 253, 254
Schottland 185, 229
Schreitspuren 110, 111, 115
Schuppen 72
Schuttfacher 126
Schuttungen 133, 168
Schwachezonen 139
Schwamme 12, 45
Schwankungen 180
Schwarze Meer 148, 149
Schwarzschiefer 174
Schweden 193
Schwefel 156
Schwefelwasserstoff 146
Schwimmbewegungen 98
Scleractinia 10, 53, 58, 59, 72, 73
Sclerocyten 68
Sclerotinit 152
Scolecolepis 101, 102
Scovenia 123

Scoyenia-Ichnofazies 123, 126
Scyphomedusen 149, 241
sedimentare Bedeckung 170
sedimentare Strukturen 95
Sedimentation 99, 111, 119, 129, 130, 140, 142, 147, 164, 166
Sedimentationsbecken 120
Sedimentationsbedingungen 175
Sedimentationsbereiche 126
Sedimentationsraten 116, 119, 129, 130, 131, 132, 151, 161, 162, 163, 164, 166, 168, 170, 171, 173, 197, 198
Sedimentationsunterbruch 129
Sedimentbeschaffenheit 97
Sedimentchemie 164
Sedimente 104, 132, 197
Sedimentfresser 45, 98, 104, 107, 111, 112, 190, 193
Sedimentoberfläche 98, 104, 136, 140, 161, 170, 176
Sedimentologie 3
sedimentologische Klassifikation 109
sedimentologische Vollständigkeit 129, 130
Sedimentprofil 147
Sedimentschichtung 172
Sedimentstockwerke 197, 218
Sedimentstrukturen 94, 95, 119
Seeanemonen 112
Seefedern 241
Seegrasern 149, 220
Seeigel 13, 34, 35, 66, 67, 68, 76, 135, 138, 194, 195, 220, 249
Seeigelcorona 20, 24
Seeigelskeletten 75
Seeigelspuren 125
Seeigelzähne 66
Seelilien 13, 66, 135
Seen 235
Seepocken 45, 69, 190
Seesterne 66, 135, 194
Segelflieger 42
Segelflug 39
Segelflugzeuge 20
segmentiert 64
Seifen 173
sekundäre autogene Sukzession 236
Selektivität 251
seltene Arten 209, 215
semiendobenthisch-byssat 31
Semifusinit 152
Septen 58, 59, 91, 92, 144
Sere 236
serielle Artenabfolgen 236
Serpuliden 135
sessil 45
sexuelle Reife 184
sexuelle Reproduktion 191, 240
shell beds 141, 143
shellground 45
Sibirien 241

Siebplatte 21, 35
sigmoide Kurve 178
Signifikanz 200
Signifikanztests 200
Silicoflagellaten 50, 149
Silicoloculina 55
Silikate 83, 143
siliziklastische Sedimente 164
silled basins 47
siltig-tonige Sedimente 217
Siltsteine 198
Silur 198, 199, 200, 229, 243, 245
Simpson 227
Sinus 28, 30
SiO_2 50
siphonate Depositfresser 218
Siphonen 26, 27, 28, 99, 100, 218
size-frequency diagram 180
Skelettbaumaterialien 143
Skelette 48, 144
Skelettelemente 136, 137
Skelettformen 246
Skelettlösung 143, 144, 145, 164
Skelettmineralogie 164
Skelettreste 20, 164
Skelettsubstanz 139
Skleriten 64, 243
Sklerodermiten 59
Sklerotisierung 64
Skolithos 111, 112, 118, 123, 124, 125, 190, 191
Skolithos-Ichnofazies 123, 126
Skulptur 27, 28, 31, 136
Skulpturmerkmale 18
SMOW-Standard 81
soaring 39
softground 45
Solecurtus 100, 101
solitär 58
Solnhofener Plattenkalke 175, 176
solubility front 145
Sonnensystem 238
Sørensen 227
Sortierung 98, 100, 135, 136, 137, 164
soupground 45
source rocks 155
Sowerbyella 204
soziale Interaktionen 191
soziales Verhalten 191
Spaltenfüllungen 134, 174
Spaltungsrelief 109, 110
Spatangus 194
späte Diagenese 143
spätes Devon 251
Speziationsrate 250, 251, 252
spezifisches Gewicht 46
Sphaeruliten 59
sphärulitische Struktur 53, 58, 59, 60
Spiculae 133
Spirale 17

Index

Spirillinacea 56
Spirophyton 124
Spirorhaphe 111 124
Spisula 194
Spongeliomorpha 125 212
Sporen 152 158
Spornit 152 153
Spreiten 98 101
spreitenartige Struktur 100
Spreitenbauten 103 113 125
Spuren 95 96 97 116 117
Spurenassoziationen 116 117 118 119 121 122 125 127
Spurendichte 125
Spurendiversität 119
Spurenelemente 75 76 77 86 161
Spurenfauna 126
Spurenfossilien 94 95 96 107 109 112 114 116 118 121 134 191 241 243
Spurenstockwerke 117 119
Spurenverursacher 112
Sr 75 76 77 78 86
Sr Gehalt 75 77
Sr Konzentration 76
stabile Altersstruktur 180
stabile Habitate 187
stabile Isotopen 78 87
stabile Populationsgrossen 187
stabile Umgebungen 187
Stabilität 121 123
Stacheln 35 36 37 64 66 68 107
Stachelwalze 35
Stagnate 174 175
Stagnation 174 175
Stamme 245
Standard 80
statische Altersverteilung 180
statistische Einheiten 197 225
statistische Verfahren 198
statistischen Tests 205
Statolithen 48
Staufenia 92
Steinkerne 142 45 147
Steinkohle 155
stenohalin 7 10
stenok 7
stenolaemate Bryozoen 249
stenotherm 7
Sterane 240
Sterberaten 177 180 181
Sterbetafeln 182
Sterblichkeit 186
Stereom 66 67 68
Stereomtypen 67
Sternum 43
Sterole 150
Stickstoff 149 156
stickstoffarm 151
Stielklappe 21

Stillwasser 120 148
Stochiometrie 53
Stockwerkabfolge 119
Stockwerkaufbau 116 117 249 250
Stockwerke 117 119 122 249
Stopfgefüge 98 107 108 112
Storungen 121 213 236
Storungsgradienten 213
Strand 104 122 123 140
stratifizierte Seen 176
Stratifizierung 218
Stratigraphie 3
stratigraphisch 2
stratigraphische Auflosung 129 130
stratigraphische Lucken 130
stratigraphische Vollstandigkeit 130 132
stratigraphisch genetische Klassifikation 141
stratigraphisches Intervall 96
stratinomische Spurenklassifikation 107 109
Streß 180
Streßumgebungen 119 121 122 205 189
Stroma 66
Stromatolithen 12 94 239 240
Stromatoporen 135
Strombus 51
Stromung 44 136 137 138 139 163 164
Stromungsgeschwindigkeit 191
Stromungsintensität 166
Strontium 50 75 77
Strontiumsulfat 53
Struktur 192 224
Strukturalismus 16
strukturelle Eigenschaften 204
stunting 184
Sturmaufarbeitungen 141
Sturmereignisse 163 167 198
Sturme 69 70 139 163 168
sturmgenerierte Wellen 163
Sturmsandlagen 244
Sturmwellenbasis 124 125 168 169 170
Styliolinıden 172
Subduktion 229
suboxisch 46
substanzieller Aktualismus 5 6
Substrat 45 97 116 122 126 136 164 190 191 198 218 220
Substrat Nischen 215 220 222
Substratoberfläche 81 97 98 102 103 106 107 118 139 164 167
Substratpermeabilität 145
Subtidal 98
Subtropen 72
Succinat 64
Sudafrika 239
Sudamerika 228 230
Sudaustralien 241
Sudkontinente 228
Sukzession 3 222 223 236 237 238

Sukzessionsstadien 121, 187, 205, 208, 214, 222, 236
Sulfat 147
Sulfatreduktion 147
Sulfat-reduzierenden Bakterien 147
Sulfid 147
Sulfid-oxidierende Bakterien 161, 217
Suppengrund 45
Surian 228
Suspension 137, 140, 217
Suspensionsfresser 27, 45, 98, 104, 107, 111, 112, 114, 123, 190, 191, 194, 215, 216, 217, 246
Sußwasser 64, 65, 84, 85, 86, 149
Sußwasserfische 229
Symbiose 11, 30, 81, 58, 92, 217
Syncytium 52, 66, 68
Systematik 2, 107

tabulate Korallen 10, 249
Tange 149, 220
Taphocoenose 134
Taphofazies 128, 162, 165, 166, 167, 168, 169, 170, 171, 172
Taphofazies-Modelle 163, 165
taphonomic feedback 141
taphonomic overprint 128
Taphonomie 2, 3, 11, 128, 135, 165
taphonomisch aktive Zone (TAZ) 133
taphonomische Gradienten 172
taphonomische Signaturen 141, 142, 163
Taube 41
taxodontes Schloß 26, 31
taxonomic uniformitarianism 6
taxonomische Haufigkeitsspektren 200, 222
taxonomische Vollstandigkeit 129
taxonomische Zusammensetzung 192, 198, 203, 204, 223
taxonomischer Aktualismus 6, 8, 9, 11, 13, 203, 204
Teichichnus 96, 113, 124, 212
Telinit 152, 153
Tellina 194
Tellina-Gemeinschaften 194
Tellinacea 100, 217
Tellinopsis 219
Temperatur 57, 69, 75, 76, 77, 79, 82, 83, 84, 85, 86, 153, 155, 225
temperaturabhangige Mineralisationsrate 72
Temperaturabhangigkeit 73, 79, 158
Temperaturbedingungen 225
Temperaturbestimmung 83
Temperaturentwicklung 87
Temperaturmaxima 87
Temperaturruckgang 251
Temperaturschwankungen 85
Tentakeln 101
Terebellides 195
Teredolites 125
Teredolites-Ichnofazies 126
Terrassenskulptur 28

terrestrisch 179, 210, 225, 245
terrestrische Wirbeltiere 246
terrestrische Pflanzen 155, 158
terrestrische Sedimente 148
terrigen-klastisch 202
territoriales Verhalten 190
Tertiar 25, 230
Textularia 55
Textularina 55, 57
Textur 117, 139
Thalassinoides 110, 111, 116, 124, 125
Thalassinoides-Ichnogilde 122
Thanatocoenose 134
Theka 58, 59
theoretische Morphologie 16
thermohaline Stratifizierung 244
Thermokline 47
Thermoregulation 43
theropode Dinosaurier 43
Thracia 194
Thyasira 195
Thyone 106
tidale Stromungen 44
Tiefenstromungen 88
Tiefenwasser 70, 89, 90
Tiefsee 85, 87, 123, 125, 171, 210, 213, 217, 226
tiering 117
Tierstamme 242
time-averaged assemblage 134, 197
time-averaging 189, 192, 197, 237
Todesursache 135
Toleranz 203
Toleranzgrenzen 201
Tommotian 243, 247
Ton 78, 198
Torf 155, 174
Tornquist-Meer 229
Torsion 29, 31
total organic carbon 155
Totengemeinschaft 134
toxisch 240
Trabeculae 59
trace fossils 94
tracks 94
trackways 94, 110
Tragflache 42
trails 94
Transformation 198
transitional layer 118
Translation 18
Transport 6, 95, 134, 135, 136, 140, 141, 142, 164, 177, 184, 191
Transportsonderung 173
Trautscholdia 212
Treibhauseffekt 253
Treibhausgas 89
Treibholz 92
Trias 229, 249, 253
Tridacna 51

Index

Trigoniidae 31
Trilobiten 11, 13, 64, 114, 135, 170, 171, 229, 246, 247
Trilobitenspuren 115
Trisidos 32
Trittsiegel 94, 127
Trochitenkalk 137
Trockenheit 70
Tropen 58, 72
trophic group ammensalism 217
trophische Analyse 217, 218
trophische Beziehungen 222
trophische Gruppen 112, 215, 246
trophische Klassifikation 215, 216
trophische Struktur 215, 216, 218, 246
trophische Zusammensetzung 204, 210, 215
tropische Bereiche 73, 210, 251
tropische Biota 251
tropische Diversität 210
tropische Regenwälder 24, 149, 213
Trypanites 125
Trypanites-Ichnofazies 126
tube feet 36
Tunnel 98
Turbidität 166
Turbidite 161
turbiditische Sedimentation 125
Turboella 221, 222, 223
Turbulenz 44, 45, 138, 164, 166, 169, 171
Turmschnecken 18
Turritella 195

U-förmig 112, 123
Uca 115
Ultrastruktur 48, 53, 61, 62, 63, 66, 68
Umwelt 1, 2, 121, 192, 202
Umweltansprüche 6, 197, 204
Umweltbedingungen 116, 187, 236, 238
Umweltfaktoren 126, 192, 196, 202, 203, 217, 218
Umweltgradienten 192, 196, 201, 202
Umweltkapazität 178, 186
Umweltschwankungen 69, 187
Umweltstreß 70, 121
Umweltveränderungen 69, 251
Ungleichgewichtsmodelle 213
uniformitarianism 5
Uniformitäts-Prinzip 5
unimodale Einsteuerung 136, 137
unimodale Verteilung 184
Unio 62
unstabiles Substrat 217
Unvollständigkeit 129
upwelling 149, 161
Urmeer 240
Urohelminthoida 124
UV-Strahlung 239
Uvigerina 91

vagile Detritusfresser 215, 216
Van Krevlen-Diagramm 157
Varangerian 241
Variabilität 201
Vaterit 48
Vegetation 179, 201
Vendian 243, 247
Vendobionta 242
Vendozoa 242
Veneroida 27, 28
Venusmuscheln 27
Venus 194
Venus-Gemeinschaften 194
Verankerungsskulptur 28
Verbreitungsbarrieren 230
Verbreitungsgrenzen 225
Verbreitungsmuster 231
Verbundmaterialien 63, 68
Verdampfung 79, 84
Verdauungstrakt 217
Verdichtung 97
Verfälschung 128, 134
Verfüllung 112
vergleichenden Taphonomie 128, 162
Verhalten 95, 96, 97, 107, 110, 112, 116, 122
Verkalkung 47
Verketten 13
Vermischung 163
Versatzt 97
Verschüttungs-Lagerstätten 174
Verstecke 180
Verteilungskoeffizienten 76, 77
Verteilungsmuster 202
vertikal 91, 98, 104, 112, 113, 123
Verwandtschaftsanalyse 231
Verwandtschaftsverhältnisse 231, 232, 233
Verweildauer 170
Verwesung 135, 138
Verzweigungen 112
Vesikel 68
Vielfalt 249
Vielfältigkeit 209
Vikarianz 231
Vikarianz-Biogeographie 231, 233
vital-astrate Biofazies 172
vital-lipostrate Biofazies 172
vital-pantostrate Biofazies 172
vitaler Effekt 52, 81
Vitrinit 152, 153
Vitrinit-Reflektivität 155, 158, 159
Vogel 39, 41
Vogelflügel 40
Vollrelief 109
Vollständigkeit 128, 130, 205
Vollständigkeit der Beobachtung 132
Vollständigkeit des Fossilbelegs 180
Vollständigkeit eines Ökosystems 129
Voltziensandstein 175
Vorstrandbereich 123

wachsen 183
Wachstum 178, 179, 180
Wachstumsdauer 92
Wachstumsgeschwindigkeit 69, 92
Wachstumsgleichungen 178
Wachstumskurven 71, 178
Wachstumslinien 69, 139
Wachstumsrate 69, 70, 183, 186, 222
Wachstumsringe 70, 180, 183
Wachstumsstadium 77
Wachstumsstopp 69
Wachstumstemperatur 83
Wales 198, 201, 202
Wallace-Linie 226
Wandstruktur 112
warmblutig 41
Warmwasserarten 72
Warmwassergebiete 73
Warzenhof 36
Wasser 82, 84
Wasserbewegung 136, 139, 164
Wasserbilanz 47
Wasserdampf 80, 84
Wasserenergie 122, 139, 163, 167
Wassergehalt 100, 102, 217, 218
Wasserstoff 149, 152, 157
Wasserstoff-Index 153, 157, 161
Wasserstoffisotopen 79
Wasserstromungen 28, 102, 104, 107
Wassertemperatur 72, 73, 74, 76, 82, 91
Wassertiefe 91, 122, 126, 163, 164, 166, 210
Wasserturbulenz 37, 44, 162, 164, 171
Wasserzirkulation 47, 220
Weichboden 45, 46, 98, 126, 189, 195, 197, 237, 238
Weichbodenbewohner 26, 32, 37
Weichbodengemeinschaften 133, 249
Weichgewebe 175
Weichgrund 45
Weichkorper 135, 136, 137
Weichkorper-Erhaltung 174, 176
Weichkorper-Merkmale 26
Weichkorper-Organismen 175 244
Weichteilerhaltung 146
Weichteilreste 136
Weider 45
Weidespuren 110, 111, 112, 115 123
Wellenbasis 139, 163
Welleneinwirkung 44, 136, 139, 164
Welsh Borderland 198 199 200
Westfrankreich 210
Westgronland 238
Whittaker plot 205, 206
widerspruchliche Signaturen 163, 166
wiederkehrende Assoziationen 198
Windungsachse 18
Windungsquerschnitt 17
wing loading 42
Winkerkrabbe 115

Wirbel 27, 28, 32, 41
Wirbeltiere 50, 52, 54, 66, 72, 97, 176
Wirbeltierfahrten 111, 123, 127
Wirbeltierknochen 53, 64, 144
Wirbeltierpalaontologie 116
Wirbeltiertaphonomie 135
Wissenschaft der Form 16
Witterungseinflusse 179
Wohnbauten 105, 110, 111, 115, 123
Wohnkammer 107, 144
Wohnrohren 98, 101, 112, 190, 218
Wuhlaktivitat 218
Wurmer 94

Yoldia 99, 100

Zahne 66, 68, 142, 173
Zeit-Stabilitats-Hypothese 213
Zeitabschnitte 180, 181
Zeiteinheit 177
zeitliche Auflosung 197
zeitliche Vollstandigkeit 128, 129, 132
Zellkern 240
Zellwande 150
zementiert 32, 64, 141
Zerbrechlichkeit 68
Zerfall 135, 137, 138
Zersetzung 136
Zerstorung 128, 133
Zoogeographie 226
zoogeographische Regionen 225, 226
Zoophycos 111, 118, 124
Zoophycos-Ichnofazies 123, 125, 126
Zooplankton 148, 149, 150, 151, 156, 160
Zooxanthellen 11, 58
Zuchtungs-Spuren 111
Zucker 239
Zuckerrohr 158
zufallige Verteilung 189, 190, 191
zusammengesetzte Konzentrationen 141
zusammengesetzte Signaturen 163, 166
zusammenwirkende Signaturen 163, 170
Zuschuttung 192, 197
Zusedimentation 105 111 175
Zuwachsrate 177
zweiklappige Schale 135
Zwischeneiszeiten 85 87
Zygospira 204
zyklische Schwankungen 179
Zyklus 180
Zylinderrose 98

MIX
Papier aus verantwortungsvollen Quellen
Paper from responsible sources
FSC® C105338

If you have any concerns about our products,
you can contact us on
ProductSafety@springernature.com

In case Publisher is established outside the EU,
the EU authorized representative is:
**Springer Nature Customer Service Center GmbH
Europaplatz 3, 69115 Heidelberg, Germany**

Printed by Libri Plureos GmbH
in Hamburg, Germany